Wolfgang Stamm

Modellierung und Simulation von Mehrkörpersystemen mit flächigen Reibkontakten

Karlsruher Institut für Technologie

Schriftenreihe des Instituts für Technische Mechanik

Band 13

Modellierung und Simulation von Mehrkörpersystemen mit flächigen Reibkontakten

von
Wolfgang Stamm

KIT Scientific Publishing

Dissertation, Karlsruher Institut für Technologie
Fakultät für Maschinenbau
Tag der mündlichen Prüfung: 17. 11. 2009
Referenten: Prof. Dr.-Ing. Alexander Fidlin
Prof. Dr.-Ing. Peter Hagedorn
Prof. Dr.-Ing. Wolfgang Seemann
Prof. Dr.-Ing. Jens Wittenburg

Impressum

Karlsruher Institut für Technologie (KIT)
KIT Scientific Publishing
Straße am Forum 2
D-76131 Karlsruhe
www.ksp.kit.edu

KIT – Universität des Landes Baden-Württemberg und nationales
Forschungszentrum in der Helmholtz-Gemeinschaft

KIT Scientific Publishing 2011
Print on Demand

ISSN: 1614-3914
ISBN: 978-3-86644-605-2

Inhaltsverzeichnis

Abbildungsverzeichnis

Danksagung

Die vorliegende Arbeit enstand während meiner Mitarbeit bei der Firma LuK in Bühl. Die universitäre Begleitung dieser Industriepromotion erfolgte durch das Institut für Technische Mechanik an der Fakultät für Maschinenbau der Universität Karlsruhe (TH). Im universitären, im industriellen und im privaten Umfeld haben eine Vielzahl von Personen zur Fertigstellung dieser Arbeit beigetragen, bei denen ich mich an dieser Stelle bedanken möchte.

Herrn Prof. Dr.-Ing. Alexander Fidlin danke ich für die Anregung dieser Arbeit und für seine engagierte Betreuung. In den vergangenen Jahren durfte ich seine vertrauensvolle Förderung erfahren, sowohl in seiner Rolle als Doktorvater wie auch als Vorgesetzter.

Für die Übernahme des Korreferats und die damit verbundene Mühe danke ich herzlich Herrn Prof. Dr.-Ing. Peter Hagedorn von der TU Darmstadt.

Ich danke den Herren Prof. Dr.-Ing. Wolfgang Seemann, Prof. Dr.-Ing. Jens Wittenburg, Prof. Dr.-Ing. Carsten Proppe und Prof. Dr.-Ing. Jörg Wauer aus Karlsruhe für ihr Interesse an dieser Arbeit und für meine Aufnahme als externer Doktorand am Institut für Technische Mechanik und die guten Möglichkeiten, mich in das Institutsleben zu integrieren. Den beiden erstgenannten danke ich für die Übernahme weiterer Korreferate.

Allen Kollegen meiner Abteilung sei herzlich gedankt für ihre tatkräftige Unterstützung bei einzelnen Themen dieser Arbeit und für ihren persönlichen Beitrag zum stets guten Arbeitsklima. Herausheben möchte ich an dieser Stelle Frau Lidia Burkovski, die mich in vielen Diskussionen und mit großem persönlichen Einsatz besonders zu Beginn der Arbeit unterstützt hat. Ebenso möchte ich Dr.-Ing. Bernd Waltersberger für seine täglichen wissenschaftlichen Diskussionsbeiträge danken, von denen viele ihren Weg in diese Arbeit gefunden haben. Herrn Dr.-Ing. Eugen Kremer danke ich für seine wertvollen Hinweise und Anregungen. Jens Deppler danke ich für seine zahlreichen Zeilen Quellcode bei der Implementierung. Namentliche Erwähnung für ihre Beiträge verdienen auch Laurent Ineichen, Dr.-Ing. Levente Juhász, Dr.-Ing. Boris Ryzhik, Dr.-Ing. Marcus Scherrer und Markus Wagner.

Ich danke Dr. Yuri Vetyukov von der Universität Linz für seine kompetente Umsetzung der Visualisierung.

Mein besonderer Dank gilt Dr. Chad Schmitke von MotionPro Inc. und Prof. Dr. John McPhee von der Universität Waterloo in Ontario für ihre Unterstützung bei dem hier verwendeten Computeralgebrasystem.

Ich danke Prof. Dr. Vladimir Babitsky von der Universität Loughborough für die Äußerung einiger interessanter Anmerkungen. Ich danke Martin Hirschkorn von McGill University in Montreal für das Lektorat einiger Veröffentlichungen.

Allen Mitarbeitern und Kollegen des Instituts für Technische Mechanik danke ich für die zahlreichen wissenschaftlichen Diskussionen und für ihre Bereitschaft, mich trotz der räumlichen Distanz in den Kollegenkreis so freundlich aufzunehmen. Besonders möchte ich mich bei den Herren Dr.-Ing. Rüdiger Benz, Dr.-Ing. Hartmut Hetzler, Dr.-Ing. Rainer Keppler, Dr.-Ing. Christian Simonidis, Dr.-Ing. Günther Stelzner und Dr.-Ing. Christian Wetzel bedanken.

Mein wärmster Dank gilt meinen Eltern Ursula und Detlef, meinen Brüdern Christian und Martin sowie meiner lieben Katharina für ihre andauernde Unterstützung, für ihren Rückhalt, ihre Geduld sowie ihren rheinischen Frohsinn und Lebensmut.

Notation

Vektoren

Vektoren: Größen, die durch eine Maßzahl *und* eine Richtung in einem Raum gekennzeichnet sind, werden mit einem Pfeil gekennzeichnet:

$$\vec{a}$$

Linienflüchtige Vektoren, etwa Kräfte, werden meistens mit Großbuchstaben gekennzeichnet, für *gebundene* Vektoren werden hingegen meistens Kleinbuchstaben verwendet:

$$\text{Kraft } \vec{F}, \text{ Ortsvektor } \vec{r}$$

Einheitsvektoren sind spezielle Vektoren, deren Länge gleich 1 ist und werden mit den Symbolen $\vec{i}$, $\vec{j}$ und $\vec{k}$ bezeichnet.

Koordinatensysteme werden in kalligrafischer Schrift gesetzt:

$$\mathcal{K}$$

Die Basisvektoren von der Basis $\mathcal{K}$ werden mit $\vec{i}^{\mathcal{K}}$, $\vec{j}^{\mathcal{K}}$ und $\vec{k}^{\mathcal{K}}$ bezeichnet. Da in dieser Arbeit nur orthonormale Basen verwendet werden, handelt es sich um Einheitsvektoren.

Koordinaten: Ein Vektor kann in verschiedenen Koordinatensystemen als Linearkombination der Basisvektoren dargestellt werden. Für einen Vektor $\vec{r}$ und die beiden Basen $\mathcal{A}$ und $\mathcal{B}$ kann man also schreiben:

$$\vec{r} = a_1 \vec{i}^{\mathcal{A}} + a_2 \vec{j}^{\mathcal{A}} + a_3 \vec{k}^{\mathcal{A}} = b_1 \vec{i}^{\mathcal{B}} + b_2 \vec{j}^{\mathcal{B}} + b_3 \vec{k}^{\mathcal{B}}$$

Anstelle des Vektors $\vec{r}$ selbst wird häufig nur die Spaltenmatrix $\mathbf{r}_{\mathcal{A}}$ seiner Koordinaten bezüglich einer Basis $\mathcal{A}$ angegeben:

$$\mathbf{r}_{\mathcal{A}} := \begin{pmatrix} a_1 \\ a_2 \\ a_3 \end{pmatrix}$$

Geht das verwendete Koordinatensystem aus dem Zusammenhang hervor oder ist eine Unterscheidung verschiedener Koordinatensysteme an der entsprechenden Stelle irrelevant, wird bei der Koordinatenmatrix der Index des verwendeten Koordinatensystems weggelassen ($\mathbf{r}$ anstelle $\mathbf{r}_{\mathcal{A}}$). Der Ausdruck $\mathbf{k}_{\mathcal{K}}^{\mathcal{A}}$ bezeichnet die Koordinaten des dritten Basisvektors $\vec{k}^{\mathcal{A}}$ von Koordinatensystem $\mathcal{A}$, zerlegt im Koordinatensystem $\mathcal{K}$.

Skalarprodukt: Für zwei Koordinatenmatrizen $\mathbf{a}$ und $\mathbf{b}$ gilt das Skalarprodukt $\alpha \in \mathbb{R}$

$$\alpha = \mathbf{a}^{\mathrm{T}}\mathbf{b} = \mathbf{b}^{\mathrm{T}}\mathbf{a}$$

genau dann, wenn die zu den Koordinatenmatrizen zugehörigen Vektoren $\vec{a}$ und $\vec{b}$ ebenfalls das Skalarprodukt $\alpha = \vec{a} \cdot \vec{b} = \vec{b} \cdot \vec{a}$ bilden.

Kreuzprodukt: Für drei Koordinatenmatrizen $\mathbf{a}$, $\mathbf{b}$ und $\mathbf{c}$ gilt das Kreuzprodukt

$$\mathbf{c} = \tilde{\mathbf{a}}\mathbf{b} = -\tilde{\mathbf{b}}\mathbf{a}$$

genau dann, wenn die zu den Koordinatenmatrizen zugehörigen Vektoren $\vec{a}$, $\vec{b}$ und $\vec{c}$ ebenfalls das Kreuzprodukt $\vec{c} = \vec{a} \times \vec{b} = -\vec{b} \times \vec{a}$ bilden.

Relative Ableitung nach der Zeit Ein zeitabhängiger Vektor $\vec{r}(t) = r_1(t)\,\vec{i}^{\mathcal{K}}(t) + r_2(t)\,\vec{j}^{\mathcal{K}}(t) + r_3(t)\,\vec{k}^{\mathcal{K}}(t)$ wird in einem zeitabhängigen Bezugssystem $\mathcal{K}(t)$ mit den Basisvektoren $\vec{i}^{\mathcal{K}}(t)$, $\vec{j}^{\mathcal{K}}(t)$ und $\vec{k}^{\mathcal{K}}(t)$ nach der Zeit abgeleitet:

$$\frac{d^{\mathcal{K}}\vec{r}(t)}{dt} := \dot{r}_1(t)\,\vec{i}^{\mathcal{K}}(t) + \dot{r}_2(t)\,\vec{j}^{\mathcal{K}}(t) + \dot{r}_3(t)\,\vec{k}^{\mathcal{K}}(t)$$

Die *relative* Ableitung nach der Zeit $d^{\mathcal{K}}/dt$ entspricht also der üblichen Ableitung nach der Zeit d/dt, wenn man unterstellt, dass die Basisvektoren $\vec{i}^{\mathcal{K}}(t)$, $\vec{j}^{\mathcal{K}}(t)$ und $\vec{k}^{\mathcal{K}}(t)$ konstant sind.

Matrizen

Matrizen der Dimension $m \times n$ mit $m > 1$ und $n > 1$ werden in Großbuchstaben bezeichnet und fett gesetzt:

$$\mathbf{M} \in \mathbb{R}^{m \times n}$$

Der Eintrag an der i-ten Zeile und j-ten Spalte wird meistens mit dem dazugehörigen Kleinbuchstaben bezeichnet und mit i und j indiziert:

$$m_{ij}$$

Spaltenmatrizen der Dimension $m \times 1$ werden ebenfalls fett gesetzt, es werden Klein- oder Großbuchstaben verwendet. Großbuchstaben werden nur verwendet, wenn es sich um die Koordinaten eines linienflüchtigen Vektors handelt.

$$\mathbf{x} \in \mathbb{R}^{m\times 1}, \quad \mathbf{F} \text{ als Koordinaten von } \vec{F}$$

Die Elemente einer Spaltenmatrix werden einfach indiziert:

$$\mathbf{x} = \begin{pmatrix} x_1 \\ x_2 \\ \vdots \\ x_m \end{pmatrix}$$

Einheitsmatrix:

$$\mathbf{I} = \begin{pmatrix} 1 & & 0 \\ & \ddots & \\ 0 & & 1 \end{pmatrix}$$

Transformationsmatrizen beschreiben die relative Orientierung zweier Koordinatensysteme zueinander. Für zwei jeweils orthonormale Basen $\mathcal{A}$ und $\mathcal{B}$ wird die Transformationsmatrix so definiert, dass $\mathbf{R}^{\mathcal{BA}}$ die Koordinaten eines Vektors von $\mathcal{A}$ nach $\mathcal{B}$ transformiert:

$$\mathbf{x}_{\mathcal{B}} = \mathbf{R}^{\mathcal{BA}} \mathbf{x}_{\mathcal{A}}$$

Tildeoperator: Einer Spaltenmatrix $\mathbf{a} = [a_1, a_2, a_3]^{\mathrm{T}} \in \mathbb{R}^3$ wird eindeutig die schiefsymmetrische Matrix $\tilde{\mathbf{a}} \in \mathbb{R}^{3\times 3}$ zugeordnet:

$$\tilde{\mathbf{a}} = \begin{pmatrix} 0 & -a_3 & a_2 \\ a_3 & 0 & -a_1 \\ -a_2 & a_1 & 0 \end{pmatrix}$$

Partielle Ableitungen: Einer Matrix $\mathbf{B} \in \mathbb{R}^{m\times n}$ wird mit der Kurzschreibweise $\mathbf{B}_{,x}$ die partielle Ableitung nach x zugeordnet:

$$\mathbf{B}_{,x} = \frac{\partial \mathbf{B}}{\partial x} = \begin{pmatrix} \frac{\partial b_{11}}{\partial x} & \frac{\partial b_{12}}{\partial x} & \cdots & \frac{\partial b_{1n}}{\partial x} \\ \frac{\partial b_{21}}{\partial x} & \frac{\partial b_{22}}{\partial x} & \cdots & \frac{\partial b_{2n}}{\partial x} \\ \vdots & \vdots & \ddots & \vdots \\ \frac{\partial b_{m1}}{\partial x} & \frac{\partial b_{m2}}{\partial x} & \cdots & \frac{\partial b_{mn}}{\partial x} \end{pmatrix}$$

Zur Unterscheidung von anderen tiefgestellten Indizes muss dabei die Größe der Ableitung hinter einem Komma stehen. Für zwei Spaltenmatrizen $\mathbf{a} \in \mathbb{R}^{m \times 1}$ und $\mathbf{b} \in \mathbb{R}^{n \times 1}$ sei zudem mit

$$\mathbf{a}_{,\mathbf{b}} = \frac{\partial \mathbf{a}}{\partial \mathbf{b}} = \begin{pmatrix} \frac{\partial a_1}{\partial b_1} & \frac{\partial a_1}{\partial b_2} & \cdots & \frac{\partial a_1}{\partial b_n} \\ \frac{\partial a_2}{\partial b_1} & \frac{\partial a_2}{\partial b_2} & \cdots & \frac{\partial a_2}{\partial b_n} \\ \vdots & \vdots & \ddots & \vdots \\ \frac{\partial a_m}{\partial b_1} & \frac{\partial a_m}{\partial b_2} & \cdots & \frac{\partial a_m}{\partial b_n} \end{pmatrix}$$

eine Jacobi-Matrix notiert.

Tensoren

In wenigen Abschnitten wird in dieser Arbeit Bezug auf kontinuumsmechanische Formulierungen genommen. Die dort verbreiteten Tensoren werden in symbolischer Schreibweise mit Pfeilen gekennzeichnet. Die Notation gliedert sich ohne weiteres in die bereits genannte Schreibweise der Vektoren ein. Ein Skalar a wird als Tensor 0. Stufe ohne Pfeil geschrieben, ein Vektor $\vec{a}$ ist ein Tensor 1. Stufe und wird mit einem Pfeil gekennzeichnet, ein Tensor zweiter Stufe

$$\vec{\vec{a}}$$

wird mit zwei Pfeilen gekennzeichnet, usw. Koordinaten von Tensoren werden wie bei Vektoren tiefgestellt indiziert. Der Ausdruck

$$a_{ij}$$

wäre demnach die (i, j)-te Koordinate des Tensors 2. Stufe $\vec{\vec{a}}$:

$$\vec{\vec{a}} = \sum_{i,j=1}^{3} a_{ij} \vec{e}_i \otimes \vec{e}_j \tag{0.1}$$

Hier ist mit $\vec{e}_i \otimes \vec{e}_j$ das dyadische Produkt zweier Einheitsvektoren $\vec{e}_i$ und $\vec{e}_j$ bezeichnet. In Koordinatenschreibweise werden wie bei Vektoren Matrizen verwendet.

1. Einleitung

1.1. Reibkontakte in Antriebssystemen

In dieser Arbeit wird ein Formalismus zur möglichst einfachen, allgemeinen und flexiblen Berücksichtigung von flächigen Reibkontakten in Mehrkörpersimulationen vorgestellt. Die Arbeit enstand im Rahmen einer Industriepromotion – angeregt und finanziert von der Firma LuK, einem internationalen Hersteller von Triebstrangkomponenten für Personenkraftwagen und Nutzfahrzeuge.

Der stete Kostendruck in der Automobilindustrie sowie der Trend zu kürzeren Produktlebenszyklen und Entwicklungszeiten der letzten Jahre führt auch in der Zulieferindustrie zu einer Neuausrichtung des Entwicklungsprozesses [51]. Angestrebt wird eine Reduktion der erforderlichen Versuchsläufe bei gleichzeitiger Ausweitung der Simulationstechnik. Neben der Kosten- und Zeitersparnis ist als zweites elementares Ziel ein besseres Verständnis der technischen Systeme im Hinblick auf zukünftige Innovationen zu nennen.

Typisch in Antriebssystemen ist die durch Tangentialbewegung kontaktierender Körper verursachte *Reibung*.

1.1.1. Reibung als Hauptmerkmal

Reibung ist eine allgegenwärtige Tatsache unserer Welt, ohne die das Leben in der uns bekannten Form nicht möglich wäre. Von den Anfängen der Wissenschaft bis heute ist sie Gegenstand der Forschung geblieben [17, 49]. Sie ist eine permanente Aufgabe: Ein Großteil der menschlichen Anstrengungen dienen der Überwindung von Reibung (z.B. alle Fahrzeuge) [90]. Als Nichtlinearität (mit der Ausnahme von viskoser Reibung) stellt sie den Modellierer von mechanischen Systemen vor Herausforderungen. Gleichzeitig gilt heute der physikalische Mechanismus der Reibung trotz aller Forschungsaktivitäten als nicht vollständig verstanden [49, 144], was jegliche Modellierung zusätzlich erschwert. Inzwischen hat sich die Erkenntnis durchgesetzt, dass eine universelle Theorie der Reibung zur Analyse aller Systeme nicht zweckmäßig ist [85, 129]. Vielmehr soll ein problemspezifisches Modell der Reibung ausgewählt werden.

In technischen Systemen gibt es zwei verschiedene Interpretationen für das Auftreten von Reibung: Die *parasitäre* Reibung ist unerwünscht und stellt nur eine geringfügige Modifikation einer benötigten Funktionsweise dar. Zum Beispiel haben alle Arten von Wälzlagern das Ziel, die Reibung entlang einer Drehrichtung zu minimieren. Im Auge des Betrachters nimmt die Reibung hier bloß die Rolle einer kleinen Verschmutzung oder Störung einer idealisierten Betrachtungsweise ein. Aufgrund ihres geringfügigen Einflusses lässt sich die parasitäre Reibung im Modell oftmals vernachlässigen. Ist die Reibung die einzige Nichtlinearität im System, erhält man durch ihre Vernachlässigung den weiteren Vorteil einer linearen Bewegungsgleichung. Für diese Systeme existiert eine allgemeine Lösungstheorie [172]; das Lösen nichtlinearer Differentialgleichungen hat hingegen erst durch numerische Verfahren und den Einsatz von Computern Verbreitung gefunden.

Im Gegensatz dazu wird in zahlreichen anderen technischen Systemen das Auftreten von Reibung systematisch ausgenutzt und trägt essentiell zum Funktionieren bei. Dazu gehören nahezu alle Arten von Antrieben[1]. In Fahrzeugantrieben übertragen *Kupplungen* die Antriebsmomente mit Hilfe der Reibung. Ein stufenloses Getriebe (engl. *continuously variable transmission, CVT*) ist ein weiteres Beispiel für eine reibschlüssige Kraftübertragung. Bei einer *Schlupfregelung* in einem Doppelkupplungsgetriebe oder einer *Reibsteuerscheibe* in einem Zweimassenschwungrad wird die Reibung gezielt genutzt, um das Schwingungsverhalten eines Antriebes zu beeinflussen. Der Reibung kommt in diesen Systemen eine Hauptrolle zu. Alle genannten Triebstrangkomponenten werden von der Firma LuK hergestellt. Entsprechend groß ist die Motivation, durch Reibung verursachte Phänomene in Dynamiksimulationen zu berücksichtigen. Wiederum gibt es populäre Vereinfachungen dieser Art von Reibung für die Modellierung: Tritt vornehmlich Haften auf, kann man damit das Ersetzen der Reibstelle durch eine starre Bindung rechtfertigen. Tritt überwiegend Gleiten auf, wird der dissipative Charakter einer trockenen Reibstelle oftmals durch linear viskose Dämpfung ersetzt. Ist hingegen eine hohe Modellgüte gefragt oder treten sowohl Haft- wie auch Gleitzustände gleichberechtigt auf, sind die genannten Vereinfachungen beider Arten von Reibung nicht mehr legitimiert. In den folgenden Abschnitten werden einige Komponenten aus PKW-Antrieben und deren Reibstellen als Hauptmerkmal vorgestellt.

1.1.2. Kupplung und Betätigungssystem

In Abbildung 1.1 ist eine gewöhnliche Kupplung in vereinfachter Ansicht gezeichnet. Zwischen Anpressplatte und Schwungrad befindet sich die *Kupplungsscheibe*. Auf dieser ist der *Kupplungsbelag* aufgebracht, welcher jeweils in einem *flächigen Reibkontakt* sowohl die Anpressplatte wie auch das Schwungrad berührt. Im Betrieb der Kupplung durchlaufen die Reibkontakte auf der Scheibe die Zustände *Offen* (im ausgekuppelten Zustand), *Gleiten* (während der Betätigung) und *Haften* (bei geschlossener Kupplung). Weitere verteilte Kontakte

[1] mit der prominenten Ausnahme der Rückstossantriebe

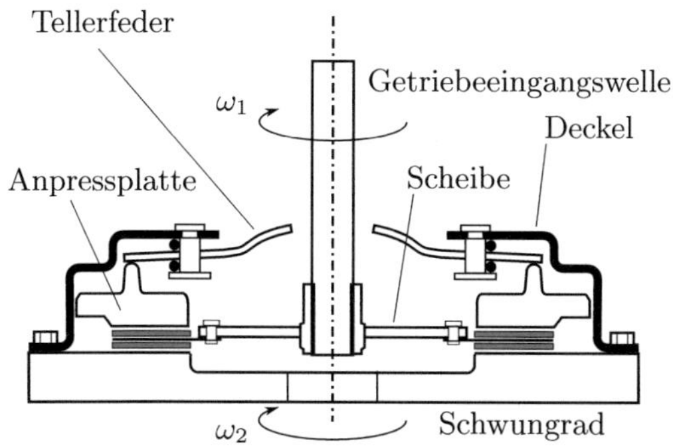

Abbildung 1.1.: Schematische Sicht einer Kupplung

in der Kupplung sind ein Linienkontakt zwischen Tellerfeder und Anpressplatte sowie Linienkontakte zwischen Tellerfeder und Kupplungsdeckel.

Auch Betätigungssysteme von Kupplungen zeichnen sich durch flächige Reibkontakte aus. In Abbildung 1.2 ist ein Beispiel von vielen denkbaren Konstruktionen skizziert. Dort gibt es zwei Ausgleichselemente, die akkumulierte Fehler der Kupplung wie Geometriefehler innerhalb der Toleranzen des Fertigungsvorgangs oder Montagefehler kompensieren sollen.

Ein oft eingesetztes Ausgleichselement, hier als Kugelkalotte skizziert, soll *Winkelfehler* der Kupplung ermöglichen. Die Kalotte erlaubt eine relative Verkippung zwischen der mit Motordrehzahl rotierenden Tellerfeder und dem am Fahrzeug befestigten Ausrückhebel. Gebräuchlich ist eine Ausführung der Kalotte als Kontakt zwischen zwei Kugeloberflächen sowie als Kontakt zwischen einer Kugel und einem Kegel. Als mögliches zweites Ausgleichselement ist hier ein weiterer flächiger Reibkontakt zwischen Ausrücklager und Ausrückhebel gezeigt. Dieser Reibkontakt dient dazu, eventuelle radiale Versätze zwischen der Rotationsachse der Kupplung und der Position des Ausrückhebels auszugleichen.

In Kupplung und Betätigungssystem existieren einige dynamische Phänomene, die sich ohne präzise Abbildung der Reibkontakte nicht erklären lassen. Beim sogenannten *Schaltkratzen* findet eine Kopplung zwischen einer Torsionsschwingung des übertragenen Drehmoments und einer Axialschwingung der Kupplung statt. Die Kopplung zwischen Rotation und axialer Bewegungsrichtung findet über die in Schaltgetrieben übliche Schrägverzahnung statt.

Das vom Fahrer als besonders störend empfundene *Rupfen* einer Kupplung bezeichnet eine starke Torsionsschwingung des Triebstranges beim Anfahren

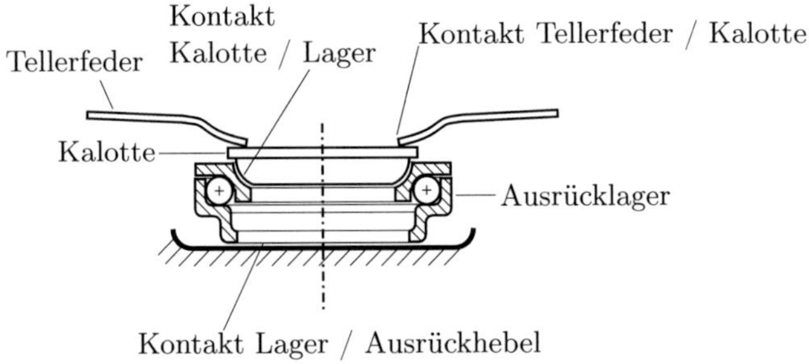

Abbildung 1.2.: Schematische Sicht eines Ausrücklagers

mit deutlich wahrnehmbaren auf die Fahrzeugkarosse übertragenen Schwingungen. Rupfen wird oft mit einem negativen *Reibwertgradienten* in der Kupplungsscheibe oder einem geometrischem Fehler der Kupplungsscheibe begründet. Aber auch Schwingungen im Betätigungssystem unter dem Einfluss der genannten Reibkontakte können Rupfen verursachen.

Mit *Selbstzentrierung* wird die gegenseitige Annäherung der Drehachsen von zwei rotierenden Scheiben im Reibkontakt bezeichnet. Dieser Effekt wird z.B. am Ausrücklager von Kupplungen benötigt: Bei einem durch Fertigungstoleranzen und Montage unvermeidlichem anfänglichen Achsversatz zwischen Rotationsachse der Kupplung und Ausrücklager in Abbildung 1.2 soll der vorhin erwähnte Radialausgleich wirken, das heißt die Gelenkachse vom Ausrücklager und die Drehachse der Kupplungen sollen sich durch Selbstzentrierung kollinear aufeinander ausrichten. Für die Auslegung von Kupplungssystemen sind Verständnis der Selbstzentrierung und Möglichkeiten zur Vorhersage des Phänomens erforderlich.

1.1.3. Zweimassenschwungrad

Ein *Zweimassenschwungrad* (ZMS) dient der Isolation von Torsionsschwingungen[2] in Triebsträngen mit den Zielen von verbessertem Komfort für den Fahrer, der Schonung des Getriebes (Verhindern von *Rasseln*) sowie einer Reduktion des Kraftstoffverbrauches. Das Prinzip des ZMS besteht aus einer Teilung der Schwungmasse des Motors. Dabei wird ein Teil des Massenträgheitsmoments weiterhin dem Motor zugerechnet (*Primärseite*), während ein zweiter Teil benutzt wird, um die Drehmasse des Getriebes zu erhöhen (*Sekundärseite*). Die beiden Schwungmassen werden über ein elastisches System miteinander ge-

[2] die bei der periodischen Verbrennung in Hubkolbenmotoren angeregt werden

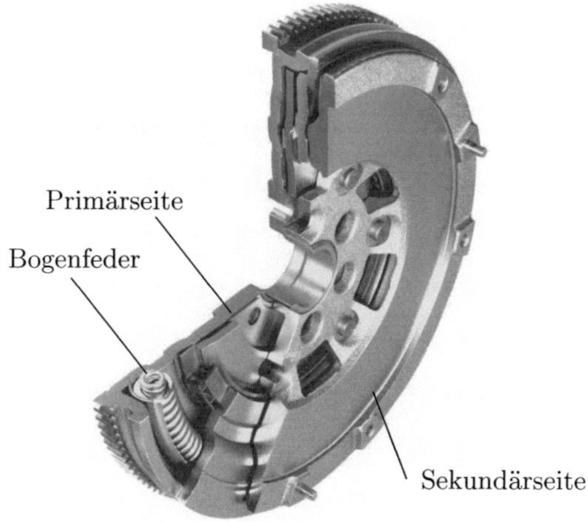

Abbildung 1.3.: Zweimassenschwungrad

koppelt. In der klassischen Ausführung des ZMS, wie sie von LuK erstmals in Großserienfertigung angeboten wurde, wird die Verbindung über eine lange *Bogenfeder* realisiert, die in einem Kanal anliegt (siehe Abbildung 1.3). Jede Windung der Bogenfeder hat demnach eine Reibberührung zum Kanal, und die Reibung beeinflusst das Schwingungsverhalten des gesamten Systems.

Die sogenannte *Dichtmembran* eines ZMS ist ein scheibenförmiges Drehbauteil, welches an seinem äußeren Rand die Innenfläche eines stehenden Zylinders berührt. Die im Reibkontakt übertragenen Kräfte können ein aus akustischen Gründen unerwünschtes Quietschen anregen. Die Reibsteuerscheibe wird nur in manchen ZMS verbaut und hat den Zweck, die Reibung zwischen Primärseite und Sekundärseite auf ein bestimmtes Maß einzustellen. Auch die Reibsteuerscheibe kann zu Quietschgeräuschen angeregt werden.

1.1.4. Stufenloses Getriebe

Das CVT ist ein reibschlüssiges Getriebe [86]. Das gesamte Motormoment wird mit einer Kette (in der Ausführung von LuK) oder einem Schubgliederband zwischen zwei Kegelscheibenpaaren durch Reibung übertragen. Einer dieser beiden *Scheibensätze* ist zusammen mit der Kette in Abbildung 1.4 links gezeigt. Das Übersetzungsverhältnis des Getriebes lässt sich stufenlos verstellen, indem die Abstände zwischen den Kegelscheiben variiert werden und die Ket-

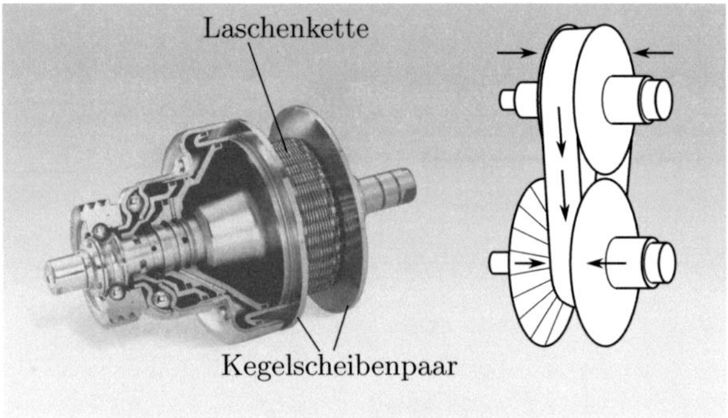

Abbildung 1.4.: Scheibensatz eines kontinuierlich verstellbaren Getriebes (links), Funktionsprinzip des CVT (rechts)

te auf jedem Kegelscheibenpaar auf einen neuen Durchmesser wandert (siehe Abbildung 1.4 rechts).

Das CVT verfügt über eine Fülle von Schwingungsphänomenen, so dass unter Fahrzeugakustikern viele vergnügliche Namen wie *Summen, Kreischen, Pfeifen, Mahlen, Grummeln, Orgeln, Wimmern, Brummen, Röcheln* usw. für die einzelnen Geräusche verwendet werden. Einige von diesen Phänomenen sind direkt auf die Einflüsse der wechselnd an der Kraftübertragung beteiligten Kontakte zwischen Kettengelenken und Kegelscheiben zurückzuführen, so etwa die verbreiteten Probleme des *Kettenpfeifens* und *Orgelns.*

1.1.5. Genauigkeit der Modellierung

Es existieren einige Methoden, um mechanische Mehrkörpersysteme mit Kontakten zu modellieren und rechnergestützt zu simulieren. Die Methoden unterscheiden sich sowohl in den gesetzten Zielen wie auch in den zugrunde gelegten Annahmen. Ausnahmslos muss bei der Wahl der geeigneten Methode ein Kompromiss zwischen Genauigkeit einerseits und Aufwand oder Rechengeschwindigkeit andererseits geschlossen werden.

Zu den besonders ungenauen Methoden zählen zum Beispiel Algorithmen, wie sie in *Computerspielen* verwendet werden. Hier ist die entscheidende Größe die Rechengeschwindigkeit, da die Bewegungen in Echtzeit dem Spieler angezeigt werden müssen. Andererseits ist die geforderte Detailtreue äußerst gering. Die berechneten Bewegungen müssen in keiner Weise mechanisch realistisch sein, sie sollen nur *gut aussehen.* Dennoch basieren diese Algorithmen zumeist

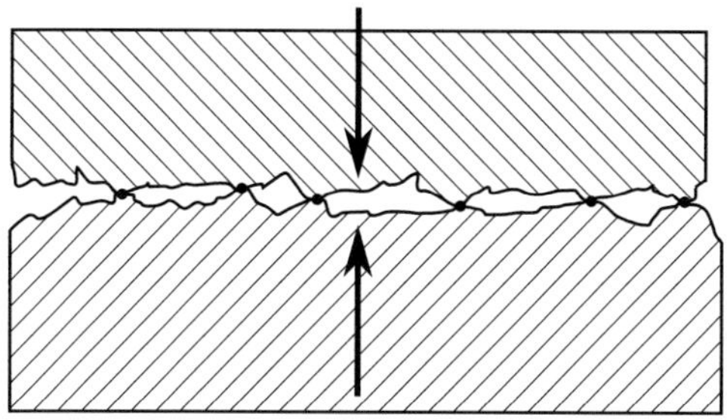

Abbildung 1.5.: Mikrokontakte in technischen Oberflächen

auf NEWTONscher Mechanik. Beispiele sind die frei erhältlichen Softwarebibliotheken *Bullet* und *Open Dynamics Engine*.

Am anderen Ende der Skala befindet sich die Molekulardynamik. Hier enthält das System eine große Anzahl diskreter Elemente, die meist mikroskopische Abmessungen haben. Für jedes diskrete Element werden die dynamischen Gleichungen und Kontaktgesetze formuliert. In [109] wird beispielsweise der Versuch unternommen, mittels einer molekulardynamischen Simulation *vieler Tausend* Partikel von den Gesetzen auf mikroskopischer Ebene das Verhalten körniger Stoffe auf makroskopischer Ebene zu erklären. Systeme mit derart vielen Freiheitsgraden benötigen häufig den Einsatz von parallelen Großrechnern. Auch die Reibung wird mit molekulardynamischen Methoden modelliert (siehe Kapitel 2).

Reibkontakte in Triebsträngen ordnen sich folgendermaßen zwischen mikro- und makroskopischer Welt ein: Die dynamischen Phänomene von Bedeutung für die Entwicklung der genannten technischen Systeme sind auf der Größenskala der *Bauteile* zu finden. Schwingungsamplituden befinden sich meist in der Größenordnung von Zehntelmillimetern oder Millimetern. Die Bauteile haben in der Regel Abmessungen von einigen Zentimetern. Im Gegensatz dazu haben Mikrokontakte in technischen Oberflächen, wie sie in Abbildung 1.5 schemenhaft gezeigt sind, die Größe von wenigen Mikrometern [21, 17, 65]. Die Brücke zwischen genannter Mikro- und Makroskala soll nun im Modell nur soweit geschlagen werden, wie sie einer hinreichend genauen Beschreibung der beobachteten makroskopischen Bewegungen dient.

Einerseits ist es offensichtlich, dass eine Modellierung der im Abschnitt 1.1.2 genannten Kontakte mit nur einem Kontaktpunkt – wie in der klassischen Mechanik üblich – hier nicht gelingt: Der flächenhafte Charakter der Reibstelle wird in keiner Weise repräsentiert, über einen Kontaktpunkt kann kein Reibmo-

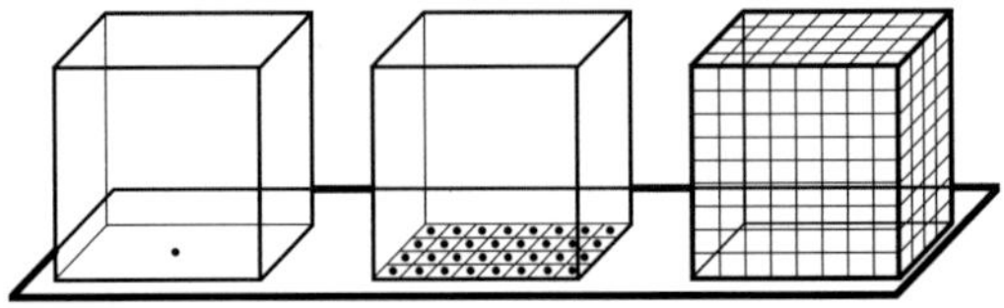

Abbildung 1.6.: Verschiedene Genauigkeiten

ment übertragen werden (siehe Abbildung 1.6, links). Andererseits müssen die Relativbewegungen in den Mikrokontakten nicht im Detail aufgelöst werden, da diese üblicherweise nicht zu den interessierenden Kenngrößen der Bewegung gehören. Auch eine Berücksichtigung aller Punkte in einem Kontaktgebiet mit ihren lokalen Eigenschaften dient nicht der Berechenbarkeit. Diese Vorgehensweise hätte ein System mit unendlichem Freiheitsgrad zur Folge. Stattdessen soll der Kontakt in geeigneter Weise diskretisiert werden, so dass eine bessere Auflösung der Reibkräfte als im klassischen Einzelpunktkontakt möglich ist (Abbildung 1.6, Mitte). Die Diskretisierung findet aber auf makroskopischer Ebene statt, wo sich die interessierenden Phänomene beobachten lassen. Daraus ergibt sich die Schlussfolgerung, dass ein diskreter Kontakt auf dieser Ebene immer noch eine große Menge von Kontakten auf der Mikroebene repräsentieren muss. Eine gewisse Mittelung der Prozesse auf Mikroebene kann auf der Ebene des diskreten Kontaktpunktes bereits stattgefunden haben. Allerdings sollen die Annahmen, die im weiteren Verlauf zur Formulierung der Bindungsgesetze gemacht werden, zumindest *qualitativ* mit bekannten physikalischen Eigenschaften der Mikrokontakte begründbar sein.

Die geforderte Genauigkeit der Modellierung betrifft nicht nur die Kontakte, sondern auch die Körper selbst. Die Größe der beobachteten Bewegungen und die gewünschte hohe Rechengeschwindigkeit legen nahe, die Körper nur als Starrkörper zu betrachten. Als Alternative bieten sich die Diskretisierung des vollen elastischen Körpers (siehe Abbildung 1.6, rechts), wie es in der *Methode der finiten Elemente* gemacht wird, oder *modal reduzierte Körper* an. Beide genannte Möglichkeiten werden allein aus Gründen der Rechenzeit im Rahmen dieser Arbeit nicht weiter verfolgt. *Akustische Schwingungen* elastischer Körper können aufgrund der Entscheidung für Starrkörper demnach nicht abgebildet werden.

Obwohl innerhalb dieser Arbeit der Schwerpunkt auf Antriebssystemen liegt, kann die vorgestellte Methodik bei ähnlich geforderter Modellgüte auch auf andere technische Systeme, etwa in der Robotik, angewendet werden.

1.2. Problemstellung und Anforderungen

In dieser Arbeit sollen also mechanische Systeme untersucht werden, die bereits in Form eines Starrkörpersystems diskretisiert wurden. Elastizitäten, in der Realität als deformierbare Körper vertreten, wurden bereits durch geeignete Bindungen, etwa in Form einer nichtlinearen Feder, ersetzt. Die aus realer Materie angefertigten Gelenke wurden bereits in idealisierter Weise als mathematische Bindungsgleichungen in das System eingebracht. Man spricht dann auch von einem *System mit konzentrierten Parametern*, welches sich mathematisch als System aus gewöhnlichen Differentialgleichungen und algebraischen Nebenbedingungen für idealisierte Bindungen abbilden lässt. Im Gegensatz dazu wird ein System mit verteilten Parametern mittels partieller Differentialgleichungen modelliert.

Es wird angenommen, dass die Konsequenzen der Starrkörperhypothese für die interessierenden Merkmale der Bewegung vernachlässigbar klein sind. Diese Annahme stützt sich nur auf Ingenieurserfahrung, das heißt der mit den Starrkörpern gewählte Grad an Diskretisierung entspringt keiner formalen Überlegung. Insbesondere wird davon ausgegangen, dass sich die Modellgüte durch eine lokale Verfeinerung der Diskretisierung weiter verbessern lässt, ohne dass eine Konvergenz gegen das reale physikalische System bei immer weiterer Verfeinerung des Modells nachgewiesen ist. Das behauptete Konvergenzverhalten ist ebenfalls nur über intuitive Ingenieurserfahrung begründbar.

Anhand eines topologisch einfachen mechanischen Systems, in dem eine Kontaktoberfläche in nur drei Punkte diskretisiert wurde, lässt sich die entstehende Schwierigkeit bei einer Modellierung mit Methoden der *klassischen Mechanik* zeigen.

Beispiel: *Körper auf Unterlage mit drei Kontaktpunkten*
Die Bewegungsgleichung für das in Abbildung 1.7 gezeigte einfache ebene System mit drei auf der Scheibe $\mathcal{B}$ körperfesten Kontaktpunkten lautet

$$m\ddot{\vec{y}} = \sum_{i=1}^{3} \vec{T}_i + \vec{F}_a(t) \tag{1.1}$$

für die Translation und

$$J_S\ddot{\varphi}\vec{k} = \sum_{i=1}^{3} \vec{T}_i \times \vec{r}_i + \vec{M}_a(t) \tag{1.2}$$

für die Rotation. Die Freiheitsgrade sind also die Schwerpunktverschiebung $\vec{y} \in \mathbb{R}^2$ in der $(\vec{i}, \vec{j})$-Ebene von Basis $\mathcal{I}$ und der Drehwinkel der Scheibe φ (Masse m, Drehmasse bezüglich Schwerpunkt

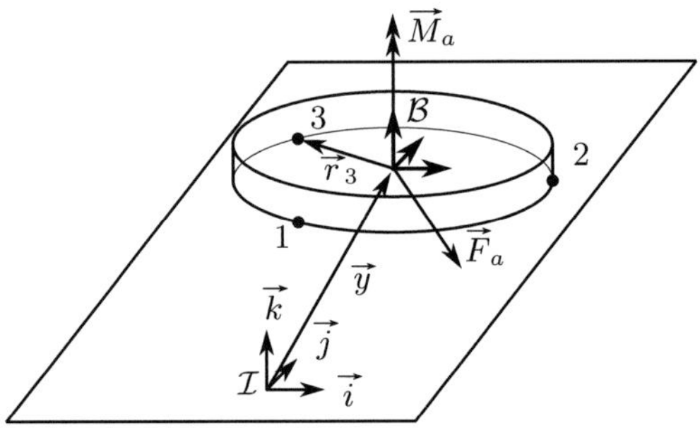

Abbildung 1.7.: Einfaches ebenes System mit drei Kontaktpunkten

J_S, Reibkraft $\vec{T}_i$ im Kontaktpunk i, Lage $\vec{r}_i$ von Kontaktpunkt i bezüglich Schwerpunkt, äußere Kraft $\vec{F}_a(t)$ und äußeres Moment $\vec{M}_a(t)$). Verkippungen der Scheibe werden nicht betrachtet, das heißt es wird von gleichförmiger Verteilung der Normalkräfte $\|\vec{N}_1\| = \|\vec{N}_2\| = \|\vec{N}_3\| = 1$ ausgegangen. Für den Betrag jeder Reibkraft gilt somit

$$T_i = \|\vec{T}_i\| = \mu \quad i \in \{1, 2, 3\}. \tag{1.3}$$

Während Gleiten kann man die Kräfte $\vec{T}_i$ als COULOMBsche Gleitreibkräfte mit

$$\vec{T}_i = -\mu \frac{\dot{\vec{y}} + \dot{\vec{r}}_i}{\left\|\dot{\vec{y}} + \dot{\vec{r}}_i\right\|}, \quad i \in \{1, 2, 3\} \tag{1.4}$$

angeben. Die Geschwindigkeiten $\dot{\vec{r}}_i$ lassen sich über die Grundgleichung der Kinematik $\dot{\vec{r}}_i = \dot{\varphi}\vec{k} \times \vec{r}_i$ aus dem Freiheitsgrad $\dot{\varphi}$ und den körperfesten Koordinaten der Kontaktpunkte in $\mathcal{B}$ ausrechnen, die Bewegungsgleichung ist nach Einsetzen von (1.4) in (1.1) und (1.2) somit lösbar.

Kommt es in *einem* Punkt $j \in \{1, 2, 3\}$ nach verschwindender Relativgeschwindigkeit zum Haften während die anderen beiden Punkte $i \in \{1, 2, 3\} \setminus \{j\}$ gleiten, kann man die aus dem jetzt mengenwertigen COULOMBschen Reibgesetz $\|\vec{T}_j\| \leq \mu$ unbekannte Haftreibkraft $\vec{T}_j$ einfach aus der Bedingung fürs Haften ausrechnen[3]. Denn die verschwindende Relativgeschwindigkeit in j

$$\dot{\vec{y}} + \dot{\vec{r}}_j = \vec{0} \tag{1.5}$$

[3]siehe auch Modell von KARNOPP auf Seite 25

ergibt nach Ableitung nach der Zeit

$$\begin{aligned}\ddot{\vec{y}} + \frac{d}{dt}\left(\dot{\vec{r}}_j\right) &= \ddot{\vec{y}} + \frac{d}{dt}(\vec{\omega} \times \vec{r}_j) \\ &= \ddot{\vec{y}} + \ddot{\varphi}\vec{k} \times \vec{r}_j + \vec{\omega} \times (\vec{\omega} \times \vec{r}_j) \\ &= \vec{0} \end{aligned} \tag{1.6}$$

(mit $\vec{\omega} = \dot{\varphi}\vec{k}$). Aus (1.1) erhält man

$$\vec{T}_j = m\ddot{\vec{y}} - \sum_{i \neq j} \vec{T}_i - \vec{F}_a(t) \tag{1.7}$$

und mit (1.6) in (1.7)

$$\vec{T}_j = m\left(-\ddot{\varphi}\vec{k} \times \vec{r}_j - \vec{\omega} \times (\vec{\omega} \times \vec{r}_j)\right) - \sum_{i \neq j} \vec{T}_i - \vec{F}_a(t) \tag{1.8}$$

Setzt man (1.8) in (1.2) in der Form

$$J_S\ddot{\varphi}\vec{k} = \vec{T}_j \times \vec{r}_j + \sum_{i \neq j} \vec{T}_i \times \vec{r}_i + \vec{M}_a(t) \tag{1.9}$$

ein, so erhält man eine einzelne Bewegungsgleichung für den Freiheitsgrad φ. Bis hierhin wurden nur Methoden der klassischen Mechanik verwendet, die Reibstelle j wurde während Haften durch eine idealisierte Gelenkbindung ersetzt, was zwar eine unterschiedliche Anzahl von Bewegungsgleichungen für die Fälle *Gleiten in allen Punkten* und *Haften im Punkt j* zur Folge hatte, aber jeder Satz Bewegungsgleichungen ist für sich eindeutig lösbar und das Aufstellen der Gleichungen bereitet keine Schwierigkeiten.

Zu einem Problem gelangt man erst, wenn die anderen beiden Punkte $i \in \{1, 2, 3\} \setminus \{j\}$ ebenfalls zum Haften kommen. Denn jetzt ist mit den Haftbedingungen in zwei Punkten $i, j \in \{1, 2, 3\}$ offensichtlich, dass keine Bewegung mehr stattfindet:

$$\dot{\vec{y}} + \vec{\omega} \times \vec{r}_i = \dot{\vec{y}} + \vec{\omega} \times \vec{r}_j = \vec{0} \tag{1.10}$$

$$\Leftrightarrow \quad \vec{\omega} \times \vec{r}_i = \vec{\omega} \times \vec{r}_j \tag{1.11}$$

Gleichung (1.11) kann nur für $\vec{\omega} = \vec{0}$ erfüllt werden, da die Kontaktpunkte im Allgemeinen unterschiedlich sind ($\vec{r}_i \neq \vec{r}_j$). Dieses Ergebnis in eine einzelne Haftbedingung $\dot{\vec{y}} + \vec{\omega} \times \vec{r}_i = \vec{0}$ eingesetzt, ergibt dann auch $\dot{\vec{y}} = \vec{0}$. Anders als im Fall mit einem

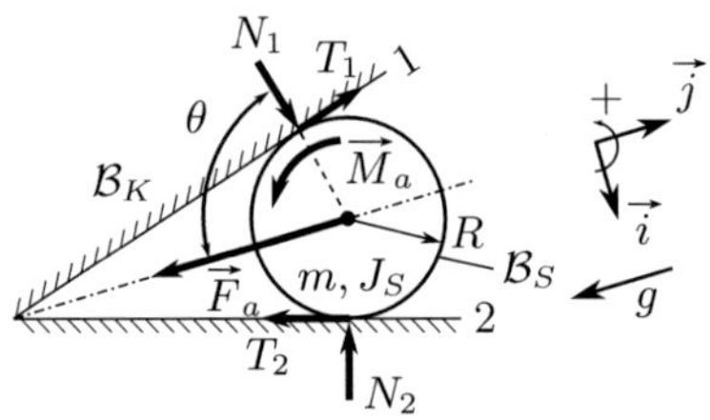

Abbildung 1.8.: Die eingekeilte Scheibe

haftenden Punkt können die Haftreibkräfte nicht aus einem statischen Gleichgewicht bestimmt werden, denn aus Gleichung (1.8) wird

$$\vec{T}_1 + \vec{T}_2 + \vec{T}_3 + \vec{F}_a(t) = \vec{0}. \tag{1.12}$$

Da mit (1.12) nur eine Gleichung zu Verfügung steht, in der jetzt aber die drei unbekannten Kräfte $\vec{T}_1$, $\vec{T}_2$, und $\vec{T}_3$ vorkommen, handelt es sich um eine statische Unbestimmtheit. *Ende des Beispiels.*

Mit den Methoden der klassischen Mechanik sind die Reibkräfte während Haften als überzählige Zwangskräfte nicht weiter bestimmbar, allerdings stehen diese nicht im Mittelpunkt des Interesses. Vielmehr geht es um die Frage, wann zwei über haftende Reibkontakte miteinander verbundene Körper einer gegebenen Belastung nachgeben und Relativbewegung einsetzt. Lässt sich diese Frage auch ohne Bestimmung einzelner Haftreibkräfte beantworten, so ist die Kenntnis darüber irrelevant für die Bewegung. Dass bei ideal starrer Modellbildung Probleme der Entscheidbarkeit auftreten, die über die unbekannte Verteilung der Reibkräfte während Haften hinausgehen, zeigt das folgende Beispiel.

Beispiel: In der Dynamik der granularen Medien dient das Problem der *eingekeilten Scheibe* als elementarer Baustein zum Zusammenbau mikromechanischer Modelle aus einer Vielzahl von Körnern. Im Interesse steht dabei der Einfluss der auf Ebene der einzelnen Scheibe getätigten Annahmen auf das makroskopische Verhalten des granularen Mediums. Die eingekeilte Scheibe kann auch als vereinfachtes Modell einer Kugelkalotte im Betätigungssystem einer Kupplung angesehen werden, vergleiche Abbildung 1.2.

Die Anordnung von Scheibe und Keil ist im Bild 1.8 skizziert. Die ideal starre Scheibe $\mathcal{B}_S$ kontaktiere die beiden Schenkel “1” und “2” des ebenfalls starren Keils $\mathcal{B}_K$ mit Winkel θ zunächst haftend. In beiden Kontaktpunkten wirke der Reibkoeffizient μ, die

Kontaktkräfte setzen sich zusammen aus Tangentialkraft T_1 und Normalkraft N_1 auf Schenkel "1" sowie T_2 und N_2 auf Schenkel "2". Die Scheibe werde mit dem äußeren Moment $M_a(t)$ und in ihrem Mittelpunkt mit der äußeren Kraft $\vec{F}_a(t)$ mit $\mathbf{F}_a = [0, -mg]^\mathrm{T}$ belastet. Die Richtungen der Kontaktkräfte sind in Abbildung 1.8 positiv eingezeichnet, das heißt $N_1 > 0$ und $N_2 > 0$ bewirken ein Abstoßen der Scheibe vom Keil; $T_1 > 0$ und $T_2 > 0$ bewirken ein negatives Moment bezüglich des $(\vec{i}, \vec{j})$-Koordinatensystems, welches dem positiv angenommenen Moment M_a entgegen wirkt.

Wie in [115] erörtert wurde, gibt es spitze Keilwinkel (stumpfe Winkel θ), für die zwei Lösungen koexistieren. Bei einer Lösung bleibt die Scheibe in Ruhe, bei einer weiteren Lösung rotiert die Scheibe. Anhand des Modells kann nicht entschieden werden, welche der beiden Lösungen das reale System einnimmt. Dieses Resultat aus [115] sei hier zur Verdeutlichung wiedergegeben.

Während Haften findet keine Bewegung von $\mathcal{B}_S$ statt, darum befinden sich alle Kräfte im statischen Gleichgewicht (vergleiche Abbildung 1.8:

$$\begin{aligned} N_1 \sin\theta - T_1 \cos\theta - N_2 \sin\theta - T_2 \cos\theta &= 0 \\ N_1 \cos\theta + T_1 \sin\theta + N_2 \cos\theta - T_2 \sin\theta &= mg \\ RT_1 + RT_2 &= M_a \end{aligned} \tag{1.13}$$

Der Kraftvektor $\mathbf{F} = [N_1, T_1, N_2, T_2]^\mathrm{T}$ hat vier unbekannte Komponenten, für die mit (1.13) aber nur drei Gleichungen bereitstehen. Diese Unbestimmtheit ist für die Dynamik irrelevant, da keine Bewegung stattfindet. Von Interesse ist nur, ob für ein gegebenes Moment M_a der Haftzustand, begrenzt durch die Ungleichung

$$|T_i| \leq \mu N_i, \quad i \in \{1, 2\}, \tag{1.14}$$

erhalten bleiben kann. In [115] wurden drei Unbekannte in $\mathbf{F}$ mittels (1.13) eleminiert, so dass sich $\mathbf{F}$ mit einem freien Parameter a_0 in der Form

$$\mathbf{F} = \frac{1}{2}mg \begin{pmatrix} \cos\theta \\ \sin\theta \\ \cos\theta \\ -\sin\theta \end{pmatrix} - \frac{M_a}{2R\sin\theta} \begin{pmatrix} -\cos\theta \\ -\sin\theta \\ \cos\theta \\ -\sin\theta \end{pmatrix} + \frac{a_0}{2} \begin{pmatrix} \sin\theta \\ -\cos\theta \\ \sin\theta \\ \cos\theta \end{pmatrix} \tag{1.15}$$

schreiben lässt. Unter der Annahme, dass bei einem positiven M_a auch die Tangentialkräfte in der in Abbildung 1.8 gezeigten Weise positiv sind, wird der Betrag in (1.14) zu den zwei Ungleichungen

$$T_1 \leq \mu N_1, \quad T_2 \leq \mu N_2 \tag{1.16}$$

aufgelöst. Nach Einsetzen von (1.15) in (1.16) ergeben sich die beiden Ungleichungen:

$$a_0(\mu \tan\theta + 1) + \left(mg + \frac{M_a}{R\sin\theta}\right)(\mu - \tan\theta) \geq 0 \tag{1.17}$$

$$a_0(\mu \tan\theta - 1) + \left(mg - \frac{M_a}{R\sin\theta}\right)(\mu + \tan\theta) \geq 0 \tag{1.18}$$

Wenn jetzt für den Winkel

$$\tan\theta > \frac{1}{\mu} \tag{1.19}$$

gelte, dann stellen beide Ungleichungen eine untere Grenze für a_0 dar. Außerdem sind beide Koeffizienten von a_0 in (1.17) und (1.18) positiv, so dass sich durch Erhöhen von a_0 die Haftbedingungen stets erfüllen lassen. Es existiert folglich stets eine Lösung mit Haften, auch für beliebig große Momente M_a. Die Scheibe könnte beliebig hohe Momente ertragen, ohne dass Rotation einsetzt.

Ersetzt man hingegen die $\geq$ in (1.17) und (1.18) durch Gleichheitszeichen, kann man nach a_0 und M_a auflösen. Die Lösung ist mit

$$M_a = mgR\frac{\mu}{(1+\mu^2)\cos\theta} =: M_0 \tag{1.20}$$

positiv. Es gibt folglich immer ein Moment $M_a \geq M_0$, ab dem Gleiten möglich ist, denn (1.17) und (1.18) befinden sich dann gerade auf der Haftgrenze.

Für hinreichend große Momente $M_a \geq M_0$ wurde sowohl eine Haftlösung als auch eine Gleitlösung gefunden. Die Nicht-Eindeutigkeit betrifft nicht nur die Reibkräfte während Haften, sondern den Haft- oder Gleitzustand der Reibstellen selbst. *Ende des Beispiels.*

Von der in Kapiteln 4 und 5 vorgestellten Vorgehensweise wird erwartet, dass auch bei Nicht-Eindeutigkeiten wie im Beispiel der eingekeilten Scheibe eine eindeutige Entscheidung getroffen wird. Die Nicht-Eindeutigkeit gehört zur Klasse der PAINLEVÉ-Paradoxa, für die Auflösungen existieren [160]. Den Auflösungen ist jedoch gemein, dass Sie genaue Kentnisse über das Paradoxon beim Modellierer voraussetzen. In industriellen Prozessen ist es unpraktikabel, den Lösungsweg beim Auftreten von Inkonsistenzen anzupassen, daher sollen

Inkonsistenzen wie die der eingekeilten Scheibe möglichst gänzlich vermieden werden.

Am Ende dieser Arbeit soll ein Werkzeug zur Simulation der genannten Komponenten im Antriebsstrang stehen. Dieses Werkzeug soll den folgenden Anforderungen genügen:

Gute Abbildung der Reibkräfte: Die zwischen den kontaktierenden Körpern ausgetauschten Kräfte, insbesondere die Reibkräfte, müssen hinreichend detailliert abgebildet werden, um das in Messungen beobachtete Verhalten des Systems zu erklären. Die für die Auslegung von Triebstrangkomponenten relevanten dynamischen Phänomene wie die sogenannte *Selbstzentrierung* sollen durch realitätsnahe Reibkräfte rechnerisch untersucht werden können.

Einfachheit: Das tangentiale Kontaktmodell soll nur in dem Maße komplizierter als etablierte, klassische Reibmodelle wie die COULOMBsche Reibung sein, als dass es der Lösung der Aufgabe dient. Schwingungsfähige nichtlineare Systeme verfügen schon in einfachen Modellen über verblüffende Phänomene, deren Identifikation durch eine zu komplizierte Modellierung nur unnötig erschwert wird.

Parameteridentifikation: Die verwendeten Parameter sollen entweder physikalisch messbar sein oder durch theoretische Analyse eine klare Bedeutung erhalten, wie z.B. einen Idealwert.

Effizienz: Durch die Anforderungen der Produktentwicklung muss der Modellierer in der Lage sein, verschiedene Szenarien in kurzer Zeit rechnerisch zu erproben. Die Rechenzeiten müssen konkurrenzfähig mit anderen Dynamiksimulationen sein und sollen sich um Größenordnungen von denen der etablierten Finite-Element-Methoden unterscheiden, welche grundsätzlich ebenfalls die Modellierung der betrachteten Systeme ermöglichen.

Visualisierbarkeit: Die Möglichkeit zur grafischen Darstellung der Ergebnisse muss gegeben sein, sowohl in Form von Diagrammen wie auch als 3D-Animationen. Die während der Simulation akquirierten Daten sollen gut zugänglich und speicherbar sein, so dass sie einer weiteren Auswertung zugeführt werden können.

Flexibilität: Das Verfahren soll auf beliebige Kontaktgeometrien anwendbar sein. Die Implementierung muss flexibel genug sein, um auf konstruktive Änderungen des Systems schnell reagieren zu können. Das Kontaktmodell soll als wiederverwendbarer und an beliebiger Stelle einsetzbarer

Baustein des mechanischen Modells zur Verfügung stehen. Der Baustein soll für die tägliche Arbeit im industriellen Umfeld zur Verfügung stehen.

Robustheit: Der Modellierer soll beim Aufbau der Simulation möglichst wenig Wissen *a priori* an das Modell weitergeben. Beispiel für eine solche Entscheidung wäre die Wahl der zu verwendenden Kontaktnormalenrichtung.

1.3. Gliederung der Arbeit

Die *Kontaktmechanik* hat sich in den vergangenen Jahrzehnten zu einem aktuellen Forschungsgebiet mit zahlreichen Beiträgen entwickelt. Die *Tribologie* beschäftigt sich mit der wissenschaftlichen Analyse von Reibung, Schmierung und Verschleiß. Wegen vieler unbeantworteter Fragen wird letztere trotz ihrer langen Historie noch als "junge" Wissenschaft bezeichnet, die noch am Anfang steht [159]. In Kapitel 2 wird ein Überblick über die vorhandene Literatur in beiden Gebieten gegeben. Dabei wird der Schwerpunkt auf Kontaktmodelle gelegt, während auf tribologische Grundlagen nur kurz eingegangen wird.

Auf die Kinematik von Mehrkörpersystemen mit verteilten Kontakten wird kurz in Kapitel 3 eingegangen, um später eine möglichst allgemeingültige Implementierung zu ermöglichen.

Die in der Literatur bereits etablierte Analogie zwischen Reibung und Plastizität wird in Kapitel 4 benutzt, um ein einfaches tangentiales Kontaktmodell herzuleiten, welches sich für eine Implementierung im Kontext von Mehrkörpersystemen eignet.

In Kapitel 5 wird ein *ereignisgesteuertes* Verfahren zur numerischen Lösung des gekoppelten Mehrkörper- und Tribosystems verwendet. Das Verfahren scheint auch zur Lösung steifer Systeme mit vielen Kontakten in akzeptabler Zeit geeignet. In dieser Arbeit steht ein ereignisgesteuertes Verfahren im Vordergrund, dennoch sollen alternative Möglichkeiten zur numerischen Behandlung der betrachteten Systeme zu Vergleichszwecken herangezogen werden.

Einige Anwendungsbeispiele werden in Kapitel 6 vorgestellt. Dabei wird unterschieden zwischen einfachen Systemen eher akademischer Natur und praxisrelevanten Beispielen. Erstere werden mit bekannten Lösungen aus der Literatur verglichen, falls vorhanden. Letztere sollen die Anwendbarkeit des Verfahrens im industriellen Umfeld demonstrieren. Zwei Systeme mit flächigen Reibkontakten werden aufgrund ihrer interessanten dynamischen Eigenschaften näher beleuchtet: Ein System mit dem sogenannten Effekt der *Selbstzentrierung* und ein weiteres System, bestehend aus zwei kontaktierenden Scheiben mit Ruhelage und starken Schwingungsamplituden in unmittelbarer Nachbarschaft.

Im Anhang A wird die Implementierung des Verfahrens in Form eines vielseitig verwendbaren Computer-Algorithmus erläutert.

2. Überblick zur Modellierung von Reibkontakten

2.1. Klassische Reibgesetze

Aus zahlreichen Quellen der Antike geht hervor, dass Reibung die Menschen seit jeher beschäftigt [49]. Das erste *Reibgesetz* wird heute üblicherweise LEONARDO DA VINCI (1452-1519) zugesprochen. Er schrieb:

> Die Reibung mit demselben Gewicht wird den gleichen Widerstand zu Beginn der Bewegung haben, obwohl der Kontakt verschiedene Maße in Länge und Breite haben mag [107].

Weiterhin stellte er die Abhängigkeit der Reibung von der Normalkraft fest. Beide Zusammenhänge wurden 1699 unabhängig von AMONTON wiederentdeckt [1].

EULER verwendete 1765 erstmals den griechischen Buchstaben μ für den Reibkoeffizienten in [48]. COULOMB war im militärischen Auftrag auf der Insel Martinique und vollzog dort mit einem aufwändigen Apparat Experimente zur Reibung [33]. In seinen Aufzeichnungen von 1785 führte er die Unterscheidung zwischen der *statischen* Reibkraft und der *kinetischen* (auch *dynamischen*) Reibkraft ein. Erstere wird benötigt, um den Gleitvorgang anzuregen, letztere reicht aus, um das Gleiten zu erhalten. Ebenso registrierte er, dass die Reibkraft während Gleiten nahezu unabhängig von der Relativgeschwindigkeit ist. Auch das in jüngerer Zeit häufig verwendete *Bürstenmodell (bristle friction)* der Reibung (siehe Seite 24) geht auf eine Idee von COULOMB zurück.

Daraus ergibt sich das bekannteste Modell der Reibung, im eindimensionalen Fall mit

$$|T^c| = \leq \mu^{st} \|\vec{N}\| \tag{2.1}$$

für Haften (statischer Reibkoeffizient μ^{st}) und

$$T^c = -\mu^{dyn} \|\vec{N}\| \operatorname{sign}(v) \tag{2.2}$$

für Gleiten (skalare Relativgeschwindigkeit v, konstanter dynamischer Reibkoeffizient μ^{dyn}, siehe Abbildung 2.1). Obwohl es auf alle in diesem Abschnitt bisher genannten Urheber zurückgeht (siehe auch [20]), wird es meist als COULOMBsches Reibgesetz bezeichnet.

Die Abhängigkeit des Reibkoeffizientens von der Geschwindigkeit wurde von vielen Autoren berichtet (siehe [49]). Im deutschsprachigen Raum wird damit vor allem der Name STRIBECK in Verbindung gebracht [161], auch wenn seine Untersuchung sich speziell auf geschmierte Lagerstellen bezieht und den

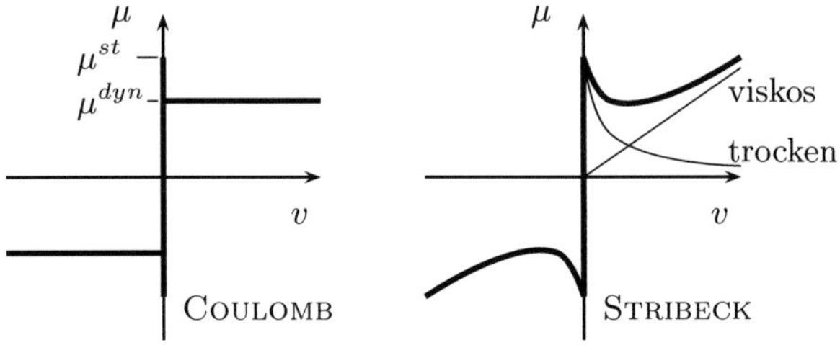

Abbildung 2.1.: Klassische Idealisierungen der Reibung

Übergang von Trockenreibung auf Flüssigreibung beschreibt. In Abbildung 2.1 ist eine Stribeck-Kurve gezeigt. Als Stribeck-Effekt wird das Absinken der Reibung mit steigender Geschwindigkeit bei geringen Geschwindigkeiten bezeichnet (vergleiche Armstrong-Hélouvry [4]).

Beschränkt sich die Bewegung auf Gleiten, wird also nur (2.2) benötigt und die Mengenwertigkeit von (2.1) spielt keine Rolle, so lassen sich oft[1] analytische oder halbanalytische Näherungslösungen für die Bewegungsgleichungen finden. Für ebene Systeme mit der Besonderheit von *flächigen* Reibkontakten wurde dies in einem Beitrag von Wittenburg [174] gezeigt.

2.2. Tribologie

Der Begriff *Tribologie* wurde von dem britischen Physiker David Tabor (1913-2005) geprägt. Die inzwischen nicht mehr gültige DIN 50232 definierte:

> Tribologie ist die Wissenschaft und Technik von aufeinander einwirkenden Oberflächen in Relativbewegung. Sie umfasst das Gesamtgebiet von Reibung und Verschleiß, einschließlich Schmierung, und schließt entsprechende Grenzflächenwechselwirkungen sowohl zwischen Festkörpern als auch zwischen Festkörpern und Flüssigkeiten oder Gasen ein.

In der ersten gemeinsamen Veröffentlichung von Bowden & Tabor [16] wurde das Konzept der *wahren Kontaktfläche* eingeführt, die aufgrund der *Oberflächenrauhigkeit* um Größenordnungen kleiner als die *scheinbare Kontaktfläche* ist (siehe Abbildung 1.5). Später erschien eine Monographie der beiden Autoren [17] und [18], die heute als das erste moderne Buch der Tribologie gilt. Das Werk fasst zahlreiche Experimente der Autoren zusammen, aus denen sich das

[1] genauer: bei Abwesenheit Painlevéscher Paradoxa, die auch bei reiner Coulombscher Gleitbewegung auftreten [2, 53]

Verständnis von Reibung als Überlagerung hauptsächlich zweier Mechanismen herleitet:

Adhäsion ("Anhaften") ist die Kopplung der berührenden Körper über molekulare Wechselwirkungen in der Grenzschicht. Eine endliche Normalkraft wird benötigt, um die beiden Körper wieder voneinander zu trennen. Beim Gleiten werden diese haftenden Verbindungen abgeschert.

Furchenbildung: Mikroerhebungen der härteren Oberfläche pflügen sich durch die weichere Oberfläche und verursachen dauerhaften Schaden.

Einige Beobachtungen der Tribologie werden mit diesen Mechanismen in Verbindung gebracht. So werden etwa bei Zum Gahr [56] aufgeführt: durch Furchenbildung abgetragenes Material führt zur Ausbildung einer Zwischenschicht (Schmierfilm, auch *dritter Körper*). Innerhalb dieser Schicht kann es zu chemischen Reaktionen kommen, so dass man dann von einer *tribochemischen Reaktionsschicht* spricht. Nahe der Oberflächen kommt es zu Ausbreitung von *Rissen* und *Delaminationen* im Material. Durch Fortschreiten der Deformationsprozesse erfolgt *Werkstoffermüdung*. Der Zusammenhang zwischen Reibkraft und lokalen Schwingungen in Normalrichtung im Kontakt wurde von Tolstoi [165] eingeführt.

Das Modell von Greenwood & Williamson [65, 66] betrachtet den Kontakt zwischen Mikroerhebungen (Asperiten[2]) als elastische Halbkugeln und einer ideal ebenen Unterlage. Die Höhe der Mikroerhebungen wird dabei statistisch verteilt angenommen.

Die Experimente von Courtney-Pratt & Eisner [34] legten erstmals die Analogie von Reibung und Plastizität nahe, die im Kapitel 4 noch näher beleuchtet wird. In Abbildung 2.2 sind reversibler (elastischer) und irreversibler (plastischer) Anteil der relativen Verschiebung von dem Kontaktpaar Platin/Platin gezeigt.

So hat auch in der Entwicklung von physikalisch motivierten Reibungstheorien das Konzept der plastischen Deformation Einzug erhalten. Diese Arbeiten beginnen bei Green [64] und Edwards & Halling [46]. Später versuchten Avitzur & Nakamura [6] mit Hilfe der plastischen Deformation der Mikroerhebungen einen analytischen Ausdruck für den Reibkoeffizienten zu erhalten. Einzelne Mikroerhebungen wurden von Challen & Oxley [27] analysiert. Auch in jüngerer Zeit wird dieser Weg weiter verfolgt, siehe zum Beispiel Kogut & Etsion [99]. Etablierte Erkenntnisse der Tribologie lassen sich in dem Handbuch von Kragelski [100] nachschlagen.

In der Monographie von Gorjachewa [62] werden tribologische Eigenschaften von technischen Reibpaaren mit Methoden aus der Kontakt- und Bruch-

[2] von lat. *asper* – rauh, schroff, uneben

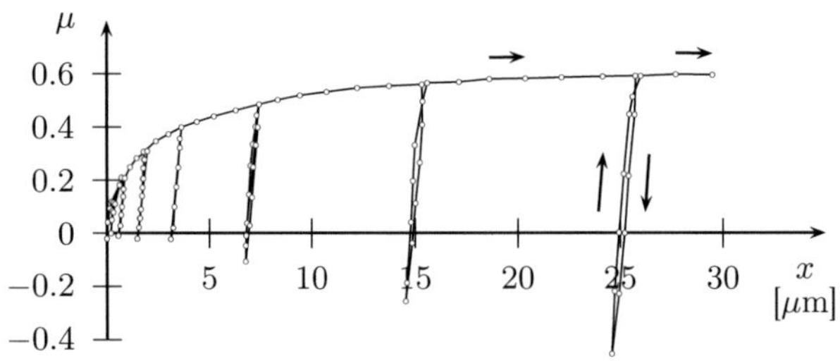

Abbildung 2.2.: Experimente von COURTNEY-PRATT & EISNER; reproduziert aus [34]

mechanik modelliert. Besonderheit der verwendeten Formalismen ist der weitgehende Verzicht auf numerische Verfahren zugunsten analytischer Ergebnisse.

Eine Brücke zwischen Tribologie und Dynamik schlagen OSTERMEYER & MÜLLER [130, 131, 125] mit *zellulären Automaten*, welche zur Simulation des Reibwertes benutzt werden. Die Entwicklung des Reibwertes als Zustandsgröße wird dann mit anderen (mechanischen) Größen des Systems gekoppelt, hauptsächlich motiviert durch Schwingungs- und Verschleißprobleme an Fahrzeugbremsen.

2.2.1. Nanotribologie

Die Schule von BOWDEN und TABOR führte in der ersten Hälfte des 20. Jahrhunderts ihre Experimente zur Physik der Reibung auf makroskopischer Ebene durch. Bald zeichnete sich eine Verlagerung des Interesses auf kleinere Größenskalen ab, siehe zum Beispiel die Messung von VAN DER WAALS-Kräften durch ISRAELACHVILI & TABOR aus dem Jahre 1972 [87]. Seit Ende der 1980er Jahre ist es möglich, die Reibkraft in Versuchen mit Kontakten in der Größenordnung von wenigen Nanometern zu messen [112]. Die neuen experimentellen Möglichkeiten sowie zur selben Zeit aufkommende Theorien zu Kontakten gleichen Ausmaßes führten zum Begriff der *Nanotribologie*. Ein Überblick über den aktuellen Stand dieses Forschungsgebietes ist in [59] gegeben.

Neue Beiträge zur Aufklärung von elementaren Reibereignissen lieferten vornehmlich die Reibkraftmikroskopie (*Friction Force Microscopy*, FFM) und der sogenannte *Surface Force Apparatus* (SFA). Bei der Reibkraftmikroskopie wird eine Spitze, die idealerweise aus nur einem Atom an ihrem Ende besteht, über eine ideal glatte Oberfläche aus einem Einkristall gezogen (siehe Abbildung 2.3). Durch die Verkleinerung des betrachteten Kontakts auf nur einen Asperiten wird die Komplexität des Tribosystems erheblich reduziert. Weitere Motivationen für die Reibkraftmikroskopie sind die Verkleinerung von technischen

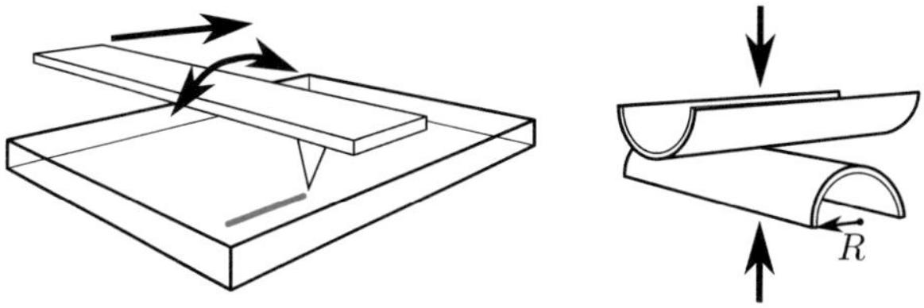

Abbildung 2.3.: Reibkraftmikroskopie (*Friction Force Microscopy*) und die gekreuzten Zylinder des *Surface Force Apparatus*

Systemen im Allgemeinen (MEMS, *Micro-Electro-Mechanical Systems*) sowie die gute lokale Auflösung gemessener Reibkräfte bei wechselndem Untergrund in heterogenen Werkstoffen [59, 158].

Der SFA besteht aus zwei senkrecht zueinander angeordneten Zylindern mit einem Kontakt im Bereich der Kreuzung (gezeigt in Abbildung 2.3). Die Verwendung von Zylindern anstelle von ebenen Kontaktflächen hat den Vorteil, dass die schwierige parallele Ausrichtung ebener Flächen entfällt und Verkantungen in den Bereichen der Flächenbegrenzung ausgeschlossen werden können. Der SFA entsprang dem intuitiven Wunsch der Tribologie, die Reibkräfte *in einer Kontaktfläche* zu messen und wurde bereits Anfang der 1970er Jahre von TABOR eingesetzt [87, 163]. Ein verbreiteter Einsatz des SFA fand aber erst mit voranschreitender Verbesserung der Messtechnik ab den späten 1980er Jahren statt [42]. Die beiden Zylinder sind in der klassischen Ausführung mit einer Schicht von – auf molekularer Ebene – ideal glattem Glimmer [3] beklebt. Glimmer sind für Experimente mit dem SFA prädestiniert, da sie sich perfekt entlang der Schichtebenen spalten lassen sowie über eine hohe Lichtdurchlässigkeit verfügen, welches die Beobachtung der momentanen Kontaktfläche mit interferometrischen Methoden während des Experiments zulässt. Die gekrümmten Mantelflächen der Zylinder werden im Kontakt verformt, so dass sich keine konstante Normaldruckverteilung in der Kontaktfläche einstellt. Aufgrund der kristallinen Oberflächen der Glimmer erhält man ebenfalls einen Kontakt mit nur einem Asperiten, jedoch fällt dieser "flacher" aus als in der FFM. Zumeist befindet sich zwischen den beiden kristallinen Oberflächen ein dünner Schmierfilm – absichtlich dort eingebracht oder als Ergebnis von Verschleiß.

Sowohl FFM wie auch SFA stellen den Experimentator vor enorme Herausforderungen, an denen man die Schwierigkeiten bei der Aufklärung vom Phänomen der Reibung ablesen kann. Bei der FFM sind die Messergebnisse

[3]Schichtsilikate, gesteinsbildende Minaralien

beispielsweise stark von der Beschaffenheit der atomaren Spitze abhängig, die aber kaum bekannt ist. Während der Reibvorgangs werden – auch bei behutsamer Belastung in Normalrichtung – Atome zwischen Spitze und Unterlage ausgetauscht [10]. Aus der Unterlage werden kleinste Partikel herausgelöst, die sich an der Spitze ansammeln und Haft- / Gleitübergänge auf atomarer Skala verursachen (*atomic stick-slip*, zu unterscheiden von *stick-slip* auf makroskopischer Skala). Wenn die zur atomaren Spitze übertragenen Partikel einen Mehratomkontakt ermöglichen und die Ausrichtung des Kristallgitters im Kontakt *inkommensurabel*[4] ist, kann Supraschmierfähigkeit (*Superlubricity*) auftreten [38], welche sich als plötzliches Verschwinden beinahe jeglicher Reibung äußert.

In beiden Versuchsaufbauten kommt es zu Oxidation und Kontamination der Reibpaarungen durch Transport und Handhabung, die ebenfalls das Ergebnis beeinflussen. Müser & Robbins untersuchten das Auftreten von Haftreibung zwischen kristallinen Oberflächen in Anwesenheit von einem wenige Nanometer dünnen Schmierfilm [126]. Um Informationen über die Struktur des Schmierfilms zu erhalten und die Rolle der schmierenden Moleküle zwischen den kristallinen Oberflächen besser zu verstehen, wird der SFA zunehmend mit anderen – zumeist optischen – Verfahren kombininert.

Da alle bekannten interatomaren Kräfte Potentiale sind, könnte man annehmen, dass im Versuch der FFM bei hinreichend langsamer Bewegung ohne Verschleiß keine Dissipation auftritt [67]. Im Experiment zeigt sich jedoch, dass dies nicht der Fall ist. Dieser Widerspruch motivierte zahlreiche theoretische Untersuchungen von Reibungsmechanismen auf atomarer Skala. Das einfachste Modell wird als Prandtl-Tomlinson-Modell bezeichnet [114, 181, 31], allerdings wird hier die Dissipation noch intuitiv durch einen Dämpfungskoeffizienten eingeführt. Im Modell wird die eindimensionale Bewegung eines Massenpunktes im periodischen Potential $V(x)$ mit viskoser Dämpfung in der Form

$$m\ddot{x} + \beta\dot{x} + \mu^{st} N \sin\omega x = F, \quad V(x) = \mu^{st} N \sin\omega x \tag{2.3}$$

betrachtet. Hier muss die äußere Kraft F zunächst die Haftgrenze $\mu^{st}N$ überwinden, damit der Massenpunkt "losreißt", also eine Potentialperiode verlässt. Makroskopische Bewegungen werden durch den Koeffizienten β gedämpft und mit Schwingungen aufgrund des periodischen Potentials überlagert. Das Modell von Prandtl-Tomlinson wurde als Minimalmodell für zahlreiche tribologische Überlegungen herangezogen. Die Erweiterung auf mehrere Atome wurde im Modell von Frenkel-Kontorova vorgenommen.

[4] nicht zueinander passend; Inkommensurabilität von kristallinen Oberflächen im Kontakt wird oft mit Eierkartons veranschaulicht: sind zwei Eierkartons so zueinander ausgerichtet, dass sie sich stapeln lassen, ist ihre Ausrichtung *kommensurabel*, lassen sie sich hingegen nicht ineinander stapeln, ist ihre Ausrichtung *inkommensurabel*.

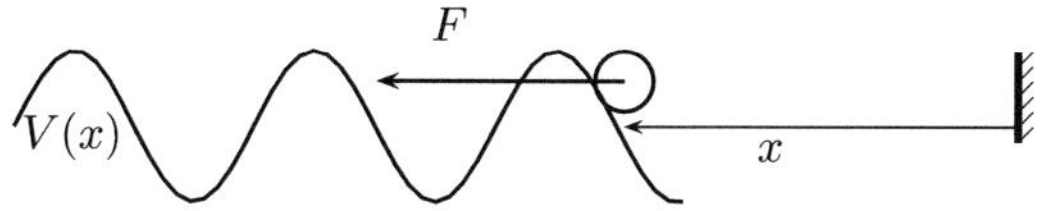

Abbildung 2.4.: Atomares Minimalmodell der Reibung von PRANDTL-TOMLINSON mit periodischem Potential $V(x)$.

Detaillierte Modelle für die Übergänge von Haft- nach Gleitzuständen und umgekehrt wurden von PERSSON [135] & POPOV [138, 139] aufgestellt. Beim Übergang von Gleiten nach Haften ergeben sich im Modell die grundsätzlich unterschiedlichen Situationen, dass einerseits die Gleitmasse sofort angehalten werden kann und die verbleibende Geschwindigkeit von der lokalen Nachgiebigkeit der Mikrokontakte aufgenommen wird und andererseits ein makroskopischer Übergang von Gleiten nach Haften von einer Vielzahl von Übergängen der Mikrokontakte begleitet wird. In [139] wird das Schmelzen und erneute Entstehen des festen – wenige Atomlagen dicken – Schmierfilms unter Scherbelastung betrachtet. Die genannten Modelle basieren auf experimentellen Beobachtungen von GOURDON & ISRAELACHVILI [63] sowie YOSHIZAWA et al. [180]. Die Arbeit wird in einem jüngeren Lehrbuch von POPOV [140] in den Kontext der Kontaktmechanik eingeordnet.

Ein Modell von MÜSER et al. [127] berücksichtigt die in Experimenten derselben Gruppe beobachteten Unterschiede zwischen Reibpaarungen, die kristallographisch *kommensurabel* sind und solchen, die *inkommensurabel* sind. Das Modell wird mit molekulardynamischen Simulationen verglichen. Andere Untersuchungen von Reibprozessen mit Hilfe der Molekulardynamik sind beispielsweise in [124, 134, 101, 83] zu finden.

Tribologische Reibmodelle sind mit ihrem hohen Anspruch an Genauigkeit und der damit verbundenen hohen Detailtiefe für die numerische Simulation von Mehrkörpersystemen ungeeignet. Auch die zur Abstimmung tribologischer Modelle benötigten Parameter sind im Alltag des Ingenieurs oft nicht greifbar. Den Erkenntnissen der Nanotribologie ist dennoch eine wesentliche Rolle bei der Modellierung von verteilten Reibkontakten in Mehrkörpersystemen zugedacht: Die elementaren Annahmen eines stark vereinfachten, für die Dynamiksimulation geeigneten Reibmodells, sollten zumindest nicht im Widerspruch zu vorhandenen Erkenntnissen aus der Tribologie stehen.

2.3. Modellierung im Hinblick auf numerische Verfahren

Naheliegend ist es, den unstetigen Verlauf der Reibkraft-Geschwindigkeitskennlinie aus Abbildung 2.1 durch eine stetige Kennlinie zu ersetzen, siehe Abbildung 2.5 links. Im Bereich geringer Geschwindigkeiten wird meist eine lineare

Kennlinie mit hoher Steigung gewählt. Die Reibung entspricht dann im Haftbereich einer hohen viskosen Dämpfung, das heißt es sind Relativgeschwindigkeiten während Haften möglich. Dieser Nachteil wird aufgewogen durch den Vorteil, dass die Dynamik des Systems als gewöhnliche Differentialgleichung mit stetiger rechter Seite formuliert werden kann. Zwar hat die Bewegungsgleichung durch die hohe Steigung der Kennlinie den Makel, dass sie steif im mathematischen Sinne ist, aber es existieren genügend etablierte Lösungsverfahren für steife gewöhnliche DGLn.

Eine solche Umformulierung eines Problems zum Zwecke der Berechenbarkeit mit nur qualitativ begründbaren Modifikationen nennt man *Regularisierung*. Regularisierungen sind Forschungsgegenstand in der Mathematik, ein Beispiel ist die Arbeit von PLATO [136]. Auf mathematische Aspekte speziell der Regularisierung mit stetiger Kennlinie wird in dem Buch von DUVAUT & LIONS eingegangen [45]. Anwendungen der Kennlinienregularisierung sind in der Literatur häufig zu finden, als Beispiel sei hier [128] zitiert.

Eine andere Form der Regularisierung des Haftzustandes geschieht mit Federn und Dämpfern (siehe Kapitel 4). Reibmodelle mit lokaler Nachgiebigkeit in Tangentialrichtung werden meist als *Bürstenmodelle* der Reibung (*bristle friction*) bezeichnet. Die Idee ist weit verbreitet, eine frühe Literaturstelle ist etwa bei ANTUNES [3] zu finden. In einem Artikel von HAESSIG und FRIEDLAND [68] wird ein Bürstenmodell mit zufällig angeordneten Federn zur Modellierung einzelner Mikrokontakte vorgestellt. Ziel ist es, stochastische Eigenschaften der Reibung in einem numerischen Verfahren abzubilden. Gute Ergebnisse werden mit einer Anzahl von ca. 20 "Borsten" pro makrosopischen Kontaktpunkt erzielt, was jedoch für die meisten Numerikanwendungen zu rechenaufwändig ist. Der Versuch, dieses Bürstenmodell zu vereinfachen führt in demselben Artikel [68] zu einem einfachen Feder-Dämpfermodell der Reibung mit der Reibkraft

$$T = [1 + a(z)]\sigma_0(v)z + \sigma_1 \frac{dz}{dt}; \quad a(z) = \begin{cases} a, & |z| < z_0 \\ 0, & \text{sonst} \end{cases} \tag{2.4}$$

und wird als *reset integrator model* bezeichnet (geschwindigkeitsabhängige Federsteifigkeit $\sigma_0(v)$, nur im Haftzustand aktiver Dämpfungsparameter σ_1). Die Schaltvariable $a(z)$ sorgt dafür, dass nach Erreichen der Losreißgrenze $|z| \geq z_0$ die Federverformung z konstant bleibt.

Bei TARIKU & ROGERS [164] wurden verschiedene Kriterien für das Detektieren von Haft- / Gleitübergängen im Zusammenhang mit Feder-Dämpfer-Regularisierung diskutiert. Weiterhin werden einige Probleme identifiziert, die typisch für 2D-Reibstellen sind. Zur Lösung wird vorgeschlagen, die Reibung entlang zweier senkrechter Basisvektoren getrennt zu betrachten, eine aufgrund des STRIBECK-Effekts fraglich erscheinende Vorgehensweise.

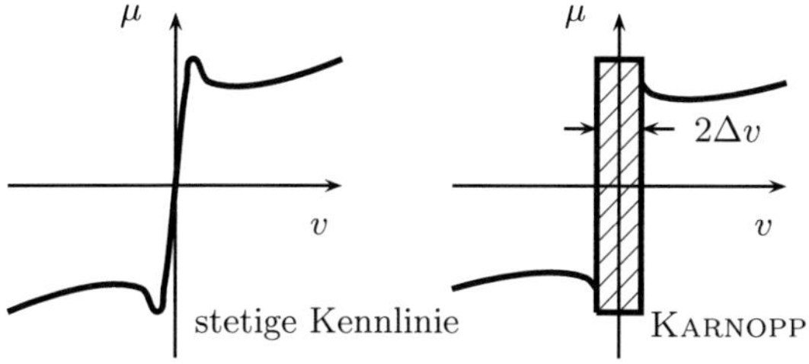

Abbildung 2.5.: Kennlinienregularisierung und Modell von KARNOPP, reproduziert aus [93]

Der Einfluss der Feder-Dämpfer-Regularisierung auf die Dynamik einfacher Systeme mit wenigen Freiheitsgraden wurde bei VIELSACK [47, 166, 167] näher untersucht. An einer eindimensionalen Reibstelle mit Punktkontakt wird dort gezeigt, dass eine Regularisierung mit Feder *und* Dämpfer einer Regularisierung nur mit Feder *oder* Dämpfer überlegen ist.

Im Modell von KARNOPP [93] wird die ereignisgesteuerte Integration von Systemen mit Reibung vorgeschlagen. Es wird eine numerische Schranke Δv eingeführt (Abbildung 2.5), ab der Haften auftreten soll. Die Begründung für diese numerische Schranke ist die Berührnullstelle[5]. Innerhalb des Haftbereichs wird die Reibkraft aus einem statischen Gleichgewicht ausgerechnet. Das Modell von KARNOPP ist somit nur für einzelne Punktkontakte zwischen Körpern geeignet, da bei mehrfachem Kontakt statische Unbestimmtheit auftritt.

2.3.1. Heuristische Modelle

Im Vergleich zu den Modellen im letzten Abschnitt verlangt die Regelungstechnik nach einer Klasse von Reibmodellen mit alternativem Fokus. Bei der Aufgabe der *Lageregelung* kommt es auf ein möglichst genaues Erreichen der gewünschten Zielposition an, der Regler muss im System stets vorhandene Reibung möglichst gut kompensieren. Dies gelingt umso besser, je mehr Reibphänomene im Modell des Reglers enthalten sind, diese sind etwa (vergleiche ARMSTRONG-HÉLOUVRY [5]):

Elastizität im Haften Wenn auch die Relativbewegungen bei Lasten unterhalb der Haftgrenze klein sind, so kann es bei präzisen Positionierungen nötig sein, diese im Modell zu berücksichtigen *(presliding displacement)*.

[5] die Nullstelle einer nicht-negativen Funktion

Verweilzeitabhängigkeit der Haftreibung Aus der Tribologie ist bekannt, dass mit zunehmender Verweilzeit die Adhäsion anwächst und die maximal übertragbare Haftreibkraft somit ebenfalls ansteigt.

Reibgedächtnis Bei Mischreibung kann es durch den Schmierfilm bedingt zu einer zeitlichen Verzögerung der Reibeigenschaften bei Änderung der Geschwindigkeit oder Normalkraft kommen *(Frictional Memory)*.

Gleichzeitig müssen die Modelle schnell zu evaluieren sein, da das Regelungssystem oftmals einen Betrieb in Echtzeit erfordert. Aufwändige, physikalisch motivierte Modelle scheiden aus Gründen der Rechenzeit aus. Andererseits darf das Modell empirische Parameter enthalten, die nicht notwendigerweise messbar sein müssen. Für den Betrieb der geregelten Maschine werden die Parameter ohne Rücksicht auf ihre Interpretation einfach so lange angepasst, bis die gewünschten Effekte auch quantitativ hinreichend gut beschrieben sind. Dabei ist es oft von Vorteil, dass ein konkretes geregeltes System eine überschaubare Menge von Betriebszuständen annimmt. Die so entstandenen Modelle der Reibung sind *heuristisch*, sie bilden die Realität genau ab ohne eine Begründung liefern zu wollen. So wird bei POLYCARPOU & SOOM [137] ein Reibgesetz für geschmierte Kontakte mittels Regressionsanalyse bestimmt, bei CILIZ & TOMIZUKA [30] wird Reibung für Regelungen sogar mit Hilfe neuronaler Netze modelliert. Im Folgenden sind aus der Gruppe der heuristischen Modelle einige dargestellt, die aufgrund ihrer noch vorhandenen physikalischen Interpretation auch für die Dynamikanalyse attraktiv erscheinen.

Das Modell von DAHL [36, 37] markiert den Startpunkt für eine Reihe von Reibmodellen mit *internen* Zuständen. Bei Versuchen mit Kugellagern beobachtete er, dass beim Aufbringen kleiner Lasten mit verschwindender Geschwindigkeit eine kleine Verschiebung auftritt, die aufgrund fehlender Relativgeschwindigkeit nicht als Gleiten interpretiert wurde (*presliding displacement*, DAHL-Effekt). Dieses Verhalten wird abgebildet mit

$$\frac{dT(x)}{dt} = \frac{dT(x)}{dx}\frac{dx}{dt} \tag{2.5}$$

(skalare Reibkraft T, eindimensionale Verschiebung x, Zeit t) und der heuristischen Gleichung

$$\frac{dT(x)}{dx} = \sigma \left|1 - \frac{T}{T^c}\operatorname{sign}\dot{x}\right|^i \operatorname{sign}\left(1 - \frac{T}{T^c}\operatorname{sign}\dot{x}\right) \tag{2.6}$$

(konstante COULOMBsche Gleitreibkraft T^c, tangentiale Steifigkeit σ bei $T = 0$ und freier Formparameter i). Gleichung (2.5) wird zusammen mit der Bewegungsgleichung integriert, der interne Zustand der Reibstelle ist also die akkumulierte Reibkraft T. Das Modell von DAHL wurde vielfach zitiert und erweitert, die Berücksichtigung eines STRIBECK-Effekts wurde zum Beispiel von BLIMAN & SORINE [13, 14] durchgeführt.

Das sogenannte LUGRE Reibmodell (CANUDAS DE WIT et al. [24, 22], entwickelt in Lund und Grenoble) ist ebenfalls eine Erweiterung der Idee von DAHL und hat weite Verbreitung gefunden, vor allem in der Robotik. In [23] wurde speziell eine Anwendung auf Kupplungssysteme diskutiert. Im LUGRE-Modell wird die skalare Reibkraft T mit einer internen elastischen Zustandsvariable z in der Form

$$T = \sigma_0 z + \sigma_1 \frac{dz}{dt} + \sigma_2 \frac{dx}{dt} \tag{2.7}$$

regularisiert (Steifigkeit σ_0, Dämpfungsparameter für kleine Relativbewegungen σ_1, Dämpfungsparameter σ_2 für große Relativbewegungen im Sinne einer viskosen Reibung, Gesamtverschiebung im Kontakt x). Für die interne Variable z wird die skalare Entwicklungsgleichung

$$\frac{dz}{dt} = \frac{dx}{dt} - \frac{z}{g(dx/dt)} \left| \frac{dx}{dt} \right| \tag{2.8}$$

angenommen. Der erste Term auf der rechten Seite von (2.8) sorgt dafür, dass die interne Variable z als durchschnittliche Verformung von Bürsten oder Asperiten interpretiert werden kann, denn z entwickelt sich analog dem Integral der Relativgeschwindigkeit. Der zweite Term stellt sicher, dass die Variable z einen stationären Wert bei konstanten Geschwindigkeiten annimmt, in der Originalarbeit mit z_{ss} (*steady state*)

$$z_{ss} = \frac{v}{|v|} g(v) = g(v) \operatorname{sign}(v), \quad v = \frac{dx}{dt} \tag{2.9}$$

bezeichnet. Die Funktion $g(v)$ stellt also eine STRIBECK-Kurve dar. In der jüngeren Literatur wird der Begriff *Bürstenmodell* der Reibung oft synonym für das LUGRE-Modell verwendet.

Das LEUVEN-Modell [162] von SWEVERS et al., ebenfalls nach seinem Entstehungsort benannt, ist eine Erweiterung von LUGRE auf Reibstellen mit allgemeiner Hysterese, das heißt die Reibkraft hängt von der gesamten Vorgeschichte der Reibstelle ab. Anstelle von (2.7) wird

$$T = T_h(z) + \sigma_1 \frac{dz}{dt} + \sigma_2 \frac{dx}{dt} \tag{2.10}$$

vorgeschlagen, wobei mit $T_h(z)$ eine Hysteresefunktion bezeichnet ist. Anstelle der Zustandsgleichung (2.8) wird die heuristische Gleichung

$$\frac{dz}{dt} = v \left[1 - \operatorname{sign}\left(\frac{T_d(z)}{g(v) - T_b} \right) \left| \frac{T_d(z)}{g(v) - T_b} \right|^i \right] \tag{2.11}$$

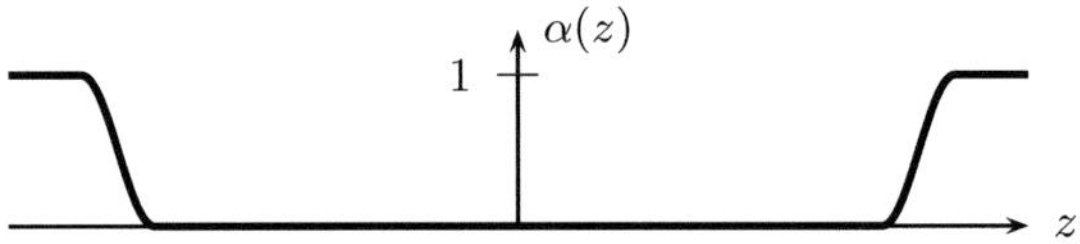

Abbildung 2.6.: Regularisierung des Haft- / Gleitübergangs, reproduziert aus [43]

verwendet (letzter Umkehrpunkt auf der Hysterese T_b, Formfunktion der Hysterese $T_d(z)$, freier Formparameter i wie bei DAHL, $g(v)$ wie im LUGRE-Modell). Motivation einer genauen Abbildung der Hysterese war die Lageregelung von Industrierobotern.

Die beiden Modelle LUGRE und LEUVEN beinhalten kein echtes, reversibles Haften (*true stiction*), das heißt im Haftzustand muss für alle Reibkräfte $\vec{T}(t)$, die betragsmäßig unterhalb einer Losreißkraft T^l liegen,

$$\|\vec{T}(t)\| < T^l \tag{2.12}$$

gelten, dass jegliche (Mikro-)Relativbewegung x im Kontakt reversibel ist. Von DUPONT et al. [5, 43, 44] wurde eine Modifikation von (2.8) der Form

$$\frac{dz}{dt} = v - \alpha(z)\frac{z}{g(v)}|v| \tag{2.13}$$

durchgeführt mit

$$\alpha(z) = \begin{cases} 0, & |z| < z_l \\ \frac{1}{2}\sin\left[\frac{\pi}{z_{max}-z_l}\left(z - \frac{z_{max}+z_l}{2}\right)\right] + \frac{1}{2}, & z_l \le |z| < z_{max} \\ 1, & |z| \ge z_{max} \end{cases} \tag{2.14}$$

einer weiteren Form der Regularisierung. Mit (2.14) wird die Unterscheidung zwischen Haft- und Gleitzustand durch eine stetige Kennlinie regularisiert (siehe Abbildung 2.6). Denn für $\alpha(z) = 0$ ist in (2.13) die elastischen Koordinate z gleich der Gesamtverschiebung x und die Steifigkeit σ_0 in (2.7) wirkt jetzt als reversible Feder. Die Wahl des Übergangs (2.14) ist willkürlich und erzeugt zusätzliche Parameter, darum ist das Modell in einer Gruppe mit DAHL, LUGRE und LEUVEN einzuordnen. Aufgrund der Zustandsunterscheidung (2.14) wird es als *elasto-plastisches* Modell der Reibung bezeichnet. In der Arbeit von DUPONT et al. wurde auch die Bezeichnung von elastischer Deformation mit z und plastischer Deformation mit w eingeführt, welche ab hier übernommen wird.

Von GONTHIER et al. [61] wurde ein ähnlicher Weg bestritten, auch dort wird die interne Variable in einen Haft- und einen Gleitbereich aufgeteilt und ein glatter heuristischer Übergang zwischen beiden Bereichen angenommen.

Die Modelle in diesem Abschnitt weisen Ähnlichkeiten zu der in Kapitel 4 vorgestellten Regularisierungsmethode auf. Die Unterschiede sind:

1. Die Reibstellen sind hier eindimensional. In Kapitel 4 wird der verteilte Kontakt zwischen 3D-Körpern betrachtet.

2. Die Gleichungen zur Beschreibung der internen Freiheitsgrade wie (2.6), (2.8), (2.11), oder (2.13) wurden in den Originalarbeiten durch Synthese erzeugt, deutlich sichtbar am Auftreten freier Formparameter. In Kapitel 4 wird eine analoge Gleichung unter Erwägung der Annahmen analytisch hergeleitet.

3. Hier werden tangentiale Kontaktsteifigkeiten als physikalische Parameter mit quantitativer Bedeutung verstanden. Im weiteren Verlauf dieser Arbeit werden tangentiale Kontaktsteifigkeiten als Regularisierungssteifigkeiten mit nur qualitativer Bedeutung interpretiert. Grund ist der Wille zu einer möglichst vereinfachten Betrachtung bei Fragestellungen der nichtlinearen Dynamik sowie die schwierige Messbarkeit von tangentialen Kontaktsteifigkeiten.

4. Stetige Regularisierungen wie in Abbildung 2.6 werden in Kapitel 4 vermieden.

Ein Überblick über einige Modelle in diesem Abschnitt wurde von Bona & Indri [15] gegeben.

2.3.2. Reibung und Kontakt elastischer Körper

Allgemein gehaltene Reibmodelle wurden in den 1980er Jahren von Oden & Martins [129] auf Kontinua angewendet. Die Modellierung geschah im Hinblick auf Finite-Elemente-Verfahren zur Untersuchung strukturdynamischer Phänomene mit Reibung. Weitere bekannte Arbeiten zur Finiten-Elemente-Methode und Kontakten mit Reibung sind von Kikuchi & Oden [96], Laursen & Simo [104] und Wriggers [177, 178, 179]. Für dynamische Probleme werden häufig *modal reduzierte* elastische Körper als Kompromiss aus Genauigkeit der Modellierung und möglichst geringer Anzahl an Freiheitsgraden gewählt. Die Arbeit von Sextro [149] untersucht speziell modale Reduktion in Zusammenhang mit Kontakt und Reibung.

2.3.3. Reibung und Plastizität

Drucker [40] demonstrierte 1954, dass die Analogie von Reibung und Plastizität einen Makel hat: Wenn man Reibung durch eine plastische Schicht ersetzt

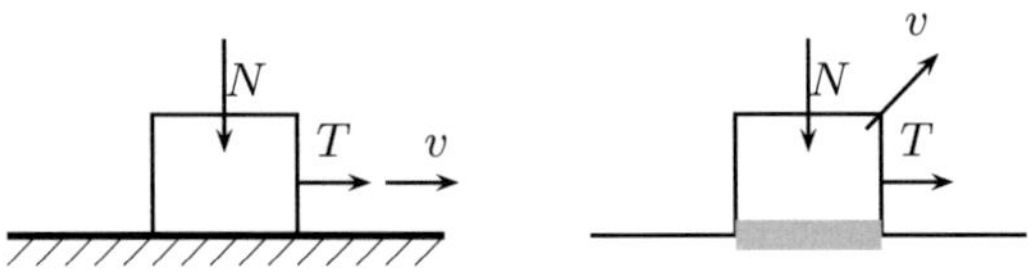

Abbildung 2.7.: Unterschied zwischen COULOMBscher Reibung und idealer Plastizität; reproduziert aus [40]

ergibt sich bei direkter Anwendung der idealen Plastizität neben der tangentialen Relativbewegung eine Geschwindigkeitskomponente in normale Richtung. Es muss also, damit Gleiten auftritt, zusätzliche Arbeit gegen die Normalkraft geleistet werden. Es gibt demnach Systeme, bei denen das Modell der idealen Plastizität in der Kontaktschicht kein Gleiten vorhersagt, während dasselbe System mit COULOMBscher Reibung in der Kontaktschicht gleiten kann (siehe Abschnitt 4.2).

Eine Erweiterung der Plastizität, die dieses Problem behebt, wurde unabhängig von MRÓZ & DRESCHER [123] sowie COLLINS [32] diskutiert. In der Arbeit von FREDRIKSSON [54] wurde die Analogie von Plastizität und Reibung im Kontext einer Finiten-Elemente-Analyse verwendet. Dabei wird erstmals eine nicht-assoziierte Fließregel verwendet, eine Modifikation die auch bei MICHALOWSKI & MRÓZ [119] zu finden ist. Mit einer nicht-assoziierten Fließregel lässt sich ebenfalls das Problem der normalen Bewegungskomponente bei Gleiten beheben.

Eine detaillierte Untersuchung zu Reibung und Plastizität wurde von CURNIER [35] durchgeführt. Dabei wird deutlich, dass sich verschiedene Reibmodelle im Rahmen einer Plastizitätstheorie modellieren lassen. Der Autor empfiehlt, die in den Plastizitätstheorien etablierte mathematische Strenge auch auf Reibungstheorien anzuwenden und sieht die Analogie als Hilfmittel dazu.

Plastische Reibmodelle werden in umfangreichen Büchern zu Kontaktmechanik, beispielsweise bei LAURSEN [103] und WILLNER [170] berücksichtigt. Es werden elastische Körper etwa im Rahmen einer Finite-Elemente-Methode untersucht. Auch jüngere Arbeiten auf dem Gebiet der Strukturmechanik nutzen Analogien zwischen Plastizität und Reibung aus. Als Beispiel sei hier die Arbeit von HOFFMANN [81] genannt.

2.4. Kontakte in der Schwingungslehre

Reibung und Kontakt bilden innerhalb der Lehre von den nichtlinearen Schwingungen eine wichtige Quelle der Nichtlinearität [69]. Untersucht werden zumeist topologisch einfache Systeme mit wenigen Kontaktstellen, aber bereits reichhaltigen dynamischen Eigenschaften. So existieren chaotische Bewegungen bereits in einem einfachen Schwinger mit Reibung als einziger Nichtlinearität (vgl. POPP [141]). Primäres Ziel der Untersuchung ist es, ein qualitatives Verständnis für die dynamischen Effekte zu erhalten. Aus diesem Grund werden meist geschlossene Lösungen oder zumindest Näherungen an geschlossene Lösungen angestrebt. Diese haben den Vorteil gegenüber numerischen Lösungen, dass sich Einflüsse von Systemparametern auf Kenngrößen der Bewegung direkt ablesen lassen. Frühe Arbeiten auf diesem Gebiet suchen nach der geschlossenen Lösung, so wurde von DEN HARTOG im Jahre 1931 die exakte stationäre Lösung eines Einmassenschwingers mit harmonischer Anregung und Reibung gegeben [75]. Lässt sich keine exakte Lösung finden, werden häufig die asymptotischen Näherungsverfahren der Mittelwertbildung oder Multiskalenverfahren eingesetzt.

In diese Verfahren lassen sich Unstetigkeiten der Bewegungsgleichung einarbeiten, vergleiche zum Beispiel FIDLIN [50]. Stöße werden daher meist mit dem klassischen Stoßgesetz von NEWTON abgebildet. Reibstellen werden üblicherweise als einzelne Kontaktpunkte mit einem klassischen Reibgesetz wie der COULOMBschen Reibung idealisiert. Dass von dieser Klasse von Systemen auch andere als klassische Kontaktmodelle nachgefragt werden, ist im historischen Überblick von FEENY et al. [49] dokumentiert.

2.5. Normalkontakt

Einen fundamentalen Beitrag zur Kontaktmechanik lieferte HERTZ mit seiner Theorie zum Kontakt linear elastischer Körper [77]. Für das elastische Kontaktproblem lässt sich mit der wesentlichen Vereinfachung von HERTZ eine Lösung in geschlossener Form finden: Anstelle der elastischen Verformung realer Körper wird die Deformation *elastischer Halbebenen* berechnet. Die Vereinfachung ist gerechtfertigt, wenn das Kontaktgebiet einerseits klein im Vergleich zu den Körperabmessungen und andererseits klein im Vergleich zu den Krümmungen der Oberflächen auch außerhalb des Kontaktgebietes ist [89]. Erstere Annahme stellt die Annäherung an die unendliche Ausdehnung einer elastischen Halbebene sicher. Mit der zweiten Annahme soll der Planität einer elastischen Halbebene Rechnung getragen werden.

Ausgangspunkt der HERTZschen Theorie ist die kinematische Überlegung, dass bei weiterer Annäherung zweier sich in einem Punkt kraftlos berührender Körper um den Betrag δ dieser Weg sich aus Verformungen u_{z1} und u_{z2} der kontaktierenden Oberflächen sowie dem Spalt h in unverformten Zustand zusammensetzt:

$$u_{z1} + u_{z2} + h = \delta \tag{2.15}$$

Gleichung (2.15) muss für alle Punkte des Kontaktgebietes gelten und außerhalb muss stattdessen

$$u_{z1} + u_{z2} + h > \delta \tag{2.16}$$

gelten. Dabei werden alle skalare Größen entlang einer gemeinsamen Kontaktnormalenrichtung gemessen, die sich als äußere Flächeneinheitsnormale des ersten Berührpunktes ergibt. Ziel ist es dann, Spannungsverteilungen zu finden, die mit (2.15) und (2.16) verträglich sind. Der Spalt h in unverfomten Zustand ist über die Geometrie der Körper vorgegeben. Im Falle von Kugeln lässt sich eine um die Kontaktnormale rotationssymmetrische Druckverteilung

$$p(r) = p_0\sqrt{1 - \frac{r^2}{a^2}} \tag{2.17}$$

finden (Maximaldruck p_0, radiale Koordinate r, Radius des Kontaktgebietes a), die zu den kinematisch verträglichen Verformungen führt. Setzt man die mit dieser Druckverteilung erhaltenen Verformungen u_{z1} und u_{z2} in (2.15) ein und integriert den Druck (2.17) entlang des Kontaktgebiets zu einer Kraft, so erhält man den Normalkraft-Weg-Zusammenhang in der Form

$$\|\vec{N}\| = k\delta^{3/2} \tag{2.18}$$

mit

$$k = \frac{4}{3}\left(\frac{1-\nu_1^2}{E_1} + \frac{1-\nu_2^2}{E_2}\right)^{-1}\left(\frac{R_1 R_2}{R_1 + R_2}\right)^{1/2} \tag{2.19}$$

(Radien der Kugeln R_i, Querkontraktionszahlen ν_i und Elastizitätsmoduln E_i, $i = 1, 2$). Andere Oberflächengeometrien führen zu Gesetzen der Form

$$\|\vec{N}\| = k\delta^p \tag{2.20}$$

mit spezifischem Exponenten p. Die Originalarbeit von HERTZ enthielt ellipsoide Oberflächen als allgemeinste Geometrie [89].

Die HERTZsche Theorie begründete einen eigenen Zweig innherhalb der Kontaktmechanik. Weitere Kontaktmodelle unter Berücksichtigung der Elastizität wurden in dem Buch von JOHNSON [89] zusammengefasst. Auch wurden Experimente zur Untermauerung dieser Theorien durchgeführt [88]. Bei HUNT & CROSSLEY [84] werden Stöße in Systemen mit HERTZschen Kontakten untersucht, mit dem Ziel, Dämpfungsparameter für die zur Stoßzeit dissipiierte Energie aufzustellen. In Analogie zu (2.20) wird dem Kraftgesetz ein Dämpfungsterm hinzugefügt:

$$\|\vec{N}\| = k\delta^p + d\dot{\delta} \tag{2.21}$$

Der Dämpfungsparameter d ergibt sich hierbei in der Form

$$d = \mu\delta^p. \tag{2.22}$$

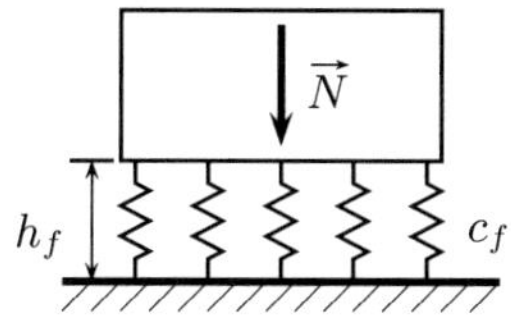

Abbildung 2.8.: Elastische Bettung mit Federelementen

Bei LANKARANI & NIKRAVESH [102] wird der Parameter μ weiter auf den Restitutionskoeffizienten aus dem klassischen Stoßgesetz von NEWTON zurückgeführt. Erweiterungen der HERTZschen Theorie – meist auf allgemeinere Kontaktgeometrien – sind Gegenstand jüngerer Arbeiten, siehe [108, 55] und andere.

Modelle, die von der HERTZschen Theorie abstammen, erben die Annahme des kleinen Kontaktgebietes. Ihre Anwendung ist somit auf Körper mit *ungleichförmiger* Geometrie im Kontaktbereich beschränkt. Für flächige Reibkontakte, wie wir sie in Antriebssystemen vorfinden, ist diese Annahme im Regelfall nicht gerechtfertigt. Die Verbindung von HERTZschem Kontakt mit Reibung wurde von CATTANEO [25], MINDLIN [120], CIAVARELLA [29] und anderen fortgeführt.

Sind die Ausmaße der Kontaktgebiete von derselben Größenordnung wie die Körper selbst, so sind die Annahmen der Kontaktmodelle vom HERTZschen Typ nicht mehr gerechtfertigt. Ursache für große Kontaktgebiete sind meist *gleichförmige* Kontaktgeometrien, das heißt im Kontaktbereich haben die Körper auch bei geöffnetem Kontakt eine ähnliche oder gleiche Form. Im Lehrbuch von JOHNSON [89] wird die *elastische Bettung* zur Modellierung gleichförmiger Normalkontakte als Dienstweg empfohlen. Die Herkunft der elastischen Bettung wird heute meist in der Arbeit von WINKLER [171] gesehen, daher wird sie auch als WINKLERsche Bettung bezeichnet.

In Abbildung 2.8 ist eine elastische Bettung mit willkürlich festzulegender Dicke der Schicht h_f gezeigt. Die Steifigkeit c_f wird entweder mit Hilfe des Elastizitätsmoduls des Materials bestimmt oder als Regularisierungsparameter mit nur qualitativer Bedeutung angesehen. Die einzelnen Federelemente der WINKLER-Bettung sind unabhängig voneinander deformierbar.

Einige Erweiterungen des WINKLER-Modells sind: Im Bauingenieurwesen wurden elastische Bettungen verwendet, welche die Unabhängigkeit der Federelemente wieder auflösen und Schub berücksichtigen (PASTERNAK-Bettung, siehe [133]; andere Modelle finden sich bei KERR [95]). Bei HIPPMANN [80] wird die elastische Bettung auf polygonisierte, allgemeine Kontaktflächen angewandt. In einer jüngeren Arbeit von GONTHIER [60] wird mittels projektiver

Geometrie das *exakte* Volumen einer – für das reale System hypotetischen – Durchdringung auch bei nicht-polygonen Oberflächen berechnet. Aus dem Volumen der Durchdringung ergibt sich dann die Normalkraft.

2.6. Kontakte in der Mehrkörperdynamik

Frühe Arbeiten der Mehrkörperdynamik beschränken sich auf den Einzelpunktkontakt, das Problem der überzähligen Bindungen existiert dabei nicht. Im Buch von WITTENBURG [175] wird der Mehrfachstoß mit klassischem Stoßgesetz nach NEWTON für Mehrkörpersysteme formuliert. Reaktionsimpulse mit Reibung sind nur in einem einzigen Kontaktpunkt im MKS zugelassen.

Bei Mehrfachkontakten zwischen Körpern werden häufig Kennlinienregularisierungen wie in Abbildung 2.5 links benutzt. Als Beispiel seien die Arbeiten von HARTMANN [74] und HIPPMANN [80] zitiert, in beiden steht die Behandlung komplexer Geometrien bei Mehrkörpersystemen mit Kontakten im Vordergrund. In [74] werden neben stetigen Reibkennlinien auch Kraftgesetze mit lokalen Nachgiebigkeiten verwendet, ohne dass explizit darauf eingegangen wird.

In der Arbeit von LÜDER [110] werden Regularisierungsansätze zur Betrachtung von Mehrfachstößen in MKS verwendet. Steife Differentialgleichungen müssen dort nicht gelöst werden, da für das infinitesimale Stoßzeitintervall eine analytische Lösung ermöglicht wird.

Die Arbeit von KEPPLER [94] schlägt eine kompakte Formulierung der Kontaktkräfte mittels des Momentanpols der Relativbewegung vor. Unter der vereinfachenden Annahme der Unabhängigkeit des Reibwerts von der Relativgeschwindigkeit wird das Optimierungsproblem der maximal übertragbaren Reibkraft einer flächigen Kontaktstelle während Haften, die Haftgrenze, mit Hilfe des Momentanpols in einfach auszuwertende skalare Ungleichungen überführt.

Die Modelle aus Abschnitt 2.3.1 finden häufig in Mehrkörpersystemen Anwendung, etwa in den Arbeiten von GONTHIER [60], KEPPLER [94] und BAUCHAU [8].

2.7. Kontakte in der nichtglatten Mechanik

Nebenbedingungen einer mechanischen Fragestellung wie das COULOMBsche Gesetz (2.1) oder die Undurchdringlichkeitsbedingung beim Kontakt starrer Körper zeichnen sich dadurch aus, dass sie mathematisch als Ungleichung ($g \geq 0$) formuliert werden. Sie werden auch als *einseitige* (unilaterale) Bindungen bezeichnet, hingegen werden Bindungen, die sich als Gleichung ($g = 0$)

schreiben lassen als *zweiseitig* (bilateral) bezeichnet. Bestrebungen, die dazugehörigen Zwangskräfte der Bindungen nicht mittels Regularisierung in eingeprägte Kräfte umzuwandeln, sondern als Ungleichungen im Modell zu belassen, haben in jüngerer Zeit das Gebiet der *nichtglatten Mechanik* hervorgebracht.

Typische technische Systeme, die zu nichtglatten Modellen führen, sind in einer Übersicht von POPP [142] dokumentiert. Einen umfangreichen Überblick über Theorien und historische Entwicklung der nichtglatten Mechanik mit zahlreichen Literaturverweisen liefert das Buch von BROGLIATO [20]. Grundlegende Arbeiten zur nichtglatten Analysis wurden von ROCKAFELLAR und in Bezug auf mechanische Probleme von MOREAU [122] und PANAGIOTOPOULOS [132] geleistet. Große Verbreitung hat die nichtglatte Mechanik durch die Arbeiten von GLOCKER [57, 58] erlangt. In der Arbeit von WALTERSBERGER [169] wird eine alternative Herleitung zu [58] gefunden und auf strukturdynamische Probleme angewendet.

Nichtglatte mechanische Mehrkörpersysteme werden meist dargestellt in einer Form ähnlich zu:

$$\begin{cases} \mathbf{M}(\mathbf{q})\dot{\mathbf{p}} = \mathbf{Q}(\mathbf{q},\mathbf{p},t) + \mathbf{\Psi}^{\mathrm{T}}_{,\mathbf{p}}(\mathbf{q},\mathbf{p},t)\boldsymbol{\lambda} \\ \dot{\mathbf{q}} = \mathbf{h}(\mathbf{q},\mathbf{p},t) \\ \mathbf{y} = \mathbf{g}(\mathbf{q},\mathbf{p},t) \\ \mathbf{0} \leq \mathbf{y} \perp \boldsymbol{\lambda} \geq \mathbf{0} \\ \mathbf{p}^{+} = \mathbf{U}(\mathbf{p}^{-},\mathbf{q},t) \end{cases} \tag{2.23}$$

In (2.23) sind die folgenden Bestandteile enthalten: Massenmatrix $\mathbf{M}$, generalisierte Koordinaten $\mathbf{q}$, generalisierte Geschwindigkeiten $\mathbf{p}$, generalisierte Kräfte $\mathbf{Q}$, Vektor der LAGRANGEschen Multiplikatoren $\boldsymbol{\lambda}$, Ableitung der Zwangsbedingungen $\mathbf{\Psi}$ nach den Geschwindigkeiten $\mathbf{\Psi}_{,\mathbf{p}}$, Zusammenhang zwischen Koordinaten und Geschwindigkeiten $\mathbf{h}$, lokale Variablen der Kontaktestellen $\mathbf{y}$ (dieselbe Notation wird auch in Abschnitt 4.8 verwendet). Die Funktion $\mathbf{g}(\mathbf{q},\mathbf{p},t)$ transformiert die Koordinaten des Systems auf die lokalen Variablen der Reibung und des Normalkontaktes. In Darstellung (2.23) ist der Zusammenhang zwischen lokalen Koordinaten $\mathbf{y}$ und den dazugehörigen Kraftreaktionen λ als *Komplementaritätsproblem* $\mathbf{0} \leq \mathbf{y} \perp \boldsymbol{\lambda} \geq \mathbf{0}$ formuliert. Anstelle von (2.23) ist auch die Schreibweise

$$\mathbf{y} \geq \mathbf{0}, \quad \boldsymbol{\lambda} \geq \mathbf{0}, \quad \mathbf{y}^{\mathrm{T}}\boldsymbol{\lambda} = 0 \tag{2.24}$$

verbreitet. Das Komplementaritätsproblem bringt beim Normalkontakt zum Ausdruck, dass entweder die Normalkraft (λ) größer Null ist und gleichzeitig der Normalabstand (y) Null ist oder die Normalkraft ist Null, dann muss aber der Normalabstand größer Null sein. Analog gilt für Reibung, dass entweder die Relativgeschwindigkeit Null ist und Haften vorliegt (eine ideale Bindung wirkt), oder die Relativgeschwindigkeit größer Null ist und kein Haften vorliegt (eine eingeprägte Kraft wirkt). Manchmal werden zu (2.23) äquivalente Formulierungen als *Variationsungleichungen* [20] bevorzugt, die hier nicht vorgestellt werden. Als letzte Komponente ist in (2.23) ein Stoßgesetz **U** für nichtglatte Stoßereignisse berücksichtigt.

Numerische Verfahren zur Lösung von Maßdifferentialeinschließungen lassen sich grob in zwei Gruppen gliedern [19]: Sogenannte *Zeitschrittverfahren*[6] nehmen eine zeitliche Diskretisierung $t_k = kh$, $k = 0, 1, 2, \ldots$ mit konstanter Schrittweite h vor. Zu jedem Zeitschritt wird das Komplementaritätsproblem mit einem geeigneten kombinatorischen Verfahren gelöst, etwa mit dem LEMKE-Algorithmus (einem Eliminationsverfahren) oder aufwändigeren iterativen Verfahren [19, 148]. Ein explizites Ausrechnen der Zeitpunkte von Zustandswechseln des Bindungszustands findet nicht statt. Daher kann zwischen zwei diskreten Zeitpunkten k und $k + 1$ eine Verletzung einer Nebenbedingung $g \geq 0$ stattfinden, die erst zum Zeitschritt $k + 1$ durch Zustandswechsel korrigiert wird. Während man zeigen kann, dass für immer kleinere h Zeitschrittverfahren konvergieren (siehe STEWART, [160]), muss in der Praxis eine endliche Schrittweite h gewählt werden. Liegt zu einem Zeitschritt $k + 1$ eine Bindungsverletzung $g < 0$ vor, kann nicht rekonstruiert werden, wieviele Zustandswechsel das System zwischen dem exakten Ereignis und t_{k+1} vollzogen hätte, wenn zum exakten Ereigniszeitpunkt ein Umschalten erfolgt wäre. Dieser Sachverhalt erschwert jede Fehlerabschätzung. Als weiterer Nachteil von Zeitschrittverfahren ist ihre geringe Konvergenzordnung zu nennen [19].

Als zweite Gruppe wird in *ereignisgesteuerten Verfahren* der möglichst exakte Zeitpunkt des Umschaltens ausgerechnet, die Integration angehalten, der Bindungszustand gewechselt und die Integration nach einer Reinitialisierung des Systems erneut gestartet. Dabei wird die Maßdifferentialeinschließung zerlegt in Zeitintervalle mit glatter Dynamik, während derer beliebige numerische Verfahren zum Lösen gewöhnlicher DGLn oder differential- algebraischer Gleichungen zum Einsatz kommen und diskreter Zeitpunkte, genannt *Ereignisse*, während derer die Unstetigkeiten stattfinden.

2.8. Forschungsschwerpunkt

Obwohl eine möglichst realitätsgetreue, detaillierte Modellierung der in Antriebssträngen auftretenden verteilten Reibkontakte in akzeptabler Rechenzeit ein intuitiv erstrebenswertes Ziel ist, stand dieses Ziel nicht am Beginn der vorliegenden Arbeit. Denn ein häufiges Problem der betrachteten Systeme ist die mangelnde Identifikation der in Messungen beobachteten Phänomene mit ihren Ursachen. Eine zu genaue Modellierung erschwert die Identifikation, denn

[6] engl. *time-stepping*

mit jedem Modellparameter wird auch eine neue mögliche Ursache für das zu untersuchende Phänomen eingeführt. Aus früherer Erfahrung mit Dynamiksimulationen ist bekannt, dass eine Vereinfachung der Kontakte auf Punktkontakte für einige Antriebskomponenten, inbesondere Kupplungen und deren Betätigungssysteme, zu drastisch ist und einige der Phänomene wie *Selbstzentrierung* oder *Rupfen* somit nicht verstanden werden können. Daraus ergibt sich die zentrale Fragestellung: *Welche Modifikationen eines einfachen, etablierten Reibmodells wie z.B. dem eindimensionalen* COULOMB*'schen Modell sind nötig, um den flächigen Charakter der Kontakte in Antriebssystemen zu berücksichtigen?*

Zur Beantwortung dieser Frage haben sich in den vergangenen Jahren hauptsächlich zwei Strömungen herauskristallisiert: In der nichtglatten Mechanik wird an der Starrkörperhypothese festgehalten und die überzähligen Bindungen während Haften werden durch Kombinatorik entfernt. In der zweiten Strömung wird die Starrkörperhypothese durch Einführung lokaler Nachgiebigkeiten verwässert. Die lokalen Nachgiebigkeiten werden meistens *nicht* als direkt oder indirekt messbare Parameter aufgefasst, sondern dienen nur der einfachen Berechenbarkeit, sind also als *Regularisierungen* (siehe Seite 23) zu bezeichnen. Als Nachteil müssen die zusätzlichen Parameter der lokalen Nachgiebigkeiten in Kauf genommen werden. Denn da sie nur qualitativ zu begründen sind, muss man sie als *freie* Parameter ansehen. Weiterhin gehen hohe Regularisierungssteifigkeiten mit dem Nachteil steifer Differentialgleichungen einher.

Auch in dem Forschungsgebiet der nichtglatten Mechanik sind Unzulänglichkeiten bekannt, wie das auftreten von PAINLEVÉ-Paradoxa bei streng starrer Modellierung. Das Beispiel 1.2) der eingekeilten Scheibe wurde von MCNAMARA [115] als Standardaufgabe vorgeschlagen, da sie für eine Vielzahl technischer Aufgabenstellungen aus verschiedenen Gebieten relevant sei. Zumindest für Antriebssysteme trifft dies zu, da Kugelkalotten hier häufig Anwendung finden. Das Paradoxon der eingekeilten Scheibe wurde in [169] unter Beibehalten nichtglatter Methoden in tangentialer Richtung entfernt, allerdings wurde dabei die Starrkörperhypothese durch Einführen von lokaler Nachgiebigkeit in normaler Richtung ebenfalls aufgegeben.

Zum derzeitigen Zeitpunkt berichten beide Strömungen von Erfolgen bei der Untersuchung ähnlicher oder gleicher Systeme. Es erscheint genauso sinnvoll, den einen wie den anderen Weg weiter zu verfolgen. Inwieweit die Schwierigkeiten, die beiden Methoden anhaften, als verschiedene Manifestationen ein und desselben Kernproblems miteinander verwandt sind, lässt sich zum aktuellen Stand der Forschung nicht präzise mitteilen. Im industriellen Umfeld dieser Arbeit muss eine möglichst hohe Verlässlichkeit der Methode sichergestellt sein. Dabei erschien bei Beginn der Arbeit der Nachteil der steifen Differentialgleichungen als kalkulierbares und somit geringeres Übel im Vergleich mit den in [115] berichteten Mehrdeutigkeiten.

In [19] wird ebenfalls auf den Unterschied zwischen Regularisierungen und nichtglatten Methoden eingegangen. Es wird erwähnt, dass die Effizienz von Modellen wie DAHL, LUGRE, BLIMAN-SORINE, LEUVEN, etc.

> "selten (wenn überhaupt) für Systeme mit etlichen Kontaktpunkten gezeigt wurde".

Die vorliegende Arbeit stellt den Versuch dar, eine möglichst einfache Regularisierung mit internen Zustandsvariablen für die Reibung auf Systeme mit etlichen Kontaktpunkten anzuwenden.

Das vieldiskutierte Thema der *Kontaktsuche* zwischen dreidimensionalen Körpern mit beliebigen Oberflächen wird im Rahmen dieser Arbeit ausgeklammert. Stattdessen wird stets davon ausgegangen, dass die Kontakte zwischen einfach zu beschreibenden Teilmengen der Körperoberfläche stattfinden. Beispiele sind ein Kontakt zwischen zwei Ebenen oder ein Kontakt zwischen einer Kugel und einem Kegel. Die Lage dieser einfachen Kontaktgeometrien auf den Körpern sei zu Beginn der Aufgabenstellung bekannt. Dies trifft sicherlich für eine Mehrheit von technischen Systemen zu, denn schließlich wurden die Kontakte vom Konstrukteur angelegt. Der Vorteil dieser Annahme ist, dass sich das Öffnen oder Schließen eines Kontaktes im Mehrkörpersystem mit einfachen kinematischen Berechnungen wie der Bestimmung eines Normalabstandes bewerkstelligen lässt.

Diese Arbeit leistet keinen Beitrag zum Verständnis der Physik der Reibung. Dieses Defizit teilt sie mit anderen Arbeiten, die sich mit der Berechnungsmethodik von Systemen mit Reibung beschäftigen, als Beispiele seien [58, 60, 94, 169] genannt. Es wird davon ausgegangen, dass sich tribologisches Wissen, wie eine bekannte Abhängigkeit der Haftreibung von der Verweilzeit im Haftzustand, sich durch empirische Wahl der Parameter, im genannten Beispiel dem Reibkoeffizienten, abbilden lässt.

Zusammenfassend lässt sich also feststellen, dass die vorliegende Arbeit sich in die Gruppe der klassischen Mehrkörpersysteme, wie sie etwa in [150] beschrieben werden, einordnet. Dabei wird ein spezieller Formalismus zur Behandlung verteilter Reibkontakte als Erweiterung dieser Gruppe vorgeschlagen.

3. Kinematik von Mehrkörpersystemen mit verteilten Kontakten

3.1. Zusammenfassung

Gesucht werden kinematische Formalismen, die später einerseits eine allgemeingültige Einbettung der flächigen Reibkontakte in die Mehrkörpersysteme ermöglichen, andererseits sollen die kinematischen Transformationen, welche in Kapitel 4 zur Formulierung der Kontaktkinetik benötigt werden, sich durch besonders hohe rechnerische Effizienz ausweisen.

Ersteres wird mit der in der Kontaktmechanik gebräuchlichen Einteilung der Kontaktpartner in Master und Slave erzielt.

Das zweite Ziel wird überwiegend durch einen vollständigen Verzicht auf Kontaktsuche erreicht. Als Alternative zur Kontaktsuche wird ein Konzept von Kontaktmodulen verwendet, welches das explizite Ausrechnen relativkinematischer Größen wie die eines kürzesten Abstandes ermöglicht. Als Nebenwirkung der Kontaktmodule wird die Klasse der simulierbaren Systeme eingeschränkt, allerdings in einer Weise, die meist mit konstruktiven Randbedingungen realer technischer Systeme einhergeht.

Der letzte Teil von Kapitel 3 widmet sich der automatisierten Erzeugung kinematischer Ausdrücke aus dem Mehrkörpersystem als gerichteter Graph. Dabei entstehen Restriktionen bezüglich der Platzierung der Kontakte im gerichteten Graph, die bei der Modellierung konkreter Mehrkörpersysteme beachtet werden müssen.

3.2. Kinematik kontaktierender Starrkörper

Der aktuelle Zustand eines mechanischen Mehrkörpersystems (MKS) wird in anschaulichen Größen wie Lagen, Geschwindigkeiten und Beschleunigungen beschrieben. Zur Darstellung dieser vektoriellen Größen werden geeignete *Bezugssysteme* mit dazugehörigen *Koordinatensystemen* $\mathcal{K}$ eingeführt. Im Rahmen dieser Arbeit genügt es, kartesische Rechtssysteme zu verwenden, bestehend aus den Einheitsvektoren $\vec{i}^{\mathcal{K}}$, $\vec{j}^{\mathcal{K}}$ und $\vec{k}^{\mathcal{K}}$ sowie einem ausgezeichneten Punkt, dem Ursprung des Koordinatensystems.

Bezugssysteme können sich im Allgemeinen mit der Zeit im Raum bewegen. Um dennoch alle Körper im System jederzeit referenzieren zu können, wird ein gemeinsames, unbewegliches Koordinatensystem $\mathcal{I}$ benötigt (Abbil-

Abbildung 3.1.: (a) Inertialsystem $\mathcal{I}$, (b) Wechsel des Koordinatensystems

dung 3.1(a)). Von diesem *inertialen* oder *globalen* Koordinatensystem $\mathcal{I}$ wird angenommen, dass es sich mit der Zeit nicht mehr ändert, das heißt

$$\frac{d\vec{i}^{\mathcal{I}}}{dt} = \frac{d\vec{j}^{\mathcal{I}}}{dt} = \frac{d\vec{k}^{\mathcal{I}}}{dt} = \vec{0}. \tag{3.1}$$

Ist die Lage eines Punktes P gegeben als *Ortsvektor* $\vec{r}$ in $\mathcal{K}_2$ und seine Koordinaten $\mathbf{r}_{\mathcal{K}_2}$ sind bekannt, so lässt sich derselbe Punkt P im Koordinatensystem $\mathcal{K}_1$ mit dem Ortsvektor $\underline{\vec{r}}$ angeben zu

$$\underline{\mathbf{r}}_{\mathcal{K}_1} = \mathbf{o}_{\mathcal{K}_1} + \mathbf{R}^{\mathcal{K}_1\mathcal{K}_2}\mathbf{r}_{\mathcal{K}_2}, \tag{3.2}$$

wobei mit $\mathbf{o}_{\mathcal{K}_1}$ die Zerlegung des Verbindungsvektors der beiden Ursprünge $\vec{o}$ im Bezugssystem $\mathcal{K}_1$ bezeichnet sei (siehe Abbildung 3.1(b)). Die Transformationsmatrix[1] von $\mathcal{K}_2$ nach $\mathcal{K}_1$ ist gegeben mit:

$$\mathbf{R}^{\mathcal{K}_1\mathcal{K}_2} = \begin{pmatrix} \vec{i}^{\mathcal{K}_1} \cdot \vec{i}^{\mathcal{K}_2} & \vec{i}^{\mathcal{K}_1} \cdot \vec{j}^{\mathcal{K}_2} & \vec{i}^{\mathcal{K}_1} \cdot \vec{k}^{\mathcal{K}_2} \\ \vec{j}^{\mathcal{K}_1} \cdot \vec{i}^{\mathcal{K}_2} & \vec{j}^{\mathcal{K}_1} \cdot \vec{j}^{\mathcal{K}_2} & \vec{j}^{\mathcal{K}_1} \cdot \vec{k}^{\mathcal{K}_2} \\ \vec{k}^{\mathcal{K}_1} \cdot \vec{i}^{\mathcal{K}_2} & \vec{k}^{\mathcal{K}_1} \cdot \vec{j}^{\mathcal{K}_2} & \vec{k}^{\mathcal{K}_1} \cdot \vec{k}^{\mathcal{K}_2} \end{pmatrix} \tag{3.3}$$

Die Zerlegung $\mathbf{r}$ eines Vektors $\vec{r}$ wird mit

$$\mathbf{r}_{\mathcal{K}_1} = \mathbf{R}^{\mathcal{K}_1\mathcal{K}_2}\mathbf{r}_{\mathcal{K}_2} \tag{3.4}$$

transformiert.

Die Lage von zwei Körpern $\mathcal{B}_1$ und $\mathcal{B}_2$ wird durch die Lage der zwei mit den Körpern fest verbundenen Koordinatensysteme $\mathcal{K}_1$ und $\mathcal{K}_2$ beschrieben. Die Position des Ursprungs von $\mathcal{K}_1$ ist durch den Ortsvektor $\vec{r}_1$, die Position von $\mathcal{K}_2$ durch den Ortsvektor $\vec{r}_2$ bestimmt. Die Orientierungen sind mit den Transformationsmatrizen $\mathbf{R}^{\mathcal{K}_1\mathcal{I}}$ und $\mathbf{R}^{\mathcal{K}_2\mathcal{I}}$ gegeben (siehe Abbildung 3.2). Im

[1] auch *Rotationsmatrix*. In der Literatur sind zwei verschiedene Konventionen für Rotationsmatrizen gebräuchlich. Oft wird vereinbarungsgemäß stets "von global nach lokal" transformiert oder stets "von lokal nach global". Hier wird zur Verdeutlichung mit hochgestellter Indizierung immer das Start- und Zielsystem der Transformation angegeben. Der rechte hochgestellte Index gibt das Startsystem, der linke Index das Zielsystem an.

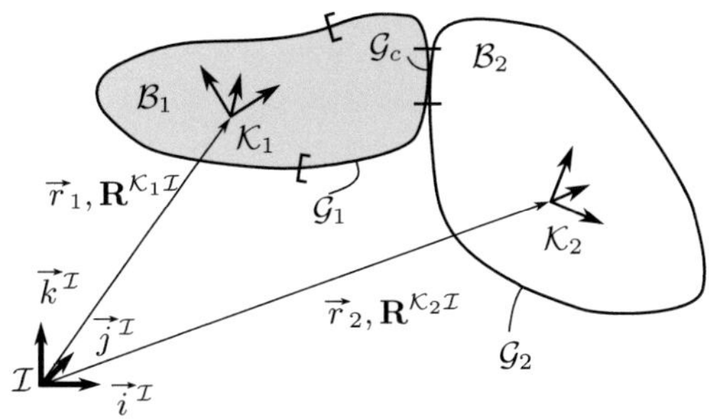

Abbildung 3.2.: Zwei Körper im Kontakt; Kontaktgebiet $\mathcal{G}_c$ und Oberflächen $\mathcal{G}_1$ und $\mathcal{G}_2$ für potenziell stattfindenden Kontakt

Falle eines Kontaktes ist das Kontaktgebiet $\mathcal{G}_c$ Teilmenge des Randes sowohl von $\mathcal{B}_1$ als auch von $\mathcal{B}_2$:

$$\mathcal{G}_c \subseteq \partial\mathcal{B}_1, \quad \mathcal{G}_c \subseteq \partial\mathcal{B}_2 \tag{3.5}$$

Falls kein Kontakt stattfindet, gilt

$$\mathcal{G}_c = \{\ \}. \tag{3.6}$$

Als erste wesentliche Vereinfachung wird nach der Überlegung in Kapitel 1 eine Beschränkung auf verteilte Kontakte zwischen *Starrkörpern* vorgenommen. Die Implementierung im Anhang A wird auch einfache elastische Balkenelemente im Mehrkörpersystem zulassen, allerdings werden auf elastischen Balken keine verteilten Kontakte platziert. Durch die Starrkörperannahme ist die Konfiguration des Randes aller an verteilten Kontakten beiteiligter Körper $\mathcal{B}_c$ im System mit dem zugehörigen Koordinatensystem $\mathcal{K}_c$ zu jeder Zeit fest verbunden:

$$\partial\mathcal{B}_c(\mathcal{K}_c) = \text{const.} \quad \forall \mathcal{B}_c \in \text{MKS} \tag{3.7}$$

Weiterhin wird gefordert, dass jede durch den Kontakt verursachte Kraft $\vec{F}_i$ ihren Kraftangriffspunkt in einem Kontaktgebiet $\mathcal{G}_c$ hat.

Als zweite wesentliche Vereinfachung sei für zwei kontaktierende Körper $\mathcal{B}_1$ und $\mathcal{B}_2$ das Gebiet *potenziell stattfindenden* Kontaktes $\mathcal{G}_1$ mit

$$\mathcal{G}_1 \subseteq \partial\mathcal{B}_1, \quad \mathcal{G}_c \subseteq \mathcal{G}_1 \cup \{\ \} \tag{3.8}$$

auf dem Körper $\mathcal{B}_1$ zeitlich konstant festhalten:

$$\mathcal{G}_1(\partial\mathcal{B}_1) = \text{const.}, \quad \mathcal{G}_1(\mathcal{K}_1) = \text{const.} \tag{3.9}$$

Diese Einschränkung hat geringe Relevanz für die Simulation realer technischer Systeme, denn im Normalfall wird vom Konstrukteur ein Teil der Oberfläche eines Körpers speziell für den Kontakt angelegt. Als Beispiel sei etwa die Belagsoberfläche einer Kupplungsscheibe genannt. Der Vorteil dieser Einschränkung ist die wesentliche Vereinfachung der Suchalgorithmen für die Detektion von Kontakten.

Als dritte Vereinfachung sei verlangt, dass das potenzielle Kontaktgebiet $\mathcal{G}_2$ auf dem zweiten beteiligten Körper $\mathcal{B}_2$ eine *Fläche ohne Rand* ist. Das heißt, entweder handelt es sich um eine *offene* Fläche wie etwa eine Ebene, oder die Fläche ist *kompakt*. Die randlose Fläche soll wiederum fest auf $\mathcal{B}_2$ sein:

$$\mathcal{G}_2(\partial\mathcal{B}_2) = \text{const.}, \qquad \mathcal{G}_2(\mathcal{K}_2) = \text{const.} \tag{3.10}$$

Am Beispiel der bereits erwähnten Kupplungsscheibe wird deutlich, dass diese Einschränkung wiederum wenig Bedeutung für die Simulation realer technischer Systeme hat. Die sogenannte Anpressplatte ist Kontaktpartner der Kupplungsscheibe und wird von der Konstruktion mit größerem Durchmesser versehen, so dass ein Kontaktverlust durch tangentiale Relativbewegung bei sachgemäßem Betrieb der Kupplung nicht auftritt. Sollte es dennoch zum tangentialen Kontaktverlust (siehe Abbildung 3.3(a)) kommen und dieser wesentlichen Einfluss auf die Dynamik des Systems haben, ist üblicherweise von einem Missbrauch des Systems auszugehen, den zu simulieren sich nicht lohnt.

Als vierte Vereinfachung gelte, dass die Fläche $\mathcal{G}_1$ in ihrem Inneren $\mathcal{G}_1 \setminus \partial\mathcal{G}_1$ stetig nach dem Ort differenzierbar sei und die Fläche $\mathcal{G}_2$ überall diese Eigenschaft besitze (anschaulich: beide Flächen haben keine “Knicke”).

Ein nächstes Beispiel zur Illustration der Vereinfachungen ist der Wurf eines Würfels auf einen Tisch. Wenn $\mathcal{G}_2$ die Oberfläche der Tischplatte sei und man die Tischkante als deren Rand $\partial\mathcal{G}_2$ berücksichtigen wollte, so entsteht bei einem herabfallenden Würfel wie die in Abbildung 3.3(b) gezeigte Situation das folgende Problem: Ein *einfacher* Algorithmus zur Berechnung des kürzesten Abstandes würde den Lotfußpunkt der im Bild rechten unteren Kante des Würfels auf der zur Tischplatte parallelen Ebene suchen. Dieser Lotfußpunkt L kann bei kleinen numerischen Störungen des Herabfallens entweder auf der Tischplatte $L \in \mathcal{G}_2$ oder außerhalb der Tischplatte $L \cap \mathcal{G}_2 = \{\ \}$ liegen. Im letzteren Fall müsste der Algorithmus zur Berechung des kürzesten Abstandes zur Tischplatte also ein anderes Kriterium als den Lotfußpunkt heranziehen. Unterscheidungen dieser Art und die damit verbundenen Komplikationen sollen durch die genannten Vereinfachungen von Beginn an ausgeschlossen werden. Ein anderes Problem wäre die effiziente Berechnung des Kontaktgebietes bei Gleitbewegungen des Würfels auf der Tischplatte mit flächigem Kontakt, wenn er teilweise über den Rand derselben hinauskragt. Mit der Einschränkung “$\mathcal{G}_2$ sei randlos” kann man die detaillierte Analyse einiger Probleme dieser Art

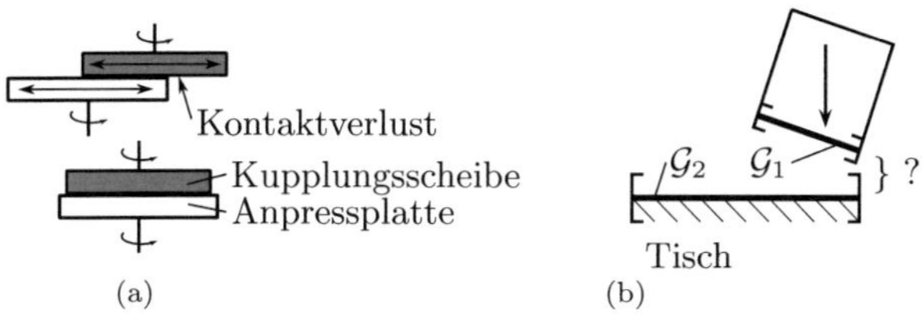

Abbildung 3.3.: (a) Normalbetrieb (unten) und Missbrauch (oben) eines Kontaktes, (b) Würfel fällt mit Kante auf Tischkante

ersparen, ohne die Klasse der modellierbaren technischen Systeme wesentlich einzuschränken. Es bleibt festzustellen, dass eine Modellierung des Würfelwurfs auf Tischkante auch mit der Beschränkung auf randlose $\mathcal{G}_2$ möglich ist, man muss nur die Tischkante durch stetige Deformation einer Ebene erzeugen, also als abgerundete Kante.

3.3. Hierarchische Verwaltung der Kontakte mit Slave und Master

Die im vorigen Abschnitt diskutierten Vereinfachungen des allgemeinen Kontaktes haben die Konsequenz, dass die beiden Körper $\mathcal{B}_1$ und $\mathcal{B}_2$ sich immer durch ihre Flächen für potenziellen Kontakt $\mathcal{G}_1$ und $\mathcal{G}_2$ unterscheiden. Somit lässt sich die folgende Konvention für die Benennung von teilnehmenden Körpern $\mathcal{B}_c$ eines Kontaktes festlegen:

- Der Körper, auf welchem sich die randlose Fläche $\mathcal{G}_2$ befindet heiße *Master*. Der Körper wird mit $\mathcal{B}_m$ und das dazugehörige Koordinatensystem mit $\mathcal{K}_m$ benannt. Anstelle von $\mathcal{G}_2$ wird ab hier die Bezeichnung $\mathcal{G}_m$ verwendet. Da $\mathcal{G}_m$ randlos ist, ist für alle Punkte $P \in \mathcal{G}_m$ eine äußere Flächennormale definiert. Der Name "Master" erklärt sich über die randlose Fläche $\mathcal{G}_m$: Der Körper $\mathcal{B}_m$ bietet mit "gutartig" definiertem $\mathcal{G}_m$ einem Punkt $P \in \mathcal{G}_s$ stets einen "einfachen" Weg, den Punkt auf $\mathcal{G}_m$ mit dem kürzesten Abstand zu P zu finden. Dieser Punkt heiße $cp(P)$ (*closest point*). Der Körper Master "erlaubt" also das Auffinden von $cp(P)$, während sein Kontaktpartner ein $cp(P)$ "sucht".

- Der Körper, auf welchem sich die Fläche $\mathcal{G}_1$ (mit oder ohne Rand) befindet, heiße *Slave*. Der Körper soll $\mathcal{B}_s$ heißen und das dazugehörige Koordinatensystem $\mathcal{K}_s$. Anstelle von $\mathcal{G}_1$ wird jetzt die Bezeichnung $\mathcal{G}_s$ verwendet. Auch für das mögliche Kontaktgebiet $\mathcal{G}_s$ auf Slave sei für alle

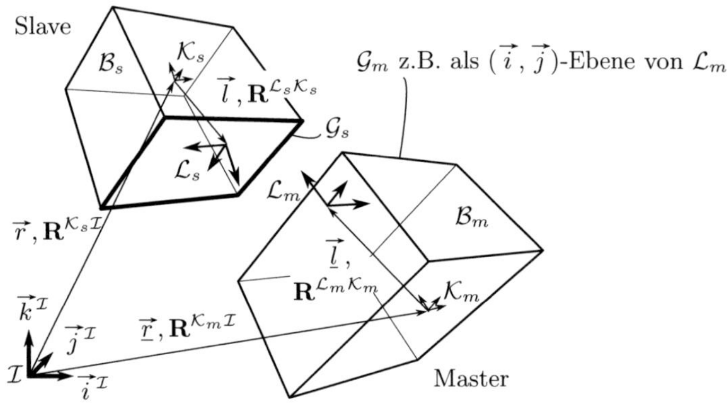

Abbildung 3.4.: Bezugssysteme $\mathcal{L}_s$, $\mathcal{L}_m$ für Slave und Master

Punkte $P \in \mathcal{G}_s$ eine äußere Flächeneinheitsnormale definiert. Im Falle einer Fläche mit Rand muss man definieren, welche Seite innen bzw. außen sei. Dies kann man z.B. mit einer umlaufenden Orientierung des Randes bewerkstelligen, um dann die äußere Normalenrichtung mit Hilfe der *Dreifingerregel* zu bestimmen.

Um die Flächen potenziellen Kontaktes auf den Körpern $\mathcal{B}_s$ und $\mathcal{B}_m$ zu platzieren, ist es zweckmäßig, die lokalen Koordinatensysteme $\mathcal{L}_s$ und $\mathcal{L}_m$ einzuführen. Die Fläche $\mathcal{G}_s$ und die randlose Fläche $\mathcal{G}_m$ sollen dann jeweils in den Koordinatensystemen $\mathcal{L}_s$ und $\mathcal{L}_m$ parametrisiert werden. Beide lokalen Koordinatensysteme auf den Körpern Master und Slave sind in Abbildung 3.4 gezeigt. Die Translation von $\mathcal{K}_s$ nach $\mathcal{L}_s$ (von $\mathcal{K}_m$ nach $\mathcal{L}_m$) ist mit dem Ortsvektor $\vec{l}$ (mit dem Ortsvektor[2] $\vec{\underline{l}}$) gegeben. Die dazugehörigen Rotationsmatrizen sind mit $\mathbf{R}^{\mathcal{L}_s\mathcal{K}_s}$ und $\mathbf{R}^{\mathcal{L}_m\mathcal{K}_m}$ bezeichnet. Aufgrund von (3.9) und (3.10) gelte auch

$$\mathcal{L}_m(\mathcal{K}_m) = \text{const.}, \quad \mathcal{L}_s(\mathcal{K}_s) = \text{const.} \tag{3.11}$$

und somit

$$\mathbf{l}_{\mathcal{K}_s} = \text{const.}, \quad \underline{\mathbf{l}}_{\mathcal{K}_m} = \text{const.}, \quad \mathbf{R}^{\mathcal{L}_m\mathcal{K}_m} = \text{const.}, \quad \mathbf{R}^{\mathcal{L}_s\mathcal{K}_s} = \text{const.} \tag{3.12}$$

Die Verwendung der körperfesten Koordinatensysteme $\mathcal{L}_s$ und $\mathcal{L}_m$ ist nicht zwingend notwendig, hat aber zwei praktische Vorteile. Zum einen gibt es den

[2]Ortsvektoren die auf Master und Slave analog existieren, werden mit denselben Buchstaben bezeichnet, Größen auf Master werden zur Unterscheidung unterstrichen.

wichtigen Sonderfall, in dem sowohl $\mathcal{G}_s$ als auch $\mathcal{G}_m$ *ebene* Flächen sind. In diesem Fall kann man zum Beispiel $\mathcal{G}_m$ besonders einfach als eine der Hauptebenen des Koordinatensystems $\mathcal{L}_m$ vereinbaren. Andererseits kann man typische berandete Kontaktgebiete $\mathcal{G}_s$ aus technischen Anwendungen zur Wiederverwendung in einem geeigneten Geometrieformat speichern. Das Kontaktgebiet $\mathcal{G}_s$ kann dann beliebig oft auf verschiedenen Körpern im System durch Angabe der entsprechenden Bezugssysteme $\mathcal{L}_s$ und der Geometriedatei "eingebaut" werden.

Eine weitere Gruppe von lokalen Koordinatensystemen wird $\mathcal{L}_s$ und $\mathcal{L}_m$ untergeordnet. Während letztere die Lage von einer Fläche potenziellen Kontaktes auf einem Starrkörper beschreibt, werden die Koordinatensysteme $\mathcal{S}_P$ und $\mathcal{M}_P$ verwendet, um in einem Punkt P der Flächen $\mathcal{G}_s$ oder $\mathcal{G}_m$ die Normalenrichtung und die Tangentialebene zu definieren (siehe Abbildung 3.5(a)). Da in jedem Punkt der potenziellen Kontaktflächen ein solches Koordinatensystem existiert, wird zusätzlich die Indizierung $\mathcal{S}_P$ und $\mathcal{M}_P$ angegeben, wenn die Koodinatensysteme in einem ausgezeichneten Punkt P gemeint sind. Der tiefgestellte Index wird weggelassen, $\mathcal{S}$ bzw. $\mathcal{M}$, wenn das Koordinatensystem in irgendeinem nicht weiter spezifizierten Punkt aus den Flächen $\mathcal{G}_s$ bzw. $\mathcal{G}_m$ gemeint ist. Es gelte die Konvention, dass in jedem Koordinatensystem $\mathcal{S}$ und $\mathcal{M}$ sowohl auf Slave als auch auf Master der Basisvektor $\vec{k}^{\mathcal{S}}$ (bzw. $\vec{k}^{\mathcal{M}}$) die äußere Flächeneinheitsnormale sei und die Tangentialebene von den Basisvektoren $\vec{i}^{\mathcal{S}}$ und $\vec{j}^{\mathcal{S}}$ (von den Basisvektoren $\vec{i}^{\mathcal{M}}$ und $\vec{j}^{\mathcal{M}}$) aufgespannt werde. Die Hierarchie von Koordinatensystemen von global nach lokal lautet also: $\mathcal{I}$ (Inertialsystem) $\rightarrow$ $\mathcal{K}$ (Starrkörpersystem) $\rightarrow$ $\mathcal{L}$ (lokale Verankerung von potenziellen Kontaktflächen auf Körpern) $\rightarrow$ $\mathcal{M}, \mathcal{S}$ (lokale Normal- und Tangentialrichtungen innerhalb einer Fläche).

Die Verwaltung von Kontakten mit Slave und Master ist verbreitet in kommerziellen Finite-Elemente-Programmen anzutreffen, wird aufgrund der elastischen Körper aber zumeist anders definiert. Es sei noch ausdrücklich darauf hingewiesen, dass ein Körper $\mathcal{B}_c \in$ MKS gleichzeitig Master und Slave von verschiedenen Kontakten sein kann. Ebenso kann ein Körper Master bzw. Slave von mehreren Kontakten sein.

Die Menge aus einem Körper Master mit dazugehöriger Fläche $\mathcal{G}_s$, einem Körper Slave mit dazugehöriger Fläche $\mathcal{G}_m$, einem Kraftgesetz für Normalkontakt sowie einem Kraftgesetz für tangentialen Kontakt sei als *Kontaktschnittstelle* FCI bezeichnet[3].

[3] FCI, *frictional contact interface*

3.4. Kontaktmodule und Kontaktprimitive

Die bisher in diesem Kapitel eingeführten Vereinfachungen des allgemeinen Kontaktes zwischen Körpern $\mathcal{B}_c \in$ MKS und die daraus sich ergebende Klassifizierung in Slave und Master erlaubt prinzipiell einen Kontakt zwischen beliebigen Flächen $\mathcal{G}_s$ mit oder ohne Rand und beliebigen randlosen $\mathcal{G}_m$. Für das Aufstellen der Bindungsgesetze in schwacher Form (das heißt in Form von Kraftgesetzen) in Kapitel 4 wird die kinematische Größe des Punktes mit dem kürzesten Abstand $cp(P)$

$$cp(P \in \mathcal{G}_s) := \arg \min_{Q \in \mathcal{G}_m} \|\overrightarrow{PQ}\| \tag{3.13}$$

bzw. daraus die *Spaltfunktion (gap function)* g als Maß für diesen Abstand

$$g(P \in \mathcal{G}_s) := \overrightarrow{cp(P)P} \cdot \vec{k}^{\mathcal{M}_{cp(P)}} \tag{3.14}$$

benötigt (siehe Abbildung 3.5(b)). Für das tangentiale Kraftgesetz wird die relative Geschwindigkeit $\dot{\vec{x}}$ zweier kontaktierender materieller Punkte benötigt.

Alle benötigten Größen lassen sich für allgemeine Flächen $\mathcal{G}_s$ und $\mathcal{G}_m$ mit den erwähnten Einschränkungen finden, genauso lässt sich das Kontaktmodell aus Kapitel 4 für solche allgemeine Flächen aufstellen. Damit ließe sich eine allgemeine Kontaktschnittstelle definieren und implementieren. Wegen der Ausrichtung der Modellierung auf Antriebssysteme wird davon jedoch bewusst abgesehen. Die Begründung ist diesesmal weniger in einem Weglassen unerwünschter theoretischer Artefakte wie bei der Forderung von randlosem $\mathcal{G}_m$ als in der Rechengeschwindigkeit zu suchen. Bei der zu erwartenden hohen Anzahl von Freiheitsgraden in einem Antriebssystem und gleichzeitig auftretenden hohen Drehzahlen lohnt es sich, bereits beim Aufstellen kinematischer Beziehungen die spätere Rechenzeit im Auge zu behalten.

Die Suche nach $cp(P)$ bei beliebig geformten Oberflächen ist ein klassisches Problem der algorithmischen Geometrie als Teilgebiet der Informatik mit zahlreichen Forschungsbeiträgen (*closest point problem*). Auch in der Mehrkörperdynamik existieren Arbeiten zu diesem Thema, siehe zum Beispiel [80]. Mit allen Algorithmen lässt sich die gewünschte Allgemeingültigkeit bezüglich der Kontaktflächen erreichen, im Gegenzug muss aber erheblicher Rechenaufwand zur Lösung von $cp(P)$ investiert werden.

Im Rahmen dieser Arbeit wird daher ein Kompromiss zwischen Allgemeingültigkeit und Rechengeschwindigkeit gesucht, indem für alle Kontaktschnittstellen gefordert wird, dass sich Spaltfunktion $g(P)$ und Relativgeschwindigkeit $\dot{\vec{x}}$ im Kontakt *explizit* als Funktionen der generalisierten Koordinaten $\mathbf{q}(t)$ und der generalisierten Geschwindigkeiten $\mathbf{p}(t)$ angeben lassen:

$$g(P) = g(P, \mathbf{q}(t)), \quad \dot{\vec{x}}(P) = \dot{\vec{x}}(P, \mathbf{q}(t), \mathbf{p}(t)) \tag{3.15}$$

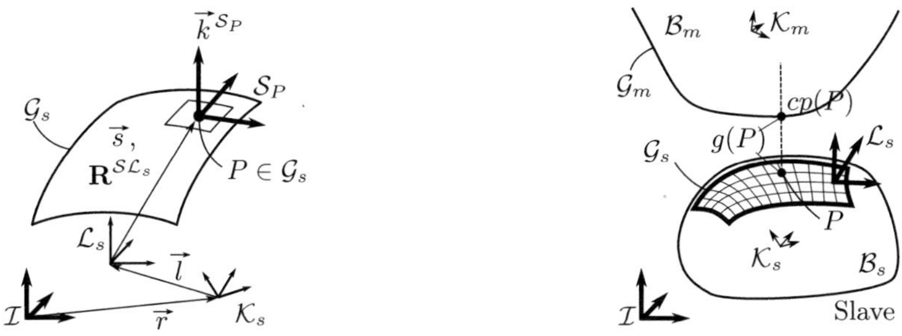

(a) (b)

Abbildung 3.5.: (a) Normalenrichtung und Tangentialebene mit $\mathcal{S}$, (b) Spaltfunktion g bei allgemeinen Flächen

Dabei wird intuitiv davon ausgegangen, dass eine Auswertung eines expliziten algebraischen Ausdrucks auf dem Rechner meistens schneller geschieht als die Abarbeitung eines iterativen Algorithmus. Diese Forderung beschränkt $\mathcal{G}_s$ und $\mathcal{G}_m$ auf einfache Geometrien, für die explizite Lösungen für $cp(P)$ bekannt sind, etwa der Abstand zwischen einem Punkt P und einer Ebene oder der Abstand zwischen einem Punkt P und einer Kugel.

Die benötigte Flexibilität für den Modellierer, verschiedene Kontaktgeometrien im Mehrkörpersystem zu verwenden, wird durch den Aufbau von *Kontaktmodulen* ermöglicht. Die Bezeichnung *Kontaktmodul* wird für eine Kontaktschnittstelle mit speziellen geometrischen Eigenschaften benutzt, etwa eine Kontaktschnittstelle mit $\mathcal{G}_s$ und $\mathcal{G}_m$ jeweils als *ebene Flächen.* So kann für jedes Kontaktmodul durch explizites $g(P, \mathbf{q})$ ein geringer Rechenaufwand sichergestellt und gleichzeitig die Flexibilität der Simulationssoftware an das zu untersuchende technische System durch Bereithalten eines entsprechenden Vorrats an Kontaktmodulen angepasst werden. Für die in Kapitel 1 genannten Komponenten aus Triebsträngen hat es sich als ausreichend erwiesen, die drei Kontaktmodule Ebene–Ebene, Kugel–Kugel und Kugel–Kegel bereitzustellen. Es kann sein, dass für eine andere Klasse von technischen Systemen eine Implementierung des tangentialen Kontaktmodells aus Kapitel 4 mit allgemeinen Flächen $\mathcal{G}_s$ und $\mathcal{G}_m$ nötig wird. Dies wird in dieser Arbeit nicht weiter verfolgt, es sei nur darauf hingewiesen, dass dies möglich ist.

Die Unterscheidung der Kontaktmodule erfolgt nach der Beschaffenheit der möglichen *Kontaktflächen.* Für eine Berechnung mit endlichen Freiheitsgraden wird eine Approximation der Kontaktflächen durch endliche Punktmengen nö-

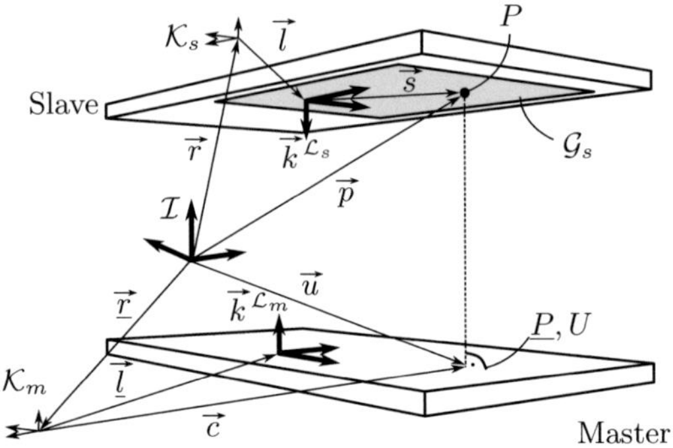

Abbildung 3.6.: Kontakt zwischen Ebene und Ebene

tig sein (siehe Abschnitt 3.5). Man kann also auch den diskreten Punkt als Datum für eine Klassifizierung der Kontakte wählen. Ein Kontakt zwischen einem Punkt $P \in \mathcal{G}_s$ und einer Fläche $\mathcal{G}_m$ sei als *Kontaktprimitiv* bezeichnet. Ein Beispiel für ein Kontaktprimitiv ist der Punkt-Ebenen-Kontakt.

3.4.1. Kontakt zwischen Ebene und Ebene

Für das Kontaktmodul Ebene–Ebene werden die Flächen möglicher Kontakte folgendermaßen weiter eingeschränkt: $\mathcal{G}_s$ sei jetzt Teilmenge der zweidimensionalen Ebene, die von den Basisvektoren $\vec{i}^{\mathcal{L}_s}$ und $\vec{j}^{\mathcal{L}_s}$ aufgespannt wird. Durch $\vec{l}$ und $\mathbf{R}^{\mathcal{K}_s\mathcal{L}_s}$ lässt sich diese Ebene beliebig auf dem Körper Slave platzieren. Die Normal- und Tangentialrichtungen sind mit $\mathcal{L}_s$ für alle Punkte $P \in \mathcal{G}_s$ gegeben, so dass auf die Koordinatensysteme $\mathcal{S}_P$ verzichtet werden kann. Die Fläche $\mathcal{G}_m$ sei als offene Fläche die Ebene, welche von den Basisvektoren $\vec{i}^{\mathcal{L}_m}$ und $\vec{j}^{\mathcal{L}_m}$ aufgespannt wird. Die Normal- und Tangentialrichtungen sind mit $\mathcal{L}_m$ für alle Punkte $P \in \mathcal{G}_m$ gegeben, so dass auf die Koordinatensysteme $\mathcal{M}_P$ ebenfalls verzichtet werden kann.

Der Ortsvektor $\vec{p}$ zu einem körperfesten Punkt $P \in \mathcal{G}_s$, aufgelöst in globalen Koordinaten ist gegeben mit (siehe Abbildung 3.6)

$$\mathbf{p}_{\mathcal{I}} = \mathbf{r}_{\mathcal{I}} + \mathbf{R}^{\mathcal{I}\mathcal{K}_s}\left(\mathbf{l}_{\mathcal{K}_s} + \mathbf{R}^{\mathcal{K}_s\mathcal{L}_s}\mathbf{s}_{\mathcal{L}_s}\right). \tag{3.16}$$

Dabei sind alle Terme innerhalb der letzten Klammer auf der rechten Seite von (3.16) Parameter des Kontaktes und als bekannt angenommen. Der Ortsvektor $\vec{d} = \vec{\underline{r}} + \vec{\underline{l}}$ zum Ursprung von $\mathcal{L}_m$ ist

$$\mathbf{d}_{\mathcal{I}} = \underline{\mathbf{r}}_{\mathcal{I}} + \mathbf{R}^{\mathcal{I}\mathcal{K}_m}\underline{\mathbf{l}}_{\mathcal{K}_m}. \tag{3.17}$$

Wird der Verbindungsvektor vom Ursprung von $\mathcal{L}_m$ und Punkt P auf die Normalenrichtung $\vec{k}^{\mathcal{L}_m}$ projeziert, resultiert der kürzeste Abstand von P zur $(\vec{i}^{\mathcal{L}_m}, \vec{j}^{\mathcal{L}_m})$-Ebene. Dies ist die Spaltfunktion g für das Modul Ebene–Ebene.

$$g = (\mathbf{p}_{\mathcal{I}} - \mathbf{d}_{\mathcal{I}})^{\mathrm{T}} \mathbf{R}^{\mathcal{I}\mathcal{L}_m} \mathbf{k}_{\mathcal{L}_m}^{\mathcal{L}_m} \tag{3.18}$$

Hierbei ist

$$\mathbf{k}_{\mathcal{L}_m}^{\mathcal{L}_m} = [0, 0, 1]^{\mathrm{T}} \tag{3.19}$$

und

$$\mathbf{R}^{\mathcal{I}\mathcal{L}_m} = \mathbf{R}^{\mathcal{I}\mathcal{K}_m} \mathbf{R}^{\mathcal{K}_m \mathcal{L}_m}. \tag{3.20}$$

Durch die Wahl von $\vec{p} - \vec{d}$ als Verbindungsvektor ergibt sich im Skalarprodukt in (3.18) ein positives Vorzeichen für einen offenen Spalt und ein negatives Vorzeichen bei (hypothetischer) Durchdringung im Kontakt. Der Ortsvektor zum Punkt $\underline{P} := cp(P)$ als Ergebnis der orthogonalen Projektion ist durch

$$\underline{\mathbf{p}}_{\mathcal{I}} = \mathbf{p}_{\mathcal{I}} - g \mathbf{R}^{\mathcal{I}\mathcal{L}_m} \mathbf{k}_{\mathcal{L}_m}^{\mathcal{L}_m} \tag{3.21}$$

gegeben. Nachdem $cp(P)$ gefunden wurde, ist keine erneute Projektion auf die Normalenrichtung wie in der Definition (3.14) nötig. Denn wenn mit $\mathbf{p}_{\mathcal{I}} - \underline{\mathbf{p}}_{\mathcal{I}}$ die Koordinaten des Vektors $\overrightarrow{\underline{P}P}$ bezeichnet sind, so wird aus (3.14) in Koordinatenschreibweise

$$\begin{aligned} g :&= \left(\mathbf{p}_{\mathcal{I}} - \underline{\mathbf{p}}_{\mathcal{I}}\right)^{\mathrm{T}} \mathbf{k}_{\mathcal{I}}^{\mathcal{L}_m} \\ &= \left(\mathbf{p}_{\mathcal{I}} - \mathbf{p}_{\mathcal{I}} + (\mathbf{p}_{\mathcal{I}} - \mathbf{d}_{\mathcal{I}})^{\mathrm{T}} \mathbf{k}_{\mathcal{I}}^{\mathcal{L}_m} \mathbf{k}_{\mathcal{I}}^{\mathcal{L}_m}\right)^{\mathrm{T}} \mathbf{k}_{\mathcal{I}}^{\mathcal{L}_m} \\ &= \left((\mathbf{p}_{\mathcal{I}} - \mathbf{d}_{\mathcal{I}})^{\mathrm{T}} \mathbf{k}_{\mathcal{I}}^{\mathcal{L}_m} \mathbf{k}_{\mathcal{I}}^{\mathcal{L}_m}\right)^{\mathrm{T}} \mathbf{k}_{\mathcal{I}}^{\mathcal{L}_m} \\ &= (\mathbf{p}_{\mathcal{I}} - \mathbf{d}_{\mathcal{I}})^{\mathrm{T}} \mathbf{k}_{\mathcal{I}}^{\mathcal{L}_m} \end{aligned} \tag{3.22}$$

(denn $(\mathbf{k}_{\mathcal{I}}^{\mathcal{L}_m})^{\mathrm{T}} \mathbf{k}_{\mathcal{I}}^{\mathcal{L}_m} = 1$). Die letzte Zeile in (3.22) stimmt also mit (3.18) überein, eine erneute Projektion von $\overrightarrow{\underline{P}P}$ auf $\vec{k}^{\mathcal{L}_m}$ bleibt ohne Wirkung, da $\overrightarrow{\underline{P}P}$ bereits parallel zu $\vec{k}^{\mathcal{L}_m}$ ist.

Zur Bestimmung der Relativgeschwindigkeit wird die Geschwindigkeit des *materiellen* Punktes $U \in \mathcal{B}_m$ benötigt, der zum Zeitpunkt der Projektion mit $\underline{P}$ koinzidiert. Dieser Punkt U ist körperfest, das heißt die Zerlegung in $\mathcal{K}_m$ des Verbindungsvektors $\vec{c}$ vom Ursprung von $\mathcal{K}_m$ zu U ist konstant. Diese Zerlegung sei mit $\mathbf{c}_{\mathcal{K}_m}$ bezeichnet. Der Ortsvektor $\vec{u}$ zum körperfesten Punkt U in globalen Koordinaten ist gegeben mit

$$\mathbf{u}_{\mathcal{I}} = \underline{\mathbf{r}}_{\mathcal{I}} + \mathbf{R}^{\mathcal{I}\mathcal{K}_m} \mathbf{c}_{\mathcal{K}_m}. \tag{3.23}$$

Die Zeitableitung ist formal

$$\frac{d^{\mathcal{I}}\mathbf{u}_{\mathcal{I}}}{dt} = \dot{\mathbf{u}}_{\mathcal{I}} = \underline{\dot{\mathbf{r}}}_{\mathcal{I}} + \dot{\mathbf{R}}^{\mathcal{I}\mathcal{K}_m}\mathbf{c}_{\mathcal{K}_m}, \tag{3.24}$$

denn

$$\mathbf{c}_{\mathcal{K}_m} = \text{const.} \tag{3.25}$$

Die bekannte Eigenschaft der *Orthogonalität* von nach Gleichung (3.3) definierten Rotationsmatrizen lautet $\mathbf{R}\mathbf{R}^{\mathrm{T}} = \mathbf{I}$. Daraus ergibt sich nach Ableitung nach der Zeit

$$\dot{\mathbf{R}}^{\mathcal{I}\mathcal{K}_m}(\mathbf{R}^{\mathcal{I}\mathcal{K}_m})^{\mathrm{T}} + \mathbf{R}^{\mathcal{I}\mathcal{K}_m}(\dot{\mathbf{R}}^{\mathcal{I}\mathcal{K}_m})^{\mathrm{T}} = \mathbf{0} \tag{3.26}$$

oder

$$\dot{\mathbf{R}}^{\mathcal{I}\mathcal{K}_m}(\mathbf{R}^{\mathcal{I}\mathcal{K}_m})^{\mathrm{T}} = -\mathbf{R}^{\mathcal{I}\mathcal{K}_m}(\dot{\mathbf{R}}^{\mathcal{I}\mathcal{K}_m})^{\mathrm{T}} = -(\dot{\mathbf{R}}^{\mathcal{I}\mathcal{K}_m}(\mathbf{R}^{\mathcal{I}\mathcal{K}_m})^{\mathrm{T}})^{\mathrm{T}}. \tag{3.27}$$

Eine Matrix, die gleich dem negativen ihrer transponierten ist, heißt schiefsymmetrisch. Mit dem Tildeoperator von Seite xiii kann man also

$$\underline{\tilde{\boldsymbol{\omega}}}_{\mathcal{I}} = \dot{\mathbf{R}}^{\mathcal{I}\mathcal{K}_m}(\mathbf{R}^{\mathcal{I}\mathcal{K}_m})^{\mathrm{T}} \tag{3.28}$$

schreiben und nennt $\underline{\boldsymbol{\omega}}_{\mathcal{I}}$ die Koordinaten des Winkelgeschwindigkeitsvektors $\underline{\vec{\omega}}$ vom Körper Master ausgedrückt in $\mathcal{I}$. Analog heißt der Winkelgeschwindigkeitsvektor von Slave $\vec{\omega}$. Durch Rechtsmultiplikation von (3.28) mit $\mathbf{R}^{\mathcal{I}\mathcal{K}_m}$ und erneutem Ausnutzen der Orthogonalität, jetzt in der Form $\mathbf{R}^{\mathrm{T}}\mathbf{R} = \mathbf{I}$, erhält man

$$\underline{\tilde{\boldsymbol{\omega}}}_{\mathcal{I}}\mathbf{R}^{\mathcal{I}\mathcal{K}_m} = \dot{\mathbf{R}}^{\mathcal{I}\mathcal{K}_m} \tag{3.29}$$

als Ausdruck für die Zeitableitung der Rotationsmatrix $\mathbf{R}^{\mathcal{I}\mathcal{K}_m}$. Das Ergebnis (3.29) eingesetzt in (3.24) ergibt die bekannte Grundgleichung der Kinematik,

$$\dot{\mathbf{u}}_{\mathcal{I}} = \underline{\dot{\mathbf{r}}}_{\mathcal{I}} + \underline{\tilde{\boldsymbol{\omega}}}_{\mathcal{I}}\mathbf{R}^{\mathcal{I}\mathcal{K}_m}\mathbf{c}_{\mathcal{K}_m} = \underline{\dot{\mathbf{r}}}_{\mathcal{I}} + \underline{\tilde{\boldsymbol{\omega}}}_{\mathcal{I}}\mathbf{c}_{\mathcal{I}}, \tag{3.30}$$

die in vektorieller Form als

$$\dot{\vec{u}} = \underline{\dot{\vec{r}}} + \underline{\vec{\omega}} \times \vec{c} \tag{3.31}$$

bekannt ist. Durch Einsetzen von

$$\mathbf{c}_{\mathcal{I}} = \underline{\mathbf{p}}_{\mathcal{I}} - \underline{\mathbf{r}}_{\mathcal{I}} \tag{3.32}$$

in Gleichung (3.30) erhält man

$$\dot{\mathbf{u}}_{\mathcal{I}} = \underline{\dot{\mathbf{r}}}_{\mathcal{I}} + \underline{\tilde{\boldsymbol{\omega}}}_{\mathcal{I}}\left(\underline{\mathbf{p}}_{\mathcal{I}} - \underline{\mathbf{r}}_{\mathcal{I}}\right) \tag{3.33}$$

und schließlich mit (3.21):

$$\dot{\mathbf{u}}_{\mathcal{I}} = \underline{\dot{\mathbf{r}}}_{\mathcal{I}} + \underline{\tilde{\boldsymbol{\omega}}}_{\mathcal{I}}\left(\mathbf{p}_{\mathcal{I}} - g\mathbf{R}^{\mathcal{I}\mathcal{L}_m}\mathbf{k}_{\mathcal{L}_m}^{\mathcal{L}_m} - \underline{\mathbf{r}}_{\mathcal{I}}\right) \tag{3.34}$$

Die Relativgeschwindigkeit $\dot{\mathbf{x}}_\mathcal{I}$ sei mit

$$\dot{\mathbf{x}}_\mathcal{I} = \dot{\mathbf{u}}_\mathcal{I} - \dot{\mathbf{p}}_\mathcal{I} \tag{3.35}$$

definiert, also die Geschwindigkeit des materiellen Punktes $U \in \mathcal{B}_m$ minus der Geschwindigkeit des materiellen Punktes $P \in \mathcal{B}_s$ (*Master minus Slave*). Die Geschwindigkeit des Punktes P ergibt sich nach Zeitableitung von Gleichung (3.16) zu

$$\dot{\mathbf{p}}_\mathcal{I} = \dot{\mathbf{r}}_\mathcal{I} + \dot{\mathbf{R}}^{\mathcal{I}\mathcal{K}_s}\left(\mathbf{l}_{\mathcal{K}_s} + \mathbf{R}^{\mathcal{K}_s\mathcal{L}_s}\mathbf{s}_{\mathcal{L}_s}\right), \tag{3.36}$$

denn

$$\left(\mathbf{l}_{\mathcal{K}_s} + \mathbf{R}^{\mathcal{K}_s\mathcal{L}_s}\mathbf{s}_{\mathcal{L}_s}\right) = \text{const.} \tag{3.37}$$

Analog zu (3.29) kann man den Winkelgeschwindigkeitsvektor $\vec{\omega}$ verwenden:

$$\dot{\mathbf{R}}^{\mathcal{I}\mathcal{K}_s} = \tilde{\boldsymbol{\omega}}_\mathcal{I}\mathbf{R}^{\mathcal{I}\mathcal{K}_s} \tag{3.38}$$

Jetzt nimmt (3.36) ebenfalls die bekannte Form der Grundgleichung der Kinematik an:

$$\dot{\mathbf{p}}_\mathcal{I} = \dot{\mathbf{r}}_\mathcal{I} + \tilde{\boldsymbol{\omega}}_\mathcal{I}\mathbf{R}^{\mathcal{I}\mathcal{K}_s}\left(\mathbf{l}_{\mathcal{K}_s} + \mathbf{R}^{\mathcal{K}_s\mathcal{L}_s}\mathbf{s}_{\mathcal{L}_s}\right) = \dot{\mathbf{r}}_\mathcal{I} + \tilde{\boldsymbol{\omega}}_\mathcal{I}\left(\mathbf{l}_\mathcal{I} + \mathbf{s}_\mathcal{I}\right) \tag{3.39}$$

Nun soll die Relativgeschwindigkeit $\dot{\mathbf{x}}_\mathcal{I}$ auf eine Form gebracht werden, in der man Parameter und Bewegungsgrößen des MKS erkennt. Mit (3.39) und (3.34) in (3.35) eingesetzt folgt

$$\dot{\mathbf{x}}_\mathcal{I} = \underline{\dot{\mathbf{r}}}_\mathcal{I} + \underline{\tilde{\boldsymbol{\omega}}}_\mathcal{I}\left(\mathbf{p}_\mathcal{I} - g\mathbf{R}^{\mathcal{I}\mathcal{L}_m}\mathbf{k}^{\mathcal{L}_m}_{\mathcal{L}_m} - \underline{\mathbf{r}}_\mathcal{I}\right) - \dot{\mathbf{r}}_\mathcal{I} - \tilde{\boldsymbol{\omega}}_\mathcal{I}\mathbf{R}^{\mathcal{I}\mathcal{K}_s}\left(\mathbf{l}_{\mathcal{K}_s} + \mathbf{R}^{\mathcal{K}_s\mathcal{L}_s}\mathbf{s}_{\mathcal{L}_s}\right). \tag{3.40}$$

Weiterhin wird in (3.40) für $\mathbf{p}_\mathcal{I}$ die rechte Seite von (3.16), für g die rechte Seite von (3.18) und für $\mathbf{d}_\mathcal{I}$ die rechte Seite von (3.17) eingesetzt:

$$\begin{aligned}\dot{\mathbf{x}}_\mathcal{I} = \underline{\dot{\mathbf{r}}}_\mathcal{I} + \underline{\tilde{\boldsymbol{\omega}}}_\mathcal{I}\Big[&\mathbf{r}_\mathcal{I} + \mathbf{R}^{\mathcal{I}\mathcal{K}_s}\left(\mathbf{l}_{\mathcal{K}_s} + \mathbf{R}^{\mathcal{K}_s\mathcal{L}_s}\mathbf{s}_{\mathcal{L}_s}\right)\\ &- \left(\mathbf{r}_\mathcal{I} + \mathbf{R}^{\mathcal{I}\mathcal{K}_s}\left(\mathbf{l}_{\mathcal{K}_s} + \mathbf{R}^{\mathcal{K}_s\mathcal{L}_s}\mathbf{s}_{\mathcal{L}_s}\right) - \underline{\mathbf{r}}_\mathcal{I} - \mathbf{R}^{\mathcal{I}\mathcal{K}_m}\underline{\mathbf{l}}_{\mathcal{K}_m}\right)^\mathrm{T}\mathbf{R}^{\mathcal{I}\mathcal{L}_m}\mathbf{k}^{\mathcal{L}_m}_{\mathcal{L}_m}\mathbf{R}^{\mathcal{I}\mathcal{L}_m}\mathbf{k}^{\mathcal{L}_m}_{\mathcal{L}_m} - \underline{\mathbf{r}}_\mathcal{I}\Big]\\ &- \dot{\mathbf{r}}_\mathcal{I} - \tilde{\boldsymbol{\omega}}_\mathcal{I}\mathbf{R}^{\mathcal{I}\mathcal{K}_s}\left(\mathbf{l}_{\mathcal{K}_s} + \mathbf{R}^{\mathcal{K}_s\mathcal{L}_s}\mathbf{s}_{\mathcal{L}_s}\right)\end{aligned} \tag{3.41}$$

Der Einheitsvektor $\mathbf{k}^{\mathcal{L}_m}_{\mathcal{L}_m}$ ist mit (3.19) bekannt. Die Größen $\mathbf{l}_{\mathcal{K}_s}$ und $\underline{\mathbf{l}}_{\mathcal{K}_m}$ sowie $\mathbf{R}^{\mathcal{K}_s\mathcal{L}_s}$ und $\mathbf{R}^{\mathcal{K}_m\mathcal{L}_m}$ sind Parameter, die bei der Platzierung des Kontaktes auf den Körpern Slave und Master vergeben wurden. Der Vektor $\mathbf{s}_{\mathcal{L}_s}$ ist ebenfalls eine bekannte, lokale Eigenschaft des Kontaktes. Die Translationen der Körper $\mathbf{r}_\mathcal{I}$ und $\underline{\mathbf{r}}_\mathcal{I}$ und die Translationsgeschwindigkeiten $\dot{\mathbf{r}}_\mathcal{I}$ und $\underline{\dot{\mathbf{r}}}_\mathcal{I}$ werden durch geeignete kinematische Transformationen aus den verallgemeinerten Koordinaten $\mathbf{q}$ und Geschwindigkeiten $\mathbf{p}$ des MKS hergeleitet werden müssen. Genauso müssen die Orientierungen der Körper $\mathbf{R}^{\mathcal{I}\mathcal{K}_s}$ und $\mathbf{R}^{\mathcal{I}\mathcal{K}_m}$ und die Winkelgeschwindigkeitsvektoren $\boldsymbol{\omega}_\mathcal{I}$ und $\underline{\boldsymbol{\omega}}_\mathcal{I}$ aus dem Zustandsvektor $[\mathbf{q},\mathbf{p}]^\mathrm{T}$ hergeleitet werden. Diese Aufgabe wird erst am Ende von Kapitel 3 im Abschnitt 3.6 betrachtet.

Für die lokale Formulierung der Kontaktgesetze in Kapitel 4 wird nicht $\dot{\mathbf{x}}_\mathcal{I}$, sondern eine Zerlegung im tangentialen Koordinatensystem $\mathcal{M} = \mathcal{L}_m$ benötigt:

$$\dot{\mathbf{x}}_{\mathcal{L}_m} = \mathbf{R}^{\mathcal{L}_m\mathcal{I}}\dot{\mathbf{x}}_\mathcal{I} \tag{3.42}$$

Hier ist

$$\mathbf{R}^{\mathcal{L}_m\mathcal{I}} = (\mathbf{R}^{\mathcal{I}\mathcal{K}_m}\mathbf{R}^{\mathcal{K}_m\mathcal{L}_m})^\mathrm{T} \tag{3.43}$$

Zum Schluss wird noch die die Geschwindigkeit im Spalt $\frac{dg}{dt}$ benötigt, um später Relativbewegungen im Normalkontakt zu bedämpfen. Aus (3.18) ergibt sich

$$\dot{g} = (\dot{\mathbf{p}}_\mathcal{I} - \dot{\mathbf{d}}_\mathcal{I})^\mathrm{T}\mathbf{R}^{\mathcal{I}\mathcal{L}_m}\mathbf{k}^{\mathcal{L}_m}_{\mathcal{L}_m} + (\mathbf{p}_\mathcal{I} - \mathbf{d}_\mathcal{I})^\mathrm{T}\dot{\mathbf{R}}^{\mathcal{I}\mathcal{L}_m}\mathbf{k}^{\mathcal{L}_m}_{\mathcal{L}_m}. \tag{3.44}$$

Mit (3.36) und (3.17) folgt

$$\begin{aligned}
\dot{g} &= \left[\dot{\mathbf{r}}_\mathcal{I} + \tilde{\boldsymbol{\omega}}_\mathcal{I}\mathbf{R}^{\mathcal{I}\mathcal{K}_s}\left(\mathbf{l}_{\mathcal{K}_s} + \mathbf{R}^{\mathcal{K}_s\mathcal{L}_s}\mathbf{s}_{\mathcal{L}_s}\right) - \dot{\underline{\mathbf{r}}}_\mathcal{I} - \dot{\mathbf{R}}^{\mathcal{I}\mathcal{K}_m}\underline{\mathbf{l}}_{\mathcal{K}_m}\right]^\mathrm{T}\mathbf{R}^{\mathcal{I}\mathcal{L}_m}\mathbf{k}^{\mathcal{L}_m}_{\mathcal{L}_m}\\
&+ \left[\mathbf{r}_\mathcal{I} + \mathbf{R}^{\mathcal{I}\mathcal{K}_s}\left(\mathbf{l}_{\mathcal{K}_s} + \mathbf{R}^{\mathcal{K}_s\mathcal{L}_s}\mathbf{s}_{\mathcal{L}_s}\right) - \underline{\mathbf{r}}_\mathcal{I} - \mathbf{R}^{\mathcal{I}\mathcal{K}_m}\underline{\mathbf{l}}_{\mathcal{K}_m}\right]^\mathrm{T}\dot{\mathbf{R}}^{\mathcal{I}\mathcal{L}_m}\mathbf{k}^{\mathcal{L}_m}_{\mathcal{L}_m}\\
&= \left[\dot{\mathbf{r}}_\mathcal{I} + \tilde{\boldsymbol{\omega}}_\mathcal{I}\mathbf{R}^{\mathcal{I}\mathcal{K}_s}\left(\mathbf{l}_{\mathcal{K}_s} + \mathbf{R}^{\mathcal{K}_s\mathcal{L}_s}\mathbf{s}_{\mathcal{L}_s}\right) - \dot{\underline{\mathbf{r}}}_\mathcal{I} - \underline{\tilde{\boldsymbol{\omega}}}\mathbf{R}^{\mathcal{I}\mathcal{K}_m}\underline{\mathbf{l}}_{\mathcal{K}_m}\right]^\mathrm{T}\mathbf{R}^{\mathcal{I}\mathcal{K}_m}\mathbf{R}^{\mathcal{K}_m\mathcal{L}_m}\mathbf{k}^{\mathcal{L}_m}_{\mathcal{L}_m}\\
&+ \left[\mathbf{r}_\mathcal{I} + \mathbf{R}^{\mathcal{I}\mathcal{K}_s}\left(\mathbf{l}_{\mathcal{K}_s} + \mathbf{R}^{\mathcal{K}_s\mathcal{L}_s}\mathbf{s}_{\mathcal{L}_s}\right) - \underline{\mathbf{r}}_\mathcal{I} - \mathbf{R}^{\mathcal{I}\mathcal{K}_m}\underline{\mathbf{l}}_{\mathcal{K}_m}\right]^\mathrm{T}\underline{\tilde{\boldsymbol{\omega}}}\mathbf{R}^{\mathcal{I}\mathcal{K}_m}\mathbf{R}^{\mathcal{K}_m\mathcal{L}_m}\mathbf{k}^{\mathcal{L}_m}_{\mathcal{L}_m}
\end{aligned} \tag{3.45}$$

Mit (3.41), (3.18) und (3.45) sind alle kinematischen Größen vorbereitet, die in Kapitel 4 zur Formulierung der Kraftgesetze benötigt werden.

3.4.2. Kontakt zwischen Vollkugel und Hohlkugel

Das Kontaktmodul Kugel–Kugel wird zur Modellierung von Kugelgelenken unter Berücksichtigung der Reibung im Gelenk bereitgestellt. Diese Gelenke treten in Antriebssystemen vornehmlich im Betätigungssystem einer Kupplung (oder Doppelkupplung) auf. Die in Abbildung 1.2 gezeigte Kalotte ist ein Beispiel für solch einen kugelförmigen verteilten Kontakt.

Eine Vollkugel übernehme die Rolle von Slave $\mathcal{B}_s$ (siehe Abbildung 3.7). Die Fläche $\mathcal{G}_s$ sei wiederum als

$$\mathcal{G}_s \subseteq \partial\mathcal{B}_s \tag{3.46}$$

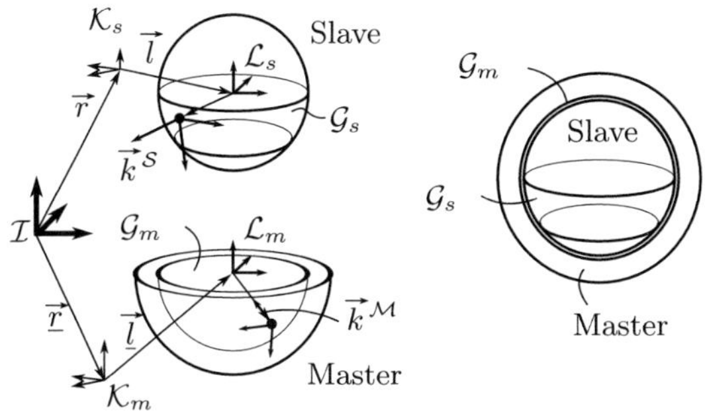

Abbildung 3.7.: Kontakt zwischen Vollkugel und Hohlkugel. Links mit berandetem $\mathcal{G}_m$, rechts mit randlosem $\mathcal{G}_m$.

definiert, wobei für die vorliegenden technischen Anwendungen ein Kugelabschnitt (*Kalotte*) den potenziellen Kontaktrand $\mathcal{G}_s$ darstellt. Als Gegenstück zur Kugel $\mathcal{B}_s$ wird ein Masterkörper in Form einer "Gelenkpfanne" $\mathcal{B}_m$ eingeführt, deren Kontaktrand $\mathcal{G}_m$ als Hohlkugel vereinbart wird (die äußere Flächeneinheitsnormale $\vec{k}^M$ im Kontaktmodul Kugel–Kugel zeigt zum Kugelmittelpunkt, siehe auch Abbildung 3.7). Die Kugeloberflächen $\partial\mathcal{B}_s$ und $\partial\mathcal{B}_m$ können über unterschiedliche Radien $R_s > 0$ und $R_m > 0$ verfügen. Im Falle $R_m < R_s$, das heißt die Vollkugel $\mathcal{B}_s$ "klemmt" in einer zu kleinen Hohlkugel $\mathcal{B}_m$, muss die für Starrkörper unmögliche Durchdringung der beiden Kugeln durch eine elastische Bettung der Kugeloberflächen ausgeglichen werden (siehe Abschnitt 4.5). Der für die Kinematik des Kontakts zwischen einem Punkt P und Hohlkugel $\mathcal{B}_m$ relevante Radius R_m sei fortan mit $R = R_m$ bezeichnet.

Um die Vereinfachung zu befolgen, $\mathcal{G}_m$ sei eine randlose Fläche, muss eine Vollkugel gewählt werden, wie sie in Abbildung 3.7 rechts im Bild illustriert ist. Dies hat jedoch den praktischen Nachteil, dass der Körper $\mathcal{B}_s$ nicht mehr vollständig aus $\mathcal{B}_m$ "herausgenommen" werden kann, wie in Abbildung 3.7 links gezeigt. Die relative Verschieblichkeit zwischen $\mathcal{B}_m$ und $\mathcal{B}_s$ wird je nach Beschaffenheit der Fläche $\mathcal{G}_s$ mehr oder weniger stark eingeschränkt. Auch wenn man nicht mehr von einem regulären Gebrauch eines Kugelgelenks sprechen kann, wenn $\mathcal{B}_s$ und $\mathcal{B}_m$ weit voneinander entfernt sind, so gibt es dennoch praktische Gründe dafür, diese Konfiguration im Simulationsprogramm zuzulassen. Denn beim Zusammenbau eines neuen Mehrkörpermodells ist es für den Anwender hilfreich, neu hinzugefügte Körper im System ausgiebig zu testen und die beobachteten Bewegungen auf Plausibilität zu untersuchen. Dazu gehört auch das Öffnen und Schließen von Kontakten, in diesem Falle also das "herausnehmen" der Kugel aus der "Gelenkpfanne". Aus diesem Grund wurde in

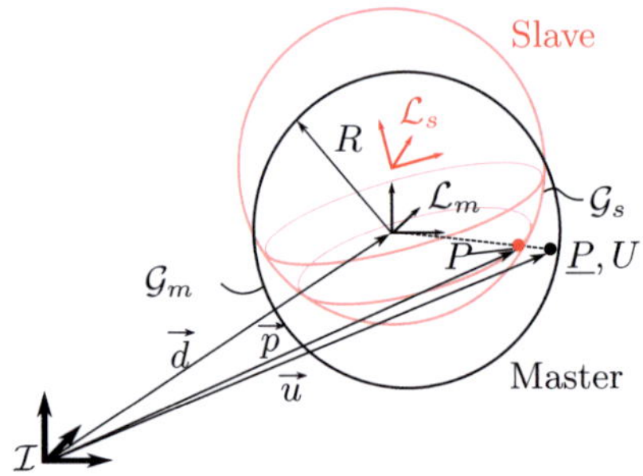

Abbildung 3.8.: Kürzester Abstand im Kontaktmodul Kugel–Kugel

Anhang A auch eine Version des Kontaktmoduls Kugel–Kugel implementiert, die dies erlaubt. Allerdings sollte der Modellierer im Hinterkopf behalten, dass in dieser Implementierung bei einer Kollision von $\partial\mathcal{G}_s$ mit $\partial\mathcal{G}_m$ unerwartete numerische Probleme auftreten können, da die berechnete Spaltfunktion dann nicht mehr exakt ist.

Wie im Abschnitt 3.4.1 ist der Ortsvektor $\vec{p}$ zum Punkt $P \in \mathcal{G}_s$ wiederum gegeben mit (vergleiche Abbildung 3.7):

$$\mathbf{p}_\mathcal{I} = \mathbf{r}_\mathcal{I} + \mathbf{R}^{\mathcal{I}\mathcal{K}_s}\left(\mathbf{l}_{\mathcal{K}_s} + \mathbf{R}^{\mathcal{K}_s\mathcal{L}_s}\mathbf{s}_{\mathcal{L}_s}\right) \tag{3.47}$$

Der Ortsvektor $\vec{d} = \vec{\underline{r}} + \vec{\underline{l}}$ zum Ursprung $\mathcal{L}_m$ ist wie zuvor:

$$\mathbf{d}_\mathcal{I} = \underline{\mathbf{r}}_\mathcal{I} + \mathbf{R}^{\mathcal{I}\mathcal{K}_m}\underline{\mathbf{l}}_{\mathcal{K}_m} \tag{3.48}$$

Der kürzeste Abstand von P zur Kugel $\mathcal{G}_m$ ist gegeben mit

$$\begin{aligned} g &= R - \|\mathbf{p}_\mathcal{I} - \mathbf{d}_\mathcal{I}\| \\ &= R - \left\|\mathbf{r}_\mathcal{I} + \mathbf{R}^{\mathcal{I}\mathcal{K}_s}\left(\mathbf{l}_{\mathcal{K}_s} + \mathbf{R}^{\mathcal{K}_s\mathcal{L}_s}\mathbf{s}_{\mathcal{L}_s}\right) - \underline{\mathbf{r}}_\mathcal{I} - \mathbf{R}^{\mathcal{I}\mathcal{K}_m}\underline{\mathbf{l}}_{\mathcal{K}_m}\right\| \end{aligned} \tag{3.49}$$

(Vergleich Abbildung 3.8). Die Spaltfunktion g ist erneut so gewählt, dass bei offenem Kontakt (P befindet sich im Innern der Kugel $\mathcal{G}_m$) ein positives Vorzeichen und bei hypothetischer Durchdringung (P befindet sich außerhalb der Kugel $\mathcal{G}_m$) ein negatives Vorzeichen auftritt. Aus (3.49) folgt, dass

$$g = R, \quad \|\mathbf{p}_\mathcal{I} - \mathbf{d}_\mathcal{I}\| = 0 \tag{3.50}$$

der Spalt gerade dem Radius R der Hohlkugel $\mathcal{B}_m$ entspricht, wenn der Punkt P auf Slave sich im Ursprung von $\mathcal{L}_m$ befindet. Dies ist insofern ein Sonderfall, als dass alle Punkte $\underline{P} \in \partial\mathcal{B}_m$ den kürzesten Abstand $g = R$ haben, während für alle $\mathbf{p}_\mathcal{I} \neq \mathbf{d}_\mathcal{I}$ der Punkt $\underline{P}$ eindeutig bestimmt ist. Der Ortsvektor zum Punkt $\underline{P}$ als Ergebnis der Projektion ist jetzt

$$\underline{\mathbf{p}}_\mathcal{I} = \mathbf{p}_\mathcal{I} - g\mathbf{R}^{\mathcal{I}\mathcal{M}_U}\mathbf{k}_{\mathcal{M}_U}^{\mathcal{M}_U}. \tag{3.51}$$

Dabei ist mit $\mathcal{M}_U$ das Koordinatensystem bezeichnet, welches im körperfesten Punkt U auf der Kugel $\mathcal{G}_m$ die normale und tangentiale Richtungen festlegt. Die äußere Flächeneinheitsnormale von $\mathcal{G}_m$ sei $\mathbf{k}_{\mathcal{M}_U}^{\mathcal{M}_U} = [0,0,1]^\mathrm{T}$ und zeige zum Mittelpunkt der Hohlkugel, also zum Ursprung von $\mathcal{L}_m$. Analog zu (3.22) kann man zeigen, dass für die Spaltfunktion g eine Projektion von $\overrightarrow{\underline{P}P}$ auf $\vec{k}^{\mathcal{M}_U}$ nicht mehr nötig ist, da $\overrightarrow{\underline{P}P}$ bereits parallel zu $\vec{k}^{\mathcal{M}_U}$ ist. In (3.51) wurde

$$\mathbf{R}^{\mathcal{I}\mathcal{M}_U} = \mathbf{R}^{\mathcal{I}\mathcal{K}_m}\mathbf{R}^{\mathcal{K}_m\mathcal{L}_m}\mathbf{R}^{\mathcal{L}_m\mathcal{M}_U} \tag{3.52}$$

verwendet, so dass sich auch

$$\underline{\mathbf{p}}_\mathcal{I} = \mathbf{p}_\mathcal{I} - g\mathbf{k}_\mathcal{I}^{\mathcal{M}_U}. \tag{3.53}$$

schreiben lässt. Der Normalenvektor $\mathbf{k}_\mathcal{I}^{\mathcal{M}_U}$ ist mit

$$\mathbf{k}_\mathcal{I}^{\mathcal{M}_U} = \frac{\mathbf{d}_\mathcal{I} - \mathbf{p}_\mathcal{I}}{\|\mathbf{d}_\mathcal{I} - \mathbf{p}_\mathcal{I}\|} \tag{3.54}$$

ebenfalls bekannt. Um in Numeriksimulationen später in (3.54) keine Fehlermeldung aufgrund einer Division durch Null zu erhalten wenn der Punkt P sich im Ursprung von $\mathcal{L}_m$ befindet, wird anstelle von (3.54) die Fallunterscheidung

$$\mathbf{k}_\mathcal{I}^{\mathcal{M}_U} = \begin{cases} \frac{\mathbf{d}_\mathcal{I} - \mathbf{p}_\mathcal{I}}{\|\mathbf{d}_\mathcal{I} - \mathbf{p}_\mathcal{I}\|} & , \quad \|\mathbf{d}_\mathcal{I} - \mathbf{p}_\mathcal{I}\| > 0 \\ \text{beliebig} & , \quad \|\mathbf{d}_\mathcal{I} - \mathbf{p}_\mathcal{I}\| = 0 \end{cases} \tag{3.55}$$

eingeführt. Die Unstetigkeit in (3.55) und insbesondere die Tatsache, dass $\mathbf{k}_\mathcal{I}^{\mathcal{M}_U}$ im zweiten Fall beliebig ist, ist vollkommen unerheblich. Denn $\underline{\mathbf{p}}_\mathcal{I}$ und somit auch $\mathbf{k}_\mathcal{I}^{\mathcal{M}_U}$ werden schlicht nicht benötigt, wenn $\|\mathbf{d}_\mathcal{I} - \mathbf{p}_\mathcal{I}\| = 0$, wenn der Punkt P also noch hinreichend weit von der Oberfläche $\mathcal{G}_m$ und somit von einer Kontaktsituation entfernt ist. Genauso wie in (3.33) ist die Geschwindigkeit des materiellen Punktes $U \in \mathcal{B}_m$, der momentan mit dem Ergebnis der Projektion $\underline{P}$ koinzidiert, wieder

$$\dot{\mathbf{u}}_\mathcal{I} = \dot{\underline{\mathbf{r}}}_\mathcal{I} + \underline{\tilde{\boldsymbol{\omega}}}_\mathcal{I}\left(\underline{\mathbf{p}}_\mathcal{I} - \underline{\mathbf{r}}_\mathcal{I}\right). \tag{3.56}$$

Mit (3.53) und (3.55) folgt

$$\dot{\mathbf{u}}_\mathcal{I} = \begin{cases} \dot{\underline{\mathbf{r}}}_\mathcal{I} + \underline{\tilde{\boldsymbol{\omega}}}_\mathcal{I}\left(\mathbf{p}_\mathcal{I} - g\frac{\mathbf{d}_\mathcal{I} - \mathbf{p}_\mathcal{I}}{\|\mathbf{d}_\mathcal{I} - \mathbf{p}_\mathcal{I}\|} - \underline{\mathbf{r}}_\mathcal{I}\right) & , \quad \|\mathbf{d}_\mathcal{I} - \mathbf{p}_\mathcal{I}\| > 0 \\ \text{beliebig} & , \quad \|\mathbf{d}_\mathcal{I} - \mathbf{p}_\mathcal{I}\| = 0 \end{cases} \tag{3.57}$$

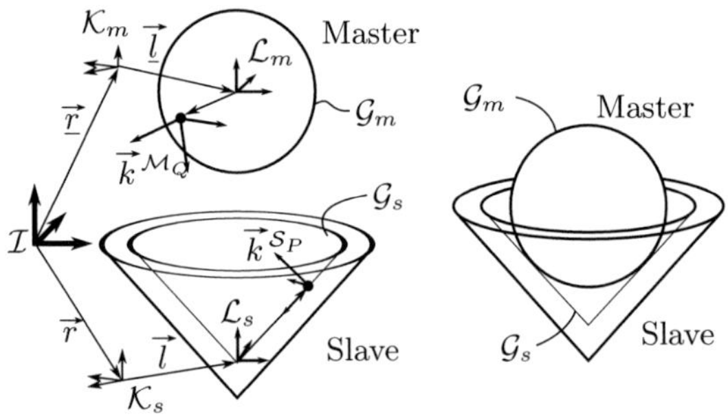

Abbildung 3.9.: Kontakt zwischen Kugel und Kegel

und für die Relativgeschwindigkeit

$$\dot{\mathbf{x}}_{\mathcal{I}} = \begin{cases} \dot{\underline{\mathbf{r}}}_{\mathcal{I}} + \tilde{\underline{\boldsymbol{\omega}}}_{\mathcal{I}} \left(\mathbf{p}_{\mathcal{I}} - g \frac{\mathbf{d}_{\mathcal{I}} - \mathbf{p}_{\mathcal{I}}}{\|\mathbf{d}_{\mathcal{I}} - \mathbf{p}_{\mathcal{I}}\|} - \underline{\mathbf{r}}_{\mathcal{I}} \right) - \dot{\mathbf{p}}_{\mathcal{I}} & , \quad \|\mathbf{d}_{\mathcal{I}} - \mathbf{p}_{\mathcal{I}}\| > 0 \\ \text{beliebig} & , \quad \|\mathbf{d}_{\mathcal{I}} - \mathbf{p}_{\mathcal{I}}\| = 0 \end{cases} \tag{3.58}$$

mit $\dot{\mathbf{p}}_{\mathcal{I}}$ identisch wie in Gleichung (3.39).

Um später die relative Normalbewegung im Kontakt bedämpfen zu können, leitet man wieder (3.49) formal nach der Zeit ab:

$$\begin{aligned} \dot{g} &= -\frac{d}{dt} \|\mathbf{p}_{\mathcal{I}} - \mathbf{d}_{\mathcal{I}}\| = -\frac{d}{dt} \sqrt{(\mathbf{p}_{\mathcal{I}} - \mathbf{d}_{\mathcal{I}})^{\mathrm{T}} (\mathbf{p}_{\mathcal{I}} - \mathbf{d}_{\mathcal{I}})} \\ &= -\frac{1}{\sqrt{(\mathbf{p}_{\mathcal{I}} - \mathbf{d}_{\mathcal{I}})^{\mathrm{T}} (\mathbf{p}_{\mathcal{I}} - \mathbf{d}_{\mathcal{I}})}} \left(\dot{\mathbf{p}}_{\mathcal{I}} - \dot{\mathbf{d}}_{\mathcal{I}} \right)^{\mathrm{T}} (\mathbf{p}_{\mathcal{I}} - \mathbf{d}_{\mathcal{I}}) \end{aligned} \tag{3.59}$$

3.4.3. Kontakt zwischen Kugel und Kegel

Als drittes Kontaktmodul wird für die in Kapitel 1 aufgezählten Triebstrangkomponenten einen Kontakt zwischen einer Kugel und einem Kegel bereitgestellt. Konstruktiv handelt es sich um eine Variante des Kontaktmoduls Kugel–Kugel aus dem vorigen Abschnitt, nur dass die Kugel der "Gelenkpfanne" jetzt durch einen Kegel ersetzt wird. Die Kontaktgeometrien unterscheiden sich jedoch substantiell, was das eigene Kontaktmodul Kugel–Kegel rechtfertigt. Denn eine ideal starre Kugel und ein ideal starrer Kegel, wie sie in Abbildung 3.9 illustriert sind, können sich maximal entlang einer Linie berühren, nicht jedoch in einer Fläche.

Zu Vermeidung von Diskretisierungsfehlern (siehe Abschnitt 3.5) wird für dieses Kontaktmodul der Kegel als Slave gewählt. Die Fläche $\mathcal{G}_s$ sei dabei die

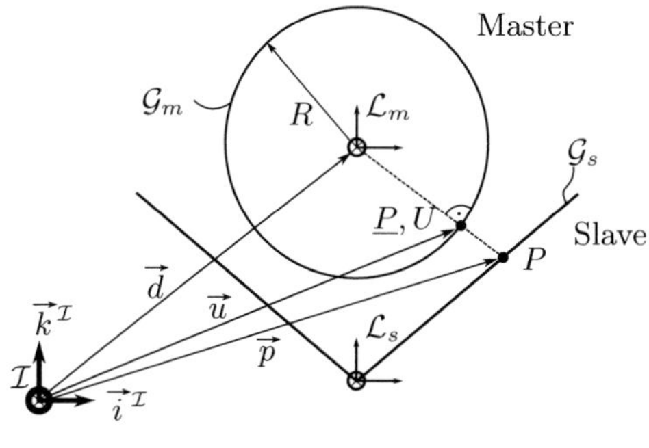

Abbildung 3.10.: Kürzester Abstand im Kontaktmodul Kugel–Kegel

innere Mantelfläche eines geraden Kreiskegels (Vgl. Abbildung 3.9). Der Masterkörper $\mathcal{B}_m$ sei innerhalb dieses Kontaktmoduls eine Vollkugel mit Radius $R > 0$ und es gelte

$$\mathcal{G}_m = \partial\mathcal{B}_m, \tag{3.60}$$

womit die Anforderung an eine randlose Fläche $\mathcal{G}_m$ erfüllt ist. Wenn für einen Punkt $P \in \mathcal{G}_s$ der Punkt $cp(P) \in \mathcal{G}_m$ gesucht wird, so wird wie im vorigen Kontaktmodul der kürzeste Abstand zwischen einem Punkt und einer Kugel gesucht. Dennoch handelt es sich nicht um dasselbe Kontaktprimitiv in beiden Fällen. Denn jetzt muss $cp(P)$ auf der Außenfläche einer Vollkugel gefunden werden, während im vorigen Kontaktmodul $cp(P)$ auf der inneren Fläche einer Hohlkugel gesucht wurde. Hier wird deutlich, dass sich eine Bibliothek für Kontakte mit spezieller Geometrie sowohl nach Kontaktmodulen als auch Kontaktprimitiven klassifizieren lässt.

Der kürzeste Abstand vom Punkt P zur Kugel $\mathcal{G}_m$ ist jetzt gegeben mit

$$g = \|\mathbf{p}_{\mathcal{I}} - \mathbf{d}_{\mathcal{I}}\| - R \tag{3.61}$$

(siehe Abbildung 3.10 und vergleiche mit Gleichung (3.49)). Es wurde wieder dieselbe Vorzeichenkonvention für die Spaltfunktion wie in den bereits geschilderten Kontakmodulen verwendet. Der Ortsvektor zum Punkt $\underline{P}$ ist jetzt gegeben mit

$$\underline{\mathbf{p}}_{\mathcal{I}} = \mathbf{p}_{\mathcal{I}} - g\mathbf{k}_{\mathcal{I}}^{\mathcal{M}_U}, \tag{3.62}$$

wobei die äußere Flächeneinheitsnormale von Master $\mathbf{k}_{\mathcal{I}}^{\mathcal{M}_U}$ sich zu

$$\mathbf{k}_{\mathcal{I}}^{\mathcal{M}_U} = \frac{\mathbf{p}_{\mathcal{I}} - \mathbf{d}_{\mathcal{I}}}{\|\mathbf{p}_{\mathcal{I}} - \mathbf{d}_{\mathcal{I}}\|} \tag{3.63}$$

findet (vergleiche mit Gl. (3.54)). Eine Unterscheidung wie in (3.55) ist hier nicht notwendig, da $\|\mathbf{p}_{\mathcal{I}} - \mathbf{d}_{\mathcal{I}}\| = 0$ nur für eine drastische Durchdringung von

Kugel und Kegel möglich wäre. Die Geschwindigkeit des Koinzidenzpunktes U ist wiederum wie in (3.33):

$$\dot{\mathbf{u}}_{\mathcal{I}} = \underline{\dot{\mathbf{r}}}_{\mathcal{I}} + \underline{\tilde{\boldsymbol{\omega}}}_{\mathcal{I}} \left(\underline{\mathbf{p}}_{\mathcal{I}} - \underline{\mathbf{r}}_{\mathcal{I}} \right) \tag{3.64}$$

Mit (3.62) und (3.63) ergibt sich

$$\dot{\mathbf{u}}_{\mathcal{I}} = \underline{\dot{\mathbf{r}}}_{\mathcal{I}} + \underline{\tilde{\boldsymbol{\omega}}}_{\mathcal{I}} \left(\mathbf{p}_{\mathcal{I}} - g \frac{\mathbf{p}_{\mathcal{I}} - \mathbf{d}_{\mathcal{I}}}{\|\mathbf{p}_{\mathcal{I}} - \mathbf{d}_{\mathcal{I}}\|} - \underline{\mathbf{r}}_{\mathcal{I}} \right) \tag{3.65}$$

und für die Relativgeschwindigkeit

$$\dot{\mathbf{x}}_{\mathcal{I}} = \underline{\dot{\mathbf{r}}}_{\mathcal{I}} + \underline{\tilde{\boldsymbol{\omega}}}_{\mathcal{I}} \left(\mathbf{p}_{\mathcal{I}} - g \frac{\mathbf{p}_{\mathcal{I}} - \mathbf{d}_{\mathcal{I}}}{\|\mathbf{p}_{\mathcal{I}} - \mathbf{d}_{\mathcal{I}}\|} - \underline{\mathbf{r}}_{\mathcal{I}} \right) - \dot{\mathbf{p}}_{\mathcal{I}}. \tag{3.66}$$

Die Ableitung der Spaltfunktion g ist ähnlich wie in (3.59):

$$\begin{aligned} \dot{g} &= \frac{d}{dt} \|\mathbf{p}_{\mathcal{I}} - \mathbf{d}_{\mathcal{I}}\| = \frac{d}{dt} \sqrt{(\mathbf{p}_{\mathcal{I}} - \mathbf{d}_{\mathcal{I}})^{\mathrm{T}} (\mathbf{p}_{\mathcal{I}} - \mathbf{d}_{\mathcal{I}})} \\ &= \frac{1}{\sqrt{(\mathbf{p}_{\mathcal{I}} - \mathbf{d}_{\mathcal{I}})^{\mathrm{T}} (\mathbf{p}_{\mathcal{I}} - \mathbf{d}_{\mathcal{I}})}} \left(\dot{\mathbf{p}}_{\mathcal{I}} - \dot{\mathbf{d}}_{\mathcal{I}} \right)^{\mathrm{T}} (\mathbf{p}_{\mathcal{I}} - \mathbf{d}_{\mathcal{I}}) \end{aligned} \tag{3.67}$$

3.5. Räumliche Diskretisierung

Bisher wurden Spaltfunktionen und Relativgeschwindigkeiten in diesem Kapitel für einen einzelnen Punkt $P \in \mathcal{G}_s$ hergeleitet. Diese Größen lassen sich für alle Punkte in der Fläche $\mathcal{G}_s$ aufstellen. Bei einer Rechung mit endlichem Freiheitsgrad lassen sich im Allgemeinen jedoch nicht die Gesetze der Bindung für alle Punkte erfüllen.

Stattdessen wird das Bindungsgesetz nur für eine endliche Menge $\mathcal{C} \subset \mathcal{G}_c$ von Punkten formuliert und es wird davon ausgegangen, dass für die verbleibende Punktmenge $\mathcal{G}_c \backslash \mathcal{C}$ eine näherungsweise Erfüllung der Bindungsgesetze gegeben ist.

Der Diskretisierungsfehler durch ungenaue Erfüllung der Bindungen in der Punktmenge $\mathcal{C} \backslash \mathcal{G}_c$ sei für zwei Kontaktmodule anhand der Abbildungen 3.11(a) und 3.11(b) illustriert. In der linken Abbildung ist das Kontaktmodul Kugel–Kugel mit einer Diskretisierung der inneren Kugelfläche $\mathcal{G}_s$ gezeigt. In den Bereichen zwischen den eingezeichneten diskreten Kontaktpunkten auf $\mathcal{G}_s$ ist kein Bindungsgesetz aktiv, zum Beispiel wird die Erfüllung der *Nichteindringbedingung* nicht überwacht, während für die Punkte $P \in \mathcal{C}$ die Erfüllung dieser Bedingung sichergestellt sei. Damit ist offensichtlich, dass bei umso gröberer Diskretisierung und bei gleichzeitig geringfügiger lokaler Verletzung der

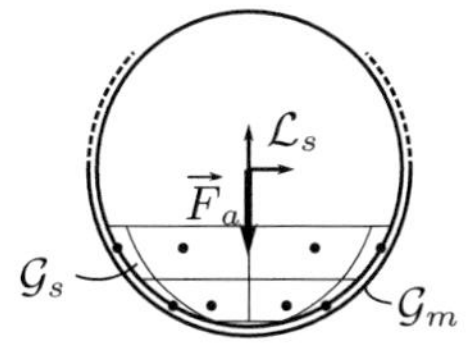

(a)

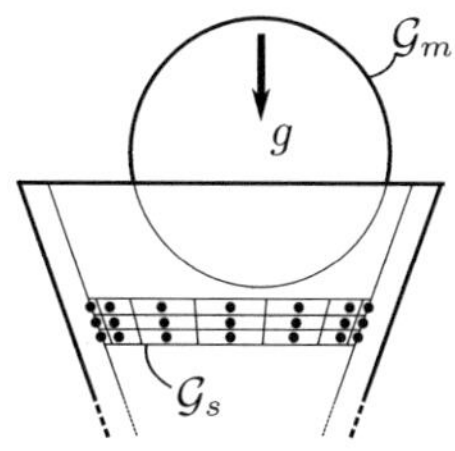

(b)

Abbildung 3.11.: Diskretisierung im Kontaktmodul (a) Kugel–Kugel und (b) Kugel–Kegel

Nichteindringbedingung in den Kontaktpunkten – etwa durch elastischen Normalkontakt wie in Abschnitt 4.5 – größere Bereiche der Kugelfläche $\mathcal{G}_s$ den Kontaktpartner $\mathcal{G}_m$ durchdringen können. Umgekehrt finden bei feinerer Diskretisierung kleinere Durchdringungen statt. Belastet man den Körper $\mathcal{B}_s$ mit einer äußeren Kraft $\vec{F}_a$ im Kugelmittelpunkt (vgl. Abbildung 3.11(a)), so entscheidet die Richtung von $\vec{F}_a$, wie gut oder schlecht die Nichteindringbedingung erfüllt wird. Zeigt $\vec{F}_a$ zufällig genau auf einen Kontaktpunkt, so findet kein Eindringen statt. Zeigt $\vec{F}_a$ zufällig zwischen zwei Kontaktpunkte, so ist Durchdringung möglich und diese wird durch den Abstand der benachbarten Kontaktpunkte bestimmt. Bei zeitlich umlaufender Richtung von $\vec{F}_a$ tritt also ein modulierter Diskretisierungsfehler auf, wenn die Nichteindringbedingung abwechselnd gut oder schlecht erfüllt wird – die innere Kugel folgt einer "ratternden" Bewegung.

Ähnlich verhält es sich in der in Abbildung 3.11(b) gezeigten Situation: Beim Auftreffen der Kugel $\mathcal{B}_m$ auf die diskretisierte Kegelmantelfläche $\mathcal{G}_s$ wird die Kugel in einer "ratternden" Bewegung den Kegel herabrollen. Diese Artefakte der gewählten Kontaktmodellierung sind ein wesentlicher Nachteil im Vergleich zu strengen Methoden, die versuchen, die Bindungsgleichungen z.B. durch integrale Formulierungen überall im Kontaktgebiet $\mathcal{G}_c$ zu erfüllen. Um die Vorgehensweise dennoch zu rechtfertigen, muss davon ausgegangen werden, dass die Gewichtung des Diskretisierungsfehlers schwächer zu bewerten ist als die angestrebte lokale Auflösung der Reibkräfte.

Im Beispiel der Nichteindringbedingung ist es intuitiv anzunehmen, dass eine feinere Diskretisierung eine genauere Abbildung sowohl der physikalischen Realität als auch einer strengen Formulierung mit Bindungsgleichungen entspricht. Innerhalb dieser Arbeit wird von einer vorliegenden Konvergenz des diskretisierten Systems gegen eine strenge Formulierung ausgegangen, ein Beweis eines solchen Konvergenzverhaltens bleibt jedoch aus. Die Annahme ordnet sich vielmehr in die Überlegungen zur grundsätzlichen Diskretisierung eines mechanischen Systems auf Seite 9 ein: Eine Verbesserung der Modellgüte bei Verfeinerung der Diskretisierung ist verbreitete Ingenieurserfahrung.

3.6. Kinematische Grundgrößen aus Minimalkoordinaten

Die in den Abschnitten 3.4.1 bis 3.4.3 für die einzelnen Kontaktmodule hergeleiteten kinematischen Größen der Spaltfunktion und Relativgeschwindigkeit sind in den kinematischen Grundgrößen Lage ($\vec{r}$ und $\underline{\vec{r}}$), Orientierung ($\mathbf{R}^{\mathcal{IK}_s}$ und $\mathbf{R}^{\mathcal{IK}_m}$) der beteiligten Körper Master und Slave sowie den translatorischen Geschwindigkeitsgrößen ($\dot{\vec{r}}$ und $\dot{\underline{\vec{r}}}$) und den Winkelgeschwindigkeiten ($\vec{\omega}$ und $\underline{\vec{\omega}}$) beschrieben. Im folgenden soll kurz aufgezeigt werden, wie diese Größen aus dem Mehrkörpersystem zu erhalten sind.

Innerhalb dieser Arbeit wird der Formalismus zur Erzeugung der Bewegungsgleichungen von Mehrkörpersystemen von Shi, McPhee, Schmitke et al. [116, 118, 145, 146, 147, 153, 154, 155, 156] verwendet. Daher zitiert dieser Abschnitt größtenteils die Ergebnisse aus [146, 155]. In [117] wurde gezeigt, dass ein graphentheoretischer Formalismus mit sogenannten *Zweigkoordinaten (branch coordinates)* kleinere Bewegungsgleichungen erzeugen kann, als die klassische Vorgehensweise mit absoluten Koordinaten [150] oder Gelenkkoordinaten [175]. *Kleinere* Bewegungsgleichungen heißt hier, dass die Gleichungen weniger elementare Rechenoperationen enthalten und somit schneller in einer Numeriksimulation auszuwerten sind.

Der graphentheoretische Formalismus ist unter dem Namen *DynaFlexPro* als kommerzielles Softwarewerkzeug in Form einer Erweiterung des Computeralgebrasystems *Maple* verfügbar [155]. Als Hauptgrund für die Auswahl dieses Formalismus zum Erzeugen der Bewegungsgleichungen ist die bequeme Erweiterung der Bewegungsgleichungen mit kinematischen Ausdrücken wie (3.45) zu nennen. Denn das Computeralgebrasystem bietet das nötige mathematische Handwerkzeug, um große Gleichungssysteme symbolisch zu manipulieren. Der inherente Geschwindigkeitsvorteil von den zu erwartenden *kleinen* Bewegungsgleichungen wird als wichtiger Nebeneffekt begrüßt. In Anhang A wird gezeigt, wie die Bewegungsgleichungen zusammen mit den Gleichungen für die Kontaktkinematik und den Kraftgesetzen aus dem folgenden Kapitel 4 automatisiert erzeugt und miteinander gekoppelt werden können.

Wie in anderen graphentheoretischen Ansätzen [7] wird in [155] ein Mehrkörpersystem als *linearer, gerichteter Graph* aus Knoten und Kanten repräsentiert. Knoten übernehmen dabei die Rolle von Bezugssystemen. Kanten entsprechen physikalischen Elementen wie Starrkörpern und verbindenden Elementen zwischen den Körpern. Letztere sind etwa Gelenke, Antriebe von Körpern oder

Gelenken, Federn, Dämpfer, allgemeine Kräfte und Momente, auch die in dieser Arbeit im Blickpunkt stehenden tangentialen und normalen Kontaktkräfte. Die Graphentheorie stellt zwei Arten von topologischen Gleichungen bereit, die automatisch aus dem Graph erzeugt werden können. Die erste Art ist im deutschsprachigen Raum meist als *Kirchhoffsche Knotenregel (vertex equations)* [39] bekannt. Sie fordert ein Gleichgewicht eines *Flusses*, zum Beispiel der Flussvariable Kraft $\vec{F}$, an einem Knoten:

$$\sum_j \vec{F}_j = 0 \quad \forall \text{ Kanten } j \text{ am Knoten} \tag{3.68}$$

Die Knotenregel besagt also, dass an einem Knoten ein Fluss weder entspringen noch versickern kann (Flusserhaltung). Die Knotenregel lässt sich systematisch auf Teilgebiete des Graphen ausweiten, so dass die sogenannten *Schnittmengengleichungen (cutset equations)* entstehen, siehe auch [116]. Als Eigenart des Formalismus in [155] wird die virtuelle Arbeit δW als nicht sonderlich suggestive Flussvariable verwendet, ausführlich diskutiert in [153]. Damit lässt sich das *Prinzip der virtuellen Arbeit* lokal für Teilgebiete des Graphen und schließlich für das gesamte MKS formulieren. Die erste Gruppe von topologischen Gleichungen dient also dem Aufstellen der Dynamik des MKS und wird daher an dieser Stelle übersprungen.

Die zweite Gruppe topologischer Gleichungen aus dem Graphen ist mit der sogenannten *Kirchhoffschen Maschenregel (circuit equations)* gegeben. Mit ihrer Hilfe lassen sich Schließbedingungen entlang von *Schleifen*[4] im Graphen aufstellen. So kann man für den einfachen Beispielgraphen in Abbildung 3.12(a) mit den Kanten e_1–e_4 jeder Kante e_i eine translatorische Verschiebung $\vec{r}_i$ zuordnen. Die Maschenregel besagt dann für den in Abbildung 3.12(a) gezeigten Kreis:

$$\vec{r}_1 - \vec{r}_2 + \vec{r}_3 + \vec{r}_4 = \vec{0} \tag{3.69}$$

Das Vorzeichen ergibt sich dabei aus der Pfeilrichtung. Kanten, die auf dem Kreis in Pfeilrichtung durchlaufen werden, erhalten ein positives Vorzeichen und entsprechend gegen Pfeilrichtung ein negatives Vorzeichen. Anschaulich bedeutet Gleichung (3.69), dass der *Weg*, der vom Ursprung von $\mathcal{I}$ über die Elemente e_1 bis e_4 im System zu $\mathcal{I}$ zurückführt, auch tatsächlich wieder am Ursprung herauskommen muss. Analoge Gleichungen existieren im MKS für die translatorischen Geschwindigkeiten $\dot{\vec{r}}$ und die Winkelgeschwindigkeiten $\vec{\omega}$, auch für virtuelle Verschiebungen $\delta\vec{r}$ und sogar für virtuelle Verdrehungen $\delta\vec{\theta}$ (für die ebenfalls die Gesetze der Vektoraddition gelten [150]). Für aufeinanderfolgende Rotationen existiert keine additive Maschenregel wie (3.69), da

[4]In elektrischen Netzwerken wurde der Begriff *Masche* geprägt, in der Graphentheorie spricht man zumeist von *Kreisen*, in der Mehrkörpermechanik häufig von *Schleifen*.

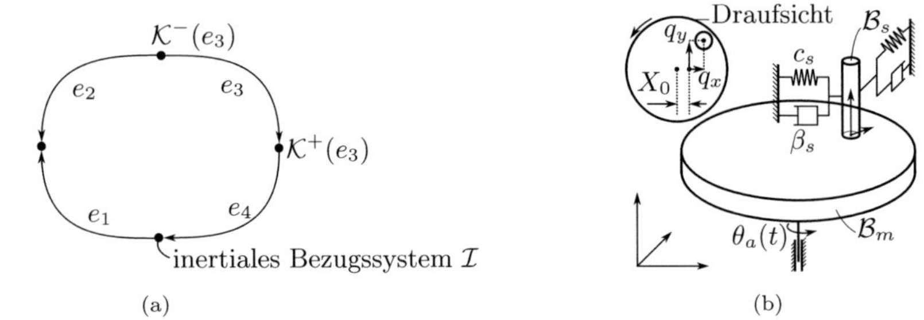

Abbildung 3.12.: (a) Zur Maschenregel: Ein Kreis in einem Graph, (b) Beispielsystem Stab auf Scheibe

für Rotationsmatrizen keine Vektoraddition definiert ist. Aber analog zu (3.69) kann man eine multiplikative Maschenregel aufstellen:

$$\mathbf{R}_1\mathbf{R}_2^{\mathrm{T}}\mathbf{R}_3\mathbf{R}_4 = \mathbf{I} \tag{3.70}$$

Mit $\mathbf{R}_j$ ist innerhalb dieses Abschnittes bei Weglassung der hochgestellten Indizes die Rotationsmatrix gemeint, welche vom Nachfolgerkoordinatensystem $\mathcal{K}^+(j)$ – an der Pfeilspitze einer Kante j – zum Vorgängerkoordinatensystem $\mathcal{K}^-(j)$ derselben Kante transformiert (vergleiche Abbildung 3.12(a)):

$$\mathbf{R}_j = \mathbf{R}^{\mathcal{K}^-(j)\mathcal{K}^+(j)} \tag{3.71}$$

Anstelle des Minuszeichens wird bei einem Weg entgegen der Kantenrichtung (entgegen der Pfeilrichtung in Abbildung 3.12(a)) die inverse Rotationsmatrix $\mathbf{R}^{-1} = \mathbf{R}^{\mathrm{T}}$ verwendet. Die zweite Gruppe topologischer Gleichungen dient also dem automatisierten Aufstellen kinematischer Beziehungen im MKS. Dieser grafentheoretische Ansatz wird ausgenutzt und die kinematischen Grundgrößen für Master und Slave

$$\mathbf{r}_{\mathcal{I}}, \quad \underline{\mathbf{r}}_{\mathcal{I}}, \quad \dot{\mathbf{r}}_{\mathcal{I}}, \quad \underline{\dot{\mathbf{r}}}_{\mathcal{I}}, \quad \mathbf{R}^{\mathcal{I}\mathcal{K}_s}, \quad \mathbf{R}^{\mathcal{I}\mathcal{K}_m}, \quad \boldsymbol{\omega}_{\mathcal{I}} \quad \text{und} \quad \underline{\boldsymbol{\omega}}_{\mathcal{I}} \tag{3.72}$$

werden bereitgestellt, so dass sich auch Spaltfunktionen und Relativgeschwindigkeiten automatisiert erzeugen lassen. Im Detail erklärt man die Vorgehensweise am einfachsten anhand eines anschaulichen Beispiels.

Beispiel: *Graph des Anwendungsbeispiels aus Abschnitt 6.3.1*
Das in Abbildung 3.12(b) gezeigte einfache ebene Scheibensystem besteht aus einer Scheibe und einem Stab. Die Scheibe rotiert um eine starr gelagerte Achse mit der Winkelgeschwindigkeit

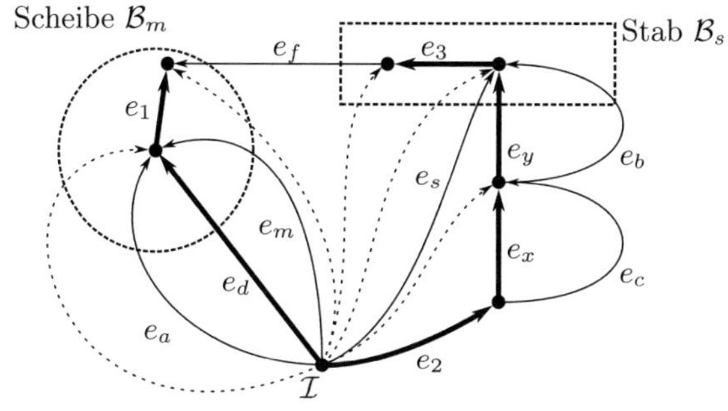

Abbildung 3.13.: Linearer Graph des Anwendungsbeispiels aus Abschnitt 6.3.1

$\dot{\theta}_a$ = const. Der Stab berührt diese Scheibe in einem Punkt und ist in der Ebene der Scheibe radial verschieblich gelagert. Entlang dieser Freiheitsgrade in der Ebene wirken Feder- und Dämpferkräfte auf den Stab. Das planare Gelenk ist gegenüber der Drehachse der Scheibe um X_0 verschoben (vgl. Abbildung 3.12(b)), so dass die Federn ihre Ruhelage ebenfalls in diesem Punkt außerhalb der Drehachse haben. Die Ebene der Scheibe sei gleichzeitig ihr Kontaktgebiet $\mathcal{G}_m$, und das Kontaktgebiet $\mathcal{G}_s$ auf dem Stab $\mathcal{B}_s$ sei mit nur einem Kontaktpunkt P diskretisiert. Für den Kontakt wird also das Kontaktmodul Ebene–Ebene verwendet und es müssen die kinematischen Größen (3.18), (3.41) und (3.45) für den Einzelpunkt P bestimmt werden.

In Abbildung 3.13 ist der Graph des nur aus zwei Körpern bestehenden Mehrkörpersystems gezeigt. Koordinatensysteme sind als Punkte dargestellt. Alle anderen Elemente des MKS sind als gerichtete Kanten (Pfeile) repräsentiert. Als ausgezeichneter Knoten ist die Wurzel, das Inertialsystem $\mathcal{I}$, gegeben. Der Graph eines MKS hat stets große Ähnlichkeit mit dem realen System, so dass es hilfreich ist, die Körper (gestrichelt gezeichnet) in Abbildung 3.13 anzudeuten.

Die topologischen Gleichungen aus dem Graphen sind ohne weitere Spezifizierung der darin enthaltenen Terme wertlos. Darum werden zusätzlich zu den Knoten- und Maschenregeln als dritte Gruppe für jede Komponente im MKS (für jede Kante im Graph) konstitutive Gleichungen[5] benötigt, die das Verhalten der Einzel-

[5] *terminal equations* in [155]

komponente beschreiben. Diese Gleichungen sind bekannte Eigenschaften der jeweiligen Komponente und können in einer Bibliothek abgelegt werden. Wir wollen uns auf kinematische Gleichungen dieser Gruppe beschränken.

Als erste Gruppe von Komponenten eines MKS sind starre oder flexible Körper zu nennen. Im Graph wird der Körper durch eine Kante von der Wurzel zu seinem Bezugssystem wiedergegeben, im Beispiel sind dies die Kanten e_m und e_s. Für jeden Starrkörper im System wird das Koordinatensystem ohne Einschränkung der Allgemeingültigkeit in seinem Schwerpunkt angenommen.

Die Kanten e_1, e_2 und e_3 bilden starre Verbindungen ab. So ist zum Beispiel e_3 die körperfeste Verschiebung und relative Orientierung zwischen dem Schwerpunkt des Stabs und dem Kontaktpunkt zur Scheibe. Die Kante e_2 beschreibt den konstanten Abstand und die relative Orientierung zwischen dem planaren Gelenk des Stabs und dem Inertialraum. Im konkreten Beispiel sind die kinematischen Gleichungen für die Translationen der Komponenten e_1, e_2 und e_3:

$$\mathbf{r}_1 = \mathbf{c}_{\mathcal{K}_m} \text{ aus (3.32)}, \quad \mathbf{r}_2 = \begin{pmatrix} X_0 \\ 0 \\ 0 \end{pmatrix}, \quad \mathbf{r}_3 = \begin{pmatrix} 0 \\ 0 \\ 0 \end{pmatrix} \tag{3.73}$$

Wenn in diesem Abschnitt bei Spaltenmatrizen der tiefgestellete Index zur Kennzeichnung des Bezugssystems wie in (3.73) weglassen wird, so ist stets das Vorgängerkoordinatensystem der dazugehörigen Kante $\mathcal{K}^-(j)$ gemeint. Für die Orientierungen gilt:

$$\mathbf{R}_1 = \mathbf{R}_2 = \mathbf{R}_3 = \mathbf{I} \tag{3.74}$$

Daraus ergibt sich für die Winkelgeschwindigkeiten

$$\boldsymbol{\omega}_1 = \boldsymbol{\omega}_2 = \boldsymbol{\omega}_3 = \mathbf{0}. \tag{3.75}$$

Starre Verbindungen werden genutzt, um die Angiffspunkte von Gelenken, Kräften und allen anderen Elementen zwischen den Körpern zu markieren. Dabei müssen diese Verbindungen nicht unbedingt konstant sein. Wie es hier (3.73) am Beispiel von $\mathbf{r}_1$ auftritt, sind die Kraftangriffspunkte der Kontaktpunkte auf Master beweglich, denn das Ergebnis der Suche nach $cp(P)$ ist zeitabhängig.

Die Kanten e_x und e_y sind die beiden Schubgelenke, die zur Realisierung des planaren Gelenks mit zwei Freiheitsgraden verwendet werden. Die Kante e_d ist das Drehgelenk der Scheibe. Die Komponentengleichungen bezüglich der Translationen sind

$$\mathbf{r}_d = \begin{pmatrix} 0 \\ 0 \\ 0 \end{pmatrix}, \quad \mathbf{r}_x = \begin{pmatrix} q_x \\ 0 \\ 0 \end{pmatrix}, \quad \mathbf{r}_y = \begin{pmatrix} 0 \\ q_y \\ 0 \end{pmatrix} \tag{3.76}$$

und bezüglich der Orientierungen

$$\mathbf{R}_d = \begin{pmatrix} \cos\varphi & -\sin\varphi & 0 \\ \sin\varphi & \cos\varphi & 0 \\ 0 & 0 & 1 \end{pmatrix}, \quad \mathbf{R}_x = \mathbf{R}_y = \mathbf{I}. \tag{3.77}$$

Diese Gleichungen stellen offensichtlich in der Maschenregel die Verknüpfung zu generalisierten Koordinaten des Systems her. Mit (3.28) werden zu (3.77) kompatible Gleichungen für die Winkelgeschwindigkeiten bestimmt. Dabei erhält man

$$\begin{aligned} \tilde{\boldsymbol{\omega}}_d = \dot{\mathbf{R}}_d \mathbf{R}_d^{\mathrm{T}} &= \begin{pmatrix} -\dot{\varphi}\sin\varphi & -\dot{\varphi}\cos\varphi & 0 \\ \dot{\varphi}\cos\varphi & -\dot{\varphi}\sin\varphi & 0 \\ 0 & 0 & 0 \end{pmatrix} \begin{pmatrix} \cos\varphi & \sin\varphi & 0 \\ -\sin\varphi & \cos\varphi & 0 \\ 0 & 0 & 1 \end{pmatrix} \\ &= \begin{pmatrix} 0 & -\dot{\varphi} & 0 \\ \dot{\varphi} & 0 & 0 \\ 0 & 0 & 0 \end{pmatrix} \quad \Rightarrow \boldsymbol{\omega}_d = \begin{pmatrix} 0 \\ 0 \\ \dot{\varphi} \end{pmatrix} \end{aligned} \tag{3.78}$$

für das Drehgelenk e_d und

$$\boldsymbol{\omega}_x = \boldsymbol{\omega}_y = \mathbf{0} \tag{3.79}$$

für die beiden Schubgelenke e_x und e_y. Die Kante e_f repräsentiert die Kontaktkraft zwischen $\mathcal{B}_m$ und $\mathcal{B}_s$, die Kanten e_b und e_c sind nur exemplarisch für die entlang der Schubgelenke wirkenden Feder- und Dämpferelemente eingezeichnet. Ihnen ist gemein, dass sie keinen Zwang auf das System ausüben, sondern eingeprägte Kräfte bereitstellen.

Zusätzlich zu den bereits genannten Kanten treten üblicherweise weitere auf, so müssen beispielsweise in dem Formalismus aus [155] für alle Verbindungen zwischen Körpern neue Komponenten zur korrekten Abbildung der virtuellen Arbeit automatisch eingefügt werden. Die diesen Komponenten zugehörigen Kanten sind in Abbildung 3.13 gestrichelt eingezeichnet, da sie für die Dynamik des Systems, nicht jedoch für die hier betrachtete Kinematik benötigt werden.

Die generalisierten Koordinaten $\mathbf{q}$, in denen später die Bewegungsgleichung geschrieben wird, werden vom Modellierer durch Auswahl eines *Baumes* aus dem Graphen entweder automatisch oder von Hand ausgewählt. Ein solcher Baum ist in Abbildung 3.13 fett gedruckt. Er enthält die starren Verbindungen e_1–e_3 und die Gelenke e_x, e_y und e_d. Die Freiheitsgrade der Gelenke im Baum werden zu generalisierten Koordinaten, so dass mit der Wahl des Baumes auch $\mathbf{q} = [q_x, q_y, \varphi]^{\mathrm{T}}$ festgelegt ist. Starre Verbindungen bringen üblicherweise keine generalisierten Koordinaten in das System ein. Mit ihnen assoziierte Verschiebungen und Verdrehungen sind meist bekannte Parameter, daher wird empfohlen, alle starren Verbindungen in den Baum aufzunehmen [155]. Eine Ausnahme bilden in dieser Arbeit die Kraftangriffspunkte der Kontakte auf Master als Ergebnis der Kontaktsuche $cp(P)$ – im konkreten Beispiel die Kante e_1. Sie werden weiter unten gesondert betrachtet, hier sei nur festgehalten, dass sich diese Kanten problemlos in den Baum aufnehmen lassen.

Die Wahl des Baumes hat Einfluss auf Größe und Struktur der Bewegungsgleichung [118]. Es existieren verschiedene Heuristiken (siehe z.B. [106]), um einen Baum zur Erzeugung möglichst effizienter Bewegungsgleichungen zu wählen. Die Aufgabe ist nicht trivial, da unterschiedliche Mehrkörpersysteme unterschiedlich stark von einer bestimmten Koordinatenwahl profitieren. Die Möglichkeiten zur symbolischen Vereinfachung von Bewegungsgleichungen sind vielfältig, ebenso die der Codeoptimierung. Zwar ist es allgemein akzeptiert, dass eine Wahl mit minimaler Anzahl an Koordinaten zu effizienten Simulationen führt [97, 175], ein Beweis ist jedoch nicht bekannt [105]. In der Praxis ist man an bestimmten Bewegungsgrößen meist besonders interessiert, die dann in den Baum aufgenommen werden sollten. Ansonsten bleibt die Wahl eines geeigneten Baumes der Erfahrung des Modellierers überlassen.

Bei der Wahl des Baumes entsteht sein Komplement, der sogenannte *Kobaum*. Für jedes Element im Kobaum, welches mit *Sehne* bezeichnet wird, können jetzt automatisch die Maschenregeln formuliert werden. So gilt für die Sehne e_s:

$$\vec{r}_s - \vec{r}_y - \vec{r}_x - \vec{r}_2 = \vec{0} \tag{3.80}$$

Diese Gleichungen sind stets nach der Sehne auflösbar, denn alle anderen Größen lassen sich mit den konstitutiven Gleichungen der

Komponenten als Funktionen der Koordinaten ausdrücken.

$$\vec{r}_s = \vec{r}_2 + \vec{r}_x + \vec{r}_y \tag{3.81}$$

In Koordinatenschreibweise lautet (3.81)

$$\begin{aligned}(\mathbf{r}_s)_\mathcal{I} &= (\mathbf{r}_2 + \mathbf{r}_x + \mathbf{r}_y)_\mathcal{I} = \mathbf{r}_\mathcal{I} \\ &= \mathbf{r}_2 + \mathbf{R}_2(\mathbf{r}_x + \mathbf{R}_x \mathbf{r}_y)\end{aligned} \tag{3.82}$$

und unter Verwendung von (3.73) und (3.74)

$$(\mathbf{r}_s)_\mathcal{I} = \mathbf{r}_\mathcal{I} = \begin{pmatrix} X_0 + q_x \\ q_y \\ 0 \end{pmatrix}. \tag{3.83}$$

Die Maschenregel bezüglich der Translation für die Sehne e_m ist mit

$$\vec{r}_m - \vec{r}_d = \vec{0} \tag{3.84}$$

gegeben. Die Koordinaten von $\vec{r}_m$, dem Ortsvektor zum Schwerpunkt von $\mathcal{B}_m$, sind nach Einsetzen von (3.76):

$$(\mathbf{r}_m)_\mathcal{I} = \underline{\mathbf{r}}_\mathcal{I} = (\mathbf{r}_d)_\mathcal{I} = \begin{pmatrix} 0 \\ 0 \\ 0 \end{pmatrix} \tag{3.85}$$

Analog kann man für die Geschwindigkeiten aus der Maschenregel herleiten:

$$\dot{\mathbf{r}}_\mathcal{I} = \begin{pmatrix} \dot{q}_x \\ \dot{q}_y \\ 0 \end{pmatrix}, \quad \dot{\underline{\mathbf{r}}}_\mathcal{I} = \begin{pmatrix} 0 \\ 0 \\ 0 \end{pmatrix} \tag{3.86}$$

Für die Sehnen e_s und e_m kann man analog zu (3.80) und (3.84) die Maschenregeln

$$\mathbf{R}_s \mathbf{R}_x^\mathrm{T} \mathbf{R}_y^\mathrm{T} \mathbf{R}_2^\mathrm{T} = \mathbf{I} \quad \text{und} \quad \mathbf{R}_m \mathbf{R}_d^\mathrm{T} = \mathbf{I} \tag{3.87}$$

aufstellen. Mit (3.74) und (3.77) folgen:

$$\mathbf{R}_s = \mathbf{R}_s^{\mathcal{I}\mathcal{K}_s} = \mathbf{I} \quad \text{und} \quad \mathbf{R}_m = \mathbf{R}_m^{\mathcal{I}\mathcal{K}_s} = \mathbf{R}_d \tag{3.88}$$

In Gleichung (3.80) ersetzt man Ortsvektoren durch Winkelgeschwindigkeitsvektoren und erhält

$$\vec{\omega}_s - \vec{\omega}_y - \vec{\omega}_x - \vec{\omega}_2 = \vec{0} \tag{3.89}$$

oder gleich in Koordinatenschreibweise und unter Verwendung der konstitutiven Gleichungen der Komponenten (3.74) und (3.77):

$$\begin{aligned}(\boldsymbol{\omega}_s)_{\mathcal{I}} &= (\boldsymbol{\omega}_2 + \boldsymbol{\omega}_x + \boldsymbol{\omega}_y)_{\mathcal{I}} \\ &= \boldsymbol{\omega}_2 + \mathbf{R}_2\boldsymbol{\omega}_x + \mathbf{R}_2\mathbf{R}_x\boldsymbol{\omega}_y \\ &= \mathbf{0} = \boldsymbol{\omega}_{\mathcal{I}}\end{aligned} \tag{3.90}$$

In Gleichung (3.84) werden ebenfalls Ortsvektoren durch Winkelgeschwindigkeitsvektoren

$$\vec{\omega}_m - \vec{\omega}_d = \vec{0} \tag{3.91}$$

ersetzt und mit der konstitutiven Gleichung (3.78) des Drehgelenks

$$\begin{aligned}(\boldsymbol{\omega}_m)_{\mathcal{I}} &= (\boldsymbol{\omega}_d)_{\mathcal{I}} \\ &= \begin{pmatrix} 0 \\ 0 \\ \dot{\varphi} \end{pmatrix} = \underline{\underline{\boldsymbol{\omega}_{\mathcal{I}}}}\end{aligned} \tag{3.92}$$

erhalten.

Als letzte Gruppe von Komponenten seien Antriebe betrachtet, die zeitlich vorgeschriebene Bewegungen oder Kräfte und Momente in das System bringen. Für die Sehne e_a (Antrieb der Scheibe) ergibt ebenfalls die Anwendung der Maschenregel,

$$\theta_a = \varphi \tag{3.93}$$

wobei $\theta_a = \theta_a(t)$ als bekannte Zeitfunktion und Eigenschaft der Kante e_a vorgegeben ist. Meistens wird (3.93) als algebraische Nebenbedingung zusammen mit den Bewegungsdifferentialgleichungen stehengelassen, auch wenn die einfache Struktur im Beispiel (3.93) ein Ersetzen aller φ, $\dot{\varphi}$ und $\ddot{\varphi}$ mit θ_a, $\dot{\theta}_a$ und $\ddot{\theta}_a$ nahelegt.

Die generalisierten Koordinaten $\mathbf{q}$ (hier $[q_x, q_y, \varphi]^{\mathrm{T}}$) und Geschwindigkeiten $\mathbf{q}$ (hier $[\dot{q}_x, \dot{q}_y, \dot{\varphi}]^{\mathrm{T}}$) sind stets Minimalkoordinaten, da mit dem zitierten Formalismus nur geschlossene kinematische Schleifen algebraische Nebenbedingungen erzeugen können. *Ende des Beispiels.*

Im obigen Beispiel sind jetzt mit (3.83), (3.85), (3.86), (3.88), (3.90) und (3.92) alle kinematischen Grundgrößen zum Einsetzen in Spaltfunktion und Relativgeschwindigkeit als Funktionen der Koordinaten $\mathbf{q}(t)$ und Geschwindigkeiten $\mathbf{p}(t)$ gegeben. Der Anwender muss also nur den Graph des MKS mit einem geeigneten Werkzeug erstellen und die an Kontaktschnittstellen beteiligten Körper $\mathcal{B}_m$ und $\mathcal{B}_s$ markieren. Danach kann ein Algorithmus alle benötigten kinematischen Gleichungen automatisch generieren und daraus einen Simulationscode erzeugen.

Eine Ausnahme gegenüber der üblichen Vorstellung von einer starren Verbindung bilden die Kraftangriffspunkte $cp(P)$ auf Master, denn das Ergebnis der Projektion ist zeitabhängig, genauer ist wegen (3.32) die Verschiebung $\mathbf{c}_{\mathcal{K}_m}$ von den Koordinaten $\mathbf{q}(t)$ abhängig. Wenn also der Kontaktpunkt auf Master $\underline{\mathbf{p}}_{\mathcal{I}}(t)$ zu einem gegebenen Zeitpunkt aus $\mathbf{q}(t)$ mit Hilfe der Grundgrößen (3.72) bestimmt werden soll, gleichzeitig aber für die Berechnung dieser Grundgrößen aus $\mathbf{q}(t)$ die Lage des Kontaktpunktes auf Master $\mathbf{c}_{\mathcal{K}_m} = \underline{\mathbf{p}}_{\mathcal{I}} - \underline{\mathbf{r}}_{\mathcal{I}}$ benötigt wird, so ergibt sich ein Zirkelbezug, denn die Aufgabe lautet beispielsweise für die Grundgröße $\underline{\mathbf{r}}_{\mathcal{I}}$ und den Spalt g:

$$\begin{aligned} \underline{\mathbf{r}}_{\mathcal{I}} &= \underline{\mathbf{r}}_{\mathcal{I}}(g) \\ g &= g(\underline{\mathbf{r}}_{\mathcal{I}}) \end{aligned} \tag{3.94}$$

Der Graph des MKS soll zur Vermeidung dieser impliziten Form (3.94) folgende Forderung erfüllen: Der Baum sei so gewählt, dass für *jede Sehne* e_m eines Masterkörpers $\mathcal{B}_m \in$ MKS sich ein Kreis mit der Sehne als einziges Element des Kobaums finden lässt, der völlig ohne Kanten von Kontaktpunkten auf Master auskommt. Diese Möglichkeit ist auch dann gegeben, wenn ein Körper nur von Kontaktkräften gehalten wird und ansonsten keine idealen Bindungen in Form von Gelenken oder Antrieben auf ihn wirken – ein realistisches Szenario für viele technische Systeme. Ein Beispiel ist mit dem Teilgraphen in Abbildung 3.14 gegeben. Auf einem Körper $\mathcal{B}_m$ sind acht Kontaktpunkte eingezeichnet, die sich nicht notwenigerweise innerhalb eines einzigen Kontaktrandes $\mathcal{G}_m$ befinden müssen. Außer den in Abbildung 3.14 eingezeichneten Kontaktpunkten existiere keine weitere physikalische Verbindung von $\mathcal{B}_m$ zu anderen Teilen des MKS. Dass es sich um einen Teilgraphen handelt und der vollständige Graph jenseits der Kontaktkräfte weitergeht, ist mit den gestrichelten Kanten angedeutet.

Beide Möglichkeiten der Modellierung in Bild 3.14 sind erlaubt und führen auf dieselben Gleichungen. Im linken Beispiel ist die Kante e_m keine Sehne, sondern Teil des Baumes. Somit muss keine Maschenregel wie in (3.84) verwendet werden. Stattdessen erzeugt die Kante e_m mit ihren Komponentengleichungen selbst Koordinaten in $\mathbf{q}$. Im rechten Beispiel befindet sich ein Gelenk mit 6 Freiheitsgraden im Baum. Für die Sehne e_m werden dann die trivialen Maschenregeln

$$\vec{r}_m = \vec{r}_6, \quad \mathbf{R}_m \mathbf{R}_6^{\mathrm{T}} = \mathbf{I}, \quad \vec{\omega}_m = \vec{\omega}_6 \tag{3.95}$$

verwendet. Eine aus Sicht der Kontakte verbotene Wahl des Baumes ist in Abbildung 3.15 gezeigt. Jetzt muss zur Bestimmung der kinematischen Grund-

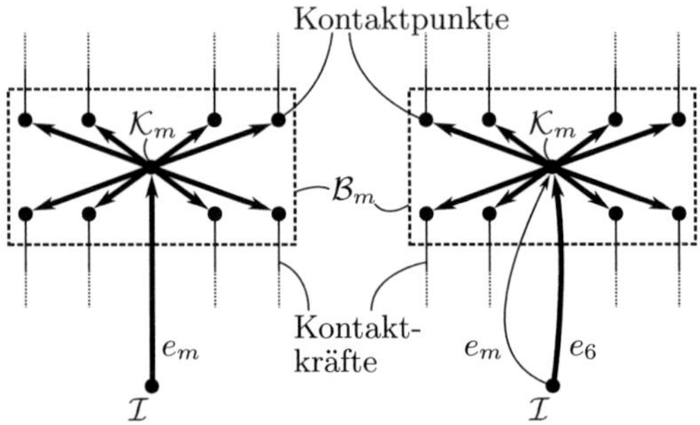

Abbildung 3.14.: Ein Körper Master wird von Kontaktkräften gehalten. Im linken Beispiel ist die Kante des Körpers e_m im Baum, rechts ist das Gelenk e_6 mit sechs Freiheitsgraden im Baum.

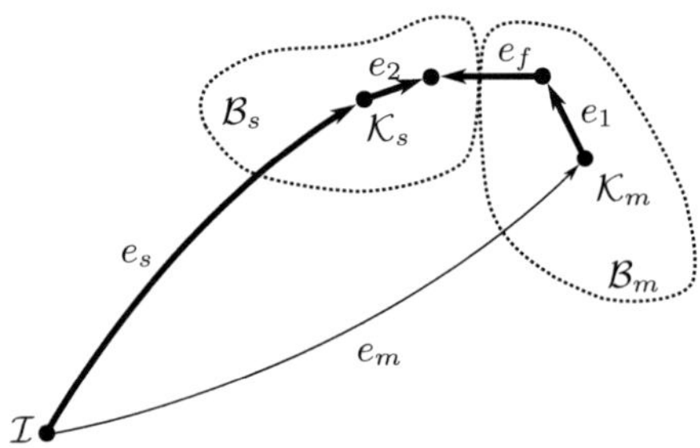

Abbildung 3.15.: Ungültige Wahl eines Baumes. Ein Zirkelbezug wird erzeugt.

größen (3.72) für die Formulierung des Kontaktgesetzes die Maschenregel

$$\vec{r}_m = \vec{r}_s + \vec{r}_2 - \vec{r}_f - \vec{r}_1 \tag{3.96}$$

aufgestellt werden. Für $\vec{r}_1$ aus der rechten Seite von (3.96) ist $\mathbf{r}_1 = \mathbf{c}_{\mathcal{K}_m}$ in (3.32) abhängig von $\vec{r}_m$. Mit der Maschenregel

$$\vec{r}_m = f(\vec{r}_m) \tag{3.97}$$

ergibt sich also eine Selbstreferenz.

Als letzter Punkt in diesem Kapitel sei die Beeinflussung der Größe der Gleichungen diskutiert. Die kinematischen Gleichungen (3.18), (3.41) und (3.45) werden in Kapitel 4 in ein Kraftgesetz münden, sie müssen für jeden Kontaktpunkt im System zu jedem Integrationsschritt ausgewertet werden. Ab einer hinreichend großen Anzahl von Kontaktpunkten wird dieser Rechenaufwand sogar den der Differentialgleichung für die Starrkörperbewegungen ohne die Kontakte[6] übersteigen. Insofern gilt es, den Zielkonflikt zwischen einer möglichst geringen Anzahl elementarer Rechenoperationen in der Bewegungsgleichung selbst und möglichst schlanken kinematischen Gleichungen für Spaltfunktion und Relativgeschwindigkeit zu lösen. Eine formale Untersuchung dieses Zielkonflikts wird in der vorliegenden Arbeit nicht weiter vorgenommen. Es sind jedoch zwei Extreme zu nennen, zwischen denen der Modellierer abwägen muss:

- In einem dynamischen System mit vielen Körpern und Gelenken aber wenigen Kontakten sollte die Koordinatenwahl im Hinblick auf eine möglichst kleine Bewegungsgleichung geschehen. Dies kann zum Beispiel mit dem Algorithmus [106] automatisch oder mit der Erfahrung des Modellierers manuell bewerkstelligt werden.

- In einem dazu komplementären System mit wenigen Körpern und Gelenken aber vielen Kontakten sollten Absolutkoordinaten der Körper verwendet werden. Dann sind die kinematischen Grundgrößen (3.72) schnell aus $\mathbf{q}$ zu erhalten. Die für Absolutkoordinaten größere Bewegungsgleichung [116] fällt jetzt weniger ins Gewicht.

Die hier gewählte Form der automatischen Gleichungserzeugung lässt bis auf die oben erwähnte Einschränkung der Selbstreferenz dem Modellierer freie Hand bei der Wahl des Baumes. In der Folge kann jederzeit eine Mischform zwischen beiden Extremen angestrebt werden. Die im Anhang A erläuterte symbolische Gleichungserzeugung in einem Computeralgebrasystem hat den Vorteil, dass Multiplikationen mit 0 und 1 herausfallen sowie trigonometrische Vereinfachungen automatisch durchgeführt werden können.

[6] d.h. wenn man die Kontaktkräfte als gegebene Zeitfunktionen bei der Bestimmung des Rechenaufwandes in der Bewegungsgleichung annimmt.

4. Ein elasto-visko-plastisches Kontaktmodell

4.1. Zusammenfassung

In diesem Kapitel werden die Mehrkörpersysteme mit flächigen Reibkontakten vervollständigt. Am Ende des Kapitels wird ein Gleichungssystem stehen, welches die Bewegungsgleichungen, die für die Formulierung der Kontakte notwendigen kinematischen Transformationen aus Kapitel 3 und die Kraftgesetze der Kontakte miteinander verknüpft. Dieses gekoppelte Gleichungssystem enthält die beiden Subsysteme aus Mehrkörper- und Reibsystem und liefert eine vollständige Beschreibung der Bewegungen.

Mit der Argumentation aus Abschnitt 2.8 wurde die Entscheidung für eine Regularisierung der ideal starren Bindung des Haftzustands getroffen. Die in diesem Kapitel hergeleitete Regularisierung erscheint geeignet, da sie eine minimale Anzahl von Parametern einführt, für mehrere Kontakte zwischen Körpern funktioniert und gleichzeitig das COULOMBsche Modell der Reibung im Grenzfall lokal in einem Kontaktpunkt $P \in \mathcal{C}$ erfüllt. Sie stützt sich dabei auf verbreitete Formulierungen für Kontinua, so dass in diesem Kapitel kontinuierliche und diskretisierte Größen gleichermaßen benutzt werden. Die gewählte Regularisierung enthält starke Analogien zur Plastizitätstheorie. Da sie dies mit anderen Reibmodellen gemein hat, wird zunächst das Augenmerk auf den Zusammenhang von Reibung und Plastizität gerichtet.

In Abschnitt 4.3 wird die Motivation für eine Regularisierung mit Analogie zu idealer Plastizität geliefert. Schließlich ist eine Regularisierung mit Federn und Dämpfern ohne Plastizität wesentlich einfacher, führt jedoch insbesondere bei multiplen Kontakten zwischen Starrkörpern zu gravierenden numerischen Problemen.

Die anschließende Herleitung des Kontaktmodells beginnt intuitiv bei der klassischen Formulierung für Kontinua, geht jedoch sofort auf eine Schreibweise für bereits diskretisierte Starrkörpersysteme über. Wesentlicher Unterschied zur Plastizitätstheorie ist die Wahl eines plastischen Konsistenzparameters, der eine spezielle Fließgrenze, nämlich die der trockenen Reibung, modelliert. Die Fließbedingung aus der Plastizität weicht einer komplizierteren Bedingung, die zwischen Haft- und Gleitzuständen unterscheidet. Eine zu betonende Eigenschaft ist die Interpretation des COULOMBschen Gleitens innerhalb des vorgeschlagenen Kontaktmodells: Gleiten ist mit plastischer Deformation gleichzusetzen. Das fertige Reibmodell weist einige wünschenswerte Eigenschaften von trockener Reibung auf. Als wichtigste wären zu nennen: Der Haftzustand ist "echt", das heißt ohne Drift wie sie bei Kennlinienregularisierung auftritt (Abbildung 2.5). Jegliche Gleitreibkraft ist stets dissipativ. Eine Abhängigkeit des Reibkoeffizienten von beliebigen Zustandsgrößen des Systems ist erlaubt. Ein konstanter Reibkoeffizient für Haften und Gleiten stellt ebenfalls kein Hindernis dar. Die übliche Annahme, dass bei Losreißen aus dem Haften mit Relativgeschwindigkeit Null die Gleitreibkraft zunächst der Relativbeschleunigung entgegen zeigt, wird ebenfalls erfüllt.

Ein erheblicher Teil von Kapitel 4 wird darauf verwendet, die innere Dynamik des Reibmodells in eine Form zu bringen, die eine allgemeingültige und gleichzeitig effiziente Kopplung mit dem Mehrkörpersystem ermöglicht. Dem vergleichsweise aufwändigen tangentialen Kontaktmodell wird mit der klassischen elastischen Bettung ein denkbar einfaches Normalkontaktmodell zur Seite gestellt.

4.2. Reibung und Plastizität aus historischer Sicht

Jede klassische Plastizitätstheorie besteht aus einer *Zerlegungsannahme* für die Zerlegung elastischer und plastischer Deformationsanteile, einem *elastischen Gesetz*, einer *Fließgrenze* als Kriterium für das Einsetzen der plastischen Deformation, einer *Fließregel*, welche die Entwicklung der plastischen Deformation angibt, und einem *Verfestigungsgesetz* [11]. Diese fünf Grundzutaten lassen sich offensichtlich in einer Reibtheorie wiederfinden: Eine *Zerlegungsannahme* trennt die Relativbewegung in Bewegungen während Haften und solche während Gleiten, ein *Haftgesetz* beschreibt das Verhalten während Haften, eine *Haftgrenze* wird als Kriterium für das Auftreten von Haften oder Gleiten verwendet, eine *Gleitregel* beschreibt die Entwicklung des Gleitzustandes und ein *Verfestigungsgesetz* kann hysteretische Effekte der Reibstelle beschreiben. Der letzte Aspekt wird in der vorliegenden Abhandlung ausgeklammert.

Frühe Analogieüberlegungen von Reibung und Plastizität lassen sich in der Literatur bei Drucker [40] finden. Die zuvor in den grundlegenden Arbeiten [41] von Drucker, Prager & Greenberg aufgestellten Grenzwertsätze der Plastizität erlauben eine Beschränkung der Kollapslast [1] mit oberer und unterer Grenze für starr-idealplastische Kontinua. Anhand eines Gegenbeispiels zeigte Drucker, welche Konsequenzen die Anwendung dieser in der Plastizitätstheorie etablierten Grenzwertsätze auf Reibung hat. Das Theorem der *unteren Grenze* besagt, dass

> kein Kollaps eintritt, wenn irgendein Spannungszustand gefunden werden kann, der das statische Gleichgewicht und die Randbedingungen erfüllt und in jedem Punkt die Spannung sich unterhalb der Fließgrenze (Haftgrenze) befindet [40].

[1] Kollaps: endgültiges Versagen durch uneingeschränktes plastisches Fließen [28]

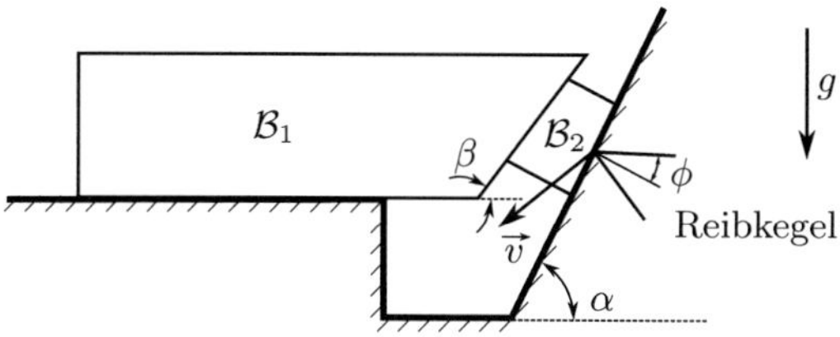

Abbildung 4.1.: Gegenbeispiel zur Äquivalenz von Reibung und Plastizität; reproduziert aus [40]

Dabei ist die Modifikation des Satzes im Hinblick auf Reibung durch den Klammerausdruck angegeben. Das Gegenbeispiel ist in Abbildung 4.1 gezeigt. Ein starrer Klotz $\mathcal{B}_2$ sei auf einer starren schrägen Ebene mit Winkel α und Reibkoeffizient μ positioniert. Ein weiterer starrer Klotz $\mathcal{B}_1$ mit einem flacheren Winkel $\beta < \alpha$ sei derart positioniert, dass die beiden Klötze $\mathcal{B}_1$ und $\mathcal{B}_2$ sich gerade berühren, ohne dass Normalkräfte übertragen werden. Der Kontakt zwischen $\mathcal{B}_1$ und $\mathcal{B}_2$ sei reibungsfrei.

Die klassische Mechanik sagt für dieses System vorher, dass der Klotz $\mathcal{B}_2$ im Schwerefeld g nach unten gleitet (Kollaps eintritt), wenn der Winkel α größer als der Winkel des Reibkegels $\phi = \arctan \mu$ ist. Aufgrund von $\beta < \alpha$ wird dieses Herabrutschen auch nicht durch den Klotz $\mathcal{B}_1$ behindert. Anders sieht die Situation aus, wenn der Kontakt von $\mathcal{B}_2$ zur Wand als elastisch-perfekt plastische Schicht modelliert wird. Dann wird zu Beginn des Fließens eine Bewegung in Normalrichtung des Kontaktes von $\mathcal{B}_2$ zur Wand auftreten, wie sie typischerweise mit Scherbewegungen einhergeht. Denn wenn man klassisch eine *Fließregel* mit einer *Fließbedingung* f assoziiert indem man vorgibt, dass die Fließregel sich aus den Ableitungen der Fließbedingung nach den Kontaktspannungen ergebe

$$\dot{\vec{\vec{\epsilon}}}^{pl} = \lambda \frac{\partial f}{\partial \vec{\vec{\sigma}}}, \tag{4.1}$$

so steht die Gleitgeschwindigkeit senkrecht auf der Fließgrenze, der in Abbildung 4.1 gezeigte Reibkegel. Die anfängliche Geschwindigkeit $\vec{v}$ des Klotzes $\mathcal{B}_2$ zeigt also mit dem Winkel ϕ von der Wand weg.

Durch das Abheben von der Wand wird eine Normalkraft im Kontakt $\mathcal{B}_1$ zu $\mathcal{B}_2$ erzeugt. Diese Normalkraft wirkt stabilisierend auf den Kontakt von $\mathcal{B}_2$ zur Wand wenn $\phi > \alpha - \beta$, da sich mit erhöhter Normalkraft auch die Haftgrenze erhöht. Es existiert also ein neuer Zustand, für den die Spannung in jedem Punkt unterhalb der Fließgrenze (Haftgrenze) ist, und sich gemäß obigem Theorem keine plastische Deformation mehr einstellen darf. Das Beispielsystem aus Abbildung 4.1 ist also ein System, welches bei Anwendung von COULOMBscher Reibung gleiten kann, während sich bei Anwendung von klassischer perfekter Plastizität kein Gleiten einstellt. Eine Äquivalenz von COULOMBscher Reibung und klassischer Plastizität ist somit nicht gegeben.

Dass sich mit der Methode der Grenzwertsätze dennoch eine gute Abschätzung der oberen Grenze für Kollaps feststellen lässt wurde von MRÓZ & DRESCHER [123] sowie von COLLINS [32] diskutiert. Dabei wurde die normale Komponente der Fließgeschwindigkeit durch ein kinematisch nicht zulässiges Geschwindigkeitsfeld künstlich wieder entfernt.

Die Idee, stattdessen eine nicht-assoziierte Fließregel der Form

$$\dot{\vec{x}} = \lambda \frac{\partial f}{\partial \vec{T}} \tag{4.2}$$

zu verwenden, geht auf eine Arbeit aus dem Jahr 1976 von FREDRIKSSON [54] zurück [35], und wurde später von MICHALOWSKI & MRÓZ in einem vielzitierten Artikel [119] von 1978 aufgegriffen. Die Besonderheit von (4.2) ist, dass nur nach den tangentialen Spannungsgrößen abgeleitet wird. Obwohl die Fließregel in der ursprünglichen Arbeit [54] als *assoziiert* bezeichnet wird, ist sie nach heute verbreiteter Auffassung als *nicht-assoziiert* zu bezeichnen und von einer assoziierten Fließregel ist nur die Rede, wenn (4.1) für alle Spannungsrichtungen gilt (vgl. SIMO & HUGHES [157], KACHANOV [91] oder BERTRAM [11]). Im Falle COULOMBscher Reibung ist die Haftgrenze (Fließgrenze) gegeben mit

$$f = \|\vec{T}\| - \mu\|\vec{N}\| = 0 \tag{4.3}$$

und durch Einsetzen von (4.3) in (4.2) ergibt sich:

$$\dot{\vec{x}} = \lambda \frac{\vec{T}}{\|\vec{T}\|} \tag{4.4}$$

Die Fließgeschwindigkeit zeigt also immer in Richtung der tangentialen Kraft. Im weiteren Verlauf von [119] wird eine Erweiterung der nicht-assoziierten Fließregeln auf anisotrope Reibungen diskutiert.

Der Ansatz, Reibung über Plastizität mit nicht-assoziierter Fließregel abzubilden, hat seitdem weite Verbreitung in der Strukturmechanik gefunden. Anwendungen innerhalb einer Finite-Elemente-Diskretisierung finden sich zum Beispiel in den Büchern von LAURSEN [103] und WRIGGERS [178]. Auch im Lehrbuch von WILLNER [170] ist die Analogie von Reibung und Plastizität aufgeführt. Umso erstaunlicher erscheint es, dass eine Anwendung innerhalb eines Mehrkörper-Formalismus bisher nicht bekannt ist.

In der Arbeit von CURNIER [35] wird der Versuch unternommen, die Kluft zwischen Reibtheorie und Plastizität weiter zu schließen. Die in [35] dargestellte Theorie beschränkt sich auf kleine Gleitwege oder ebene Kontaktflächen. In

[35] wird die physikalische Interpretation des elastischen Verformungsanteils als elastische Deformation von Asperiten im Mikrokontakt vorgeschlagen, eine häufige Interpretation, die jedoch die Kenntnis eines zugehörigen Steifigkeitsparameters voraussetzt.

Die Reibtheorie von CURNIER sucht weitgehende Analogie zu *verallgemeinerten Standard-Materialien* [73], die die Eigenschaft besitzen, dass sich sämtliche Fließregeln von einem gemeinsamen *plastischen Potential* Z in der Form

$$\dot{\vec{x}} = \lambda \frac{\partial Z}{\partial \vec{T}} \tag{4.5}$$

herleiten lassen. Auch der Kontaktverlust in normale Richtung wird als plastisches Fließen aufgefasst, so dass sich ein gemeinsames Modell für Tangential- und Normalkontakt mit einer gemeinsamen Fließgrenze formulieren lässt. Die Aufteilung der Verschiebung im Kontakt in tangentiale und normale Komponente wird als Analogie zur Aufteilung des Dehnungstensors $\vec{\vec{\epsilon}}$ in Kugeltensor und deviatorischen Anteil gesehen:

$$\vec{\vec{\epsilon}} = \operatorname{kug}\left(\vec{\vec{\epsilon}}^{el} + \vec{\vec{\epsilon}}^{pl}\right) + \operatorname{dev}\left(\vec{\vec{\epsilon}}^{el} + \vec{\vec{\epsilon}}^{pl}\right) \tag{4.6}$$

Erweiterungen der COULOMBschen Reibung, namentlich eine Erhöhung des Reibkoeffizienten im Haften, Abhängigkeiten des Reibkoeffizientens von Anisotropien der Oberfläche, von der Normalkraft und von bereits stattgefundenem Verschleiß werden in die Reibtheorie jeweils unter Nennung der Analogie eingebunden.

Von KLARBRING [98] wurde die detaillierte Ausarbeitung der Analogie von Reibung und Plastizität nach [35] aufgegriffen und in Form eines *linearen Komplementaritätsproblems* (LCP) dargestellt. Hier und früher in [122] hat das Konzept der Analogie Einzug in die nichtglatte Mechanik erhalten.

Wenn das Kontaktmodell in diesem Kapitel sich auf Analogien zwischen Reibung und Plastizität beruft, so wird stets davon ausgegangen, dass diese Analogie nur die Struktur der Gleichungen betrifft, nicht jedoch vollständig ist oder vollständig zu sein hat. Die Motivation für das Kontaktmodell ist nicht in der Plastizitätstheorie sondern in der Berechenbarkeit und Einfachheit der elementaren Annahmen zu suchen. Die Analogien gehen aber immerhin so weit, dass es gerechtfertigt ist, von einem *elastisch-plastischen* Modell der Reibung zu sprechen. Da auch viskose Dämpfungen im Modell auftreten werden, sei es als *elasto-visko-plastisches* Modell der Reibung bezeichnet.

Insbesondere wird in dieser Arbeit nicht die Ausweitung der Fließregel auf Normalkontakte wie in [35] vorgenommen. Das Modell des Normalkontaktes wird als isoliert vom Modell des tangentialen Kontaktes gesehen. Verschiedene Normalkontaktmodelle wie beispielsweise HERTZsche Pressungen oder elastische Bettungen sollen austauschbar mit demselben Tangentialkontakt zusammenarbeiten. Aus Sicht des Tangentialkontaktes wird also die Normalkraft als

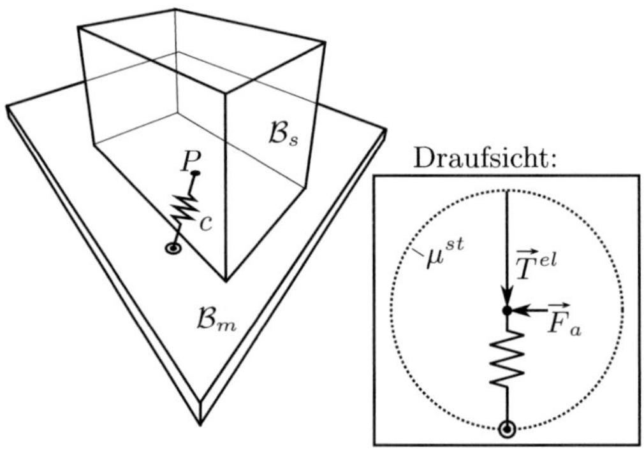

Abbildung 4.2.: Richtungssprung beim Losreißen

bekannte Größe angesehen. Damit ist eine Flexibilität bei der Wahl des Normalkontaktmodells gewährleistet. Diese gerät zum Vorteil, wenn im Interesse der Rechenzeit elastische Bauteile im System – etwa Belagsfederungen von Kupplungen – zu einem Normalkontaktmodell zwischen starren Körpern vereinfacht werden.

4.3. Regularisierung mit Federn und Dämpfern

Das einfachste elastisch-plastische Reibmodell besteht aus COULOMBscher Reibung für Gleiten und entweder Feder oder Dämpfer oder Feder und Dämpfer als Regularisierung für den Haftzustand. Bei VIELSACK [166] wird die Regularisierung mit Feder *und* Dämpfer als genaueste Näherung bestimmt. Verglichen wird dort anhand eines einfachen eindimensionalen Systems mit einem Kontaktpunkt, für das sich die Kontaktkraft während Haften auch mit einem statischen Gleichgewicht als Referenz ausrechnen lässt.

Für zweidimensionale Kontaktkräfte in der tangentialen Ebene entstehen Probleme, die im eindimensionalen Fall nicht existieren. Ein frei beweglicher Köper $\mathcal{B}_s$ berühre in einem Kontaktpunkt P den starr am Inertialraum befestigten Körper $\mathcal{B}_m$ (siehe Abbildung 4.2). Der Haftzustand sei durch die steife Feder c regularisiert. Zum Zeitpunkt $t = t_0$ habe sich die folgende Situation eingestellt: Das System befinde sich in einem statischen Gleichgewicht mit konstanter Normalkraft $\|\vec{N}\| = 1$ und regularisierter Haftreibkraft $\vec{T}^{el}$ nahe der Haftgrenze:

$$\|\vec{T}^{el}(t_0)\| - \mu^{st} < 0, \quad |\|\vec{T}^{el}(t_0)\| - \mu^{st}| \ll 1 \tag{4.7}$$

Der Körper $\mathcal{B}_s$ befinde sich zum Zeitpunkt $t = t_0$ in Ruhe. Die Richtung der regularisierten Haftreibkraft $\vec{T}^{el}$ ist durch die Anordnung der Feder vorgegeben. Zum Zeitpunkt $t = t_0$ wirke jetzt zusätzlich als kleine Störung auf das System die äußere Kraft $\vec{F}_a$ mit beliebiger Richtung und

$$\vec{F}_a(t < t_0) = \vec{0}. \tag{4.8}$$

Diese Kraft bewirke zum einen, dass zu einem späteren Zeitpunkt $t_* = t_0 + \Delta t$ die Haftgrenze überschritten wird

$$\|\vec{T}^{el}(t_*)\| - \mu^{st} > 0 \tag{4.9}$$

und zum anderen sich eine beliebige Geschwindigkeit $\dot{\vec{x}}(t_*) \neq \vec{0}$ des materiellen Punktes $P \in \mathcal{B}_s$ abhängig von der Richtung von $\vec{F}_a$ eingestellt hat. Das Überschreiten der Haftgrenze macht die Feder c obsolet, denn im Gleitzustand soll die Reibkraft mit dem Coulombschen Gesetz abgebildet werden:

$$\vec{T}^c = -\mu^{dyn} \frac{\dot{\vec{x}}}{\|\dot{\vec{x}}\|} \tag{4.10}$$

Ab dem Zeitpunkt $t = t_*$ hat die Reibkraft $\vec{T} = \vec{T}^c$ also die Richtung der Geschwindigkeit $\dot{\vec{x}}$.

$$\angle \lim_{h \to 0} \vec{T}(t_* + h) = \angle \dot{\vec{x}}(t_*) \tag{4.11}$$

Vor dem Zeitpunkt t_* hat die Reibkraft $\vec{T} = \vec{T}^{el}$ die Richtung der Auslenkung der Feder:

$$\angle \lim_{h \to 0} \vec{T}(t_* - h) = \angle \left(\vec{z}(t_0) + \int_{t_0}^{t_*} \dot{\vec{x}}(t) dt \right) \tag{4.12}$$

Im Allgemeinen gilt

$$\angle \left(\vec{z}(t_0) + \int_{t_0}^{t_*} \dot{\vec{x}}(t) dt \right) \neq \angle \dot{\vec{x}}(t_*) \tag{4.13}$$

und mit (4.12) und (4.11) folgt

$$\angle \lim_{h \to 0} \vec{T}(t_* - h) \neq \angle \lim_{h \to 0} \vec{T}(t_* + h). \tag{4.14}$$

Zum Zeitpunkt $t = t_*$ vollzieht die Reibkraft $\vec{T}$ demnach einen unstetigen Richtungssprung. Mit dieser Unstetigkeit lassen sich zwei Probleme identifizieren:

Zum einen ist die Interpretation des Richtungssprunges ungeklärt. Wenn ein Kontaktpunkt P bereits gemittelte Ereignisse auf Mikroebene repräsentieren soll, so muss auch eine Mittelung des Überganges von Haften nach Gleiten stattgefunden haben. Aus der Nanotribologie ist bekannt, dass ein einzelner

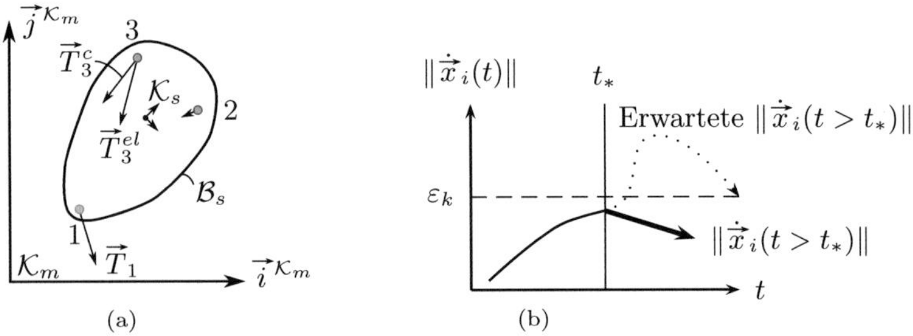

Abbildung 4.3.: (a) Richtungsunstetigkeit in einem numerischen Beispiel, (b) Degeneriertes Losreißen als Auswirkung des Richtungssprunges

Asperit während Haften eine Festkörperbindung eingeht und beim Übergang nach Gleiten diese Bindung eines Asperiten abgeschert wird. Während für einzelne Asperiten der Richtungssprung somit physikalisch interpretierbar ist, gilt bei Betrachtung einer hinreichend großen Anzahl von Asperiten diese Interpretation nicht mehr.

Zum anderen hat der Richtungssprung erhebliche Auswirkung auf die numerische Integration des Systems, wie sich am Beispiel *Körper mit drei Kontaktpunkten* von Seite 9 zeigt. In Abbildung 4.3(a) ist der ebene Körper $\mathcal{B}_s$ mit den drei diskreten Kontaktpunkten $\mathcal{C} = \{1, 2, 3\}$ zu sehen. In der dargestellten Situation – erhalten aus einer numerischen Simulation – haften die beiden Kontaktpunkte 2 und 3 während der Kontaktpunkt 1 gleitet[2]. Zum Zeitpunkt $t = t_*$ wurde ein Übergang von Haften nach Gleiten im Kontaktpunkt 3 detektiert, die regularisierte Reibkraft aus Feder- und Dämpferkraft hat die maximal zulässige Reibkraft überschritten. Zum Zeitpunkt des Übergangs t_* wird also von der regularisierten Reibkraft $\vec{T}_3^{el}$ auf die COULOMBsche Gleitreibkraft $\vec{T}_3^c$ umgeschaltet. Im numerischen Beispiel aus Abbildung 4.3(a) ist ein deutlicher Unterschied der beiden Kraftrichtungen sichtbar:

$$\angle \vec{T}_3^{el}(t_*) \neq \angle \vec{T}_3^c(t_*) \tag{4.15}$$

Es lässt sich nicht allgemein zeigen, dass unmittelbar nach dem Losreißen die Relativgeschwindigkeit im Kontaktpunkt ansteigt:

$$\lim_{h \to 0} \ddot{\vec{x}}_3(t_* + h) \cdot \dot{\vec{x}}_3(t_* + h) > 0 \tag{4.16}$$

[2] Nur die lokale Nachgiebigkeit erlaubt, dass in einer Kontaktfläche $\mathcal{G}_c$ Haften und Gleiten gleichzeitig auftreten kann. Während Punkt 1 gleitet, werden die Punkte 2 und 3 elastisch deformiert. Der Momentanpol der relativen Drehbewegung ist an keinen der Kontaktpunkte gefesselt.

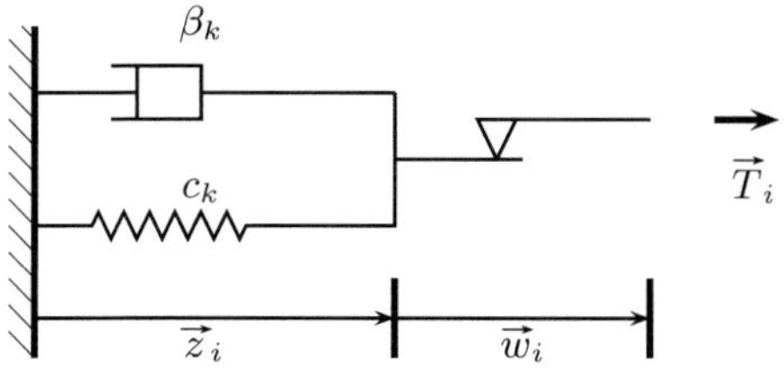

Abbildung 4.4.: PRANDTL-REUSS-Materialmodell

Im Gegenteil lassen sich im numerischen Experiment Situationen finden, für die

$$\lim_{h\to 0} \ddot{\vec{x}}_3(t_* + h) \cdot \dot{\vec{x}}_3(t_* + h) < 0 \tag{4.17}$$

gilt, also die Relativgeschwindigkeit im Kontaktpunkt 3 *unmittelbar nach Losreißen zunächst sinkt*, und zwar ohne, dass äußere Kräfte $\vec{F}_a$ und Momente $\vec{M}_a$ eine Unstetigkeit bei t_* haben. Diese Situation ist in Abbildung 4.3(b) illustriert. Da ein solcher Übergang zum Gleiten sofort zum Haften zurückkehren muss und somit ohne Wirkung bleibt, sei es als *degeneriertes Losreißen* bezeichnet. Es sei noch bemerkt, dass eine sofortige Rückkehr zum Haften bei detektiertem Beginn von Gleiten in einem numerischen Simulationsprogramm erlaubt bleiben muss, die Ursache dafür muss dann aber äußere Einwirkung auf das System zum Zeitpunkt des Übergangs t_* sein.

4.4. Ideale zeitunabhängige Plastizität

Die Zerlegungsannahme wird in der Kontinuumsmechanik üblicherweise mit

$$\vec{\vec{\epsilon}} = \vec{\vec{\epsilon}}^{el} + \vec{\vec{\epsilon}}^{pl} \tag{4.18}$$

als additive Zerlegung des Dehnungstensors $\vec{\vec{\epsilon}}$ angegeben. Nach bereits erfolgter Diskretisierung in Abschnitt 3.5 liegen in unserem Fall keine lokalen Dehnungsgrößen mehr vor, sondern vektorielle Verschiebungen. Es wird also die lokale tangentiale Verschiebung $\vec{x}_i \in \mathbb{R}^2$ in einem Kontaktpunkt i in einen elastischen (reversiblen) Anteil $\vec{z}_i$ und einen plastischen (irreversiblen) Anteil $\vec{w}_i$ zerlegt (siehe Abbildung 4.4):

$$\vec{x}_i = \vec{z}_i + \vec{w}_i, \quad \dot{\vec{x}}_i = \dot{\vec{z}}_i + \dot{\vec{w}}_i \tag{4.19}$$

Aufgrund der Reihenschaltung des visko-elastischen Elements und des plastischen Elements muss für die übertragenen Tangentialkräfte die Gleichheitsbeziehung

$$\vec{T}_i = \vec{T}_i^{el} = \vec{T}_i^{pl} \tag{4.20}$$

gelten. Wenn die Aufteilung in elastischen und plastischen Anteil in Koordinatenschreibweise angegeben werden soll, so ist mit $\vec{x} = \zeta \vec{i}^{\mathcal{S}} + \eta \vec{j}^{\mathcal{S}}$ auch die 2×1 Spaltenmatrix

$$\mathbf{x}_{\mathcal{S}} = \begin{pmatrix} \zeta \\ \eta \end{pmatrix} \tag{4.21}$$

gegeben. Aus Gleichung (4.19) wird also

$$\mathbf{x}_{i,\mathcal{S}} = \mathbf{z}_{i,\mathcal{S}} + \mathbf{w}_{i,\mathcal{S}}. \tag{4.22}$$

Im weiteren Verlauf von Kapitel 4 werden, wenn nicht anders angegeben, Koordinaten stets im tangentialen Bezugssystem $\mathcal{S}$ angegeben.

Die Analogie zum *elastischen Gesetz* ist im Falle vektorieller Verschiebungen mit einer idealen Feder gegeben. Zusätzlich wird die Möglichkeit einer Dämpfung vorgehalten, die der Elastizität parallel geschaltet wird. Dies geschieht aufgrund der Regularisierung: Wenn die lokale Elastizität in der Kontaktfläche keine quantitive Bedeutung haben kann, dann müssen die Schwingungen von Massen an dieser Elastizität als unerwünschte Artefakte der Modellierung aufgefasst werden. Von daher sollen diese Schwingungen möglichst gedämpft werden. Die Kraft im visko-elastischen Element ist somit einfach die Summe aus Feder- und Dämpferkraft:

$$\mathbf{T}_i^{el} = -c_k \mathbf{z}_i - \beta_k \dot{\mathbf{z}}_i \tag{4.23}$$

Mit c_k sei die Steifigkeit und mit β_k die konstante Dämpfung der Regularisierung von Kontakt k bezeichnet. Da die Regularisierungsparameter nur qualitativen Charakter haben, ist es wenig sinnvoll, Werte von Steifigkeiten und Dämpfungen für jeden Kontaktpunkt einzeln zu vergeben. Wegen (4.20) ist auch die Kraft im plastischen Element mit

$$\mathbf{T}_i^{pl} = -c_k \mathbf{z}_i - \beta_k \dot{\mathbf{z}}_i \tag{4.24}$$

gegeben.

Für die Evolution des plastischen Deformationsanteils wird jetzt in Analogie zu kontinuumsmechanischer Formulierung als *Fließregel* die folgende Differentialgleichung angenommen:

$$-\lambda_i \mathbf{T}_i^{pl} = \frac{d^{\mathcal{S}}}{dt} \mathbf{w}_i \tag{4.25}$$

Die Richtung der plastischen Deformations*geschwindigkeit* ist also mit der Belastung $\vec{T}_i$ vorgegeben. Der Faktor λ_i kontrolliert das Auftreten plastischer Deformation im Kontaktpunkt i. Denn er sei entweder gleich Null, "wenn keine plastische Deformation auftritt" oder ungleich Null, "wenn plastische Deformation auftritt". Diese unscharfe Fallunterscheidung gilt es im Folgenden noch etwas genauer zu benennen.

Der Faktor λ heißt in der Kontinuumsmechanik *plastischer Konsistenzparameter*, denn er sorgt dafür, dass der Spannungszustand während Fließen auf der Fließgrenze bleibt. Ein ideales eindimensionales Gesetz der Plastizität besteht aus den Komponenten [157]

$$\epsilon = \epsilon^{el} + \epsilon^{pl} \tag{4.26}$$

$$\sigma = E\epsilon^{el} \tag{4.27}$$

$$\dot{\epsilon}^{pl} = \lambda \operatorname{sign} \sigma \tag{4.28}$$

$$f(\sigma) = |\sigma| - \sigma_v \tag{4.29}$$

$$f(\sigma) \leq 0 \perp \lambda \geq 0 \tag{4.30}$$

$$\text{falls } f(\sigma) = 0, \quad \lambda \dot{f}(\sigma) = 0 \tag{4.31}$$

mit einer Zerlegungsannahme der Dehnungen in elastischen und plastischen Anteil (4.26), einem elastischen Zusammenhang von Dehnung und Spannung (4.27), einer Fließregel (4.28), einer Fließbedingung (4.29), den Komplementaritätsbedingungen (4.30) und der Konsistenzbedingung (4.31). Die Komplementaritätsbedingungen bringen zum Ausdruck, dass entweder Fließen stattfindet ($\lambda > 0$) und der Spannungszustand auf der Fließgrenze bleibt ($f(\sigma) = 0$) oder kein Fließen stattfindet ($\lambda = 0$) und der Spannungszustand unterhalb der Fließgrenze ($f(\sigma) < 0$) ist. Die Bedingungen (4.30) sind in der konvexen Analysis als KUHN-TUCKER-Komplementaritätsbedingungen bekannt und elementarer Baustein in der nichtglatten Mechanik bei der Modellierung von Reibung und Kontakt, vergleiche Gleichung (2.23). Aus der Konsistenzbedingung (4.31) lässt sich der plastische Konsistenzparameter ausrechnen in der Form

$$\text{falls } f(\sigma) = 0, \quad \lambda = \begin{cases} 0 & , \dot{f}(\sigma) \neq 0 \\ \dot{\epsilon} \operatorname{sign} \sigma & , \dot{f}(\sigma) = 0 \end{cases} \tag{4.32}$$

Für die Modellierung von trockener Reibung wird der Konsistenzparameter im Falle $\lambda_i > 0$ weiter unten so gewählt werden, dass der Betrag der Reibkraft während Gleiten gerade die COULOMBsche Gleitreibung ist:

$$\|\mathbf{T}_i^{pl}\| = \mu_i^{St}(\|\dot{\mathbf{x}}_i\|)\|\mathbf{N}_i\|, \quad \lambda_i > 0 \tag{4.33}$$

Damit ist aber der erste Fall in (4.32) $\dot{f}(\sigma) \neq 0$, eine Änderung der Fließbedingung, niemals zu erreichen. Für das Wiedereintreten in den elastischen Bereich wird eine andere Bedingung als $\dot{f}(\sigma) \neq 0$ benötigt. Wegen der grundsätzlichen Unterschiede zwischen Haften und Gleiten bei Reibung liegt es nahe, dieses Kriterium in der Relativgeschwindigkeit zu suchen. Da die euklidische Norm eines Geschwindigkeitsvektors $\|\vec{v}\|$ per Definition keine negativen Werte annehmen kann und das neue Kriterium später in einer numerischen Umgebung

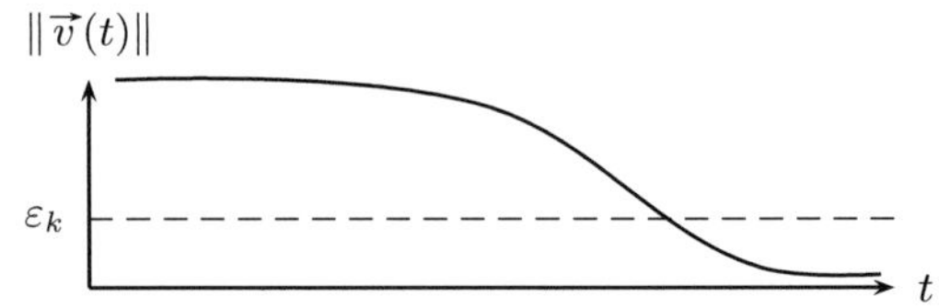

Abbildung 4.5.: Verschwindende Geschwindigkeit als Kriterium; mit der kleinen numerischen Schranke ε_k wird ein Nulldurchgang von $\|\vec{v}\| - \varepsilon_k$ erhalten.

ausgewertet werden soll, ist es hilfreich, bereits jetzt eine kleine numerische Schranke

$$\varepsilon_k > 0, \quad |\varepsilon_k| \ll 1 \tag{4.34}$$

einzuführen. Denn mit Hilfe dieser Schranke lässt sich ein Kriterium

$$\|\vec{v}\| > 0 \tag{4.35}$$

umformulieren in

$$\|\vec{v}\| > \varepsilon_k \tag{4.36}$$

und man erhält für die spätere numerische Auswertung einen Nulldurchgang von

$$\|\vec{v}\| - \varepsilon_k \tag{4.37}$$

bei verschwindenden Geschwindigkeiten. Der Parameter ε_k wurde nur zur Anpassung an numerische Gegebenheiten eingeführt und soll wie c_k und β_k ebenfalls keine quantitative Bedeutung haben. Somit sei ε_k auch Eigenschaft der Kontaktschnittstelle k. Aus qualitativer Sicht der Modellierung ist die Schranke ε_k, die ein Haften bei vorhandener – wenn auch kleiner – Relativgeschwindigkeit erlaubt, nicht weiter störend: Auch in der Nanotribologie sind die Übergänge von Haften nach Gleiten nicht als scharf umrissene Grenze zu identifizieren.

Eine weitere Frage ist, ob als zusätzliches Kriterium die aus der Starrkörperbewegung erhaltene Relativgeschwindigkeit

$$\|\dot{\mathbf{x}}\| > \varepsilon_k \tag{4.38}$$

oder die plastische Deformationsgeschwindigkeit

$$\|\dot{\mathbf{w}}\| > \varepsilon_k \tag{4.39}$$

verwendet werden soll. Da mit der Zerlegungsannahme (4.19) jegliche Gleitreibbewegung mit plastischer Deformation identifiziert wird, also die plastische

Deformationsgeschwindigkeit $\dot{\mathbf{w}}_i$ als Geschwindigkeit des Gleitens interpretiert wird, soll das Kriterium für den Wiedereintritt in den elastischen Bereich mit (4.39) anstelle von (4.38) gegeben sein. Zusätzlich zu einer Unterscheidung von λ_i in zwei Fälle nach dem Betrag der regularisierten Reibkraft werden also zwei unterschiedliche Fälle nach der plastischen Deformationsgeschwindigkeit eingeführt. Dies gibt die vier möglichen Variationen:

$$\begin{aligned} \|\dot{\mathbf{w}}_i\| &\leq \varepsilon_k, & \|\mathbf{T}_i^{pl}\| &< \mu_i^{St}(\|\dot{\mathbf{x}}_i\|)\,\|\mathbf{N}_i\| \\ \|\dot{\mathbf{w}}_i\| &\leq \varepsilon_k, & \|\mathbf{T}_i^{pl}\| &= \mu_i^{St}(\|\dot{\mathbf{x}}_i\|)\,\|\mathbf{N}_i\| \\ \|\dot{\mathbf{w}}_i\| &> \varepsilon_k, & \|\mathbf{T}_i^{pl}\| &< \mu_i^{St}(\|\dot{\mathbf{x}}_i\|)\,\|\mathbf{N}_i\| \\ \|\dot{\mathbf{w}}_i\| &> \varepsilon_k, & \|\mathbf{T}_i^{pl}\| &= \mu_i^{St}(\|\dot{\mathbf{x}}_i\|)\,\|\mathbf{N}_i\| \end{aligned} \tag{4.40}$$

Wegen der noch durchzuführenden Wahl von λ_i während Gleiten mit der Eigenschaft, dass (4.33) gilt, müssen dritte und vierte Zeile in (4.40) nicht als gesonderte Fälle unterschieden werden. Um eine größtmögliche Analogie mit klassischer Plastizität (4.32) zu erzielen, müsste also der plastische Konsistenzparameter in der Form

$$\begin{aligned} &\text{falls } \|\mathbf{T}_i^{pl}\| - \mu_i^{St}(\|\dot{\mathbf{x}}_i\|)\,\|\mathbf{N}_i\| = 0, \\ &\lambda_i = \begin{cases} 0 & , \frac{d}{dt}\left(\|\mathbf{T}_i^{pl}\| - \mu_i^{St}(\|\dot{\mathbf{x}}_i\|)\,\|\mathbf{N}_i\|\right) < 0 \\ \|\dot{\mathbf{w}}_i\|/\mu_i^{St}(\|\dot{\mathbf{x}}_i\|) & , \frac{d}{dt}\left(\|\mathbf{T}_i^{pl}\| - \mu_i^{St}(\|\dot{\mathbf{x}}_i\|)\,\|\mathbf{N}_i\|\right) = 0 \end{cases} \end{aligned} \tag{4.41}$$

mit zwei unterschiedlichen Fällen eingeführt werden. Wie bereits erwähnt, tritt wegen (4.33) während Gleiten die erste Zeile in (4.41) niemals ein. Stattdessen wird der Konsistenzparameter mit der zusätzlichen Bedingung der Relativgeschwindigkeit eingeführt[3]:

$$\lambda_i = \begin{cases} 0 & , \|\dot{\mathbf{w}}_i\| \leq \varepsilon_k, \quad \|\mathbf{T}_i^{pl}\| < \mu_i^{St}(\|\dot{\mathbf{x}}_i\|)\,\|\mathbf{N}_i\| \\ \|\dot{\mathbf{w}}_i\|/\mu_i^{St}(\|\dot{\mathbf{x}}_i\|) & , \|\dot{\mathbf{w}}_i\| \leq \varepsilon_k, \quad \|\mathbf{T}_i^{pl}\| = \mu_i^{St}(\|\dot{\mathbf{x}}_i\|)\,\|\mathbf{N}_i\| \\ \|\dot{\mathbf{w}}_i\|/\mu_i^{St}(\|\dot{\mathbf{x}}_i\|) & , \|\dot{\mathbf{w}}_i\| > \varepsilon_k \end{cases} \tag{4.42}$$

In (4.42) taucht $\dot{\mathbf{w}}_i$ zweimal auf, erstens in den abschnittsweise definierten λ_i und zweitens in den Bedingungen $\|\dot{\mathbf{w}}_i\| \leq$ bzw. $> \varepsilon_k$ für die einzelnen Abschnitte. Diese wechselseitige Selbstbezüglichkeit von Definition und Bedingung ist ein logisches Paradoxon, zu dessen Auflösung sei mit $\dot{\mathbf{w}}_i(t^-)$ der linksseitige Grenzwert und mit $\dot{\mathbf{w}}_i(t^+)$ der rechtsseitige Grenzwert in der Form

$$\dot{\mathbf{w}}_i(t^-) = \lim_{h\to 0}\left(\dot{\mathbf{w}}_i(t-h)\right), \quad \dot{\mathbf{w}}_i(t^+) = \lim_{h\to 0}\left(\dot{\mathbf{w}}_i(t+h)\right), \tag{4.43}$$

[3] Die einzelnen Zeilen in (4.42) lesen sich wie folgt: λ_i ist Null, falls die plastische Deformationsgeschwindigkeit unterhalb der ε_k-Schranke liegt und die regularisierte Reibkraft kleiner der Losreißkraft ist. λ_i ist ... ungleich Null, falls ... und ...

definiert und anstelle von (4.42) gelte:

$$\lambda_i = \begin{cases} 0 & , \|\dot{\mathbf{w}}_i(t^-)\| \le \varepsilon_k, \quad \|\mathbf{T}_i^{pl}\| < \mu_i^{St}(\|\dot{\mathbf{x}}_i\|)\, \|\mathbf{N}_i\| \\ \|\dot{\mathbf{w}}_i(t^+)\| / \mu_i^{St}(\|\dot{\mathbf{x}}_i\|) & , \|\dot{\mathbf{w}}_i(t^-)\| \le \varepsilon_k, \quad \|\mathbf{T}_i^{pl}\| = \mu_i^{St}(\|\dot{\mathbf{x}}_i\|)\, \|\mathbf{N}_i\| \\ \|\dot{\mathbf{w}}_i(t^+)\| / \mu_i^{St}(\|\dot{\mathbf{x}}_i\|) & , \|\dot{\mathbf{w}}_i(t^-)\| > \varepsilon_k \end{cases} \tag{4.44}$$

Für die anderen zeitabhängigen Größen $\dot{\mathbf{x}}_i$, $\mathbf{T}_i^{pl}$ und $\mathbf{N}_i$ in Gleichung (4.44) sind linksseitiger und rechtsseitiger Grenzwert (vorerst) identisch. Mit der Unterscheidung von $\dot{\mathbf{w}}_i(t^-)$ und $\dot{\mathbf{w}}_i(t^+)$ sind offensichtlich Unstetigkeiten

$$\dot{\mathbf{w}}_i(t^-) \neq \dot{\mathbf{w}}_i(t^+) \tag{4.45}$$

möglich. Die Behandlung dieser Unstetigkeiten wird Aufgabe des numerischen Lösungsverfahrens in Kapitel 5 sein.

Wenn die CLAUSIUS-DUHEM-Ungleichung als eine mit lokalen Größen für Kontinua formulierte Form des zweiten Hauptsatz der Thermodynamik betrachtet wird, und Temperatureinflüsse sowie eine Änderung der freien HELMHOLTZ-Energie vernachlässigt werden, so bleibt als Dissipationsfunktion die Spannungsleistung

$$\vec{\vec{\sigma}} : \dot{\vec{\vec{\epsilon}}}^{pl} \ge 0 \tag{4.46}$$

stehen (mit : ist das doppelte Skalarprodukt zwischen zwei Tensoren 2. Stufe bezeichnet). Für einen diskreten Kontaktpunkt wird analog gefordert

$$\left(-\mathbf{T}_i^{pl}\right)^{\mathrm{T}} \dot{\mathbf{w}}_i \ge 0 \tag{4.47}$$

(die Reibleistung soll nicht negativ sein). Wie man an (4.25) abliest, ist die Bedingung (4.47) für beliebige $\lambda_i \ge 0$ erfüllt. Und man weiß bereits, dass λ_i nicht-negativ ist, denn auf der rechten Seite von (4.44) ist

$$\|\dot{\mathbf{w}}_i\| / \mu_i^{St}(\|\dot{\mathbf{x}}_i\|) \ge 0, \tag{4.48}$$

falls

$$\mu_i^{St}(\|\dot{\mathbf{x}}_i\|) \ge 0. \tag{4.49}$$

Letztere Einschränkung stimmt mit empirischen Erkenntnissen der Tribologie überein und stellt kein Hindernis dar. Wir halten also fest: Wenn der Reibwert positiv (dissipativ) gewählt wird, dann ist auch die Reibkraft in dem vorliegenden Kontaktmodell *stets dissipativ*[4].

[4] In anderen Reibmodellen sind temporär beschleunigende Reibkräfte als Artefakt der Modellierung bekannt. In [44] wird zum Beispiel von einer beschleunigenden Reibkraft als *Stribeck slingshot effect* berichtet. Im vorliegenden Kontaktmodell sind mit Gleichung (4.47) Effekte dieser Art ausgeschlossen.

Durch Einsetzen von (4.44) in (4.25) erhält man *Fließregel* und *Fließgrenze* in der Gleichung:

$$\dot{\mathbf{w}}_i(t^+) = \begin{cases} \mathbf{0} & , \|\dot{\mathbf{w}}_i(t^-)\| \leq \varepsilon_k, \quad \|\mathbf{T}_i^{pl}\| < \mu_i^{St}(\|\dot{\mathbf{x}}_i\|)\,\|\mathbf{N}_i\| \\ -\|\dot{\mathbf{w}}_i(t^+)\|\mathbf{T}_i^{pl}/\mu_i^{St}(\|\dot{\mathbf{x}}_i\|)\|\mathbf{N}_i\| & , \|\dot{\mathbf{w}}_i(t^-)\| \leq \varepsilon_k, \quad \|\mathbf{T}_i^{pl}\| = \mu_i^{St}(\|\dot{\mathbf{x}}_i\|)\,\|\mathbf{N}_i\| \\ -\|\dot{\mathbf{w}}_i(t^+)\|\mathbf{T}_i^{pl}/\mu_i^{St}(\|\dot{\mathbf{x}}_i\|)\|\mathbf{N}_i\| & , \|\dot{\mathbf{w}}_i(t^-)\| > \varepsilon_k \end{cases} \tag{4.50}$$

Die Evolution der plastischen Deformation ist jetzt demnach in Form einer impliziten gewöhnlichen Differentialgleichung mit unstetiger rechter Seite gegeben. In der zweiten und dritten Zeile von (4.50) kann man erkennen, nach welchen Kriterien der Konsistenz der Faktor λ_i in der zweiten Zeile von (4.44) gewählt wurde. Dazu wird zunächst der Betrag der Reibkraft T_i^{St} definiert mit:

$$T_i^{St}(\|\dot{\mathbf{x}}_i\|) := \mu_i^{St}(\|\dot{\mathbf{x}}_i\|)\|\mathbf{N}_i\| \tag{4.51}$$

Aus der zweiten oder dritten Zeile von (4.50) erhält man durch Umformung und mit (4.51)

$$T_i^{St}(\|\dot{\mathbf{x}}\|)\frac{\dot{\mathbf{w}}_i}{\|\dot{\mathbf{w}}_i\|} = -\mathbf{T}_i^{pl}, \tag{4.52}$$

woran auch die Gültigkeit von der zuvor behaupteten Aussage (4.33) offensichtlich wird. Das heißt, die regularisierte Reibkraft zeigt dem Einheitsvektor der plastischen Deformationsrate entgegen. Diese Feststellung wird erneut mit der Aussage interpretiert, dass innerhalb des elasto-visko-plastischen Kontaktmodells plastische Deformation mit Gleiten im Sinne der Reibung *gleichzusetzen ist.* Wenn sich der Kontaktpunkt i jetzt in einem Zustand mit

$$\|\dot{\mathbf{z}}_i\| \ll \|\dot{\mathbf{x}}_i\| \Rightarrow \|\dot{\mathbf{z}}_i\| \ll \|\dot{\mathbf{w}}_i\| \tag{4.53}$$

einstellt, der als *ausgeprägtes Gleiten (gross sliding)* bezeichnet sei, so ergibt sich für die Reibkraft:

$$T_i^{St}(\|\dot{\mathbf{x}}\|)\frac{\dot{\mathbf{w}}_i}{\|\dot{\mathbf{w}}_i\|} = -\mathbf{T}_i^{pl} \approx T_i^{St}(\|\dot{\mathbf{x}}\|)\frac{\dot{\mathbf{z}}_i + \dot{\mathbf{w}}_i}{\|\dot{\mathbf{z}}_i + \dot{\mathbf{w}}_i\|} = T_i^{St}(\|\dot{\mathbf{x}}\|)\frac{\dot{\mathbf{x}}_i}{\|\dot{\mathbf{x}}_i\|} \tag{4.54}$$

Auf der rechten Seite von (4.54) steht eine Reibkraft, die der Relativgeschwindigkeit im Kontaktpunkt entgegenwirkt. Je höher also die plastische Deformationsgeschwindigkeit im Vergleich zur elastischen Deformationsgeschwindigkeit ist, umso besser simuliert das Kontaktmodell die bekannte COULOMBsche oder STRIBECKsche Reibung.

Mit (4.50) ist die Dynamik einer Reibstelle vollständig beschrieben. Allerdings erscheint die implizite Form der Differentialgleichung noch als Nachteil.

Die nachfolgenden Überlegungen konzentrieren sich darauf (4.50) weiter zu vereinfachen und die Kopplung der Reibdynamik mit der Starrkörperdynamik aufzuzeigen.

Mit (4.24) eingesetzt in (4.52) ergibt sich

$$T_i^{St}(\|\dot{\mathbf{x}}_i\|)\frac{\dot{\mathbf{w}}_i}{\|\dot{\mathbf{w}}_i\|} = c_k(\mathbf{x}_i - \mathbf{w}_i) + \beta_k(\dot{\mathbf{x}}_i - \dot{\mathbf{w}}_i) = \mathbf{a}_i - \beta_k\dot{\mathbf{w}}_i. \tag{4.55}$$

Die Abkürzung $\mathbf{a}_i$ wird zur besseren Übersichtlichkeit eingeführt mit

$$\mathbf{a}_i = c_k(\mathbf{x}_i - \mathbf{w}_i) + \beta_k\dot{\mathbf{x}}_i = c_k\mathbf{z}_i + \beta_k\dot{\mathbf{x}}_i. \tag{4.56}$$

Nach Multiplizieren von Gleichung (4.55) skalar einmal mit $\mathbf{a}_i$ und einmal mit $\dot{\mathbf{w}}_i$ werden zwei Gleichungen erhalten:

$$T_i^{St}(\|\dot{\mathbf{x}}_i\|)\|\dot{\mathbf{w}}_i\| = \mathbf{a}_i^{\mathrm{T}}\dot{\mathbf{w}}_i - \beta_k\|\dot{\mathbf{w}}_i\|^2 \tag{4.57}$$

$$T_i^{St}(\|\dot{\mathbf{x}}_i\|)\mathbf{a}_i^{\mathrm{T}}\dot{\mathbf{w}}_i/\|\dot{\mathbf{w}}_i\| = \|\mathbf{a}_i\|^2 - \beta_k\mathbf{a}_i^{\mathrm{T}}\dot{\mathbf{w}}_i \tag{4.58}$$

Aus der zweiten Gleichung (4.58) erhält man einen Ausdruck für $\mathbf{a}_i^{\mathrm{T}}\dot{\mathbf{w}}$:

$$\mathbf{a}_i^{\mathrm{T}}\dot{\mathbf{w}}_i = \frac{\|\mathbf{a}_i\|^2\|\dot{\mathbf{w}}_i\|}{T_i^{St}(\|\dot{\mathbf{x}}_i\|) + \beta_k\|\dot{\mathbf{w}}_i\|} \tag{4.59}$$

Dieser (4.59) wird zurück in Gleichung (4.57) eingesetzt:

$$T_i^{St}(\|\dot{\mathbf{x}}_i\|)\|\dot{\mathbf{w}}_i\| = \frac{\|\mathbf{a}_i\|^2\|\dot{\mathbf{w}}_i\|}{T_i^{St}(\|\dot{\mathbf{x}}_i\|) + \beta_k\|\dot{\mathbf{w}}_i\|} - \beta_k\|\dot{\mathbf{w}}_i\|^2 \tag{4.60}$$

Das Ergebnis (4.60) ist eine kubische Gleichung in $\|\dot{\mathbf{w}}_i\|$. Man kann ohne Probleme (4.60) durch $\|\dot{\mathbf{w}}_i\| \neq 0$ dividieren, denn dieser Fall ist laut Bedingung der dritten Zeile in (4.50) ohnehin ausgeschlossen:

$$\|\dot{\mathbf{w}}_i\| > \varepsilon_k > 0 \tag{4.61}$$

Somit erhält man aus (4.60) eine quadratische Gleichung in $\|\dot{\mathbf{w}}_i\|$:

$$\|\dot{\mathbf{w}}_i\|^2 + \frac{2T_i^{St}(\|\dot{\mathbf{x}}_i\|)}{\beta_k}\|\dot{\mathbf{w}}_i\| + \frac{\left(T_i^{St}(\|\dot{\mathbf{x}}_i\|)\right)^2 - \|\mathbf{a}_i\|^2}{\beta_k^2} = 0 \tag{4.62}$$

Diese quadratische Gleichung hat zwei Lösungen:

$$\|\dot{\mathbf{w}}_i\|_{1,2} = \frac{\pm\|\mathbf{a}_i\| - T_i^{St}(\|\dot{\mathbf{x}}_i\|)}{\beta_k} \tag{4.63}$$

Von diesen zwei Lösungen kann wegen (4.49) nur

$$\|\dot{\mathbf{w}}_i\|_1 = \frac{\|\mathbf{a}_i\| - T_i^{St}(\|\dot{\mathbf{x}}_i\|)}{\beta_k} \tag{4.64}$$

nicht-negativ und somit eine gültige Lösung für einen Vektorbetrag sein. Die Forderung, dass die rechte Seite von (4.64) nicht-negativ sein kann, sei etwas näher betrachtet. Für den Dämpfungskoeffizienten gelte $\beta_k > 0$ und somit ist die rechte Seite von (4.64) nicht-negativ falls:

$$\|\mathbf{a}_i\| = \|c_k\mathbf{z}_i + \beta_k(\dot{\mathbf{z}}_i + \dot{\mathbf{w}}_i)\| \geq T_i^{St}(\|\dot{\mathbf{x}}_i\|) \tag{4.65}$$

Aus Gleichungen (4.24) und (4.54) wissen wir:

$$\|-\mathbf{T}_i^{pl}\| = \|c_k\mathbf{z}_i + \beta_k\dot{\mathbf{z}}_i\| = T_i^{St}(\|\dot{\mathbf{x}}_i\|) \tag{4.66}$$

Mit (4.66) eingesetzt in (4.65) folgt

$$\|c_k\mathbf{z}_i + \beta_k(\dot{\mathbf{z}}_i + \dot{\mathbf{w}}_i)\| \geq \|c_k\mathbf{z}_i + \beta_k\dot{\mathbf{z}}_i\| \tag{4.67}$$

und daraus die Ungleichung

$$2\beta_k\dot{\mathbf{w}}_i^{\mathrm{T}}(c_k\mathbf{z}_i + \beta_k\dot{\mathbf{z}}_i) + \beta_k^2\dot{\mathbf{w}}_i^{\mathrm{T}}\dot{\mathbf{w}}_i \geq 0. \tag{4.68}$$

Der zweite Summand in (4.68) ist offensichtlich immer nicht-negativ, so dass nur für den ersten Summanden

$$\dot{\mathbf{w}}_i^{\mathrm{T}}(c_k\mathbf{z}_i + \beta_k\dot{\mathbf{z}}_i) \geq 0 \tag{4.69}$$

gefordert wird. Mit (4.24) eingesetzt in (4.69):

$$\dot{\mathbf{w}}_i^{\mathrm{T}}(-\mathbf{T}_i^{pl}) \geq 0 \tag{4.70}$$

Dies ist jedoch wiederum die Dissipationsfunktion. Es wurde bereits diskutiert, dass für $\lambda_i \geq 0$ auch Ungleichung (4.70) stets erfüllt ist. Damit weiß man, dass $\|\dot{\mathbf{w}}_i\|_1$ in Gleichung (4.64) stets als nicht-negative Lösung existiert.

Aus (4.55) wird

$$\dot{\mathbf{w}}_i = \frac{\mathbf{a}_i\|\dot{\mathbf{w}}_i\|}{T_i^{St}(\|\dot{\mathbf{x}}_i\|) + \beta_k\|\dot{\mathbf{w}}_i\|} \tag{4.71}$$

und nach Ersetzen auf der rechten Seite $\|\dot{\mathbf{w}}_i\|$ mit der Lösung (4.64):

$$\dot{\mathbf{w}}_i = \left(\frac{c_k}{\beta_k}(\mathbf{x}_i - \mathbf{w}_i) + \dot{\mathbf{x}}_i\right)\left(1 - \frac{T_i^{St}(\|\dot{\mathbf{x}}_i\|)}{\|c_k(\mathbf{x}_i - \mathbf{w}_i) + \beta_k\dot{\mathbf{x}}_i\|}\right) =: \dot{\mathbf{w}}_i^{pl} \tag{4.72}$$

Zur späteren Verwendung sei das Ergebnis (4.72) mit $\dot{\mathbf{w}}_i^{pl}$ abgekürzt. Die explizite Form der vollständigen Differentialgleichung für $\mathbf{w}_i$ ist aus (4.50) und (4.72) schließlich:

$$\dot{\mathbf{w}}_i = \begin{cases} \mathbf{0}, & \|\mathbf{a_i}\| - T^{St}(\|\dot{\mathbf{x}}_i\|) \leq \varepsilon_k\beta_k \\ & \|\mathbf{T}_i^{pl}\| < T_i^{St}(\|\dot{\mathbf{x}}_i\|) \\ \left(\frac{c_k}{\beta_k}(\mathbf{x}_i - \mathbf{w}_i) + \dot{\mathbf{x}}_i\right)\left(1 - \frac{T_i^{St}(\|\dot{\mathbf{x}}_i\|)}{\|c_k(\mathbf{x}_i - \mathbf{w}_i) + \beta_k\dot{\mathbf{x}}_i\|}\right), & \|\mathbf{a_i}\| - T^{St}(\|\dot{\mathbf{x}}_i\|) \leq \varepsilon_k\beta_k \\ & \|\mathbf{T}_i^{pl}\| = T_i^{St}(\|\dot{\mathbf{x}}_i\|) \\ \left(\frac{c_k}{\beta_k}(\mathbf{x}_i - \mathbf{w}_i) + \dot{\mathbf{x}}_i\right)\left(1 - \frac{T_i^{St}(\|\dot{\mathbf{x}}_i\|)}{\|c_k(\mathbf{x}_i - \mathbf{w}_i) + \beta_k\dot{\mathbf{x}}_i\|}\right), & \|\mathbf{a_i}\| - T^{St}(\|\dot{\mathbf{x}}_i\|) > \varepsilon_k\beta_k \end{cases} \tag{4.73}$$

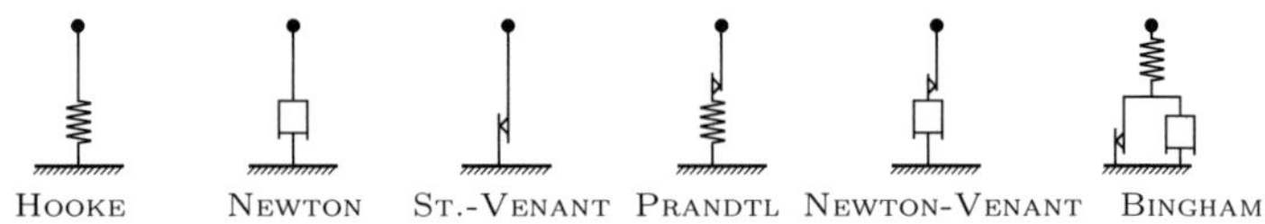

Abbildung 4.6.: Einige Materialmodelle mit ein bis drei Elementen

Alle Größen auf der rechten Seite von (4.73) sind bekannt. Die Relativgeschwindigkeit $\dot{\mathbf{x}}_i$ ist zum Beispiel beim Kontakt Ebene–Ebene mit Gleichung (3.41) gegeben, muss aber vor ihrer Verwendung in Gleichung (4.73) noch auf das tangentiale Koordinatensystem $\mathcal{S}$ transformiert werden.

Bemerkung: *Regularisierung mit anderen Materialmodellen*
Die drei Grundelemente rheologischer Materialen, der HOOKE-Körper zur Beschreibung von Elastizität, der NEWTON-Körper zur Beschreibung von Viskosität und der ST.-VENANT-Körper zur Beschreibung von Plastizität (Abbildung 4.6) sind jedes für sich keine zufriedenstellende Grundlage zur Modellierung von trockener Reibung. Denn der HOOKE-Körper erlaubt zwar eine Regularisierung des Haftzustandes, aber keine irreversible Gleitbewegung, umgekehrtes gilt für NEWTON- und ST.-VENANT-Körper. Andere für die Modellierung von Reibung denkbare Kombinationen dieser drei Grundelemente sind ebenfalls in Abbildung 4.6 gezeigt. Der PRANDTL-Körper aus Elastizität und Plastizität würde sowohl eine Regularisierung des Haftzustandes als auch Gleiten erlauben, hat jedoch den Nachteil, dass hohe Frequenzen mit der Regularisierungssteifigkeit eingeführt werden, für die keine Analogie im COULOMBschen Reibmodell vorliegt. Gleiches gilt für den BINGHAM-Körper. Eine Regularisierung mit NEWTON-VENANT aus Viskosität und Plastizität entspricht in etwa einer stetigen Regularisierung der Reibkennlinie wie in Abbildung 2.5 (eine hohe viskose Dämpfung modelliert eine steile lineare Kennlinie in der Nähe von $\dot{\mathbf{x}}_i = \mathbf{0}$), nur dass die Übergänge zur Gleitreibung jetzt unstetig sind. Trotz der Notwendigkeit, die Unstetigkeiten durch diskrete Zustände aufzulösen, ist kein echtes Haften möglich. Daher erscheint diese Kombination nicht sehr attraktiv. Der PRANDTL-REUSS-Körper bietet von allen Serien- und Parallelschaltungen der drei Grundkörper die attraktivsten Eigenschaften in Bezug auf COULOMBsche Reibung. *Ende der Bemerkung.*

Abbildung 4.7.: (a) WINKLER-Bettung mit geschlossenen Kontaktpunkten, (b) WINKLER-Bettung geöffnet

4.5. Normalkontakt

Die Normalkraft stellt aus Sicht der Reibdynamik (4.73) nur einen Parameter dar, somit kann das Normalkraftmodell unabhängig vom Reibmodell gewählt werden. Die mit Gleichung (4.73) vollzogene Regularisierung des Tangentialkontaktes ist der Versuch einer vergleichsweise konsequenten und numerisch behutsamen Umsetzung klassischer Reibgesetze für verteilte Kontakte. Um das numerische Lösungsverfahren später nicht unnötig zu verkomplizieren, wird jetzt dem Tangentialkontakt ein denkbar einfaches Normalkontaktmodell zur Seite gestellt. Es sei darauf hingewiesen, dass eine Kopplung der hier vorgeschlagenen tangentialen Regularisierung mit einem aufwändigeren Normalkraftmodell – wie es etwa mit [60] vorliegt – sinnvoll ist und in Zukunft angestrebt werden kann. Für die hier vorwiegend interessierenden Antriebskomponenten war dies bislang jedoch nicht nötig.

Ein einfaches Modell wird mit einer klassischen elastischen *Bettung* von WINKLER erreicht [171], d.h. die Kontaktlast ist proportional zur örtlichen (auch hypothetischen) Verformung. Dazu werden einfach zwischen diskrete Kontaktpunkte i und deren zugehörigen *closest points* $cp(i)$ lineare oder nichtlineare Federn der Steifigkeit c_k^n eingehängt, gegenseitige Beeinflussung benachbarter Verformungen werden somit vernachlässigt. Die WINKLER-Bettung gehört 140 Jahre nach ihrer Veröffentlichung zum täglichen Handwerkzeugs des Ingenieurs und hat längst ihren Platz in den Standardwerken gefunden, siehe z.B. [173]. Da ihre Implementierung in einem Mehrkörper-Formalismus für verteilte Kontakte dennoch Raum für Diskussionen lässt, sei hier das Normalkontaktmodell vollständig wiedergegeben.

Abbildung 4.7(a) zeigt eine WINKLER-Bettung mit auf $\mathcal{B}_s$ körperfesten Kontaktpunkten eines Ebene–Ebene Kontaktes. Die in Abbildung 4.7(a) gezeigte

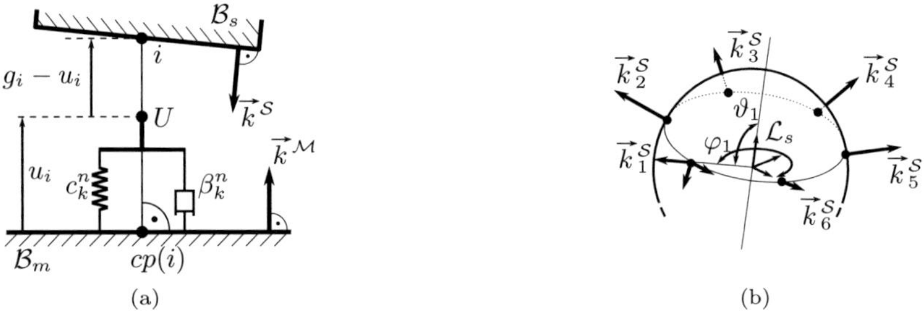

Abbildung 4.8.: (a) Kinematik der WINKLER-Bettung, (b) Äußere Flächeneinheitsnormalen, sechs Slave-Punkte im Modul Kugel–Kugel

Situation, in der einige Kontaktpunkte geschlossen und andere geöffnet sind, soll zulässig sein. Ein Algorithmus zum Auffinden der Unstetigkeiten in (4.73) kann gleichermaßen dazu verwendet werden, durch das Öffnen und Schließen von Kontaktpunkten eingeführte Unstetigkeiten aufzufinden. Dazu ist es in Dynamiksimulationen notwendig, den inneren Zustand der WINKLER-Bettung mitzuführen, wie ein Gedankenexperiment zeigt: In geöffnetem Zustand habe im k-ten Kontakt die elastische Bettung die entspannte Länge der Federn u_k (vgl. Abbildung 4.7(b)). Wenn ein Kontaktpunkt aufgrund verschwindender Summe aus Feder- und Dämpferkraft sich zum Zeitpunkt t_0 öffnen muss (ziehende Normalkräfte sind nicht zugelassen), aber die Feder zu diesem Zeitpunkt noch mit der Länge $u_i(t_0) < u_k$ komprimiert ist, so kann ein erneutes Schließen des Kontaktpunktes zu einem endlich nahen Zeitpunkt $t_0 + \Delta t$ nur gefunden werden, wenn die gegen die Dämpferkraft relaxierende Federlänge $u_i(t)$ (siehe Abbildung 4.8(a)) ab $t > t_0$ mitgerechnet wird. Wird etwa alternativ die Federlänge nach Öffnen sofort mit der entspannten Länge u_k initialisiert, so ist bereits unmittelbar nach Öffnen $t = t_0 + dt$ der Spalt $g_i(t_0 + dt) - u_i(t_0 + dt)$ negativ und ein Schließen des Kontaktes im Sinne eines Vorzeichenwechsels des Spalts $g_i - u_i$ von positiv nach negativ kann nicht mehr gefunden werden. Für jeden Kontaktpunkt i wird also ein neuer Freiheitsgrad u_i benötigt, allerdings ist seine Berechnung nur für geöffnete Kontaktpunkte zur Suche des nächsten Schließereignisses nötig.

Die Normalkraft im Kontaktpunkt i ist mit

$$\vec{N}_i = \begin{cases} \vec{0}, & g_i - u_i \geq 0 \\ \left[c_k^n(g_i - u_k) + \beta_k^n \dot{g}_i\right] \vec{k}^{\mathcal{S}}, & c_k^n(g_i - u_k) + \beta_k^n \dot{g}_i \leq 0 \end{cases} \tag{4.74}$$

gegeben (normale Kontaktsteifigkeit c_k^n, viskose Dämpfung β_k^n als Eigenschaften der Kontaktschnittstelle). Die Spaltfunktion g_i und deren Zeitableitung müssen aus den Gleichungen (3.18), (3.45) für Ebene–Ebene, aus (3.49), (3.59) für Kugel–Kugel und aus (3.61), (3.67) für Kugel–Kegel übernommen werden, für alle gilt die Vorzeichenkonvention, dass g_i positiv für geöffneten Spalt ist. Somit ist auch $g_i - u_i \geq 0$ für einen offenen und $g_i - u_i < 0$ für einen geschlossenen Kontaktpunkt. Der Dämpfungsparameter β_k^n erlaubt die Anpassung des Modells an Stoßzahlen von teilplastischen Stößen, unter der Annahme hinreichend langsamer Stöße, bei denen die Wellenausbreitung und -reflexion in den realen Körpern keine Rolle spielt.

Gleichung (4.74) in Koordinatenform lautet:

$$(\mathbf{N}_i)_{\mathcal{L}_s} = \begin{cases} \mathbf{0}, & g_i - u_i \geq 0 \\ [c_k^n(g_i - u_k) + \beta_k^n \dot{g}_i]\,(\mathbf{k}_i^{\mathcal{S}})_{\mathcal{L}_s}, & c_k^n(g_i - u_k) + \beta_k^n \dot{g}_i \leq 0 \end{cases} \tag{4.75}$$

Die Zerlegung $(\mathbf{k}_i)_{\mathcal{L}_s}^{\mathcal{S}}$ im Slave-Bezugssystem ist eine Eigenschaft der Kontaktgeometrie und muss vom Kontaktmodul bereitgestellt werden. Für Kontakte vom Typ Ebene–Ebene gilt für alle Kontaktpunkte

$$(\mathbf{k}_i^{\mathcal{S}})_{\mathcal{L}_s} = \begin{pmatrix} 0 \\ 0 \\ 1 \end{pmatrix}, \tag{4.76}$$

für Kugel–Kugel lässt sich

$$(\mathbf{k}_i^{\mathcal{S}})_{\mathcal{L}_s} = \begin{pmatrix} \sin\vartheta_i \cos\varphi_i \\ \sin\vartheta_i \sin\vartheta_i \\ \cos\vartheta_i \end{pmatrix}, \tag{4.77}$$

angeben, wenn die konstante Lage der Kontaktpunkte bezüglich $\mathcal{L}_s$ mit Azimut φ_i und Polarwinkel ϑ_i in Kugelkoordinaten parametrisiert ist (vergleiche Abb. 4.8(b)).

Das Vorzeichen in (4.75) ist so gewählt, dass die Normalkraft aufgelöst in $\mathcal{L}_s$ separierend wirkt. Das MKS muss entsprechend vorbereitet werden, dass die Gegenkraft als $(-\mathbf{N}_i)_{\mathcal{L}_s}$ eingeleitet werden kann. Der Punkt, an dem die Gegenkraft an $\mathcal{B}_m$ eingeleitet werden soll kann entweder $cp(i)$ oder der Endpunkt der elastischen Bettung U (Abbildung 4.8(a)) sein, letzterer koinzidiert bei geschlossenem Kontakt mit dem körperfesten Punkt i auf $\mathcal{B}_s$. In einer möglichst strengen Betrachtung von $\mathcal{B}_s$ und $\mathcal{B}_m$ als Starrkörper ist die elastische Bettung nur ein unerwünschtes Vehikel zur Approximation der Kontaktdruckverteilung. Dann wählt man c_k^n idealisierend möglichst hoch und erhält eine entsprechend dünne elastische Schicht $|u_k| \ll 1$. Jetzt sollte es unerheblich sein, ob man $cp(i)$ oder U als Kraftangriffspunkt wählt, aber im Sinne der Starrkörpermodellierung ist vielleicht $cp(i) \in \mathcal{B}_m$ die bessere Wahl, da eine

Kraft strenggenommen nicht an einem immateriellen Punkt $U \notin \mathcal{B}_m$ angreifen kann. Will man hingegen mittels c_k^n Elastizitäten dem k-ten Kontakt benachbarter Bauteile als konstruktive Merkmale des Systems abbilden, kann es sinnvoller sein, U als Kraftangriffspunkt zu wählen und die elastische Bettung dem Körper $\mathcal{B}_m$ zuzurechnen. Bei geringen Normalkraftsteifigkeiten kann ein jetzt beträchtlicher Abstand zwischen $cp(i)$ und U verschiedene Momente je nach Wahl des Kraftangriffspunktes in das System einbringen. Letztlich muss die Entscheidung des Kraftangriffpunktes dem Modellierer überlassen werden, eine Software-Implementierung sollte dies berücksichtigen.

Für einen geöffneten Kontaktpunkt ($t > t_0$) gilt das Kräftegleichgewicht aus Feder- und Dämpferkraft:

$$c_k^n(u_i(t - t_0) - u_k) + \beta_k^n \dot{u}_i(t - t_0) = 0 \tag{4.78}$$

Für einen geschlossenen Kontaktpunkt ist der Verlauf von $u_i(t)$ vollkommen irrelevant, die Ableitung $\dot{u}_i$ ist beliebig. Die Gleichung für u_i ist dann vollständig:

$$\dot{u}_i(t - t_0) = \begin{cases} \text{beliebig}, & c_k^n(g_i - u_k) + \beta_k^n \dot{g}_i \leq 0 \\ -c_k^n(u_i(t - t_0) - u_k)/\beta_k^n, & g_i - u_i \geq 0 \end{cases} \tag{4.79}$$

Im Falle linearer Normalsteifigkeit lässt sich die Lösung von (4.79) sogar explizit angeben, dies sollte in einem effizienten Computer-Algorithmus auch ausgenutzt werden:

$$u_i(t - t_0) = \begin{cases} \text{beliebig}, & c_k^n(g_i - u_k) + \beta_k^n \dot{g}_i \leq 0 \\ u_k + (u_{i0} - u_k)e^{-c_k^n(t-t_0)/\beta_k^n}, & g_i - u_i \geq 0 \end{cases} \tag{4.80}$$

Dabei ergibt sich der Vorfaktor $(u_{i0} - u_k)$ in (4.80) aus der Anfangsbedingung für $u_i(t)$ zum Zeitpunkt t_0 des letzten Öffnens des Kontaktpunktes:

$$u_i(t_0) = u_{i0} = g_i(t_0) \tag{4.81}$$

Ist c_k^n hingegen als nichtlineare Steifigkeit eine Funktion von u_i, lässt sich für (4.79) im Allgemeinen keine geschlossene Lösung finden und Gleichung (4.79) wird zusammen mit allen anderen dynamischen Gleichungen numerisch gelöst. Dabei muss wiederum beim Öffnen eines Kontaktpunktes die Anfangsbedingung (4.81) gesetzt werden. Zum Schluss seien alle Gleichungen für die normalen Freiheitsgrade u_i aller n Kontaktpunkte im System als Spaltenmatrix $\mathbf{U}$ zur späteren Verwendung aufgeschrieben:

$$\mathbf{U}(\mathbf{u}(t)) = \begin{pmatrix} \dot{u}_1 \\ \dot{u}_2 \\ \vdots \\ \dot{u}_n \end{pmatrix} \tag{4.82}$$

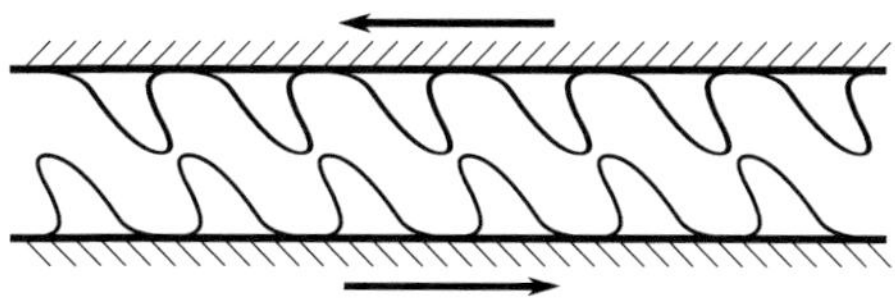

Abbildung 4.9.: Prinzipskizze zur elastischen Deformation der Asperiten während ausgeprägter Gleitphasen

4.6. Vereinfachung des Kontaktmodells

Bereits in (4.54) wurde festgestellt, dass für

$$\|\dot{\mathbf{z}}_i\| \ll \|\dot{\mathbf{x}}_i\| \tag{4.83}$$

sich regularisierte Gleitbreibkraft und COULOMBsche Gleitreibkraft einander annähern. Während diesem Zustand des *ausgeprägten Gleitens* ändern sich wegen kleinem $\|\dot{\mathbf{z}}_i\|$ sowohl Betrag als auch Richtung der Regularisierungsfedern nur wenig. Aus Gleichung (4.23) wird mit (4.83)

$$\mathbf{T}_i^{el} \approx -c_k \mathbf{z}_i, \tag{4.84}$$

und gleichzeitig gilt aus (4.20), (4.52) und (4.54):

$$-\mathbf{T}_i^{el} \approx T_i^{St}(\|\dot{\mathbf{x}}\|) \frac{\dot{\mathbf{x}}_i}{\|\dot{\mathbf{x}}_i\|} \tag{4.85}$$

Aus (4.84) und (4.85) folgt

$$c_k \mathbf{z}_i \approx T_i^{St}(\|\dot{\mathbf{x}}\|) \frac{\dot{\mathbf{x}}_i}{\|\dot{\mathbf{x}}_i\|}, \tag{4.86}$$

das heißt die Richtung der Auslenkung der Regularisierungsfedern ist für *ausgeprägtes Gleiten* durch den Einheitsvektor der Relativgeschwindigkeit vorgegeben. Dies entspricht der physikalischen Anschauung für die qualitative Begründung der Federn: Für andauernde Gleitphasen wird davon ausgegangen, dass die Asperiten der Mikrokontakte durch fortwährende Kollisionen im Mittel in Richtung der Relativgeschwindigkeit elastisch deformiert sind (vergleiche Abbildung 4.9).

Der Betrag der regularisierten Reibkraft ist wegen (4.52) für jegliches Gleiten – ob mit oder ohne der Annahme (4.83) – bekannt:

$$\|-\mathbf{T}_i^{el}\| = T_i^{St}(\|\dot{\mathbf{x}}_i\|) \tag{4.87}$$

Mit (4.86) ist jetzt für *ausgeprägtes Gleiten* auch der Betrag der Auslenkung der Regularisierungsfedern ungefähr bekannt:

$$\|\dot{\mathbf{z}}_i\| \approx \frac{T_i^{St}}{c_k}(\|\dot{\mathbf{x}}_i\|) \tag{4.88}$$

Es stellt sich die Frage, inwieweit der Rechenaufwand für eine vektorielle Größe gerechtfertigt ist, die nach Betrag und Richtung während (4.83) ungefähr bekannt ist. Um später im Algorithmus in Kapitel 5 die Rechenzeiten möglichst gering zu halten, soll $\dot{\mathbf{z}}_i$ nur dann ausgerechnet werden, wenn es nötig ist, und darauf verzichtet werden, wenn der Informationsgehalt von $\dot{\mathbf{z}}_i$ gering ist. Wenn darauf verzichtet wird, reduziert sich die Anzahl der Differentialgleichungen im dynamischen System, es ist also eine *Vereinfachung* motiviert durch Rechentechnik. Allerdings fehlen noch verlässliche Kriterien, wann der Zustand *ausgeprägtes Gleiten* im Sinne von (4.83) denn beginnen und enden solle.

Eine weitere Motivation zur zusätzlichen Unterscheidung von *Gleiten* und *ausgeprägtem Gleiten* ist nicht in der Rechentechnik, sondern im Kontaktmodell selbst begründet. Schließlich wurde das Plastizitätsmodell nur zur Umgehung der Hindernisse aus Abschnitt 4.3 eingeführt und insgesamt soll sich das Kontaktmodell an etablierten Reibmodellen wie der COULOMBschen Reibung orientieren. Vor diesem Hintergrund gewinnt das Reibmodell an Qualität, wenn tatsächlich die etablierten Reibmodelle verwendet werden, sobald die Unterschiede zwischen etabliertem Reibmodell und plastischem Reibmodell vernachlässigbar gering werden. Die Rolle des plastischen Reibmodells beschränkt sich mit dieser Argumentation auf die eines Hilfsmittels zur Umgehung der numerischen Schwierigkeiten des Richtungssprungs aus Abschnitt 4.3. Nachfolgend werden Kriterien zur Identifikation des Zustandes *ausgeprägtes Gleiten* vorgestellt.

4.6.1. Beginn von ausgeprägtem Gleiten

Da mit (4.87) der Betrag der Reibkraft unabhängig von (4.83) ist, muss die Richtung der regularisierten Reibkraft $\mathbf{T}_i^{pl}$ zur Unterscheidung von *Gleiten* und *ausgeprägtem Gleiten* betrachtet werden. Wenn der Winkel

$$\psi_i := \angle(\vec{T}_i^{pl}, -\dot{\vec{x}}_i) \tag{4.89}$$

zwischen regularisierter Reibkraft und Relativgeschwindigkeit hinreichend klein geworden ist kann man ohne Richtungssprung auf klassische Gleitreibung

$$\mathbf{T}_i^c = -T_i^{St}(\|\dot{\mathbf{x}}_i\|)\frac{\dot{\mathbf{x}}_i}{\|\dot{\mathbf{x}}_i\|} \tag{4.90}$$

umschalten. Der Winkel ψ_i lässt sich beispielsweise mit Hilfe des Skalarprodukts definieren:

$$\vec{T}_i^{pl} \cdot (-\dot{\vec{x}}_i) = \cos\psi_i \, \|\vec{T}_i^{pl}\| \, \|\dot{\vec{x}}_i\| \tag{4.91}$$

Das Kriterium für einen Übergang von *Gleiten* mit plastischer Deformation zu *ausgeprägtem Gleiten* ist dann mit

$$|\psi_i| - \psi_k < 0 \Rightarrow \cos\psi_i > \cos\psi_k \tag{4.92}$$

auszudrücken, wobei mit $\psi_k > 0$, $\psi_k \ll 1$ ein kleiner Winkel gemeint ist. Einsetzen von (4.91) in (4.92) ergibt

$$\frac{(\mathbf{T}_i^{pl})^{\mathrm{T}}(-\dot{\mathbf{x}}_i)}{T_i^{St}(\|\dot{\mathbf{x}}_i\|)\,\|\dot{\mathbf{x}}_i\|} > \cos\psi_k. \tag{4.93}$$

Für die regularisierte Reibkraft $\mathbf{T}_i^{pl}$ kann jetzt entweder (4.52) oder (4.24) eingesetzt werden:

$$\left(\frac{c_k\mathbf{z}_i + \beta_k\dot{\mathbf{z}}_i}{T_i^{St}(\|\dot{\mathbf{x}}_i\|)}\right)^{\mathrm{T}} \frac{\dot{\mathbf{x}}_i}{\|\dot{\mathbf{x}}_i\|} > \cos\psi_k, \quad \left(\frac{\dot{\mathbf{x}}_i - \dot{\mathbf{z}}_i}{\|\dot{\mathbf{x}}_i - \dot{\mathbf{z}}_i\|}\right)^{\mathrm{T}} \frac{\dot{\mathbf{x}}_i}{\|\dot{\mathbf{x}}_i\|} > \cos\psi_k. \tag{4.94}$$

Man erkennt an der zweiten Ungleichung in (4.94) sofort, dass sie für $\|\dot{\mathbf{z}}_i\| \to 0$ offensichtlich erfüllt ist. Aber das Winkelkriterium (4.93) erfasst auch Fälle mit großem $\|\dot{\mathbf{z}}_i\|$, wenn $\dot{\mathbf{z}}_i$ annähernd kollinear zu $\dot{\mathbf{x}}_i$ ist. Das Winkelkriterium dient als gemeinsames Kriterium für die Entfernung von internen Reibfreiheitsgraden aus Gründen der Recheneffizienz gemäß (4.83) und aus Gründen der Modellgüte hin zu COULOMBscher Reibung.

4.6.2. Ende von ausgeprägtem Gleiten

Der Zustand ausgeprägtes Gleiten soll – wie bereits in (4.39) formuliert – stattfinden, solange die plastische Deformationsgeschwindigkeit größer der kleinen ε_k-Geschwindigkeit ist:

$$\|\dot{\mathbf{w}}_i\| > \varepsilon_k, \tag{4.95}$$

allerdings jetzt mit leicht modifizierter Interpretation. Denn durch die Vereinfachung wurde während ausgeprägtem Gleiten kleines $\dot{\mathbf{z}}_i$ vernachlässigt, das heißt:

$$\text{Ausgeprägtes Gleiten} \;\Rightarrow\; \dot{\mathbf{z}}_i(t) = 0, \;\Rightarrow\; \dot{\mathbf{w}}_i(t) = \dot{\mathbf{x}}_i(t) \tag{4.96}$$

Somit wird anstelle von (4.95)

$$\|\dot{\mathbf{x}}_i\| > \varepsilon_k, \tag{4.97}$$

als Bedingung für ausgeprägtes Gleiten verwendet.

4.6.3. Federvorspannung zu Beginn vom Haften

Um die durch die Vereinfachung verloren gegangene Kenntnis über die Entwicklung der internen Freiheitsgrade $\mathbf{z}_i$ zu kompensieren, werden die Regularisierungsfedern zu Beginn eines Haftzustandes beim Übergang von ausgeprägtem Gleiten zu Haften in geeigneter Weise vorgespannt. Es sei der Zeitpunkt eines solchen Überganges mit t_0 und der linksseitige Grenzwert mit t_0^-, der rechtsseitige Grenzwert mit t_0^+ bezeichnet. Unmittelbar vor dem Übergang wird der interne Freiheitsgrad entfernt und die plastische Deformationsrate ist gleich der Relativgeschwindigkeit:

$$\dot{\mathbf{x}}_i(t_0^-) = \dot{\mathbf{w}}_i(t_0^-) + \dot{\mathbf{z}}_i(t_0^-), \quad \dot{\mathbf{z}}_i(t_0^-) = 0 \tag{4.98}$$

Unmittelbar nach dem Übergang muss während Haften jegliche plastische Deformation verschwinden:

$$\dot{\mathbf{x}}_i(t_0^+) = \dot{\mathbf{w}}_i(t_0^+) + \dot{\mathbf{z}}_i(t_0^+), \quad \dot{\mathbf{w}}_i(t_0^+) = 0 \tag{4.99}$$

Ein Gleit- / Haftübergang darf nicht mit einem Sprung der Geschwindigkeit eines Starrkörperpunktes einhergehen, daher wird einen glatter Verlauf der Relativgeschwindigkeit verlangt:

$$\dot{\mathbf{x}}_i(t_0^-) = \dot{\mathbf{x}}_i(t_0^+) \tag{4.100}$$

Aus (4.98), (4.99) und (4.100) folgt sofort

$$\dot{\mathbf{w}}_i(t_0^-) = \dot{\mathbf{z}}_i(t_0^+) \tag{4.101}$$

Als weitere Forderung zum Auffinden einer geeigneten Vorspannung soll die regularisierte Haftreibkraft unmittelbar nach dem Übergang zunächst exakt der Gleitreibkraft entsprechen:

$$-T_i^{St}(\|\dot{\mathbf{x}}_i(t_0^-)\|)\frac{\dot{\mathbf{x}}_i(t_0^-)}{\|\dot{\mathbf{x}}_i(t_0^-)\|} = -c_k\mathbf{z}_{ip} - \beta_k\dot{\mathbf{z}}_i(t_0^+) \tag{4.102}$$

Mit $\mathbf{z}_{ip}$ ist die neue Federvorspannung bezeichnet. Zum Zeitpunkt t_0^+ werden die Variablen $\mathbf{z}_i$ neu dem dynamischen System hinzugefügt, die Anfangsbedingung wird willkürlich auf $\mathbf{z}_i(t_0^+) = 0$ gelegt, so dass die Vorspannung $\mathbf{z}_{ip}$ den einzigen Beitrag zur Federkraft liefert. Unter Berücksichtigung von (4.100) und (4.99) wird aus (4.102):

$$-T_i^{St}(\|\dot{\mathbf{x}}_i(t_0^-)\|)\frac{\dot{\mathbf{x}}_i(t_0^-)}{\|\dot{\mathbf{x}}_i(t_0^-)\|} = -c_k\mathbf{z}_{ip} - \beta_k\dot{\mathbf{x}}_i(t_0^-) \tag{4.103}$$

Wenn die Richtung der Reibkraft über den Übergang erhalten bleiben soll, muss $\mathbf{z}_{ip}$ in Richtung der Relativgeschwindigkeit vor dem Übergang zeigen. Man teilt $\mathbf{z}_{ip}$ also auf in Betrag und Richtung:

$$\mathbf{z}_{ip} = p_i \frac{\dot{\mathbf{x}}_i(t_0^-)}{\|\dot{\mathbf{x}}_i(t_0^-)\|} \tag{4.104}$$

Mit p_i sei der skalare Betrag der Federvorspannung im i-ten Kontaktpunkt bezeichnet. (4.104) in (4.103) eingesetzt ergibt

$$-T_i^{St}(\|\dot{\mathbf{x}}_i(t_0^-)\|)\frac{\dot{\mathbf{x}}_i(t_0^-)}{\|\dot{\mathbf{x}}_i(t_0^-)\|} = -c_k p_i \frac{\dot{\mathbf{x}}_i(t_0^-)}{\|\dot{\mathbf{x}}_i(t_0^-)\|} - \beta_k \dot{\mathbf{x}}_i(t_0^-) \tag{4.105}$$

und mit

$$\|\dot{\mathbf{x}}_i(t_0^-)\| = \varepsilon_k \tag{4.106}$$

schließlich die skalare Gleichung

$$\frac{T_i^{St}(\|\dot{\mathbf{x}}(t_0^-)\|)}{\varepsilon_k} = \frac{c_k p_i}{\varepsilon_k} + \beta_k. \tag{4.107}$$

Gleichung (4.107) lässt sich bequem nach p_i auflösen:

$$p_i = \frac{1}{c_k}\left(T_i^{St}(\|\dot{\mathbf{x}}(t_0^-)\|) - \beta_k \varepsilon_k\right) \tag{4.108}$$

Auf der rechten Seite von (4.108) stehen nur zu t_0^+ bekannte Größen, so dass p_i eindeutig festgelegt ist. Mit (4.104) ist dann auch $\mathbf{z}_{ip}$ eindeutig bestimmt.

Mit dem zusätzlichen Kriterium des Winkels ψ_i ergeben sich anstelle von (4.40) jetzt formal $2^3 = 8$ zu unterscheidende Fälle in der Differentialgleichung für $\dot{\mathbf{w}}_i$ (*Variation mit Wiederholung:* aus den zwei Ausgangselementen *größer* oder *kleiner gleich* werden drei Elemente unter Beachtung der Reihenfolge ausgewählt, Elemente dürfen mehrfach auftreten). Von diesen acht Fällen lassen sich jedoch dreimal zwei Fälle zu einem Fall zusammenfassen, so dass in Gleichung (4.73) insgesamt fünf Zeilen stehenbleiben:

$$\dot{\mathbf{w}}_i = \begin{cases} \mathbf{0} & , \|\dot{\mathbf{w}}_i\| \le \varepsilon_k, \quad \|\mathbf{T}_i\| < T_i^{St}(\|\dot{\mathbf{x}}_i\|) \\ \dot{\mathbf{w}}_i^{pl} & , \|\dot{\mathbf{w}}_i\| \le \varepsilon_k, \quad \|\mathbf{T}_i\| = T_i^{St}(\|\dot{\mathbf{x}}_i\|), \quad \psi_i > \psi_k \\ \dot{\mathbf{x}}_i & , \|\dot{\mathbf{w}}_i\| \le \varepsilon_k, \quad \|\mathbf{T}_i\| = T_i^{St}(\|\dot{\mathbf{x}}_i\|), \quad \psi_i \le \psi_k \\ \dot{\mathbf{w}}_i^{pl} & , \|\dot{\mathbf{w}}_i\| > \varepsilon_k, \quad \psi_i > \psi_k \\ \dot{\mathbf{x}}_i & , \|\dot{\mathbf{w}}_i\| > \varepsilon_k, \quad \psi_i \le \psi_k \end{cases} \tag{4.109}$$

Im ursprünglichen Modell in Abschnitt 4.4 war die Reibkraft $\vec{T}_i$ stets durch die regularisierte Reibkraft gegeben

$$\mathbf{T}_i = \mathbf{T}_i^{pl}, \tag{4.110}$$

doch jetzt muss aufgrund von (4.90) die Reibkraft analog zu den Fällen in (4.109) unterschieden werden. Die paradoxe Selbstreferenz wird wieder mit Hilfe von linksseitigem und rechtsseitigem Grenzwert aufgelöst:

$$\mathbf{T}_i(t^+) = \begin{cases} \mathbf{T}_i^{pl} & , \|\dot{\mathbf{w}}_i\| \leq \varepsilon_k, \quad \|\mathbf{T}_i(t^-)\| < T_i^{St}(\|\dot{\mathbf{x}}_i\|) \\ \mathbf{T}_i^{pl} & , \|\dot{\mathbf{w}}_i\| \leq \varepsilon_k, \quad \|\mathbf{T}_i(t^-)\| = T_i^{St}(\|\dot{\mathbf{x}}_i\|), \quad \psi_i > \psi_k \\ \mathbf{T}_i^{c} & , \|\dot{\mathbf{w}}_i\| \leq \varepsilon_k, \quad \|\mathbf{T}_i(t^-)\| = T_i^{St}(\|\dot{\mathbf{x}}_i\|), \quad \psi_i \leq \psi_k \\ \mathbf{T}_i^{pl} & , \|\dot{\mathbf{w}}_i\| > \varepsilon_k, \quad \psi_i > \psi_k \\ \mathbf{T}_i^{c} & , \|\dot{\mathbf{w}}_i\| > \varepsilon_k, \quad \psi_i \leq \psi_k \end{cases} \tag{4.111}$$

Damit existiert formal eine Unstetigkeit der Reibkraft, und zwar

$$\mathbf{T}_i(t^-) \neq \mathbf{T}_i(t^+), \tag{4.112}$$

allerdings ist aus Gleichung (4.102) bekannt, dass beim Umschalten von $\mathbf{T}_i^c$ auf $\mathbf{T}_i^{pl}$ keine Unstetigkeit vorliegt und beim Umschalten von $\mathbf{T}_i^{pl}$ auf $\mathbf{T}_i^c$ wegen des Kriteriums (4.93) und wegen (4.90) zumindest der Winkel $\angle\left(\vec{T}_i^{pl}, \vec{T}_i^c\right)$ mit ψ_k ausreichend stetig verläuft, während der Betrag von $\|\vec{T}_i^{pl}\|$ auf $\|\vec{T}_i^c\|$ durchaus unstetig verläuft. Weiterhin gibt es keine grundsätzlichen Bedenken gegen eine Unstetigkeit eines Kraftbetrags (ein Knick im Geschwindigkeitsverlauf) im Mehrkörpersystem. Die in (4.109) und (4.111) zusammengefassten Fälle sind:

- Während Haften ($\dot{\mathbf{w}}_i = \mathbf{0}$) ist der Winkel ψ_i unerheblich. In der ersten Zeile von (4.109) und (4.111) findet daher keine Unterscheidung bezüglich ψ_i statt.

- Während Gleiten ist wegen (4.52) und während ausgeprägtem Gleiten ist wegen (4.90) stets $\|\mathbf{T}_i\| = T_i^{St}(\|\dot{\mathbf{x}}_i\|)$. Daher finden in der vierten und fünften Zeile von (4.109) und (4.111) keine Unterscheidungen bezüglich $\|\mathbf{T}_i\|$ statt.

Zum Schluss wird anstelle der plastischen Deformationsrate $\dot{\mathbf{w}}_i(t)$ (4.109) der über Gleichung (4.19) verknüpfte elastische Geschwindigkeitsanteil betrachtet. Dieser soll im Abschnitt 4.8 für das gekoppelte MKS mit verteilten Reibkontakten verwendet werden. Denn schließlich ist die regularisierte Reibkraft (4.24) direkt von $\mathbf{z}_i(t)$ und $\dot{\mathbf{z}}_i(t)$ abhängig, so dass eine direkte Integration des elastischen Anteils praktikabler erscheint. Einsetzen von (4.19) in (4.109) liefert:

$$\dot{\mathbf{z}}_i = \dot{\mathbf{x}}_i - \left(\frac{c_k}{\beta_k}\mathbf{z}_i + \dot{\mathbf{x}}_i\right)\left(1 - \frac{T_i^{St}(\|\dot{\mathbf{x}}_i\|)}{\|c_k\mathbf{z}_i + \beta_k\dot{\mathbf{x}}_i\|}\right) =: \dot{\mathbf{z}}_i^{pl} \tag{4.113}$$

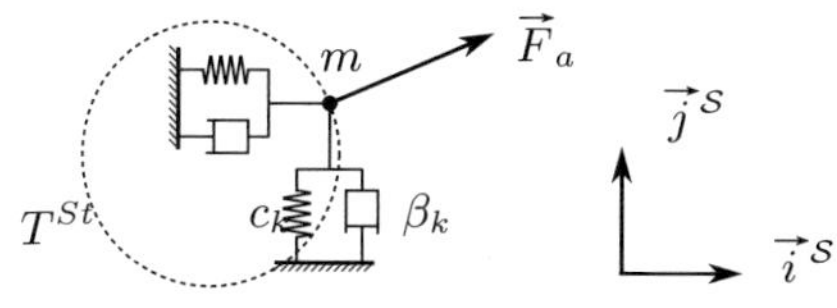

Abbildung 4.10.: Losreißen einer Punktmasse

Aus (4.109) wird analog:

$$\dot{\mathbf{z}}_i = \begin{cases} \dot{\mathbf{x}}_i & , \|\dot{\mathbf{x}}_i - \dot{\mathbf{z}}_i\| \leq \varepsilon_k, \quad \|\mathbf{T}_i\| < T_i^{St}(\|\dot{\mathbf{x}}_i\|) \\ \dot{\mathbf{z}}_i^{pl} & , \|\dot{\mathbf{x}}_i - \dot{\mathbf{z}}_i\| \leq \varepsilon_k, \quad \|\mathbf{T}_i\| = T_i^{St}(\|\dot{\mathbf{x}}_i\|), \quad \psi_i > \psi_k \\ \mathbf{0} & , \|\dot{\mathbf{x}}_i - \dot{\mathbf{z}}_i\| \leq \varepsilon_k, \quad \|\mathbf{T}_i\| = T_i^{St}(\|\dot{\mathbf{x}}_i\|), \quad \psi_i \leq \psi_k \\ \dot{\mathbf{z}}_i^{pl} & , \|\dot{\mathbf{x}}_i - \dot{\mathbf{z}}_i\| > \varepsilon_k, \quad \psi_i > \psi_k \\ \mathbf{0} & , \|\dot{\mathbf{x}}_i - \dot{\mathbf{z}}_i\| > \varepsilon_k, \quad \psi_i \leq \psi_k \end{cases} \tag{4.114}$$

Für jeden Kontaktpunkt i existiert eine Gleichung (4.114). Zusammenfassend werden für alle $n = \sum n_k$ Kontaktpunkte in allen Kontaktschnittstellen des Systems die Differentialgleichungen (4.114) in einer Spaltenmatrix $\mathbf{Z}$ untereinander geschrieben:

$$\mathbf{Z}\left(\mathbf{p}(t), \mathbf{q}(t), \mathbf{z}(t), t\right) = \begin{pmatrix} \dot{\mathbf{z}}_1 \\ \dot{\mathbf{z}}_2 \\ \vdots \\ \dot{\mathbf{z}}_n \end{pmatrix} \tag{4.115}$$

Damit ist das Kontaktmodell zur Kopplung in das MKS im Abschnitt 4.8 vorbereitet.

4.7. Relativbeschleunigung beim Losreißen

Die Frage, ob mit der elasto-plastischen Regularisierung das Problem des *degenerierten* Losreißens behoben wurde, lässt sich jetzt beantworten. Dazu wird eine Losreißsituation einer Punktmasse (Abbildung 4.10) betrachtet. Für die Punktmasse gilt während des Haftens die einfache Bewegungsgleichung

$$m\ddot{\mathbf{x}} = \mathbf{F}_a - c_k\mathbf{z} - \beta_k\dot{\mathbf{z}}, \tag{4.116}$$

da als einzige Kräfte die konstante äußere Kraft $\mathbf{F}_a$ und die regularisierte Reibkraft (4.24) angreifen. Wegen des Haftzustands gilt im Zeitintervall vom Startzeitpunkt $t = 0$ bis zum Losreißen bei $t = t_0$:

$$\dot{\mathbf{x}}(t) = \dot{\mathbf{z}}(t), \quad \mathbf{x}(t) = \mathbf{z}(t), \quad t \in [0, t_0] \tag{4.117}$$

Unter der Annahme, dass der Haftzustand bereits hinreichend ausgeprägt ist, wird die Anfangsbedingung

$$\mathbf{x}(t=0)=\mathbf{0}, \quad \dot{\mathbf{x}}(t=0)=\mathbf{0}, \quad \mathbf{z}(t=0)=\mathbf{0} \tag{4.118}$$

gefordert. Durch Einsetzen von (4.117) in (4.116) und (4.118) folgt die Bewegungsgleichung

$$\begin{cases} m\ddot{\mathbf{x}}=\mathbf{F}_a-c_k\mathbf{x}-\beta_k\dot{\mathbf{x}} \\ \mathbf{x}(t=0)=\mathbf{0}, \quad \dot{\mathbf{x}}(t=0)=\mathbf{0} \end{cases} \tag{4.119}$$

bzw. mit der kritischen Dämpfung

$$\beta_k=2m\sqrt{\frac{c_k}{m}}=2m\omega_0, \quad \omega_0=\sqrt{\frac{c_k}{m}} \tag{4.120}$$

die ohne weiteres als Eigenschaft des Modells vorausgesetzt werden kann (vergleiche Abschnitt 5.5) wird daraus die Bewegungsgleichung:

$$\begin{cases} \ddot{\mathbf{x}}=\frac{\mathbf{F}_a}{m}-\omega_0^2\mathbf{x}-2\omega_0\dot{\mathbf{x}} \\ \mathbf{x}(t=0)=\mathbf{0}, \quad \dot{\mathbf{x}}(t=0)=\mathbf{0} \end{cases} \tag{4.121}$$

Die Lösung von (4.121) sei mit $\mathbf{x}_1(t)$ bezeichnet und wird mit

$$\mathbf{x}_1(t)=\frac{\mathbf{F}_a}{c_k}\left(1-e^{-\omega_0 t}-\omega_0 t e^{-\omega_0 t}\right), \quad \dot{\mathbf{x}}_1(t)=\frac{\mathbf{F}_a t}{m}e^{-\omega_0 t} \tag{4.122}$$

gefunden. Aus dem Kriterium fürs Losreißen

$$\|2m\omega_0\dot{\mathbf{x}}+m\omega_0^2\mathbf{x}\|=T^{St} \tag{4.123}$$

mit der hier konstant angenommenen Losreißgrenze T^{St} kann man durch Quadrieren von (4.123) und Auflösen nach der Zeit einen geschlossenen Ausdruck für den Zeitpunkt des Losreißens t_0 erhalten:

$$t_0=-\frac{1}{\omega_0}\left[W\left(e^{\frac{F_a\mp T^{St}}{F_a}}\right)-1\right] \tag{4.124}$$

Hier ist $W(\cdot)$ die LAMBERT-W-Funktion als Umkehrfunktion von $f(x)=xe^x$ und $F_a=\|\mathbf{F}_a\|$. Gleichung (4.124) enthält als Folge des Quadrierens zwei Lösungen, wovon aber nur

$$t_0=-\frac{1}{\omega_0}\left[W\left(e^{\frac{F_a-T^{St}}{F_a}}\right)-1\right] \tag{4.125}$$

positiv ist. Nach dem Losreißen zum Zeitpunkt t_0 gilt die neue Bewegungsgleichung:

$$\begin{cases} m\ddot{\mathbf{x}}=\mathbf{F}_a-c_k\mathbf{z}-\beta_k\dot{\mathbf{z}} \\ \beta_k\dot{\mathbf{z}}+c_k\mathbf{z}=-\mathbf{T}^{pl}=T^c\frac{\dot{\mathbf{w}}}{\|\mathbf{w}\|} \end{cases} \tag{4.126}$$

Im Übergang t_0 gelten die Bedingungen:

$$\mathbf{x}(t_0^+) = \mathbf{x}(t_0^-) = \mathbf{x}_1(t_0) \tag{4.127}$$

$$\dot{\mathbf{x}}(t_0^+) = \dot{\mathbf{x}}(t_0^-) = \dot{\mathbf{x}}_1(t_0) \tag{4.128}$$

$$\mathbf{z}(t_0^+) = \mathbf{z}(t_0^-) = \mathbf{x}_1(t_0) \tag{4.129}$$

$$\dot{\mathbf{z}}(t_0^+) \quad \text{aus (4.72) und } \dot{\mathbf{z}} = \dot{\mathbf{x}} - \dot{\mathbf{w}} \tag{4.130}$$

$$\mathbf{w}(t_0^+) = \mathbf{w}(t_0^-) = \mathbf{0} \tag{4.131}$$

$$\dot{\mathbf{w}}(t_0^+) \quad \text{aus (4.72)} \tag{4.132}$$

Die Beziehungen (4.127) und (4.128) sind Folge der in Lage und Geschwindigkeit stetigen Starrkörperbewegung. Gleichungen (4.129) und (4.131) gelten wegen (4.117) und aufgrund verlangter Stetigkeit der Auslenkung der Regularisierungsfeder. Wegen des Wechsels von Bewegungsgleichung (4.116) auf Bewegungsgleichung (4.126) gelten die Beziehungen (4.130). und (4.132).

Auf der rechten Seite von (4.126) ist der Einheitsvektor $\frac{\dot{\mathbf{w}}}{\|\dot{\mathbf{w}}\|}$ zunächst unbestimmt. Denn setzt man die Übergangsbedingungen (4.127) bis (4.132) in Gleichung (4.72) ein, so ergibt sich zusammen mit dem Wissen über den Betrag der regularisierten Reibkraft während Gleiten (4.33)

$$\dot{\mathbf{w}}(t_0^+) = \mathbf{0}. \tag{4.133}$$

Setzt man jedoch die Übergangsbedingungen (4.127) bis (4.132) direkt in die Definition der regularisierten Reibkraft (4.24) ein, so erhält man dennoch ein Ergebnis für $\mathbf{T}^{pl}(t_0^+)$ und die zweite Zeile in der Bewegungsgleichung (4.126) wird präzisiert:

$$\beta_k \dot{\mathbf{z}} + c_k \mathbf{z} = \begin{cases} \beta_k \dot{\mathbf{x}}_1(t_0^-) + c_k \mathbf{x}_1(t_0^-) =: -\mathbf{T}_0 = \text{const.}, & t = t_0^+ \\ T^c \frac{\dot{\mathbf{w}}}{\|\dot{\mathbf{w}}\|}, & t > t_0^+ \end{cases} \tag{4.134}$$

Die Superposition aus homogener und partikulärer Lösung der ersten Zeile von (4.134) lautet

$$\mathbf{z}(t) = \mathbf{A} e^{-\frac{1}{2}\omega_0 t} - \frac{\mathbf{T}_0}{c_k} \tag{4.135}$$

mit unbekannter Amplitude $\mathbf{A}$. Nach Anpassen an die Anfangsbedingungen (4.127)–(4.132) erhält man daraus die Lösung:

$$\mathbf{z}_1(t) = \left(\mathbf{x}_1(t_0^+) + \frac{\mathbf{T}_0}{c_k} \right) e^{\frac{1}{2}\left[\left(W\left(e^{\frac{F_a - T^{St}}{F_a}} \right) - 1 \right) - \omega_0 t \right]} - \frac{\mathbf{T}_0}{c_k} \tag{4.136}$$

Einmaliges Differenzieren von (4.136) ergibt

$$\dot{\mathbf{z}}_1(t) = -\frac{1}{2}\omega_0 \left(\mathbf{x}_1(t_0^+) + \frac{\mathbf{T}_0}{c_k}\right) e^{\frac{1}{2}\left[\left(W\left(e^{\frac{F_a - T^{St}}{F_a}}\right) - 1\right) - \omega_0 t\right]} \tag{4.137}$$

und erneutes Differenzieren von (4.137) ergibt:

$$\ddot{\mathbf{z}}_1(t) = \frac{1}{4}\omega_0^2 \left(\mathbf{x}_1(t_0^+) + \frac{\mathbf{T}_0}{c_k}\right) e^{\frac{1}{2}\left[\left(W\left(e^{\frac{F_a - T^{St}}{F_a}}\right) - 1\right) - \omega_0 t\right]} \tag{4.138}$$

Mit der Bewegungsgleichung (4.126)

$$\ddot{\mathbf{x}}(t) = \frac{1}{m}\left(\mathbf{F}_a - c_k \mathbf{z}(t) - \beta_k \dot{\mathbf{z}}(t)\right) \tag{4.139}$$

folgt durch Einsetzen der Lösung (4.136) und (4.137):

$$\ddot{\mathbf{x}} = \frac{\mathbf{F}_a + \mathbf{T}_0}{m} \tag{4.140}$$

Mit $\ddot{\mathbf{x}} = \ddot{\mathbf{z}} + \ddot{\mathbf{w}}$ erhält man schließlich eine Lösung für $\ddot{\mathbf{w}}$:

$$\ddot{\mathbf{w}}(t) = \frac{\mathbf{F}_a + \mathbf{T}_0}{m} - \frac{1}{4m}\left(c_k \mathbf{x}_1(t_0^+) + \mathbf{T}_0\right) e^{\frac{1}{2}\left[\left(W\left(e^{\frac{F_a - T^{St}}{F_a}}\right) - 1\right) - \omega_0 t\right]} \tag{4.141}$$

Durch Einsetzen von t_0 aus (4.125) ist

$$\ddot{\mathbf{w}}(t_0^+) = \frac{\mathbf{F}_a + \mathbf{T}_0}{m} - \frac{1}{4m}\left(c_k \mathbf{x}_1(t_0^+) + \mathbf{T}_0\right) e^{W\left(e^{\frac{F_a - T^{St}}{F_a}}\right) - 1} \tag{4.142}$$

Mit diesem expliziten Ausdruck für die Relativbeschleunigung unmittelbar nach dem Losreißen lässt sich nun prüfen, ob die Relativbeschleunigung $\ddot{\mathbf{w}}$ der Reibkraft beim Losreißen entgegenzeigt, das heißt, ob die Gleitgeschwindigkeit $\dot{\mathbf{w}}$ sich in die gewünschte Richtung entwickelt.

Wegen der Definition von $\mathbf{T}_0$ in (4.134) und des Losreißkriteriums (4.123) gilt, dass der Betrag

$$\|\mathbf{T}_0\| = T^{St} \tag{4.143}$$

der Losreißgrenze entspricht und die Richtung von $\mathbf{T}_0$ ist wegen (4.122) die Richtung von $\mathbf{F}_a$:

$$\mathbf{T}_0 = -\frac{T^{St}}{\|\mathbf{F}_a\|}\mathbf{F}_a \tag{4.144}$$

Es ist zu zeigen, dass das Skalarprodukt

$$\ddot{\mathbf{w}}(t_0^+)^{\mathrm{T}}\mathbf{T}_0 \leq 0 \tag{4.145}$$

ist, das heißt die Relativbeschleunigung des Gleitens unmittelbar nach dem Losreißen $\ddot{\mathbf{w}}(t_0^+)$ der regularisierten Reibkraft entgegen zeigt. Durch Einsetzen der aus (4.134) und (4.127)–(4.132) erhaltenen Abkürzung

$$c_k \mathbf{x}_1(t_0^+) + \mathbf{T}_0 = -\beta_k \dot{\mathbf{x}}_1(t_0^+) \tag{4.146}$$

in (4.142) und weiter in (4.145) wird schließlich die Ungleichung

$$\ddot{\mathbf{w}}(t_0^+)^{\mathrm{T}} \mathbf{F}_a = \frac{\mathbf{F}_a^2}{m}\left(1 - \frac{T^{St}}{F_a}\right) + \frac{\beta_k \mathbf{F}_a^2}{4m^2} t_0 e^{2W\left(e^{\frac{F_a - T^{St}}{F_a}}\right)-2} \geq 0 \tag{4.147}$$

erhalten. Diese Ungleichung ist für alle Losreißkräfte

$$T^{St} \leq F_a \tag{4.148}$$

erfüllt. (4.148) stellt keine Einschränkung dar, schließlich wäre es andernfalls überhaupt nicht zu einer Losreißsituation gekommen. Damit ist gezeigt, dass unmittelbar nach dem Losreißen (wenn $\dot{\mathbf{w}}(t_0^+) = \mathbf{0}$) die regularisierte Reibkraft zunächst der Relativgeschleunigung $\ddot{\mathbf{w}}(t_0^+)$ entgegen zeigt, zu späteren Zeitpunkten $t > t_0$ (wenn $\dot{\mathbf{w}}(t > t_0) \neq \mathbf{0}$) zeigt sie ohnehin der Gleitgeschwindigkeit $\dot{\mathbf{w}}$ entgegen, wie bereits in (4.52) festgestellt wurde. Dies gilt insbesondere auch dann, wenn man von einem konstanten Reibkoeffizienten ausgeht, also keine Überhöhung der Haftgrenze gegenüber der Gleitreibung vorliegt. Numerische Probleme, wie ein "Losreißvorgang" begleitet von ständigen Wechseln zwischen Haften und Gleiten sind nicht zu erwarten.

Das Ergebnis lässt sich ohne weiteres auf einen flächigen Reibkontakt mit vielen Kontaktpunkten übertragen, so dass auch im Mehrkörpersystem keine numerischen Probleme beim Losreißen zu erwarten sind. Allerdings müssen die in diesem Abschnitt getätigten Annahmen beibehalten werden, etwa die hinreichend lange Dauer des Haftzustands vor dem Losreißen.

4.8. Zusammenbau des Systems

Ausgangspunkt der Kopplung von MKS und innerer Dynamik der Reibstellen ist die Bewegungsgleichung

$$\mathbf{M}\frac{d\mathbf{p}}{dt} + \boldsymbol{\Psi}_{,\mathbf{p}}^{\mathrm{T}} \boldsymbol{\lambda} - \mathbf{Q} = \mathbf{0} \tag{4.149}$$

mit

$$\frac{d\mathbf{q}}{dt} = \mathbf{h}(\mathbf{q}, \mathbf{p}, t) \tag{4.150}$$

und mit dem Vektor der holonomen[5] Zwangsbedingungen auf Lageebene

$$\mathbf{\Phi}(\mathbf{q}, t) = \mathbf{0}. \tag{4.151}$$

Gleichung (4.150) beschreibt als kinematische Differentialgleichung den Zusammenhang zwischen generalisierten Koordinaten $\mathbf{q}(t)$ und generalisierten Geschwindigkeiten $\mathbf{p}(t)$. Viele Autoren gehen davon aus, dass die Geschwindigkeiten die Zeitableitung der generalisierten Koordinaten sind, also $d\mathbf{q}/dt = \mathbf{p}$, siehe zum Beispiel [76, 150]. Dies ist jedoch nicht immer die geschickteste Wahl der verallgemeinerten Geschwindigkeiten. Lässt man auch *Linearkombinationen* der Zeitableitungen von generalisierten Koordinaten zu, ermöglicht dies bei manchen Systemen eine deutliche Reduktion der Größe der Bewegungsgleichungen, wie es in [121] demonstriert wurde. Um diesen potenziellen Geschwindigkeitsvorteil nicht von vornherein auszuschließen, sei $\mathbf{h}(\mathbf{q}, \mathbf{p}, t)$ in (4.150) linear in $\mathbf{p}$ und eine beliebige Funktion von $\mathbf{q}$ [92]:

$$\mathbf{h}(\mathbf{q}, \mathbf{p}, t) = \mathbf{K}(\mathbf{q}, t)\mathbf{p}(t) + \mathbf{l}(\mathbf{q}, t) \tag{4.152}$$

In der Bewegungsgleichung (4.149) ist $\mathbf{M}$ die Massenmatrix des Systems, $\mathbf{\Psi}_{,\mathbf{p}}^{\mathrm{T}}$ die JACOBI-Matrix der Zwangsbedingungen auf Geschwindigkeitesebene abgeleitet nach den generalisierten Geschwindigkeiten und $\boldsymbol{\lambda}$ der Vektor der LAGRANGEschen Multiplikatoren. Denn die Zwangsbedingungen (4.151) nach der Zeit abgeleitet sind

$$\frac{d\mathbf{\Phi}}{dt} = \frac{\partial \mathbf{\Phi}}{\partial \mathbf{q}}\frac{\partial \mathbf{q}}{\partial t} + \frac{\partial \mathbf{\Phi}}{\partial t} = \mathbf{0} \overset{(4.150)}{=} \mathbf{\Phi}_{,\mathbf{q}}\mathbf{h} + \mathbf{\Phi}_{,t} =: \mathbf{\Psi}(\mathbf{q}, \mathbf{p}, t). \tag{4.153}$$

Diese Gleichung lässt sich aufgrund der Linearitätsbeziehung (4.152) auch als

$$\mathbf{\Psi} = \mathbf{\Phi}_{,\mathbf{q}}\mathbf{K}\mathbf{p} + \mathbf{\Phi}_{,\mathbf{q}}\mathbf{l} + \mathbf{\Phi}_{,t} = \mathbf{\Psi}_{,\mathbf{p}}\mathbf{p} + \mathbf{c}(\mathbf{q}, t) = \mathbf{0} \tag{4.154}$$

mit

$$\mathbf{c}(\mathbf{q}, t) = \mathbf{\Phi}_{,\mathbf{q}}\mathbf{l} + \mathbf{\Phi}_{,t} \tag{4.155}$$

schreiben, die Zwangsbedingung auf Geschwindigkeitsebene ist also ebenfalls linear in $\mathbf{p}(t)$. Wegen

$$\mathbf{\Psi}(\mathbf{q}, \mathbf{p}, t) = \mathbf{0} \tag{4.156}$$

gilt auch für eine virtuelle Verschiebung $\delta\mathbf{p}$

$$\frac{\partial \mathbf{\Psi}}{\partial \mathbf{p}}\delta\mathbf{p} = \mathbf{0} = \mathbf{\Psi}_{,\mathbf{p}}\delta\mathbf{p} \tag{4.157}$$

[5] Der Zusammenbau des Systems gelingt analog für Systeme mit nichtholonomen Zwangsbedingungen. Allerdings wird auf den Einsatz eines DAE-Lösers im weiteren Verlauf dieser Arbeit verzichtet.

und somit für jeden Vektor der LAGRANGEschen Multiplikatoren $\boldsymbol{\lambda}$

$$\boldsymbol{\lambda}^{\mathrm{T}}\boldsymbol{\Psi}_{,\mathbf{p}}\delta\mathbf{p} = \mathbf{0}. \tag{4.158}$$

Aus dem Prinzip der virtuellen Arbeit für das MKS

$$\delta W = \delta\mathbf{p}^{\mathrm{T}}\left(\mathbf{M}\dot{\mathbf{p}} - \mathbf{Q}\right) = 0 \tag{4.159}$$

und Gleichung (4.158) ergibt sich eine gemeinsame Gleichung

$$\delta\mathbf{p}^{\mathrm{T}}\left(\mathbf{M}\dot{\mathbf{p}} + \boldsymbol{\Psi}_{,\mathbf{p}}^{\mathrm{T}}\boldsymbol{\lambda} - \mathbf{Q}\right) = 0, \tag{4.160}$$

die sich erst nach einer Aufteilung von $\delta\mathbf{p}$ in abhängige und unabhängige Geschwindigkeiten als Bewegungsgleichung (4.149) schreiben lässt (eine Herleitung ist in [151] gegeben).

Die Gleichungen (4.149), (4.151) und (4.150) bilden ein differential-algebraisches Gleichungssystem (DAE). Bei der üblichen *Indexreduktion* zur Umwandlung in ein System von gewöhnlichen Differentialgleichungen (ODE) wird die Zwangsbedingung (4.151) zweimal nach der Zeit abgeleitet, aus (4.154) wird also durch erneutes Ableiten:

$$\frac{d\boldsymbol{\Psi}}{dt} = \frac{d}{dt}\left(\boldsymbol{\Phi}_{,\mathbf{q}}\mathbf{K}\mathbf{p} + \mathbf{c}\right) = \boldsymbol{\Phi}_{,\mathbf{q}}\mathbf{K}\dot{\mathbf{p}} + \frac{d\left(\boldsymbol{\Phi}_{,\mathbf{q}}\mathbf{K}\right)}{dt}\mathbf{p} + \mathbf{c}_{,\mathbf{q}}\mathbf{h} + \mathbf{c}_{,t} = \mathbf{0} =: \boldsymbol{\chi}(\dot{\mathbf{p}},\mathbf{q},\mathbf{p},t) \tag{4.161}$$

Berücksichtigt man die Argumente von $\boldsymbol{\Phi}(\mathbf{q},t)$, $\mathbf{K}(\mathbf{q},t)$, $\mathbf{c}(\mathbf{q},t)$ und $\mathbf{h}(\mathbf{q},\mathbf{p},t)$, so wird in Gleichung (4.161) deutlich, dass die Zwangsbedingung auf Beschleunigungsebene $\boldsymbol{\chi}$ linear von den Beschleunigungen $\dot{\mathbf{p}}(t)$ abhängt:

$$\boldsymbol{\Phi}_{,\mathbf{q}}\mathbf{K}\dot{\mathbf{p}} = \mathbf{e}(\mathbf{q},\mathbf{p},t), \quad \mathbf{e} = -\frac{d\left(\boldsymbol{\Phi}_{,\mathbf{q}}\mathbf{K}\right)}{dt}\mathbf{p} - \mathbf{c}_{,\mathbf{q}}\mathbf{h} - \mathbf{c}_{,t} \tag{4.162}$$

Aus (4.154) gilt $\boldsymbol{\Phi}_{,\mathbf{q}}\mathbf{K} = \boldsymbol{\Psi}_{,\mathbf{p}}$, so dass das gewöhnliche Differentialgleichungssystem aus Bewegungsgleichung (4.149) und Zwangsbedingung auf Beschleunigungsebene (4.162) üblicherweise in matrizieller Form

$$\begin{pmatrix} \mathbf{M} & \mathbf{0} & \boldsymbol{\Psi}_{,\mathbf{p}}^{\mathrm{T}} \\ \mathbf{0} & \mathbf{1} & \mathbf{0} \\ \boldsymbol{\Psi}_{,\mathbf{p}} & \mathbf{0} & \mathbf{0} \end{pmatrix}\begin{pmatrix} \dot{\mathbf{p}} \\ \dot{\mathbf{q}} \\ \boldsymbol{\lambda} \end{pmatrix} = \begin{pmatrix} \mathbf{Q} \\ \mathbf{h} \\ \mathbf{e} \end{pmatrix} \tag{4.163}$$

geschrieben wird. Damit ist die Indexreduktion abgeschlossen, aber bei der numerischen Integration von (4.163) ensteht folgendes Problem. Anstelle der ursprünglichen Zwangsbedingung auf Lageebene (4.151) wird jetzt

$$\ddot{\boldsymbol{\Phi}}(\dot{\mathbf{p}},\mathbf{q},\mathbf{p},t) = \mathbf{0} \tag{4.164}$$

eingehalten. Gleichung (4.164) hat den doppelten Eigenwert Null. Die Stabilitätstheorie besagt, dass die triviale Lösung von (4.164)

$$\dot{\mathbf{\Phi}} = \mathbf{0}, \quad \mathbf{\Phi} = \mathbf{0} \tag{4.165}$$

zwar *stabil*, aber nicht *asymptotisch stabil* ist. Somit klingen kleine Störungen der Grundlösung (4.165), wie sie jedem numerischen Approximationsverfahren inherent sind, weder auf noch ab sondern bleiben erhalten. Es kommt zur numerischen *Drift*, die Zwangsbedingung $\mathbf{\Phi} = \mathbf{0}$ wird mit andauernder Integration zunehmend ungenau eingehalten. Zur Vermeidung der *Drift* wurden und werden numerische Stabilisierungsverfahren entwickelt, hier soll mit der Methode von BAUMGARTE [9] das älteste Stabilisierungsverfahren verwendet werden. Dieses Verfahren sieht vor, anstelle von (4.164) die Gleichung

$$\ddot{\mathbf{\Phi}}(\dot{\mathbf{p}}, \mathbf{q}, \mathbf{p}, t) + 2\alpha_0 \dot{\mathbf{\Phi}}(\mathbf{p}, \mathbf{q}, t) + \beta_0^2 \mathbf{\Phi}(\mathbf{q}, t) = \mathbf{0} \tag{4.166}$$

(Abklingkoeffizient $\alpha_0 > 0$, Eigenkreisfrequenz $\beta_0 > 0$) zu benutzen. Damit ist die Ruhelage (4.165) jetzt *global asymptotisch stabil*, denn der zu (4.166) gehörige Eigenwert hat für positive Dämpfung α_0 stets negativen Realteil. Zwangsläufig auftretende kleine Abweichungen von den Zwangsbedingungen (4.165) werden durch die Stabilität von (4.166) wieder verschwinden. Die beiden BAUMGARTE-Parameter α_0 und β_0 müssen als Nachteil des Verfahrens vom Benutzer gewählt werden. Eine ungeeignete Wahl kann zweierlei Probleme mit sich bringen: Bei jeweils zu niedrig gewählten Parametern α_0 und β_0 können Störungen der Zwangsbedingung zu lange erhalten bleiben und bei zu hoch gewählten Parametern wird das System zusätzlich steif. Die Frage nach dem optimalen Stabilisierungsverfahren für die hier betrachtete Klasse von Systemen wird im Rahmen dieser Arbeit nicht weiter verfolgt. Als nächster Schritt wird die Kopplung von MKS und Reibsystem fertiggestellt. Durch Einsetzen von $\ddot{\mathbf{\Phi}} = \boldsymbol{\chi}$ aus (4.161) und $\dot{\mathbf{\Phi}} = \mathbf{\Psi}$ aus (4.154) in (4.166) ergibt sich eine Gleichung analog zu (4.162):

$$\mathbf{\Psi}_{,\mathbf{p}} \dot{\mathbf{p}} = \mathbf{E}(\mathbf{q}, \mathbf{p}, t) \tag{4.167}$$

mit

$$\mathbf{E} = -\frac{d\left(\mathbf{\Phi}_{,\mathbf{q}}\mathbf{K}\right)}{dt}\mathbf{p} - \mathbf{c}_{,\mathbf{q}}\mathbf{h} - \mathbf{c}_{,t} - 2\alpha_0\left(\mathbf{\Phi}_{,\mathbf{q}}\mathbf{K}\mathbf{p} + \mathbf{\Phi}_{,\mathbf{q}}\mathbf{l} + \mathbf{\Phi}_{,t}\right) - \beta_0^2\mathbf{\Phi} \tag{4.168}$$

und aus (4.163) wird

$$\begin{pmatrix} \mathbf{M} & \mathbf{0} & \mathbf{\Psi}_{,\mathbf{p}}^{\mathrm{T}} \\ \mathbf{0} & \mathbf{1} & \mathbf{0} \\ \mathbf{\Psi}_{,\mathbf{p}} & \mathbf{0} & \mathbf{0} \end{pmatrix} \begin{pmatrix} \dot{\mathbf{p}} \\ \dot{\mathbf{q}} \\ \boldsymbol{\lambda} \end{pmatrix} = \begin{pmatrix} \mathbf{Q} \\ \mathbf{h} \\ \mathbf{E} \end{pmatrix} \tag{4.169}$$

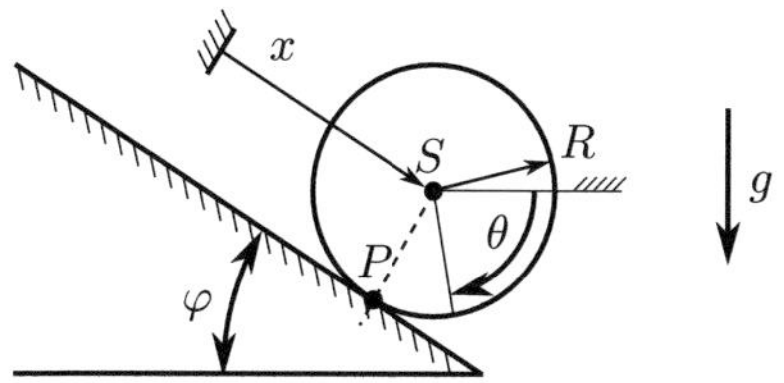

Abbildung 4.11.: Herabrollende Scheibe

Die rechte Seite $\mathbf{Q}$ der Bewegungsgleichung enthält neben den üblichen äußeren Kraftwirkungen und quadratischen Geschwindigkeitstermen (Fliehkräfte und Corioliskräfte) jetzt die Kontaktkräfte $\vec{F}_i = \vec{N}_i + \vec{T}_i$. Dabei wurde die Bewegungsgleichung vereinbarungsgemäß so erzeugt, dass alle Kontaktkräfte im Bezugssystem $\mathcal{K}_s(i)$ des zum i-ten Kontaktpunkt zugehörigen Slave-Körpers angegeben sind:

$$\mathbf{Q} = \mathbf{Q}((\mathbf{F}_i)_{\mathcal{K}_s(i)}), \quad i = 1 \ldots n \tag{4.170}$$

Ein vollständiger Satz dynamischer Gleichungen für das gekoppelte System ist mit

$$\begin{pmatrix} \mathbf{M} & \mathbf{0} & \mathbf{0} & \mathbf{0} & \mathbf{\Psi}_{,\mathbf{p}}^{\mathrm{T}} \\ \mathbf{0} & \mathbf{1} & \mathbf{0} & \mathbf{0} & \mathbf{0} \\ \mathbf{0} & \mathbf{0} & \mathbf{1} & \mathbf{0} & \mathbf{0} \\ \mathbf{0} & \mathbf{0} & \mathbf{0} & \mathbf{1} & \mathbf{0} \\ \mathbf{\Psi}_{,\mathbf{p}} & \mathbf{0} & \mathbf{0} & \mathbf{0} & \mathbf{0} \end{pmatrix} \begin{pmatrix} \dot{\mathbf{p}} \\ \dot{\mathbf{z}} \\ \dot{\mathbf{u}} \\ \dot{\mathbf{q}} \\ \boldsymbol{\lambda} \end{pmatrix} = \begin{pmatrix} \mathbf{Q} \\ \mathbf{Z} \\ \mathbf{U} \\ \mathbf{h} \\ \mathbf{E} \end{pmatrix} \tag{4.171}$$

gegeben.

Bemerkung: *Anwendung auf Rollkontakte*

Die *Rollreibung* ist eine besondere Form der Reibung und bildet keinen Schwerpunkt dieser Arbeit. Dass sich die Regularisierung des Haftzustandes mit Federn und Dämpfern dennoch für Rollprobleme verwenden lässt, sei anhand des einfachen Beispiels des eine schiefe Ebene herabrollenden starren Kreisrings illustriert (eine klassische Aufgabe, siehe z.B. [70]; Abbildung 4.11). Findet Rollen ohne Gleiten statt und wird nur eine ebene Bewegung betrachtet, handelt es sich um ein holonomes System [150]. Der Kreisring habe die Masse m und das Massenträgheitsmoment mR^2, wobei mit R der Radius des Rings bezeichnet sei. Der Ring rolle unter dem Einfluss der Fallbeschleunigung g die schiefe Ebene mit Neigungswinkel φ herab.

Zunächst wird eine starre Formulierung der Bewegungsgleichung mittels der LAGRANGEschen Multiplikatorenmethode betrachtet

[150]. Die generalisierten Koordinaten x und θ (Abbildung 4.11) sind dabei über die Zwangsbedingung

$$dx - Rd\theta = 0 \tag{4.172}$$

miteinander verbunden. Die Zwangsbedingung auf Geschwindigkeitsebene lautet also

$$\Psi = \dot{x} - R\dot{\theta} = 0 \tag{4.173}$$

und

$$\chi = \ddot{x} - R\ddot{\theta} = 0 \tag{4.174}$$

auf Beschleunigungsebene. Damit lässt sich die Bewegungsgleichung in der Form

$$\begin{pmatrix} m & 0 & 1 \\ 0 & mR^2 & -R \\ 1 & -R & 0 \end{pmatrix} \begin{pmatrix} \ddot{x} \\ \ddot{\theta} \\ \lambda \end{pmatrix} = \begin{pmatrix} mg\sin\varphi \\ 0 \\ 0 \end{pmatrix} \tag{4.175}$$

bzw.

$$\begin{pmatrix} \mathbf{M} & \boldsymbol{\Psi}_{,\mathbf{p}}^{\mathrm{T}} \\ \boldsymbol{\Psi}_{,\mathbf{p}} & 0 \end{pmatrix} \begin{pmatrix} \dot{\mathbf{p}} \\ \lambda \end{pmatrix} = \begin{pmatrix} \mathbf{Q} \\ 0 \end{pmatrix}, \tag{4.176}$$

mit

$$\mathbf{M} = \begin{pmatrix} m & 0 \\ 0 & mR^2 \end{pmatrix}, \quad \boldsymbol{\Psi}_{,\mathbf{p}}^{\mathrm{T}} = \begin{pmatrix} 1 \\ -R \end{pmatrix}, \quad \mathbf{p} = \begin{pmatrix} \dot{x} \\ \dot{\theta} \end{pmatrix}, \quad \mathbf{Q} = \begin{pmatrix} mg\sin\varphi \\ 0 \end{pmatrix} \tag{4.177}$$

darstellen. Der LAGRANGEsche Multiplikator λ wurde eingeführt, um die einzige Zwangsbedingung zu erfüllen. Das Gleichungssystem (4.175) lässt sich nach $\ddot{x}$, $\ddot{\theta}$ und λ auflösen. Insbesondere erhält man für den Multiplikator

$$\lambda = \frac{1}{2} mg\sin\varphi. \tag{4.178}$$

Damit lassen sich Zwangskraft und -Moment gemäß (4.160) ausrechnen:

$$\boldsymbol{\Psi}_{,\mathbf{p}}^{\mathrm{T}}\lambda = \begin{pmatrix} \frac{1}{2} mg\sin\varphi \\ -\frac{1}{2} mgR\sin\varphi \end{pmatrix} \tag{4.179}$$

Die tangentiale Haftreibkraft ist demnach

$$T = \frac{1}{2} mg\sin\varphi. \tag{4.180}$$

Als nächstes sei eine Regularisierung der Zwangsbedingung mit tangentialer Elastizität betrachtet. Im Gegensatz zur bisher betrachteten Klasse von Systemen ist jetzt der momentane Kontaktpunkt P (Abbildung 4.11) weder körperfest auf Master noch auf Slave. Es bietet sich aber die Möglichkeit, ein Kontaktmodul vom Typ Ebene-Ebene aus Kapitel 3 durch kinematische Funktionen in Abhängigkeit der Koordinaten x und θ so auf dem Ring zu führen, dass es sich immer im momentanen Kontaktpunkt P befindet. Dabei ist der Kontaktrand Master die schiefe Ebene des Keils und körperfest, während die Diskretisierung von Slave kinematisch auf dem Ring geführt wird, so dass der Kontaktpunkt sich in P befindet. Beim starren Ring als ebenes System wird eine Diskretisierung von Slave mit nur einem Kontaktpunkt gewählt, während man sich bei einem Zylinder, der die Ebene herabrollt, eine Diskretisierung mit mehreren Kontaktpunkten entlang der Kontaktlinie senkrecht zur Zeichnungsebene von Abb. 4.11 vorstellt. Zu zeigen ist, ob die so erhaltene Bewegung mit der Bewegung aus der starren Formulierung übereinstimmt.

Man kann die Relativgeschwindigkeit im Kontaktpunkt nun aus dem Ausdruck (3.41) aus Kapitel 3 unter Berücksichtigung entsprechender kinematischer Führungen von Slave oder einfacher aus der Grundgleichung der Kinematik (3.31) zu

$$\dot{x} - R\dot{\theta} \tag{4.181}$$

erhalten. Im Gegensatz zum starren Modell gilt jetzt nicht (4.173), stattdessen entspricht die Relativgeschwindigkeit im Haftzustand der elastischen Verformungsgeschwindigkeit und sei in Analogie zu (4.114) mit

$$\dot{z} = \dot{x} - R\dot{\theta} \tag{4.182}$$

bezeichnet. Mit den Abkürzungen $v = \dot{x}$ und $\omega = \dot{\theta}$ schreibt sich die Bewegungsgleichung für das regularisierte Modell

$$\dot{\mathbf{y}}(t) := \begin{pmatrix} \dot{v} \\ \dot{\omega} \\ \dot{x} \\ \dot{\theta} \\ \dot{z} \end{pmatrix} = \begin{pmatrix} g\sin\varphi - \frac{T}{m} \\ \frac{T}{mR} \\ v \\ \omega \\ v - \omega R \end{pmatrix} =: \mathbf{f}(v, \omega, x, \theta, z) = \mathbf{f}(\mathbf{y}) \tag{4.183}$$

als gewöhnliche DGL erster Ordnung. Mit T ist jetzt die skalare regularisierte Reibkraft

$$T = c(z_p + z) + \beta\dot{z} = c(z_p + z) + \beta(v - \omega R) \tag{4.184}$$

(tangentiale Steifigkeit c, Dämpfungskoeffizient β, Federvorspannung z_p) bezeichnet. Löst man das Anfangswertproblem für die natürlichen Anfangsbedingungen

$$v(0) = 0, \quad \omega(0) = 0, \quad x(0) = 0, \quad \theta(0) = 0, \quad z(0) = 0 \tag{4.185}$$

mit dem impliziten EULER-Verfahren

$$\mathbf{y}_{k+1} = \mathbf{y}_k + h\mathbf{f}(\mathbf{y}_{k+1}) \tag{4.186}$$

(Schrittweite h), so ergibt sich mit $\mathbf{y}_0 = \mathbf{0}$ aus (4.185) im ersten Integrationsschritt das lineare Gleichungssystem

$$\begin{pmatrix} 1+\frac{h\beta}{m} & -\frac{h\beta R}{m} & 0 & 0 & \frac{hc}{m} \\ -\frac{h\beta}{mR} & 1+\frac{h\beta}{m} & 0 & 0 & -\frac{hc}{mR} \\ -h & 0 & 1 & 0 & 0 \\ 0 & -h & 0 & 1 & 0 \\ -h & hr & 0 & 0 & 1 \end{pmatrix} \mathbf{y}_1 = \begin{pmatrix} h\left(g\sin\varphi - \frac{cz_p}{m}\right) \\ \frac{hcz_p}{mR} \\ 0 \\ 0 \\ 0 \end{pmatrix} \tag{4.187}$$

mit der Lösung:

$$\mathbf{y}_1 = \frac{hg\sin\varphi}{2h^2c + 2h\beta + m} \begin{pmatrix} m - \frac{cz_p}{g\sin\varphi} + h\beta + h^2c \\ \frac{1}{R}\left(h\beta + h^2c + \frac{cz_p}{g\sin\varphi}\right) \\ h\left(m - \frac{cz_p}{g\sin\varphi} + h\beta + h^2c\right) \\ \frac{h}{R}\left(h\beta + h^2c + \frac{cz_p}{g\sin\varphi}\right) \\ h\left(m - \frac{2cz_p}{g\sin\varphi}\right) \end{pmatrix} \tag{4.188}$$

Bildet man die Relativgeschwindigkeit mit $\mathbf{y}_1 = [v_1, \omega_1, x_1, \theta_1, z_1]^{\mathrm{T}}$ gemäß (4.182), so ergibt sich

$$\dot{z}_1 = v_1 - R\omega_1 = hz_1 = \frac{h^2\left(mg\sin\varphi - 2cz_p\right)}{2h^2c + 2h\beta + m} \tag{4.189}$$

Wählt man auf der rechten Seite von (4.189) die Federvorspannung z_p so, dass die regularisierte Reibkraft (4.184) der aus starrer Modellierung bekannten Zwangskraft (4.180) entspricht, also

$$z_p = \frac{1}{2c} mg\sin\varphi, \tag{4.190}$$

so erhält man sofort das gewünschte Ergebnis $\dot{z}_1 = 0$ (die Zwangsbedingung ist nach dem ersten Integrationsschritt erfüllt). Dieses Ergebnis ist jedoch trivial, da ja gerade die Zwangskraft eingesetzt wurde: es überrascht nicht, dass diese die Zwangsbedingung erfüllt. Interessanter ist die Frage, wie sich $\dot{z}_1$ für andere Federvorspannungen z_p darstellt. Dazu werden zwei Fälle unterschieden:

- Die regularisierte Haftreibkraft (4.184) ist zu Beginn unendlich groß, das heißt $z_p \neq 0$, $c \to \infty$. Dann ist die Relativgeschwindigkeit im Kontaktpunkt mit

$$\lim_{c \to \infty} (\dot{z}_1) = -\frac{z_p}{h} \neq 0 \tag{4.191}$$

gegeben, das heißt es liegt eine Bindungsverletzung vor.

- Die regularisierte Haftreibkraft ist zu Beginn endlich, das heißt aus $c \to \infty$ folgt zwingend $z_p = 0$. Dann ist

$$\lim_{c \to \infty} (\dot{z}_1(z_p = 0)) = 0. \tag{4.192}$$

Die Vorspannung $z_p = 0$ ist auch intuitiv zu begründen: Da die Vorgeschichte des Reibkontaktes vor dem Startzeitpunkt $t = 0$ unbekannt ist, muss gemäß der Argumentation in Abschnitt 4.6.3 ohnehin $z_p = 0$ gewählt werden. Im Grenzfall $c \to \infty$ liegt jetzt also keine Bindungsverletzung vor.

Insbesondere wird für den Parameter $z_p = 0$ aus der gesamten Lösung $\mathbf{y}_1$ im Grenzfall

$$\lim_{c \to \infty} (\mathbf{y}_1(z_p = 0)) = \frac{1}{2} h g \sin\varphi \begin{pmatrix} 1 \\ \frac{1}{R} \\ h \\ \frac{h}{R} \\ 0 \end{pmatrix}. \tag{4.193}$$

Dieselbe Lösung erhält man, wenn man mit dem impliziten EULER-Verfahren den ersten Integrationsschritt für das starre Modell (4.175) ausführt. Diese Beobachtung lässt sich für weitere Integrationsschritte fortsetzen, so dass folgende Feststellung bleibt: *Das implizite* EULER-*Verfahren liefert im starren und regularisierten Modell des herabrollenden Rings identische Ergebnisse, wenn man im regularisierten Modell die Vorspannung $z_p = 0$ wählt und den Grenzfall $c \to \infty$ betrachtet.*

Es besteht die Hoffnung, dass dieses Konvergenzverhalten auch für den allgemeineren Fall der räumlichen Rollbewegung gilt. Dann ist die Zwangsbedingung jedoch nichtholonom. Ein allgemeiner Konvergenzbeweis der Regularisierung im Falle nichtholonomer Bindungen wird innerhalb dieser Arbeit nicht angestrebt. *Ende der Bemerkung.*

5. Numerische Lösung der unstetigen Differentialgleichungen

5.1. Zusammenfassung

Die beiden maßgeblichen Ziele beim Entwurf eines geeigneten Integrationsverfahrens für das Modell aus dem vorigen Kapitel sind numerische Robustheit und rechnerische Effizienz. Letztere Motivation und weitere, welche im nachfolgenden Abschnitt 5.2 erläutert werden, lassen die eher philosophische Entscheidung über die Integrationsstrategie zugunsten von ereignisgesteuerten Verfahren ausgehen.

Die Robustheit ist ein in der Literatur häufig zitiertes Manko von ereignisgesteuerter Integration, siehe zum Beispiel [19]. Um dennoch Robustheit zu erlangen, werden in diesem Kapitel hauptsächlich zwei Erkenntnisse umgesetzt: Die zunächst übertrieben formal erscheinende Beschreibungssprache der Petri-Netze bieten den benötigten mathematischen Überbau bei der Transskription des Modells in einen Computer-Algorithmus. Wichtigster Nutzen der Anwendung von Petri-Netzen ist ein Ergebnis über die Berechenbarkeit: Das Integrationsverfahren wird niemals aufgrund von Ereignissen abbrechen, auch wenn beliebig viele davon während der Simulation auftreten. Schlimmstenfalls wird die Rechenzeit stark ansteigen. Ebenfalls mittels der Petri-Netze veranschaulicht und vereinfacht, werden alle benötigten Funktionen zur Überwachung von Ereignissen identifiziert und angegeben, die direkt in eine Simulationssoftware implementiert werden können.

Zweite maßgebliche Erkenntnis ist: Entgegen der üblichen Definition einer Nullstelle in bekannten Verfahren zum Auffinden derselben, muss im vorliegenden Modell ein Verweilen des Systems auf einer Nullstelle ausdrücklich erlaubt sein. Damit ist die verbreitete Interpretation eines Ereignisses als echter Vorzeichenwechsel einer Ereignisfunktion von positiv nach negativ oder umgekehrt nicht mehr haltbar. Eine leicht modifizierte Auffassung von einem Ereignis wird vorgeschlagen und ein numerisches Verfahren zum Auffinden dieser Ereignisse wird skizziert.

Das Kapitel endet mit Empfehlungen zur Wahl der Regularisierungsparameter, die als Folge der Methode in Kauf genommen werden müssen. Da sich explizite Grenzen angeben lassen, innerhalb derer die Regularisierung verlässlich funktioniert, scheint der Preis für die wenigen zusätzlichen Parameter nicht sonderlich hoch.

5.2. Integrationsstrategie

Die Fallunterscheidungen der rechten Seiten in der Normalkraft $\mathbf{N}_i$ (4.75), dem normalen Freiheitsgrad für offene Kontakte u_i (4.79), der Tangentialkraft $\mathbf{T}_i$ (4.111) und der Gleichung der tangentialen Freiheitsgrade $\mathbf{z}_i$ (4.114) führen in (4.171) auf ein System von Differentialgleichungen mit unstetiger rechter Seite. Zur Lösung dieser Systeme wurden *ereignisbasierte Verfahren* entwickelt [111], welche den Zeitpunkt der Unstetigkeit als *Ereignis* möglichst genau aufspüren, dort die Integration anhalten, eine Umformulierung des Gleichungssystems erlauben, und einen Neustart der Integration mit modifiziertem Gleichungssystem vorsehen.

Ereignisbasierte Strategien haben den Nachteil, dass eine zu hohe Anzahl von Ereignissen ein zügiges Voranschreiten der Zeitintegration verhindert. Dies ist auch der in der Literatur zumeist genannte Kritikpunkt (vergleiche [19]). Als Alternative bieten sich Zeitschrittverfahren (*time stepping*) an, die keine genaue zeitliche Auflösung der Ereignisse bieten, dafür aber das Voranschreiten der Lösung vom Schritt m zu $m+1$ mit fester Schrittweite garantieren. Nachteile der Zeitschrittverfahren sind ihre geringe Konvergenzordnung und schlechte Abschätzbarkeit des Fehlers [19].

Als Voraussetzung für den Einsatz einer ereignisbasierten Verfahrens wird häufig ein vereinzeltes Auftreten der Ereignisse entlang der Zeitachse diskutiert [152]. Bei der vorliegenden Klasse von Antriebssystemen kann dies nicht angenommen werden, im Gegenteil: Schon mit wenigen Kontaktschnittstellen im MKS, die jeweils mit einigen Kontaktpunkten diskretisiert sind, werden zeitlich sehr nah oder sogar zeitgleich auftretende Ereignisse wahrscheinlich. Dies liegt nicht zuletzt an der räumlichen Nähe benachbarter Kontaktpunkte aus einem Kontaktrand.

Beabsichtigt man den Einsatz eines numerischen Verfahrens in der *nichtlinearen Dynamik*, das heißt will man unübersichtliche Topologien des Lösungsraumes wie Fixpunkte, periodische Orbits und deterministisches Chaos untersuchen, ist der Vorteil einer ereignisbasierten Strategie von Belang: Zwischen zwei Ergnissen liegt ein Anfangswertproblem mit gewöhnlicher stetiger Differentialgleichung vor, zu deren Lösung zahlreiche Verfahren mit kontrollierbarer Genauigkeit existieren [71, 72]. Hohe Genauigkeiten sind notwendig, wenn Lösungen sensitiv auf kleine Störungen von Anfangsbedingungen oder Parametern reagieren. Mit diesem Argument wird im Folgenden nur ein ereignisbasiertes Verfahren verwendet. Fragestellungen bezüglich Eindeutigkeit der Lösung und Korrektheit der Problemstellung werden weiter unten im Kapitel diskutiert.

Dem ebenfalls verbreiteten Einwand, ereignisbasierte Verfahren seien wegen des Rechenaufwandes zur Umformulierung der Gleichungen an Ereigniszeitpunkten langsam [19], kann man begegnen: Dazu müssen nur die Unstetigkeiten aus den genannten Quellen *bereits vor der Numeriksimulation*, also zum Zeitpunkt der Gleichungserzeugung, berücksichtig werden. Unstetigkeiten der Art

$$\sigma = \begin{cases} 0, & s_i = \dots \\ 1, & \text{sonst} \end{cases} \tag{5.1}$$

finden sich dann im Computercode des Gleichungssystems als `if-then-else`-Verzweigungen wieder, welche alleine den Rechenaufwand nur geringfügig erhöhen. Der Zuwachs des Rechenaufwandes gegenüber einen glatten DGL ohne Ereignisdetektion entspringt dann zum überwiegenden Teil der Notwendigkeit, die Ereigniszeitpunkte möglichst genau auch zwischen zwei Schritten m und $m+1$ festzustellen, was üblicherweise mit einem iterativen Verfahren bewerkstelligt wird.

Es ist zweckmäßig, die Bedingungen einer Verzweigung (5.1) mithilfe von *diskreten Zustandsvariablen* zu formulieren. Da die Fallunterscheidungen von (4.75) bis (4.114) stets für einen Kontaktpunkt i aufgestellt wurden, wird jetzt für jeden Kontaktpunkt die diskrete Variable s_i zur Unterscheidung seines Haft- / Gleit- oder sonstigen Zustandes eingeführt. Anstelle von (4.171) wird also das Gleichungssystem

$$\begin{pmatrix} \mathbf{M} & \mathbf{0} & \mathbf{0} & \mathbf{0} & \boldsymbol{\Psi}^{\mathrm{T}}_{,\mathbf{p}} \\ \mathbf{0} & \mathbf{1} & \mathbf{0} & \mathbf{0} & \mathbf{0} \\ \mathbf{0} & \mathbf{0} & \mathbf{1} & \mathbf{0} & \mathbf{0} \\ \mathbf{0} & \mathbf{0} & \mathbf{0} & \mathbf{1} & \mathbf{0} \\ \boldsymbol{\Psi}_{,\mathbf{p}} & \mathbf{0} & \mathbf{0} & \mathbf{0} & \mathbf{0} \end{pmatrix} \begin{pmatrix} \dot{\mathbf{p}} \\ \dot{\mathbf{z}} \\ \dot{\mathbf{u}} \\ \dot{\mathbf{q}} \\ \boldsymbol{\lambda} \end{pmatrix} = \begin{pmatrix} \mathbf{Q}(\mathbf{q},\mathbf{p},\mathbf{z},\mathbf{s},t) \\ \mathbf{Z}(\mathbf{q},\mathbf{p},\mathbf{z},\mathbf{s},t) \\ \mathbf{U}(\mathbf{u},\mathbf{s},t) \\ \mathbf{h}(\mathbf{q},\mathbf{p},t) \\ \mathbf{E}(\mathbf{q},\mathbf{p},t) \end{pmatrix} \tag{5.2}$$

gelöst, wobei mit $\mathbf{s} = [s_1, \dots, s_i, \dots, s_n]^{\mathrm{T}}$ die Spaltenmatrix aller diskreten Zustandsvariablen im System gemeint ist. Wechsel der Werte von s_i werden als Vorzeichenwechsel einzelner Komponenten der *Ereignisfunktion*

$$\boldsymbol{\Gamma}(\mathbf{q},\mathbf{p},\mathbf{z},\mathbf{s},t) = \mathbf{0} \tag{5.3}$$

mit

$$\boldsymbol{\Gamma} = \begin{pmatrix} \gamma_1 \\ \vdots \\ \gamma_i \\ \vdots \\ \gamma_n \end{pmatrix}, \quad \gamma_i = \begin{pmatrix} \gamma_{i1} \\ \gamma_{i2} \\ \gamma_{i3} \end{pmatrix} \tag{5.4}$$

erfasst. Wurde ein solcher Vorzeichenwechsel für eine zum Kontaktpunkt i zugehörige Komponente γ_{ij}, $j \in \{1, 2, 3\}$ detektiert, muss s_i umgeschaltet werden. Allgemein sind auch die Anfangsbedingung des nächsten Integrationsintervalls und Parameter des Systems vom Umschalten des diskreten Zustands betroffen.

Das Umschalten soll einem *Automaten* überlassen werden, der im Folgenden beschrieben wird. Aus Sicht dieses informationsverarbeitenden Systems sind die Ereignisse *Inputs* und die getroffene Entscheidung über den neuen Zustand von s_i ein *Output*. Obwohl das numerische Lösen einer Differentialgleichung deterministisch vonstatten geht, treten die Ereignisse aus Sicht des Automaten "irgendwann" auf, insbesondere ist nicht bekannt, ob Ereignisse gleichzeitig (parallel) oder zeitversetzt (sequenziell) auftreten. Zur Darstellung und Analyse der kausalen Abhängigkeiten oder Unabhängigkeiten zwischen einer Menge von Ereignissen in solch *nebenläufigen* Prozessen hat sich das formale Beschreibungsmodell des *Petri-Netzes* etabliert. Die nachfolgenden Abschnitte verwenden die theoretischen Erkenntnisse, die Notation sowie die – oftmals englischsprachig gefärbten – Fachbegriffe aus dem Lehrbuch [143].

5.3. Ereignisgesteuerte Integration mit vier Zuständen

In Abschnitt 4.6 wurde erläutert, dass eine Unterscheidung der Zustände *Gleiten* und *ausgeprägtes Gleiten* nicht nur Rechenaufwand spart, sondern auch als Modellverfeinerung im Hinblick auf eine Annäherung an klassische Reibgesetze verstanden werden kann. Aus diesem Grund wird eine numerische Umsetzung mit den drei Reibzuständen *Haften*, *Gleiten* und *inaktiv* übersprungen. Stattdessen wird sofort das Modell aus 4.6 mit der zusätzlichen Unterscheidung der zwei Gleitzustände betrachtet. Es ergibt sich somit ein Modell mit insgesamt vier diskreten Zuständen einer Reibstelle.

5.3.1. Entwurf eines ersten Petri-Netzes für die Wechsel der Kontaktzustände

Es werden also formal jetzt vier Zustände der diskreten Variablen $s_i \in \Sigma = \{H, G, A, \#\}$ unterschieden:

H Der Zustand H heißt *Haften*, die regularisierte Reibkraft wird nach (4.24) aus Feder- und Dämpferkraft bestimmt.

G Dieser Zustand wird *Gleiten mit plastischer Deformation* genannt: Die Berechnung der internen tangentialen Freiheitsgrade $\mathbf{z}_i$ wird nach (4.114) mitgeführt. Der Einfachheit halber wird dieser Zustand auch mit *Gleiten* benannt.

A *Ausgeprägtes Gleiten*: Aufgrund des geringen Beitrages der internen Reibfreiheitsgrade zur Reibkraft wird der Rechenaufwand für (4.114) gespart und stattdessen COULOMBsches Gleiten verwendet.

$\#$ *Inaktiv (kein Kontakt)*: Weder Normal- noch Reibkräfte werden übertragen.

Für diese vier Zustände der diskreten Variable s_i werden im Petri-Netz vier *Places* eingeführt, die mit den Buchstaben aus dem Alphabet $\Sigma = \{H, G, A, \#\}$ beschriftet werden. Somit ist ein Speicherplatz für s_i geschaffen. Zusätzlich zur Beschriftung werden in den graphischen Darstellungen der Petri-Netze die Places farblich kodiert, und zwar rot für Haften H, gelb für Gleiten G, grün für ausgeprägtes Gleiten A und grau für den inaktiven Kontakt $\#$. Die farbliche Kodierung dient nur der Lesbarkeit der Petri-Netze und hat keine weitere Bedeutung. Ebenso sollen analog zu den vier Zuständen vier *Transitionen* existieren, und zwar

t^H Die Transition welche in den Zustand *Haften* überführt.

t^G Die Transition *nach Gleiten.*

t^A Die Transition führt in den Zustand *Ausgeprägtes Gleiten.*

$t^\#$ Die Transition deaktiviert den Kontaktpunkt.

Es ist naheliegend zu fordern, dass aus jedem aktuellen Zustand $s_i \in \Sigma$ ein Übergang zu einem der verbleibenden Zustände $s_i' \in \Sigma \setminus \{s_i\}$ möglich sein soll. In Abbildung 5.1 ist diese Situation exemplarisch für den Zustand *Haften* gezeigt. Dabei wird der *Konflikt* zwischen den drei Transitionen deutlich. Die Entscheidung, welche der *aktivierten* Transitionen denn letztlich im Auswerteschritt *feuert*, ist aus Abbildung 5.1 nicht ersichtlich und muss über geeignete Bedingungen entschieden werden, die sich wiederum in einem Petri-Netz abbilden lassen werden (siehe Abschnitt 5.3.2). Vorerst seien diese Bedingungen unerheblich, das heißt es wird davon ausgegangen, dass der Konflikt entscheidbar ist und irgendeine der Transitionen im Nachbereich eines Places ausgewählt wird. Wir halten fest: Jede der Transitionen im Konflikt *kann* ausgewählt werden.

Die Transition t^A ist nicht für alle Ausgangszustände $s_i \in \Sigma$ sinnvoll. Denn als Bedingung für einen Übergang zum *Gleiten* wird die regularisierte Reibkraft $\vec{T}_i^{pl}$ ausgewertet, die im Zustand *Ausgeprägtes Gleiten* aufgrund fehlender Information über die internen Freiheitsgrade nicht vorliegt (siehe Abbildung 5.2). Befindet sich ein Kontaktpunkt im Zustand *Inaktiv* $\#$, so liegt ebenfalls keine Information über Reibzustände vor und es kann keine Bedingung für einen Übergang von *Inaktiv* nach *Gleiten mit plastischer Deformation* aufgestellt werden. Allerdings lässt sich anhand der Relativgeschwindigkeit entscheiden, ob es sinnvoller ist von $\#$ nach *Haften* oder *Ausgeprägtes Gleiten* zu wechseln.

Kombiniert man die vier Places und Transitionen, so erhält man das Petri-Netz N_i aus Abbildung 5.4. Die mehrfach auftretenden Transitionen t^H, t^A sowie $t^\#$ werden formal als verschiedene Transitionen aufgefasst und zur Unterscheidung mit den Indizes $1 \dots 3$ beschriftet. Insgesamt befinden sich somit

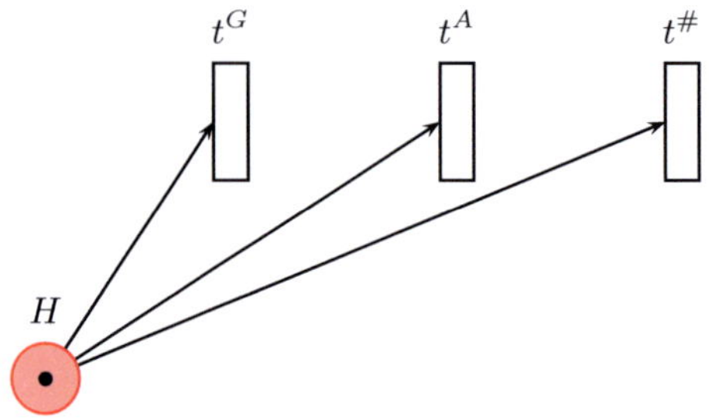

Abbildung 5.1.: Die sich aus den möglichen Zuständen $\Sigma \setminus \{H\}$ ergebenden Transitionen im Nachbereich der Stelle H. Jede der drei Transitionen ist mit demselben Marker in H aktiviert (Konflikt).

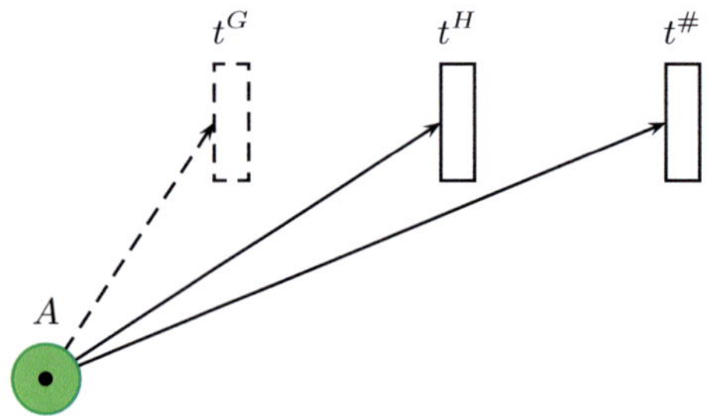

Abbildung 5.2.: Transitionen im Nachbereich von ausgeprägtem Gleiten. Für einen Übergang von A nach G kann keine Bedingung aufgestellt werden, da während A keine Information über interne Freiheitsgrade vorliegt.

zehn verschiedene Transitionen in N_i. Das Petri-Netz N_i ist formal gegeben durch das Tupel $\mathsf{N}_i = (\mathcal{P}, \mathcal{T}, \mathbf{F}, \mathbf{B}, \mathbf{y}_0)$ mit

$\mathcal{P}$ Der Menge aller Places $\mathcal{P} = \{H, G, A, \#\}$

$\mathcal{T}$ Der Menge aller Transitionen $\mathcal{T} = \{t^{H_1}, t^{H_2}, t^{H_3}, t^G, t^{A_1}, t^{A_2}, t^{A_3}, t^{\#_1}, t^{\#_2}, t^{\#_3}\}$

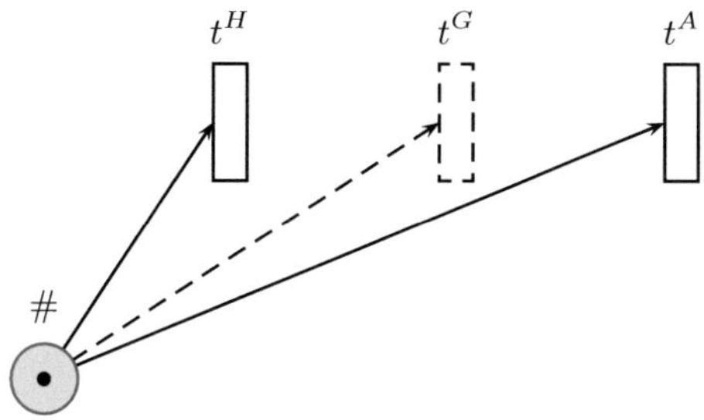

Abbildung 5.3.: Transitionen im Nachbereich des geöffneten Kontaktes. Für einen Übergang von # nach G kann keine Bedingung aufgestellt werden, da während # keine Information über Reibfreiheitsgrade vorliegt.

F: Die sogenannte *forward*-Matrix $\mathbf{F} \in \mathbb{N}^{|\mathcal{P}|\times|\mathcal{T}|}$ beschreibt die Kanten von Places zu Transitionen. Im konkreten Fall ist $\mathbf{F}$ gegeben durch:

$$\mathbf{F} = \begin{array}{c} \\ H \\ G \\ A \\ \# \end{array} \begin{array}{c} \begin{array}{cccccccccc} t^{H1} & t^{H2} & t^{H3} & t^{G} & t^{A1} & t^{A2} & t^{A3} & t^{\#1} & t^{\#2} & t^{\#3} \end{array} \\ \left(\begin{array}{cccccccccc} 0 & 0 & 0 & 1 & 1 & 0 & 0 & 1 & 0 & 0 \\ 1 & 0 & 0 & 0 & 0 & 1 & 0 & 0 & 1 & 0 \\ 0 & 1 & 0 & 0 & 0 & 0 & 0 & 0 & 0 & 1 \\ 0 & 0 & 1 & 0 & 0 & 0 & 1 & 0 & 0 & 0 \end{array} \right) \end{array} \tag{5.5}$$

Lies: Vom Place H führt eine Kante (vorwärts) zur Transition t^G.

B: Die sogenannte *backward*-Matrix beschreibt Kanten von Transitionen zu Places. Für das Netz N_i ist $\mathbf{B} \in \mathbb{N}^{|\mathcal{P}|\times|\mathcal{T}|}$ durch die folgende Matrix gegeben:

$$\mathbf{B} = \begin{array}{c} \\ H \\ G \\ A \\ \# \end{array} \begin{array}{c} \begin{array}{cccccccccc} t^{H1} & t^{H2} & t^{H3} & t^{G} & t^{A1} & t^{A2} & t^{A3} & t^{\#1} & t^{\#2} & t^{\#3} \end{array} \\ \left(\begin{array}{cccccccccc} 1 & 1 & 1 & 0 & 0 & 0 & 0 & 0 & 0 & 0 \\ 0 & 0 & 0 & 1 & 0 & 0 & 0 & 0 & 0 & 0 \\ 0 & 0 & 0 & 0 & 1 & 1 & 1 & 0 & 0 & 0 \\ 0 & 0 & 0 & 0 & 0 & 0 & 0 & 1 & 1 & 1 \end{array} \right) \end{array} \tag{5.6}$$

Lies: Am Place H endet eine Kante von der Transition t^{H_1}.

y: Der Zustandsvektor des Petri-Netzes sei mit $\mathbf{y}$ bezeichnet und als Spaltenmatrix $\mathbf{y} \in \mathbb{N}^{|\mathcal{P}|}$ so definiert, dass die k-te Koordinate die Anzahl der Marker im k-ten Place p_k des Petri-Netzes angibt, also $\mathbf{y}(p_k) \in \mathbb{N}$. Das

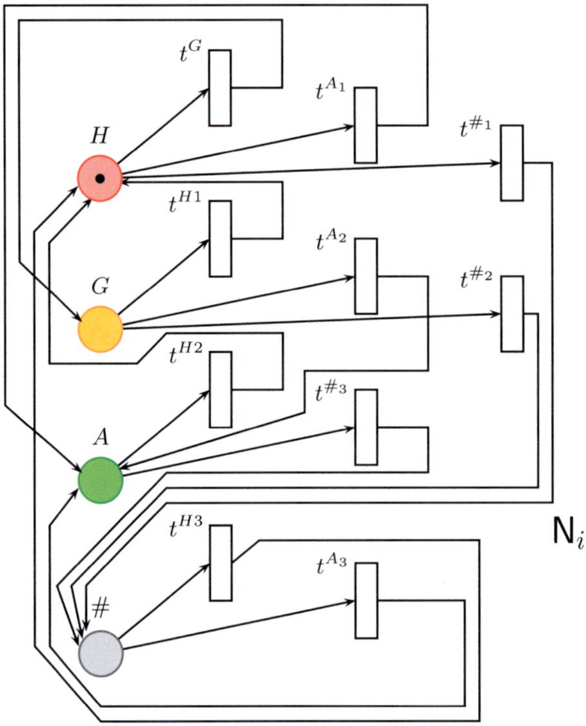

Abbildung 5.4.: Petri-Netz aus vier Places und vier Transitionen

Netz N_i sei als *inertiales* Petri-Netz gegeben, das heißt der Grundzustand $\mathbf{y}_0$ ist Teil des Petri-Netzes. Die Grundkonfiguration des Netzes kann man aus den Anfangsbedingungen des dynamischen Systems wählen. Als mögliche Grundzustände für einen Kontaktpunkt werden nur H, A und $\#$ zugelassen:

$$\mathbf{y}_0 \in \{(1,0,0,0)^{\mathrm{T}}, (0,0,1,0)^{\mathrm{T}}, (0,0,0,1)^{\mathrm{T}}\} \tag{5.7}$$

G als Grundzustand , also $\mathbf{y}_0 = (0,1,0,0)^{\mathrm{T}}$ ist nicht sinnvoll, da die internen Freiheitsgrade jetzt mit $\mathbf{z}_{ip}(t=0) \neq \mathbf{0}$ nach (4.104) und (4.108) vorgespannt werden müssten, die Vorgeschichte der Reibstelle vor dem Zeitpunkt $t = 0$ aber unbekannt ist. In Abbildung 5.4 ist eine Grundkonfiguration des Netzes N_i gezeigt, in der sich ein Marker an der Stelle H befindet, d.h. die diskrete Variable s_i des betreffenden Kontaktpunktes hat den Wert H gespeichert und $\mathbf{y}_0 = (1,0,0,0)^{\mathrm{T}}$. Für einen Angangszustand H würde man die internen Freiheitsgrade mit der Anfangsbedingung $\mathbf{z}_i(t=0) = \mathbf{z}_{ip}(t=0) = \mathbf{0}$ initialisieren, was man als unendlich langen Haftzustand vor dem Zeitpunkt $t = 0$ interpretiert.

Für spätere Numeriksimulationen des gekoppelten Mehrkörper- und Reibsystems stellt sich die Frage, ob eine Berechnung aufgrund der definierten Zustände und Übergänge anhalten kann. Oder andersherum ausgedrückt: Es wäre beruhigend zu wissen, dass die hier definierten Zustände und Übergänge *niemals* Ursache für einen Abbruch des Simulationsprogramms sein können. Natürlich sind andere Ursachen für Rechnungsabbrüche denkbar, etwa ein schlechtes Konvergenzverhalten des Lösers. Man kann jedoch mit Hilfe des Petri-Netzes als mathematisch-formales Modell für den Schaltprozess einen unerwarteten Abbruch aufgrund der Schaltvorgänge ausschließen.

In die Sprache der Petri-Netze übersetzt heißt diese Fragestellung: *Ist das Netz* N_i *wohlgeformt?* Die sogenannte *Wohlgeformtheit* eines Petri-Netzes ist gegeben, wenn das Netz erstens *sicher* und zweitens *lebendig* ist. Sicherheit des Netzes N_i liegt vor, genau dann wenn jeder Place des Netzes 1-beschränkt ist, das heißt, wenn für alle Zustände aus der Erreichbarkeitsmenge $\mathcal{E}(\mathsf{N}_i)$ jeder Place mit maximal einem Marker belegt ist. Auch ohne die Erreichbarkeitsmenge weiter zu bestimmen kann man Sicherheit für N_i feststellen. Denn beim Feuern einer Transition $t \in \mathcal{T}$ verändert sich der Zustand $\mathbf{y}$ in den neuen Zustand $\mathbf{y}'$ nach der Regel

$$\mathbf{y}' = \mathbf{y} - \mathbf{f}(t) + \mathbf{b}(t), \tag{5.8}$$

wobei $\mathbf{f}(t)$ und $\mathbf{b}(t)$ die jeweils t-te Spalte der Matrizen $\mathbf{F}$ und $\mathbf{B}$ aus (5.5) und (5.6) bezeichnen. Für den *Zustandswechsel* $\mathbf{y}' - \mathbf{y}$ mit $\mathbf{F}$ und $\mathbf{B}$ wie in (5.5) und (5.6) gilt jedoch:

$$|\mathbf{b}(t) - \mathbf{f}(t)|_+ = 0, \quad |\mathbf{x}|_+ = \sum_i x_i, \tag{5.9}$$

das heißt keine Transition $t \in \mathcal{T}$ verändert die Anzahl der Token im Netz. Wenn jetzt ein Grundzustand mit insgesamt einem Token wie in (5.7) gewählt wird, so wird aufgrund von (5.9) stets insgesamt ein Token in N_i bleiben. Petri-Netze dieser Art werden auch als Zustandsmaschinen (*state machines*) bezeichnet.

Ein Nachweis der Lebendigkeit ist zum Beispiel formal möglich, indem man zeigt, dass der Erreichbarkeitsgraph $EG(\mathsf{N}_i, \mathbf{y}_0)$ indentisch ist mit dem Überdeckungsgraph $Cov(\mathsf{N}_i, \mathbf{y}_0)$ (siehe [143]). Es genügt hier jedoch, sich den (endlichen) Erreichbarkeitsgraphen $EG(\mathsf{N}_i) = EG(\mathsf{N}_i, \mathbf{y}_0)$ in Abbildung 5.5 anzuschauen. Der Graph $EG(\mathsf{N}_i)$ ist endlich aufgrund der Sicherheit von N_i. Jeder der vier möglichen Zustände $\mathbf{y} \in \mathcal{E}(\mathsf{N}_i)$ ist als Knoten in $EG(\mathsf{N}_i)$ eingezeichnet. Wie man sich leicht vergegenwärtigt, existiert für jede Transition $t \in \mathcal{T}$

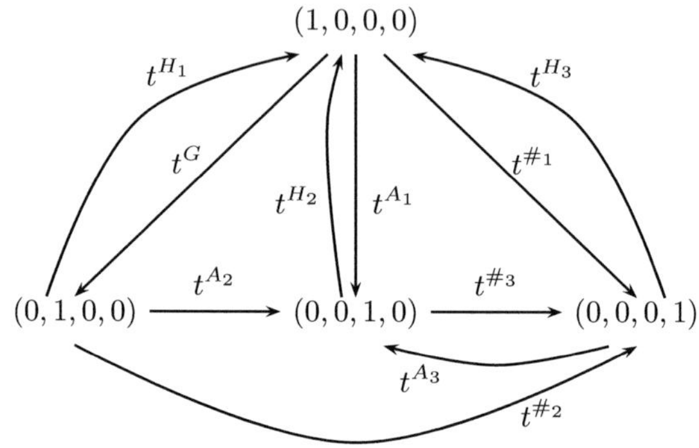

Abbildung 5.5.: Erreichbarkeitsgraph $EG(\mathsf{N}_i)$

ein Weg von jedem Knoten ausgehend entlang der gerichteten Kanten, an dem diese Transition t als Kanteninschrift vorkommt. Das heißt für jede Transition t existiert aus jedem Zustand eine *Feuersequenz* σ, die die Transition t aktiviert:

$$\forall t \in \mathcal{T} \quad \forall \mathbf{y}' \in \mathcal{E}(\mathbf{y}) \; \exists \sigma \in \mathcal{T}^* : \mathbf{y}'_{[\sigma t>} \tag{5.10}$$

Dies entspricht der Definition der Lebendigkeit von N_i.

5.3.2. Netzverfeinerung

Bisher wurde stillschweigend davon ausgegangen, dass die Konflikte in N_i entscheidbar sind und nach irgendeiner Gesetzmäßigkeit aufgelöst werden können. Diese Gesetzmäßigkeit wird jetzt etwas genauer betrachtet und ebenfalls in einem neuen – verfeinerten – Petri-Netz abgebildet. Die Bedingungen für Zustandswechsel lassen sich direkt aus dem Zustandsvektor $(\mathbf{q}(t), \mathbf{p}(t), \mathbf{z}(t))^{\mathrm{T}}$ des gekoppelten Mehrkörper- und Reibsystems errechnen.

So soll etwa ein Wechsel von Gleiten nach Haften stattfinden wenn die Relativgeschwindigkeit im Kontakt verschwindet. Im Petri-Netz wird jetzt einfach Speicher für alle benötigten Bedingungen in Form von Places eingeführt. So wird wiederum am Beispiel der Relativgeschwindigkeit ein Place für "die Relativgeschwindigkeit verschwindet" und ein weiterer Place für "die Relativgeschwindigkeit ist groß" benötigt. Das Vorhandensein der Information "$\dot{\mathbf{x}}_i$ verschwindet" *oder* "$\dot{\mathbf{x}}_i$ ist groß" wird dann durch entprechende Markierung mit einem Token realisiert. Daraus ergibt sich sofort die Verbindung zwischen den neuen Places: Da die Relativgeschwindigkeit nicht gleichzeitig groß und verschwindend klein sein kann, werden diese Places jeweils mit einer Transition in beide Richtungen verbunden. Dieser Sachverhalt ist in Abbildung 5.6 gezeigt.

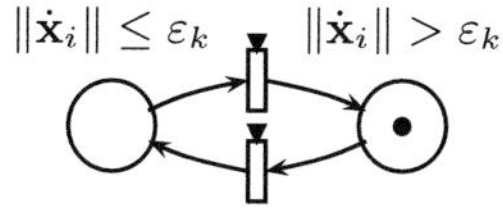

Abbildung 5.6.: Speicherung von Bedingungen im Petri-Netz. Zeitbehaftete (gekennzeichnet durch schwarzes Dreieck) Transitionen benötigen zufällige Zeit zum Feuern.

Die Transitionen, in Abbildung 5.6 mit einem schwarzen Dreieck gekennzeichnet, feuern trotz erfolgter Aktivierung nicht sofort. Denn das Ereignis "$\dot{\mathbf{x}}_i$ verschwindet" kann eintreten oder auch nicht. Im Petri-Netz wird dieses *Warten* auf ein Ereignis mit einer als Zufallsvariable angenommenen Schaltzeit von Transitionen modelliert. Somit treten zeitlose und zeitbehaftete Transitionen im Netz auf, man spricht auch von einem *verallgemeinerten stochastischen Petri-Netz.* Als zusätzliche Erweiterung werden Prioritäten von Transitionen benötigt, um Konflikte zu entscheiden.

Betrachtet seien zunächst mögliche Auswege aus dem Zustand *Haften* in Abbildung 5.7. Die Zustände $\{H, G, A\}$ entsprechen einem geschlossenen Kontakt und für jedes $s_i \in \{H, G, A\}$ soll ein Öffnen des Kontaktes möglich sein, so auch für $s_i = H$. Der Kontakt soll geöffnet werden, wenn die Normalkraft der Winkler-Bettung verschwindet. Der Speicher für die Ressource *Normalkraft* N_i ist links unten in Abbildung 5.7 angelegt. Zunächst sei der Kontakt geschlossen, diese Information sei mit einem Token im Place $N_i > 0$ gespeichert. Bei Auftreten des Ereignisses "die Normalkraft verschwindet" legt jetzt die zeitbehaftete Transition diesen Token in den Place $N_i = 0$. Damit sind beide Places im Vorbereich von $t^{\#_1}$ markiert und die Transition $t^{\#_1}$ wird aktiviert (und feuert sofort). Die Transition $t^{\#_1}$ legt einen Token in $N_i > 0$, denn für den Rückweg aus $\#$ in einen der Zustände $\{H, G, A\}$ wird *nicht* die Normalkraft als Kriterium verwendet. Stattdessen wird die Spaltfunktion g_i verwendet und man weiß bereits jetzt, dass ein Schließen des Kontaktes mit $N_i > 0$ einhergehen wird.

Die in Abbildung 5.7 gezeigte Markierung hat ein Feuern der Transition t^G zur Folge, obwohl die Transition t^{A_1} ebenfalls in allen Places im Vorbereich markiert ist. Der Konflikt zwischen t^G und t_1^A wird durch eine Priorität $t^G > t_1^A$ gelöst, das heißt bei gleichzeitiger Aktivierung von t^G und t_1^A hat erstere immer Vorrecht. Die Transitionen t^G und t_1^A stellen Übergänge in zwei verschiedene Gleitzustände dar. Aus H muss deswegen in beiden Fällen die Losreißkraft T_i^{St} überwunden werden (ein Token liegt in $T_i > T_i^{St}$). Wenn jetzt zusätzlich der Winkel ψ_i zwischen regularisierter Reibkraft und Relativgeschwindigkeit größer einer kleinen Schranke ψ_k ist, so wird die plastische Deformation benötigt und nach G gewechselt. Ist hingegen der Winkel ψ_i bereits im Haften bei ein-

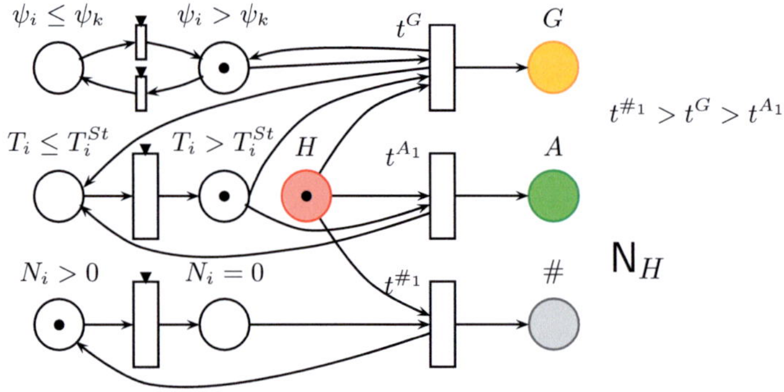

Abbildung 5.7.: Mögliche Übergänge aus dem Zustand Haften heraus. In der gezeigten Konfiguration wird die Transition t^G feuern.

treten des Ereignisses $T_i > T_i^{St}$ verschwindend klein $\psi_i \leq \psi_k$, so ist es legitim, direkt ins ausgeprägte Gleiten A zu schalten und Rechenzeit zu sparen, da der Unterschied zwischen G und A ebenfalls klein ist. Um diese Unterscheidung im Petri-Netz N_H zu ermöglichen, wurde in Abbildung 5.7 die Ressource "Winkel zwischen regularisierter Reibkraft und Relativgeschwindigkeit" angelegt (links oben im Bild). Die Transition t^G legt beim Feuern einen Token zurück in den Speicher $\psi_i > \psi_k$, denn im nachfolgenden Zustand G wird die Information über den Winkel ψ_i weiterhin benötigt.

Ähnlich wie $t^G > t_1^A$ wird als weitere Priorität $t^{\#_1} > t^G$ eingeführt, so dass sich insgesamt

$$t^{\#_1} > t^G > t^{A_1}$$

ergibt. Anschaulich bedeutet dies: Bei gleichzeitiger Erfüllung der Bedingungen zum Wechsel aus H in irgendeinen anderen *Reibzustand* $\{G, A\}$ und der Bedingung zum Öffnen des Kontaktes soll letztere Aktion Vorrang haben. In den nachfolgenden Teilnetzen N_G, N_A und $\mathsf{N}_\#$ wird diese Priorität ebenfalls Verwendung finden. Der Verlust des Normalkontaktes ist stärker als irgendeine Änderung im tangentialen Kontaktmodell.

In Abbildung 5.8 sind mögliche Auswege aus dem Zustand *Gleiten mit plastischer Deformation* G gezeigt. Der im Sinne des Reibmodells "erwünschte" Ausgang aus diesem Zustand führt nach erfolgter Annäherung der regularisierten Reibkraft an die COULOMBsche Gleitreibkraft zum *ausgeprägtem Gleiten* A. Dies wird durch die Transition t^{A_2} bei Erfüllung der zusätzlichen Bedingung $\psi_i \leq \psi_k$ erledigt. Ein Token wird von t^{A_2} in den Place $\psi_i \leq \psi_k$ zurückgelegt, da in möglichen Nachfolgezuständen von A diese Information benötigt wird.

Bevor sich regularisierte Reibkraft und COULOMBsche Gleitreibkraft hinreichend gut angenähert haben und nach A geschaltet wurde, kann aufgrund der

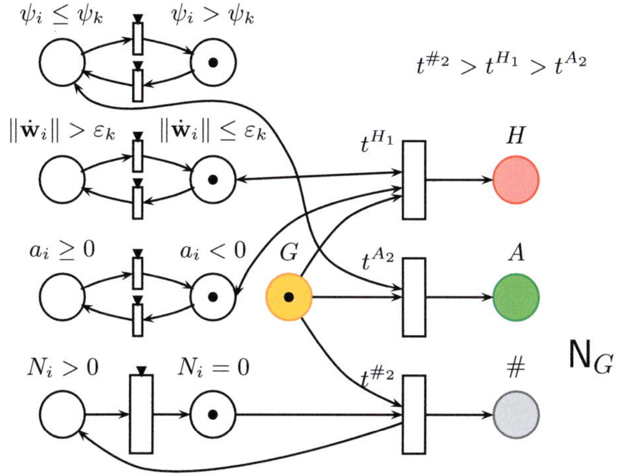

Abbildung 5.8.: Mögliche Übergänge aus dem Zustand Gleiten heraus. In der gezeigten Konfiguration wird die Transition $t^{\#_2}$ feuern. Doppelte Pfeilspitzen bedeuten: es gibt eine Kante in die eine Richtung und eine weitere Kante in die entgegengesetzte Richtung.

sich einstellenden Relativgeschwindigkeit ein erneutes Haften notwendig sein. Es muss somit nicht nur ein Übergang vom COULOMBschen Gleiten A nach H angeboten werden, sondern auch von G nach H. Als Kriterium dafür soll die Relativgeschwindigkeit herhalten, weswegen im Netz N_G Places zur Speicherung der Information über die Relativgeschwindigkeit zu finden sind. Allerdings ist zu Beginn des Zustandes G die Relativgeschwindigkeit beliebieg, insbesondere kann keine Aussage zu der Lage der Relativgeschwindigkeit bezüglich der numerischen Schranke ε_k gemacht werden. Denn durch die tangentiale Kontaktsteifigkeit sind Relativbewegungen im Kontakt während H erlaubt (*presliding displacement*), und je nach Wahl von Kontaktsteifigkeit und Losreißkraft T_i^{St} können diese zu einer Relativgeschwindigkeit größer oder kleiner ε_k führen. Gilt direkt zu Beginn von G

$$\|\dot{\mathbf{w}}_i\| > \varepsilon_k$$

ist die Situation einfach, denn jetzt kann ein erneutes Absinken der Relativgeschwindigkeit unter die ε_k-Schranke als Übergang zum Haften gewertet werden. Etwas schwieriger ist die Situation, wenn zu Beginn von G

$$\|\dot{\mathbf{w}}_i\| \leq \varepsilon_k$$

vorliegt. Jetzt sofort wieder auf Haften zu schalten ist nicht anzuraten, denn man will ja gerade, dass sich während G die Relativgeschwindigkeit $> \varepsilon_k$ entwickelt. Es ist sogar davon auszugehen, dass zu Beginn von G (am Ende von H) die Relativgeschwindigkeit im Normalfall klein ist, denn dies zeichnet gerade den Haftzustand aus. Wenn man also t^{H_1} alleine mit einem Token in G und einem weiteren in $\|\dot{\mathbf{w}}_i\| \leq \varepsilon_k$ aktivieren könnte, ist davon auszugehen, dass sich keine längeren Gleitphasen im System einstellen werden. Es ist offensichtlich nötig, eine weitere Bedingung für den Übergang von G nach H aufzustellen.

Intuitiv bietet sich als weitere Entscheidungshilfe für diesen Übergang ein Beobachten der Veränderung der Relativgeschwindigkeit, also der Relativbeschleunigung an:

$$a_i = \frac{d}{dt}\|\dot{\mathbf{w}}_i\| \tag{5.11}$$

Diese zusätzliche Ressource ist wiederum mit zwei Places $a_i \geq 0$ und $a_i < 0$ im Netz N_G repräsentiert[1]. Wenn jetzt zu Beginn von G die Relativgeschwindigkeit $\|\dot{\mathbf{w}}_i\| \leq \varepsilon_k$ klein ist, so wird dennoch die Relativbeschleunigung positiv sein, denn ohne dies wäre ein Losreißen aus H nicht möglich gewesen. Mit dem Token im Place $a_i \geq 0$ ist jetzt die Transition t^{H_1} ohne Konzession, erst wenn die Relativgeschwindigkeit wieder absinkt ($a_i < 0$), wird dies als Übergang zurück zum Haften gewertet. Andererseits, wenn zu Beginn von G $\|\dot{\mathbf{w}}_i\| > \varepsilon_k$ galt, so wird ein Absinken der Relativgeschwindigkeit ebenfalls mit negativer Relativbeschleunigung einhergehen, so dass in jedem Fall die Bedingung $a_i < 0$ für eine Aktivierung von t^{H_1} erfüllt sein muss. Da in den möglichen Nachfolgezuständen von H die Information über Relativgeschwindigkeit und Relativbeschleunigung benötigt werden wird, legt die Transition t^{H_1} jeweils einen Token zurück in $\|\dot{\mathbf{w}}_i\| \leq \varepsilon_k$ und $a_i < 0$, erhält also die Information über den aktuellen Zustand dieser Ressourcen beim Feuern.

Bei Gleichzeitiger Erfüllung der Bedingungen für t^{H_1} und t^{A_2} soll t^{H_1} den Vorrang erhalten. Der Übergang von einem Gleitzustand G zu einem anderen Gleitzustand A – letzterer wurde nur aus Gründen des Rechenaufwandes eingeführt – ist schwächer als der Übergang von Gleiten nach Haften. Wie im vorigen Teilnetz N_H tritt auch in N_G als stärkste Transition wiederum der Verlust des Normalkontaktes $t^{\#_2}$ auf.

Als drittes Teilnetz wird N_A in Abbildung 5.9 betrachtet. Wie bereits in Abschnitt 5.3.1 erläutert, bieten nur die Transitionen t^H und $t^\#$ einen Ausweg aus A an. Für den Übergang nach H werden analoge Ereignisse und Überlegungen verwendet wie im Petri-Netz N_G, nur dass jetzt überall $\|\dot{\mathbf{x}}_i\|$ anstelle von $\dot{\mathbf{w}}_i$ verwendet wird und

$$a_i = \frac{d}{dt}\|\dot{\mathbf{x}}_i\| \tag{5.12}$$

[1] Man bemerke, dass (5.11) keine Berührnullstelle, sondern einen Nulldurchgang hat. Im Algorithmus weiter unten wird a_i ohnehin nicht benötigt werden, so dass eine ε-Schranke hier nicht weiter diskutiert werden muss.

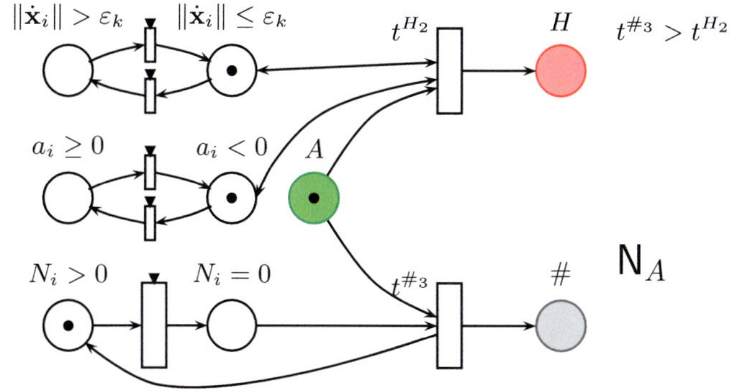

Abbildung 5.9.: Mögliche Übergänge ausgehend von ausgeprägtem Gleiten. In der gezeigten Konfiguration wird die Transition t^{H_2} feuern.

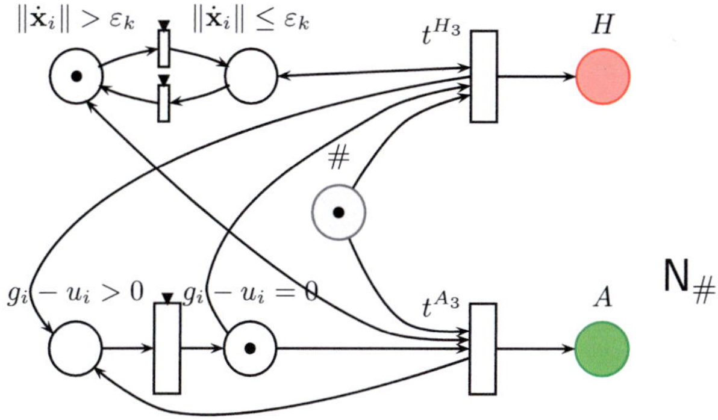

Abbildung 5.10.: Mögliche Übergänge ausgehend von einem inaktiven Kontaktpunkt. In der gezeigten Konfiguration wird die Transition t^{A_3} feuern.

definiert ist. Als priorisierte Transition tritt wiederum der Kontaktverlust $t^{\#_3}$ auf.

Schließlich wird das in Abbildung 5.10 präsentierte Netz $\mathsf{N}_\#$ für das Schließen eines Kontaktpunktes verwendet. Die durch Kontakt deformierte Feder in Normalenrichtung kann sich in einer inaktiven Phase des Kontaktes entspannen. Aufgrund dieser Änderung des Kontaktes auch im Zustand # und der nicht mehr vorhandenen Normalkraft muss eine neue Bedingung zum Schließen des Kontaktes gefunden werden. Dies geschieht in Form der Funktion $g_i - u_i$, und für die beiden Informationen "der Kontakt ist offen" und "der Kontakt ist geschlossen" werden zwei Places $g_i - u_i > 0$ und $g_i - u_i = 0$ eingeführt. Für beide Transitionen t^{H_3} und t^{A_3} wird das Ereignis $g_i - u_i = 0$ zur Aktivierung benötigt. Die Unterscheidung, ob t^{A_3} oder t^{H_3} feuert, wird jetzt nur anhand von der Relativgeschwindigkeit getroffen. Sowohl t^{A_3} wie auch t^{H_3} bewahren die vorgefundene Information über die Relativgeschwindigkeit, indem sie jeweils ein Token zurück in den Place der Relativgeschwindigkeit legen. Eine Priorisierung der Transitionen ist im Teilnetz $\mathsf{N}_\#$ nicht notwendig, da es keine Markierung gibt, die beiden Transitionen die Konzession zum Feuern erteilen würde.

Die vier Netze N_H, N_G, N_A und $\mathsf{N}_\#$ lassen sich miteinander koppeln, indem jeweils die Places H, G, A und $\#$ übereinander gelegt werden. Die Prioritäten der Teilnetze lassen sich widerspruchsfrei zu der globalen Priorität

$$t^{\#} > t^{H} > t^{G} > t^{A} \tag{5.13}$$

zusammenfassen. In der Kopplung der Teilnetze entsteht der komplette Schaltvorgang für einen Kontaktpunkt i. Aus Gründen der Übersichtlichkeit wird eine Abbildung von diesem Netz weggelassen. Das neue Netz wird wieder N_i genannt, denn für jeden Kontaktpunkt i im System soll ein solches Netz existieren und alle N_i, $i = 1 \dots n$ sind unabhängig voneinander.

$$\mathsf{N}_i \cap \mathsf{N}_j = \{\ \}, \quad i,j \in \{1 \dots n | i \neq j\} \tag{5.14}$$

Anschaulich bedeutet die Entkopplung der N_i untereinander, dass die Auswirkung eines Schaltvorgangs in einem Kontaktpunkt sich nur über die Differentialgleichung des Systems überträgt. Damit sind unmittelbare Auswirkungen von Schaltvorgängen auf entfernte Punkte im System ausgeschlossen. Ein Algorithmus zum Auffinden von Zyklen immerwährender Schaltvorgänge wird also nicht benötigt.

5.4. Detektion von Ereignissen

Einige der verfügbaren Löser für gewöhnliche Differentialgleichungssysteme sind von Hause aus mit der Fertigkeit ausgestattet, parallel zur Integration Ereignisfunktionen zu überwachen, Ereignisse zu detektieren und gegebenenfalls die Zeitintegration anzuhalten. Die verwendeten Algorithmen sind meist unterschiedlich [26, 113]. Eine theoretische Grundlage des Algorithmus wird selten dokumentiert, ein gemeinsamer verbindlicher Standard lässt sich gegenwärtig nicht erkennen. Beispielprogramme der Anbieter von numerischen Lösern beschränken sich typischerweise auf eine nachträgliche Auswertung von Ereignissen ohne Umschalten der DGLn während der Integration oder auf Systeme mit skalarer Ereignisfunktion und wenigen, zeitlich gut separierten, Ereignissen. Im Allgemeinen gilt die ereignisgesteuerte Integration als risikobehaftet, denn verpasste oder fälschlich ausgelöste Ereignisse sorgen beim Umschalten der DGLn für einen grundsätzlichen Fehler in den betrachteten Gleichungen. Schlussendlich vermehrt jede Ereignisüberwachung den Rechenaufwand und verlangsamt den Lösungsvorgang. Bei impliziten Mehrschrittverfahren mit hoher Konvergenzordnung muss der Löser nach einem Ereigniszeitpunkt t_* als Einschrittverfahren mit Konvergenzordnung 1 starten, denn die Lösungsgeschichte vor t_* kann nicht zur Lösung des neuen Gleichungssystems herangezogen werden.

Vor diesem Hintergrund ist es wenig verwunderlich, dass sich die ereignisgesteuerte Integration von Systemen mit vielen Ereignisfunktionen geringer Popularität erfreut (verleiche [19]). In diesem Abschnitt sollen einige Fallstricke der Ereignisdetektion umgangen werden, so dass die Numeriksimulation von MKS mit den regularisierten verteilten Kontakten dennoch sicher und robust vonstatten geht. Das Werkzeug der Petri-Netze aus dem vorigen Abschnitt hilft dabei.

Zunächst müssen alle zeitbehafteten Transitionen im Netz N_i identifiziert werden, deren Feuern eine Aktivierung irgendeiner der nicht-zeitbehafteten Transitionen aus $\{t^H, t^G, t^A, t^\#\}$ verursacht. Denn nur nicht-zeitbehaftete Transitionen bewirken einen Wechsel von s_i und können so Grund für ein Anhalten der Integration sein. Die Identifikation der Transitionen, deren Vorbereich mit Ereignisfunktion überwacht werden muss, kann durch Ablesen in den Abbildungen 5.7 bis 5.10 erledigt werden.

- Im Teilnetz N_H sorgt ein Feuern von $T_i \leq T_i^{St} \rightarrow T_i > T_i^{St}$ oder/und ein Feuern von $N_i > 0 \rightarrow N_i = 0$ zwangsläufig für ein Feuern einer Transition aus $\{t^G, t^{A_1}, t^{\#_1}\}$ (vergleiche Abbildung 5.7). Die beiden zeitbehafteten Transitionen zwischen $\psi_i \leq \psi_k$ und $\psi_i > \psi_k$ helfen nur bei der Auflösung des Konfliktes nach (5.13).

- Im Teilnetz N_G wird durch ein Feuern von $N_i > 0 \rightarrow N_i = 0$ oder/und $\psi_i > \psi_k \rightarrow \psi_i \leq \psi_k$ sofort eine der nicht-zeitbehafteten Transitionen aus $\{t^{A_2}, t^{\#_2}\}$ aktiviert. Der Ereigniszeitpunkt dieser beiden Transitionen muss also in jedem Fall mit Nullstellensuche von geeigneten Ereignisfunktionen überwacht werden. Für ein Feuern von t^{H_1} muss ein Token in $a_i < 0$ und ein weiteres in $\|\dot{\mathbf{w}}_i\| \leq \varepsilon_k$ liegen (Abbildung 5.8). Wenn $\|\dot{\mathbf{w}}_i\| \leq \varepsilon_k$, dann reicht ein Feuern von $a_i \geq 0 \rightarrow a_i < 0$ und t^{H_1} kann sofort feuern. In diesem Fall wird der Ereigniszeitpunkt also durch ein Überwachen von $a_i \geq 0$ gefunden. Umgekehrt, wenn $\|\dot{\mathbf{w}}_i\| > \varepsilon_k \rightarrow \|\dot{\mathbf{w}}_i\| \leq \varepsilon_k$ feuert, wird davon ausgegangen, dass ein Absinken der Relativgeschwindigkeit unter die ε_k- Schranke nur mit negativer Relativbeschleunigung einhergehen kann, also zum Zeitpunkt des Feuerns bereits ein Marker im Place $a_i < 0$ liegt. Wenn ein Token in $\|\dot{\mathbf{w}}_i\| > \varepsilon_k$ liegt, dann bestimmt also ein Überwachen von $\|\dot{\mathbf{w}}_i\| > \varepsilon_k$ den Ereigniszeitpunkt. Es liegt somit eine verzweigte Ereignisfunktion vor, es muss entweder $a_i \geq 0$ oder

$\|\dot{\mathbf{w}}_i\| > \varepsilon_k$ überwacht werden. Wie sich dies effizient in einem Algorithmus bewerkstelligen lässt, wird weiter unten erläutert.

- Im Teilnetz N_A wird durch ein Feuern von $N_i > 0 \to N_i = 0$ sofort die Transition $t^{\#_3}\}$ aktiviert (Abbildung 5.9). Mit gleicher Argumentation wie für das vorige Teilnetz wird für die Transition t^{H_2} eine verzweigte Ereignisfunktion benötigt, die $a_i \geq 0$ überwacht falls $\|\dot{\mathbf{x}}_i\| \leq \varepsilon_k$ und die im Falle von $\|\dot{\mathbf{x}}_i\| > \varepsilon_k$ ebendies überwacht.
- Im Teilnetz $\mathsf{N}_\#$ führt ein Feuern der Transition $g_i - u_i > 0 \to g_i - u_i = 0$ zwangsläufig zu einem Feuern von einer der beiden Transitionen $\{t^{H_3}, t^{A_3}\}$. Die Information über die Relativgeschwindigkeit wird nur zur Konfliktlösung benötigt (Abbildung 5.10).

Aus der Betrachtung der zeitbehafteten Transitionen, welche nicht-zeitbehaftete Transitionen aktivieren, ergibt sich für den Haftzustand $s_i = H$ die Ereignisfunktion

$$\boldsymbol{\gamma}_i(t) = \begin{pmatrix} T_i^{St}(\|\dot{\mathbf{x}}_i\|) - \|\mathbf{T}_i^{pl}\| \\ -N_i \end{pmatrix}, \quad s_i = H. \tag{5.15}$$

Um eine Berührnullstelle zu vermeiden, ist es sinnvoll in (5.15) die skalare Normalkraft N_i mit

$$N_i = c_k^n(g_i - u_k) + \beta_k^n \dot{g}_i \tag{5.16}$$

(vergleiche (4.75)) und nicht etwa $\|\mathbf{N}_i\|$ zu verwenden, denn N_i kann tatsächlich negative Werte annehmen, hat also einen echten Nulldurchgang.

Im Teilnetz N_G wurden zunächst die drei Ereignisfunktionen

$$\begin{pmatrix} \gamma_{i1}(t) \\ \gamma_{i2}(t) \\ \gamma_{i3}(t) \end{pmatrix} = \begin{pmatrix} \psi_i \\ \begin{cases} \|\dot{\mathbf{w}}_i\| - \varepsilon_k, & \|\dot{\mathbf{w}}_i\| > \varepsilon_k \\ a_i, & \|\dot{\mathbf{w}}_i\| \leq \varepsilon_k \end{cases} \\ -N_i \end{pmatrix}, \quad s_i = G \tag{5.17}$$

identifiziert (Winkel ψ_i aus (4.91)). Um aus $\gamma_{i2}(t)$ eine einzige Ereignisfunktion ohne die Fallunterscheidung in (5.17) für $s_i = G$ zu erhalten und den Rechenaufwand zur Bestimmung von a_i zu vermeiden, ist folgende Vereinfachung möglich: Anstelle von a_i in (5.17) wird nur das Vorzeichen aus der numerischen Differenz von $\|\dot{\mathbf{w}}_i(t)\|$ zu zwei aufeinanderfolgenden Prüfzeitpunkten t_{m-1} und t_m ausgewertet:

$$\gamma_{i2}(t_m) = \begin{cases} \|\dot{\mathbf{w}}_i(t_m)\| - \varepsilon_k, & s_i = G, \quad \|\dot{\mathbf{w}}_i(t_m)\| > \varepsilon_k \\ \|\dot{\mathbf{w}}_i(t_m)\| - \|\dot{\mathbf{w}}_i(t_{m-1})\|, & s_i = G, \quad \|\dot{\mathbf{w}}_i(t_m)\| \leq \varepsilon_k \end{cases} \tag{5.18}$$

In der zweiten Zeile von (5.18) ersetzt man jetzt $\|\dot{\mathbf{w}}_i(t_{m-1})\|$ mit der neu eingeführten Größe $\varepsilon_i^G(t_m)$, die numerische Schranke ε_k wird also durch $\varepsilon_i^G(t)$

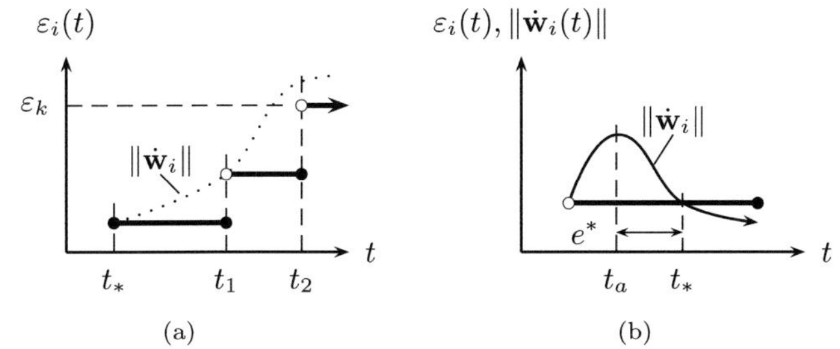

Abbildung 5.11.: (a) $\varepsilon_i(t)$ als Treppenfunktion, (b) Fehler bei der Epsilon-Aktualisierung

ersetzt, welche jetzt durch ihre Indizierung als lokaler Parameter des Kontaktpunktes i gekennzeichnet ist:

$$\varepsilon_i^G(t_m) = \|\dot{\mathbf{w}}_i(t_{m-1})\| =: \varepsilon_{im}^G, \qquad \|\dot{\mathbf{w}}_i(t_m)\| \leq \varepsilon_k \tag{5.19}$$

Weiterhin gelte auch außerhalb von t_m stets die Beschränkung

$$\varepsilon_i^G(t) \leq \varepsilon_k \quad \forall t. \tag{5.20}$$

Aus (5.18) und (5.19) erhalten wir:

$$\gamma_{i2}(t_m) = \begin{cases} \|\dot{\mathbf{w}}_i(t_m)\| - \varepsilon_k, & s_i = G, \quad \|\dot{\mathbf{w}}_i\| > \varepsilon_k \\ \|\dot{\mathbf{w}}_i(t_m)\| - \varepsilon_i^G(t_m), & s_i = G, \quad \|\dot{\mathbf{w}}_i\| \leq \varepsilon_k \end{cases} \tag{5.21}$$

Jetzt wird die Ähnlichkeit der beiden Zeilen von $\gamma_{i2}(t)$ offensichtlich. Ziel ist es, beide Zeilen wieder zu einer zusammenzufassen. Zunächst muss anstelle von $\gamma_{i2}(t_m)$ die Ereignisfunktion $\gamma_{i2}(t)$ zu allen Zeiten t definiert werden, dazu soll anstelle von $\varepsilon_i^G(t_m)$ die Funktion $\varepsilon_i^G(t)$ als Treppenfunktion vorliegen (siehe Abbildung 5.11(a)):

$$\varepsilon_i^G(t) = \sum_m \varepsilon_{im}^G \chi_m(t) \tag{5.22}$$

mit dem Koeffizienten ε_{im}^G aus (5.19) und der Indikatorfunktion

$$\chi_m(t) = \begin{cases} 1, & t \in (t_{m-1}, t_m] \\ 0, & \text{sonst} \end{cases}. \tag{5.23}$$

Erweitert man (5.19) um den komplementären Fall $\|\dot{\mathbf{w}}_i(t_m)\| > \varepsilon_k$

$$\varepsilon_{im}^G = \begin{cases} \|\dot{\mathbf{w}}_i(t_{m-1})\|, & \|\dot{\mathbf{w}}_i(t_m)\| \leq \varepsilon_k \\ \varepsilon_k, & \|\dot{\mathbf{w}}_i(t_m)\| > \varepsilon_k \end{cases}, \tag{5.24}$$

so kann jetzt (5.21) als Einzelgleichung

$$\gamma_{i2}(t) = \|\dot{\mathbf{w}}_i(t)\| - \varepsilon_i^G(t), \quad s_i = G \tag{5.25}$$

wieder ohne Fallunterscheidung geschrieben werden, dafür taucht diese jetzt in Gleichung (5.24) auf. Allerdings muss $\varepsilon_{im}^G = \varepsilon_i^G(t_m)$ nur zu den Prüfzeitpunkten t_m aktualisiert werden. Eine solche *Epsilon-Aktualisierung* lässt sich meist bequem in den Algorithmus eines Lösers einfügen, besonders da in den meisten Verfahren die Prüfzeitpunkte t_m auch gleichzeitig die Zeitpunkte von erfolgreichen Integrationsschritten sind, also Zeitpunkte, zu denen der Zustandsvektor vorliegt und damit (5.24) evaluiert werden kann. Mit (5.24) ist auch (5.20) erfüllt, der freie Parameter für die Umwandlung von Berührnullstellen in Nulldurchgänge bleibt also ε_k. Mit der Epsilon-Aktualisierung wird nicht mehr der Umkehrpunkt t_a der Steigung von $\|\dot{\mathbf{w}}_i(t)\|$ als Ereigniszeitpunkt gefunden, sondern ein um den Fehler e^* leicht verschobener Ereigniszeitpunkt t_* (siehe Abbildung 5.11(b)). Dieser Fehler gegenüber dem ursprünglichen Kriterium $a_i \geq 0$ ist unerheblich: Einerseits wurde das Kriterium nur eingeführt, um formal einen Übergang von G nach H zu ermöglichen, der "natürliche" Weg führt von G über A mit großer Relativgeschwindigkeit zurück zu H bei Relativgeschwindigkeit ε_k. Andererseits ist auch physikalisch unklar, wo Gleiten aufhört und Haften beginnt, so dass jede Relativgeschwindigkeit

$$\|\dot{\mathbf{w}}_i(t_*)\| \leq \varepsilon_k, \quad \|\dot{\mathbf{x}}_i(t_*)\| \leq \varepsilon_k, \tag{5.26}$$

einen gültigen Übergang zum Haften modellieren kann.

Die fertige Ereignisfunktion für den Zustand $s_i = G$ lautet schließlich

$$\boldsymbol{\gamma}_i(t) = \begin{pmatrix} \psi_i \\ \|\dot{\mathbf{w}}_i\| - \varepsilon_i^G(t) \\ -N_i \end{pmatrix}, \quad s_i = G \tag{5.27}$$

mit $\varepsilon_i^G(t)$ aus (5.22). Im Teilnetz N_A wurden Relativgeschwindigkeit und Normalkraft als zu überwachende Ereignisfunktionen identifiziert, nur muss jetzt anstelle von $\dot{\mathbf{w}}_i$ mangels Verfügbarkeit $\dot{\mathbf{x}}_i$ als Kriterium verwendet werden:

$$\boldsymbol{\gamma}_i(t) = \begin{pmatrix} \|\dot{\mathbf{x}}_i\| - \varepsilon_i^A(t) \\ -N_i \end{pmatrix}, \quad s_i = A \tag{5.28}$$

Die Treppenfunktion $\varepsilon_i^A(t)$ in Gleichung (5.28) muss jetzt ebenfalls mit Hilfe von $\|\dot{\mathbf{x}}_i\|$ gebildet werden:

$$\varepsilon_i^A(t) = \sum_m \varepsilon_{im}^A \chi_m(t) \tag{5.29}$$

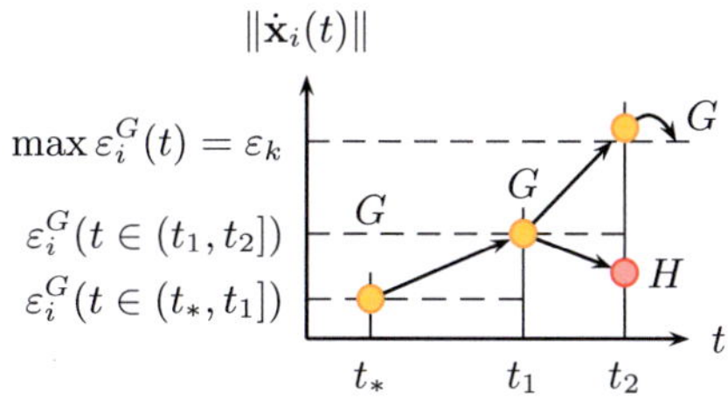

Abbildung 5.12.: Aktualisierung von $\varepsilon_i(t)$ bei Gleitzuständen mit geringer Relativgeschwindigkeit

mit

$$\varepsilon_{im}^A = \begin{cases} \|\dot{\mathbf{x}}_i(t_{m-1})\|, & \|\dot{\mathbf{x}}_i(t_m)\| \leq \varepsilon_k \\ \varepsilon_k, & \|\dot{\mathbf{x}}_i(t_m)\| > \varepsilon_k \end{cases} \tag{5.30}$$

Schließlich wurde als einzige Ereignisfunktion im inaktiven Zustand $s_i = \#$

$$\boldsymbol{\gamma}_i(t) = g_i(t) - u_i(t), \quad s_i = \# \tag{5.31}$$

Die vollständige Ereignisfunktion für einen Kontaktpunkt i ergibt sich aus den Gleichungen (5.15), (5.27), (5.28), und (5.31) als einzige Gleichung:

$$\boldsymbol{\gamma}_i(t) = \begin{cases} \begin{pmatrix} T_i^{St}(\|\dot{\mathbf{x}}_i\|) - \|\mathbf{T}_i^{pl}\| \\ 1 \\ -N_i \end{pmatrix}, & s_i = H \\ \begin{pmatrix} \psi_i \\ \|\dot{\mathbf{x}}_i - \dot{\mathbf{z}}_i\| - \varepsilon_i^G(t) \\ -N_i \end{pmatrix}, & s_i = G \\ \begin{pmatrix} 1 \\ \|\dot{\mathbf{x}}_i\| - \varepsilon_i^A(t) \\ -N_i \end{pmatrix}, & s_i = A \\ \begin{pmatrix} 1 \\ 1 \\ g_i - u_i \end{pmatrix}, & s_i = \# \end{cases} \tag{5.32}$$

Hier wurden die Ausdrücke der rechten Seite mit Einsen aufgefüllt, so dass stets $\boldsymbol{\gamma}_i(t) \in \mathbb{R}^{3\times 1}$ gilt. Weiterhin wurde $\dot{\mathbf{w}}_i$ mit $\dot{\mathbf{x}}_i - \dot{\mathbf{z}}_i$ ersetzt, denn auch Gleichung (4.171) wurde mit $\mathbf{z}$ als internen Freiheitsgraden geschrieben. Insgesamt wird eine Anzahl von $3n$ Ereignisfunktionen für ein System erzeugt; es sind jedoch nur alle aktiv, wenn auch alle Kontaktpunkte im Zustand G sind.

Die meisten vorgefertigten Löser werden mit einem Schutz gegen mehrmaliges Detektieren desselben Ereignisses ausgeliefert. Zum Beispiel unterdrücken die Algorithmen eine Nullstelle von $\mathbf{\Gamma}$ im ersten Integrationsschritt nach einem gefundenen Ereignis t^*. Ein solcher Schutz wird hier nicht benötigt. Er führte sogar zum Versagen des beschriebenen Modells, denn zwei eng benachbarte Kontaktpunkte i und j führen mit hoher Wahrscheinlichkeit zu Ereignissen

$$t_{*i} - t_{*j} < t_m - t_{m-1} \tag{5.33}$$

innerhalb eines Integrationsschrittes oder Prüfschrittes, so dass mit einem Schutzmechanismus verpasste Ereignisse vorprogrammiert sind.

Um auf einen Schutzmechanismus verzichten zu können, muss also noch gezeigt werden, dass beim Feuern einer beliebigen nicht-zeitbehafteten Transition aus $\{t^H, t^G, t^A, t^\#\}$ die Komponente γ_{i*} der Ereignisfunktion $\boldsymbol{\gamma}_i(t)$, welche zum Feuern führte, nach dem Ereignis t_* durch eine andere Ereignisfunktion ersetzt wird. Alle anderen Komponenten $\gamma_{il} \in \{\gamma_{ij}\} \setminus \gamma_{i*}$ können entweder ebenfalls auf eine neue Ereignisfunktion umschalten oder die Ereignisfunktion bleibt erhalten, dann muss aber auch sichergestellt sein, dass der Funktionswert über das Ereignis hinweg erhalten bleibt.

- Im Teilnetz N_H führt $\gamma_{i*} = \gamma_{i1}$ zum Feuern von t^G oder t^{A_1}. Aus Gleichung (5.32) wird abgelesen:

  $$\gamma_{i1}(t), \quad s_i = H \quad \neq \quad \gamma_{i1}(t), \quad s_i = G \tag{5.34}$$
  $$\gamma_{i1}(t), \quad s_i = H \quad \neq \quad \gamma_{i1}(t), \quad s_i = A \tag{5.35}$$

  Das heißt, die Ereignisfunktion $\gamma_{i1}(t)$, welche das Feuern von t^G oder t^{A_1} ausgelöst hat, wird selbst umgeschaltet. Als einzige Ereignisfunktion bleibt $\gamma_{i3}(t)$ erhalten, diese ändert jedoch nicht den Wert, denn bei $H \to G$ findet keine Anpassung der Anfangsbedingungen oder Parameter statt.

  Weiterhin führt $\gamma_{i*} = \gamma_{i3}$ zum Feuern von $t^{\#_1}$. Ebenfalls aus (5.32) ergibt sich

  $$\gamma_{i3}(t), \quad s_i = H \quad \neq \quad \gamma_{i3}(t), \quad s_i = \#. \tag{5.36}$$

  Beim Feuern von $t^{\#_1}$ bleibt γ_{i2} erhalten, ändert jedoch trivialerweise nicht den Wert.

- Im Teilnetz N_G führt $\gamma_{i*} = \gamma_{i1}$ zum Feuern von t^{A_2}. Als Resultat des Umschaltens wechselt auch γ_{i1} auf eine neue Ereignisfunktion:

  $$\gamma_{i1}(t), \quad s_i = G \quad \neq \quad \gamma_{i1}(t), \quad s_i = A \tag{5.37}$$

  Weiterhin führt $\gamma_{i*} = \gamma_{i2}$ zu einem Feuern von t^{H_1}, ebenfalls begleitet von einem Umschalten der Ereignisfunktion:

  $$\gamma_{i2}(t), \quad s_i = G \quad \neq \quad \gamma_{i2}(t), \quad s_i = H \tag{5.38}$$

Schließlich führt $\gamma_{i*} = \gamma_{i3}$ zu einem Feuern von $t^{\#_2}$ mit Umschalten der Ereignisfunktion (5.32):

$$\gamma_{i3}(t), \quad s_i = G \quad \neq \quad \gamma_{i3}(t), \quad s_i = \# \tag{5.39}$$

Nur bei den Transitionen $G \to H$ und $G \to A$ gibt es Komponenten $g_{il}(t)$, die über den Ereigniszeitpunkt t_* hinweg erhalten bleiben, in beiden Fällen ist dies $\gamma_{i3} = -N_i$. Aus Gleichung (5.16) ist bekannt, dass N_i nicht von Größen aghängt, die zum Zeitpunkt t_* geändert werden.

- Im Teilnetz N_A führt $\gamma_{i*} = \gamma_{i2}$ zum Feuern von t^{H_2}

  $$\gamma_{i2}(t), \quad s_i = A \quad \neq \gamma_{i2}(t), \quad s_i = H \tag{5.40}$$

  und $\gamma_{i*} = \gamma_{i3}$ zum Feuern von $t^{\#_3}$:

  $$\gamma_{i3}(t), \quad s_i = A \quad \neq \gamma_{i3}(t), \quad s_i = \# \tag{5.41}$$

  In beiden Fällen wird als Konsequenz auch die Ereignisfunktion γ_{i*} gewechselt. Bei der Transition $A \to H$ bleibt die Ereignisfunktion γ_{i3} erhalten. Es gilt wiederum

- Im Teilnetz $\mathsf{N}_\#$ führt γ_{i3} zum Feuern von t^{H_3} oder t^{A_3}. Egal, ob t^{H_3} oder t^{A_3} feuert, in jedem Fall werden alle Komponenten γ_{ij} auf neue Ereignisfunktionen umgeschaltet:

  $$\gamma_{ij}(t), \quad s_i = \# \quad \neq \quad \gamma_{ij}(t), \quad s_i \in \{H, A\} \quad \forall j \in \{1, 2, 3\} \tag{5.42}$$

Gleichungen (5.34) bis (5.42) lassen sich zu den zwei Aussagen zusammenfassen: Erstens gilt

$$\gamma_{i*}(t_*^-), \quad s_i = s_* \in \mathcal{P} \quad \neq \quad \gamma_{i*}(t_*^+), \quad s_i \in \mathcal{P} \setminus s_*, \tag{5.43}$$

(jede Ereignisfunktion γ_{i*}, welche für einen Wechsel von s_i gesorgt hat, wird nach dem Ereignis durch eine neue Ereignisfunktion ersetzt) und zweitens ist

$$\gamma_{il}(t_*^-) = \gamma_{il}(t_*^+), \quad \gamma_{il} \in \{\gamma_{ij}\} \setminus \gamma_{i*} \tag{5.44}$$

(Ereignisfunktionen, die über ein Ereignis hinweg stetig definiert sind erhalten auch ihren Funktionswert). Folglich wird tatsächlich *kein Schutzmechanismus* vor Mehrfachdetektion, wie er in kommerziellen Codes enthalten ist, benötigt.

Im weiteren Verlauf müssen die Ereigniszeitpunkte t_* mit möglichst guter Genauigkeit τ entlang der Zeitachse gefunden werden, die geforderte Genauigkeit sei mit

$$\tau = 100\ U(|t_m| + |h|), \quad U = \text{Maschinengenauigkeit} \tag{5.45}$$

gegeben [79]. Üblicherweise wird dazu ein *Sekantenverfahren* verwendet [78], denn eine NEWTON-Iteration würde die Auswertung von $\dot{\mathbf{\Gamma}}(t)$ verlangen, eine Größe, die unter Umständen nicht oder nur mit großem Aufwand zu beschaffen ist. Im Sekantenverfahren wird ein echter Vorzeichenwechsel von $\gamma_{ij}(t)$ gesucht, das heißt zu einem gegebenen Prüfzeitpunkt t_m wird das Vorzeichen mit dem letzten Prüfzeitpunkt t_{m-1} verglichen:

$$\gamma_{ij}(t_{m-1})\gamma_{ij}(t_m) < 0 \tag{5.46}$$

Hat ein Vorzeichenwechsel stattgefunden, ist also (5.46) erfüllt, wird eine Iteration zur genaueren Bestimmung von t_* gestartet: Der letzte Prüfzeitpunkt t_{m-1} wird als linke Grenze t_{li} des Suchintervalls, der Prüfzeitpunkt t_m als rechte Grenze t_{re} festgelegt. Mittels einer Sekante wird eine Schätzung t_{mi} für die Nullstelle gegeben. Stellt sich zufällig

$$g_{ij}(t_{mi}) \equiv 0 \tag{5.47}$$

als exakte Null heraus, wird diese Nullstelle als Ergebnis berichtet. Ansonsten wird folgend

$$\gamma_{ij}(t_{li})\gamma_{ij}(t_{mi}) < 0 \tag{5.48}$$

ausgewertet (siehe Abbildung 5.13(b)). Ist (5.48) erfüllt, so muss die Nullstelle innerhalb von $[t_{li}, t_{mi}]$ liegen und nach Setzen von

$$t_{re} = t_{mi} \tag{5.49}$$

wird die Iteration von vorne begonnen. Ist (5.48) nicht erfüllt, so ist der Vorzeichenwechsel in $[t_{mi}, t_{re}]$ zu suchen und anstelle von (5.49) wird das Suchintervall entsprechend

$$t_{li} = t_{mi} \tag{5.50}$$

verkleinert, bevor die Iteration erneut beginnt, siehe Abbildung 5.13(b). Die Iteration wird solange wiederholt, bis die gewünschte Genauigkeit erreicht ist

$$|t_{re} - t_{li}| \leq \tau \tag{5.51}$$

und dann wird der Zeitpunkt des Ereignisses festgelegt mit

$$t_* = t_{re}, \quad |t_{re} - t_{li}| \leq \tau \tag{5.52}$$

Um (5.46) auswerten zu können, wird oftmals gefordert, dass zu Beginn eines neuen Integrationsintervalls t_* (oder t_0) alle Werte der Ereignisfunktion verschieden von Null sind:

$$\gamma_{ij}(t_*) \neq 0 \quad \forall \gamma_{ij} \in \mathbf{\Gamma} \tag{5.53}$$

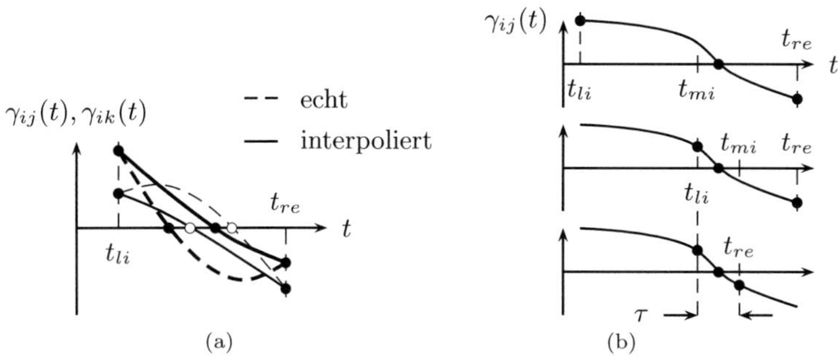

Abbildung 5.13.: (a) Vertauschung der Reihenfolge von Ereignissen durch Interpolation, (b) Iteration eines Ereignisses

Findet der Löser eine exakte Null zu Beginn eines neuen Integrationsintervalls, wird vom Algorithmus anstelle von $\mathbf{\Gamma}(t_*)$ die Ereignisfunktion zu einem wenig späteren Zeitpunkt $\mathbf{\Gamma}(t_* + \Delta t)$ ausgewertet, in der Hoffnung dass sich die Ereignisfunktion von der exakten Null entfernt hat (vergleiche Abbildung 5.14(a)). Bei wenig separierten Ereignissen aufgrund von vielen Ereignisfunktionen kann jedoch bereits innerhalb der kleinen Korrektur $t_* + \Delta t$ eine andere Ereignisfunktion γ_{il} als die mit exakter Null ihrerseits eine Nullstelle haben. Die Situation erlaubt nur noch die Auswahl zwischen zwei Fehlern mit gravierenden Auswirkungen: Entweder man belässt die Auswertung bei $\mathbf{\Gamma}(t_*)$ und nimmt in Kauf, dass der Algorithmus ein Ereignis für γ_{ij} verpasst oder man wählt die Auswertung bei $\mathbf{\Gamma}(t_* + \Delta t)$ und nimmt verpasste Ereignisse in allen anderen Funktionen $\gamma_{il\neq ij}$ in Kauf.

Mit diesem Argument ist die Suche nach einem Ereignis als echter Vorzeichenwechsel im Sinne von (5.46) in Frage zu stellen. Ein weiteres Argument ist, dass für das Kontaktmodell eine Ereignisfunktion $\gamma_{ij}(t)$ zu Beginn eines neuen Integrationsintervalls ausdrücklich exakt Null sein darf: Denn

$$\gamma_{ij}(t_*) \equiv 0 \tag{5.54}$$

anstelle von (5.53) tritt in folgenden Situationen auf:

- Ein Kontakt i hat sich zum Zeitpunkt t_* geöffnet. Dann wird wegen (4.81) der interne Freiheitsgrad u_i mit der aktuellen Spaltposition initialisiert:

  $$u_i(t_*^+) = g_i(t_*^-) = g_i(t_*^+), \tag{5.55}$$

  demnach ist γ_{i3} in (5.32) zu Beginn des inaktiven Kontaktzustandes tatsächlich exakt Null:

  $$\gamma_{i3}(t_*^+) \equiv 0, \quad s_i = \# \tag{5.56}$$

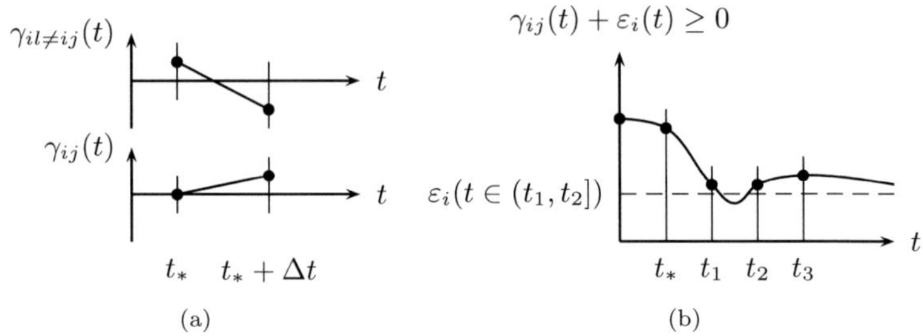

Abbildung 5.14.: (a) Probleme bei echtem Vorzeichenwechsel, (b) Interaktion von Ereignisdetektion und Schrittweitensteuerung bei Berührnullstellen

Es spricht aber nichts dagegen, eine kraftfreie Berührung zweier Körper im MKS zuzulassen, dieser Zustand sollte sogar über eine endliche Zeitspanne bleiben können.

- Die gleichzeitige Überwachung von $\|\dot{\mathbf{w}}_i\|$ bzw. $\|\dot{\mathbf{x}}_i\|$ und deren Änderungsrate a_i mit der Epsilon-Aktualisierung erzeugt wegen (5.25) ebenfalls

$$\gamma_{i2}(t_*^+) \equiv 0, \quad s_i \in \{G, A\} \tag{5.57}$$

Das Kontaktmodell erfordert also die Detektion von Ereignissen mit einer Ereignisfunktion $\mathbf{\Gamma}$, die ausdrücklich entlang der Hyperfläche

$$\mathbf{\Gamma} = \mathbf{0} \tag{5.58}$$

rutschen darf.

Da die Ereignisse beliebig dicht beieinander liegen können, kann die Reihenfolge von Ereignissen durch die Interpolation des Zustandsvektors $[\mathbf{p}, \mathbf{z}, \mathbf{q}, \mathbf{u}]^{\mathrm{T}}$ im Intervall $[t_{li}, t_{re}]$ vertauscht werden (siehe Abbildung 5.13(a)). Somit kann auch die Reihenfolge in Abhängigkeit der vom Löser gewählten aktuellen Schrittweite h, numerischer Toleranzen oder Störungen der Anfangsbedingungen vertauscht werden, die exakte Reihenfolge der Ereignisse hängt von den Eingangsdaten ab. Das Ereignis, welches zuerst auftritt, bestimmt die Änderung der DGL. Damit ist das Anfangswertproblem inkorrekt gestellt (*ill-posed*) [152].

Der Einwand des schlecht gestellten Anfangswertproblems kann nur mit der bereits getätigten intuitiven Annahme der Diskretisierung entkräftet werden. Die Auswirkung eines Ereignisses bezieht sich immer nur auf eine lokale Kontaktkraft. Es wird davon ausgegangen, dass bei hinreichend guter Diskretisierung des Kontaktes auch der Fehler, der durch eine Vertauschung der Reihen-

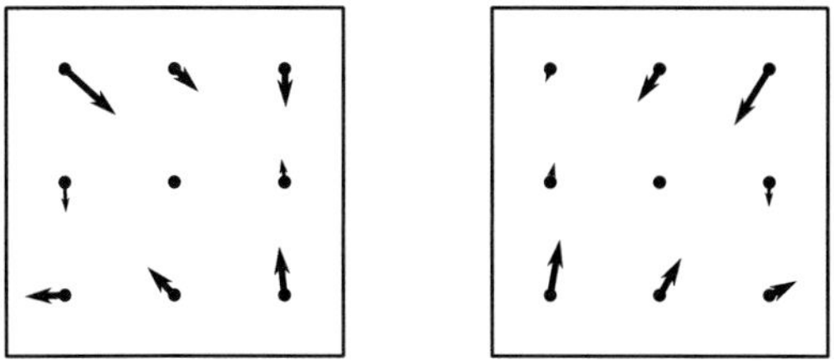

Abbildung 5.15.: Richtung der Haftkräfte zum Ende der Bewegung: alle Modellparameter sind identisch, links wurde mit $1.4 \cdot 10^{-4}$ s Prüfschrittweite, rechts mit $1.4 \cdot 10^{-2}$ s Prüfschrittweite gerechnet.

folge benachbarter Ereignisse entsteht, hinreichend klein bezüglich der interessierenden Freiheitsgrade $[\mathbf{q}(t), \mathbf{p}(t)]^{\mathrm{T}}$ ist. Bezüglich der internen Freiheitsgrade $[\mathbf{z}(t), \mathbf{u}(t)]^{\mathrm{T}}$ kann der Fehler durchaus stark sein.

Beispiel: Ein Beispiel, wo dieser Sachverhalt sichtbar wird, sind die Richtungen der regularisierten Reibkräfte während Haften. In Abbildung 5.15 sind die Haftkräfte am Ende einer Simulation aus dem Anwendungsbeispiel 6.4 gezeigt, einmal mit einer eher strengen Prüfschrittweite $t_m - t_{m-1}$ von 0.1 ms, ein anderes Mal mit einer eher laxen Prüfschrittweite von 10 ms. In beiden Fällen ist die Summe der Haftkräfte Null, es findet keine Bewegung mehr statt. Dennoch sind unterschiedliche Kraftrichtungen sichtbar, der Haftzustand ist durch eine verspannte Situation der Haftkräfte in Abhängigkeit der Prüfschrittweite gekennzeichnet. Die Unterschiede sind sogar stärker, als die in beiden Rechnungen eingestellte Fehlertoleranz des Lösers erlauben würde. Alle neun Kontaktpunkte gehen in beiden Rechnungen innerhalb einer Zeitspanne von ca. 4 ms vom Zustand A nach H über, also ungefähr zeitgleich. Allerdings ist in beiden Rechnungen die Reihenfolge der Übergänge $A \to H$ ebenfalls unterschiedlich. Die Reihenfolge der Übergänge wurde durch die gewählte Prüfschrittweite im Sinne von Abbildung 5.13(a) beeinflusst. Wie in Abbildung 5.17 gezeigt, lässt ein Experiment mit immer kleineren Prüfschrittweiten Konvergenz vermuten, auf den Versuch eines formalen Nachweises wird hier jedoch verzichtet.

Trotz der unterschiedlichen Haftkräfte aufgrund unterschiedlicher Reihenfolge der fast gleichzeitigen Übergänge sind die beiden Simulationen nahezu identisch im Ergebnis. In Abbildung 5.16 ist

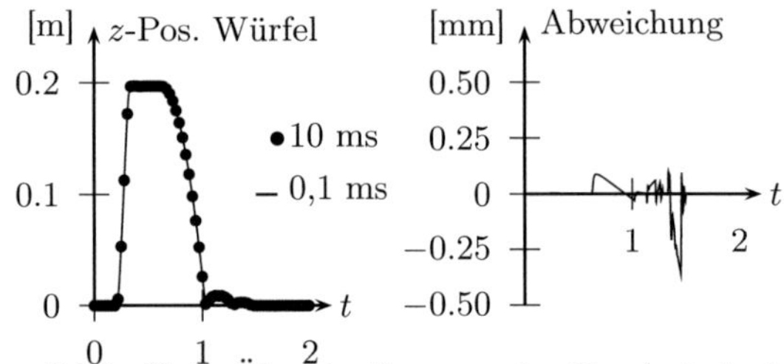

Abbildung 5.16.: Gute Übereinstimmung im Ergebnis trotz unterschiedlicher Verspannung der Haftkräfte

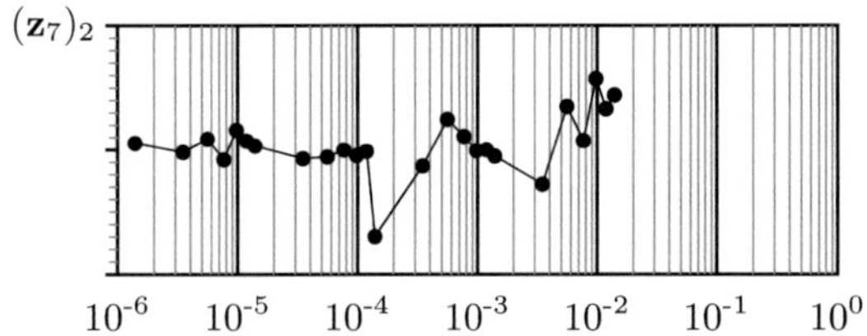

Abbildung 5.17.: Zweite Komponente des internen Freiheitsgrades $\mathbf{z}_7 \in \mathrm{FCI}_3$ zum Endzeitpunkt der Simulation für verschiedene Prüfschrittweiten $t_m - t_{m-1}$ zwischen 14 ms und 1,4 μs

beispielhaft die z-Position des Würfels aus 6.4 gezeigt. Bei 20 cm Bewegungsamplitude bleibt die Abweichung im Bereich weniger Zehntelmillimeter. Die Zeitpunkte, zu denen der letzte Kontaktpunkt zum Haften übergeht liegen in beiden Simulationen mit 8 ms ebenfalls dicht beieinander. *Ende des Beispiels.*

Die beschriebene Empfindlichkeit der Haftreibkräfte gegenüber Eingangsdaten ist Ausdruck der auch bei streng starrer Formulierung vorliegenden Nicht-Eindeutigkeit der Haftkräfte. In [115] wurde am Beispiel der eingekeilten Scheibe festgestellt, dass die Nicht-Eindeutigkeit der Haftreibkräfte bei starrer Modellierung verwandt ist mit der Geschichtsabhängigkeit der Haftreibkräfte bei molekulardynamischer Modellierung. Auch hier beeinflusst die zeitliche Auflösung der Vorgeschichte benachbarter Kontaktpunkte die Haftreibkraft.

Zum Schluss lässt sich feststellen, dass die Eindeutigkeit der Lösung für die betrachtete Klasse von MKS stets gegeben ist, auch wenn die Lösung nicht stetig von den Eingangsdaten abhängt (schlecht gestellt). Denn einerseits ist es ein bekanntes Ergebnis, dass ein AWP (4.171) mit stetig differenzierbarer rechter Seite und den dazugehörigen Anfangsbedingungen

$$\begin{pmatrix} \mathbf{p}(t_0) \\ \mathbf{z}(t_0) \\ \mathbf{q}(t_0) \\ \mathbf{u}(t_0) \end{pmatrix} = \begin{pmatrix} \mathbf{p}_0 \\ \mathbf{z}_0 \\ \mathbf{q}_0 \\ \mathbf{u}_0 \end{pmatrix} \tag{5.59}$$

korrekt gestellt ist [71, 72]. Daraus folgt, dass für jedes glatte Stück zwischen zwei Ereignissen eine eindeutige Lösung existiert. Andererseits stellt der Lebendigkeitsnachweis von Seite 124 sicher, dass an jedem Ereignis ein eindeutiger Startzustand für das nächste Integrationsintervall hergestellt wird. Lässt sich ein numerisches Verfahren finden, das in der Lage ist eine eindeutige Näherungslösung für die glatten Stücke zu finden, so ist die Gesamtlösung ebenfalls eindeutig.

Weiterhin liegt zwischen zwei nicht-gleichzeitigen Ereignissen stets das kleinste Zeitintervall τ, da die rechte Seite t_{re} als Ereigniszeitpunkt genommen wird.

$$t_* = t_{re}, \qquad |t_{re} - t_{li}| \leq \tau \tag{5.60}$$

Selbst wenn man also eine Lösung mit immerwährenden Haft- / Gleitübergängen durch eine unphysikalisch hohe Wahl von ε_k provoziert, ist die Rechenzeit dennoch endlich, denn gleichzeitige Ereignisse für einen Kontaktpunkt i sind nicht vorgesehen. Die Gleichzeitigkeit von Ereignissen muss immer verbunden sein mit einer räumlichen Distanz zwischen den Orten der Ereignisse $i \neq j$. Dies ist formal durch die Tatsache gegeben, dass im Petri-Netz N_i alle Konflikte durch die Priorität (5.13) aufgelöst wurden und die Petri-Netze einzelner Kontaktpunkte nicht miteinander gekoppelt sind (5.14).

Die Software aus Anhang A bricht eine Simulation somit niemals aufgrund des Modells der verteilten Reibkontakte ab, Ursachen für Konvergenzprobleme des Lösers sind wie bei Systemen mit stetiger rechter Seite stets auf den glatten Stücken zwischen Ereignissen zu suchen. Dies ist ein erfreuliches Ergebnis für die Einsetzbarkeit des Verfahrens in der Praxis.

5.5. Hinweise zur Wahl der Parameter

Obwohl die lokalen Nachgiebigkeiten der Kontakte nur eine qualitative Interpretation zulassen und nicht mit messbaren Zahlenwerten belebt werden können, lassen sich aus der Erfahrung dennoch ein paar Ratschläge zur Bestimmung sinnvoller Parameter ableiten. Je höher die tangentiale Kontaktsteifigkeit gewählt wird, umso "besser" scheint das Ergebnis im Sinne einer strengen Lösung.

Allzu hohe Kontaktsteifigkeiten sind jedoch wenig praktikabel, da zunehmend steife Systeme auch zunehmend numerische Probleme verursachen bzw.

längere Rechenzeiten benötigen. Ein limitierender Faktor bei der Wahl der Kontaktsteifigkeiten ist also der *Rechenaufwand*, den man bereit ist zu investieren. Es handelt sich dabei um eine *obere Grenze*.

Die Regularisierung durch lokale Elastizitäten erzeugt ein schwingungsfähiges System. Andere Elastizitäten dienen der Abbildung von konstruktiven Merkmalen und befinden sich als generische Komponenten im Modell. Diesen Elastizitäten werden Eigenfrequenzen und Eigenschwingungsformen zugeordnet, welche das Modell wesentlich charakterisieren. Ein naheliegender Wunsch ist es, diese Eigenfrequenzen sauber von den Eigenfrequenzen der Regularisierung zu trennen. So ergibt sich für die Kontaktsteifigkeiten eine *untere Grenze*: Sie sind mindestens so hoch zu wählen, dass die zugehörigen Frequenzen hinreichend weit jenseits der höchsten noch interessierenden Frequenz des Systems liegen. Eine solche Grenzfrequenz sei mit ω_c bezeichnet.

Um einen Zusammenhang zwischen zu wählender tangentialer Kontaktsteifigkeit c_k und ω_c herzustellen, wird hier eine Idee aus [166] aufgegriffen, und der Regularisierungsparameter

$$\varepsilon_c = \frac{\omega_c^2 m_c}{c_k} \tag{5.61}$$

definiert. Dabei ist mit m_c die Masse eines hypothetischen Einmassenschwingers aus einem haftenden Kontaktpunkt gemeint. Für ein reales System muss m_c zumeist abgeschätzt werden als die größere Masse zweier Kontaktpartner oder als die Masse des Kontaktpartners, dessen Bewegung *nicht* kinematisch aufgeprägt ist. Erfahrungsgemäß lassen sich für Regularisierungsparameter zwischen $\varepsilon_c = 10^{-2}$ und $\varepsilon_c = 10^{-4}$ gute Ergebnisse erzielen. Die Rechenzeit wächst dann im Haftzustand in vertretbarem Maße gegenüber der Rechenzeit im Gleitzustand an.

Einschwingvorgänge aufgrund der Ersetzung der Reibstelle durch eine lokale Elastizität sollen möglichst kurz sein, gleichzeitig soll das System nicht durch zu hohe Dämpfungsparameter numerisch steif werden. Demnach bietet es sich an, gerade die kritische Dämpfung als tangentiale Kontaktdämpfung zu wählen:

$$\beta_k = 2m_c\sqrt{\frac{c_k}{m_c}} \tag{5.62}$$

In dieser Arbeit wird stets davon ausgegangen, dass sich normale Kontaktsteifigkeiten c_k^n als Modellparameter identifizieren lassen und mit anschaulichen Zahlenwerten belegt werden können. In Antriebssystemen ist dies der Fall: Reale elastische Bauteile wie *Belagsfederungen* von Kupplungsscheiben oder *Tellerfedern* können nicht als Starrkörper modelliert werden und sollen als Federsteifigkeiten vereinfacht werden. Für eine sinnvolle Parametrisierung von c_k^n muss also nur eine benachbarte Steifigkeit eines realen elastischen Bauteils ermittelt werden.

Aus [169] ist bekannt, dass die Betrachtung einer normalen Kontaktsteifigkeit als Regularisierung und damit verbundener Idealisierung zu hohen Steifigkeiten problematisch ist. Diese Thematik und die damit verwandten PAINLEVÉ-Paradoxa sollen hier nicht weiter verfolgt werden.

Ein weiterer unbekannter Parameter, der erst durch das Kontaktmodell eingeführt wurde, ist die kleine numerische Schranke ε_k, ab der Haften stattfinden soll. Offensichtlich darf man diesen Parameter nicht zu groß wählen, denn ein Übergang zum Haften bei großer Geschwindigkeit hat ein sofortiges erneutes Losreißen des Kontaktes zur Folge. Da in der anschließenden Gleitphase durch die Wirkung der Reibung ohne Fremdeinwirkung die Relativgeschwindigkeit weiter absinkt, wird sofort erneutes Haften detektiert. Dieser Zyklus aus abwechselnden Haft- und Gleitzuständen wiederholt sich beliebig oft, bis die Relativgeschwindigkeit schließlich verschwunden ist. Abgesehen von der schlechten physikalischen Interpretierbarkeit eines Haftzustandes bei hohen Relativgeschwindigkeiten hat der Zyklus aus wechselnden Haft- und Gleitzuständen den enormen Nachteil, dass die Rechenzeit für das Auffinden der vielen Übergänge dramatisch ansteigt. Es existiert somit eine *obere Grenze* für die ε_k-Geschwindigkeit.

Die obere Grenze für ε_k lässt sich näherungsweise bestimmen. Zu einem Zeitpunkt t_* finde ein Übergang von ausgeprägtem Gleiten nach Haften statt. Um zu beurteilen, ob sofortiges Losreißen stattfindet, muss zunächst die "Haftreserve" bekannt sein, also die ertragbare Reibkraft T_i^{St} für kleine Relativgeschwindigkeiten unterhalb der numerischen Schranke ε_k. Im schlimmsten Fall ist die Haftreserve Null, das heißt mit

$$T_i^{St}(\|\dot{\mathbf{x}}\| \leq \varepsilon_k) = \text{const.} = T_i^{St}(\varepsilon_k) \tag{5.63}$$

liegt ein konstanter Reibkoeffizient vor. Ein *sofortiges* Losreißen tritt jetzt ein, wenn der Betrag der regularisierten Reibkraft $\|\mathbf{T}_i^{pl}\|$ rechtsseitig von t_* mit positiver Steigung beginnt. Gilt andersherum für die Steigung

$$\frac{d}{dt}\|\mathbf{T}_i^{pl}(t_*^+)\| \leq 0, \tag{5.64}$$

so ist ein dauerhaftes Haften möglich. Für die Ableitung des Betrags gilt nach der Kettenregel

$$\frac{d}{dt}\|\mathbf{T}_i\| = \frac{d}{dt}\left(\mathbf{T}_i^{\mathrm{T}}\mathbf{T}_i\right)^{\frac{1}{2}} = \frac{1}{2}(\mathbf{T}_i^{\mathrm{T}}\mathbf{T}_i)^{-\frac{1}{2}}2\mathbf{T}_i^{\mathrm{T}}\frac{d}{dt}\mathbf{T}_i, \tag{5.65}$$

so dass aus (5.64)

$$\left(\mathbf{T}_i^{pl}(t_*^+)\right)^{\mathrm{T}}\dot{\mathbf{T}}_i^{pl}(t_*^+) \leq 0 \tag{5.66}$$

wird. Einsetzen von (4.102) ergibt

$$\left(-\dot{\mathbf{x}}_i(t_*^-)\right)^{\mathrm{T}}\dot{\mathbf{T}}_i^{pl}(t_*^+) \leq 0. \tag{5.67}$$

Berücksichtigt man noch, dass die Relativgeschwindigkeit als Bewegungsgröße des Starrkörpersystems keinen Sprung haben darf (4.100) sowie dass im Zustand Haften die plastische Deformationsrate sofort verschwindet (4.99), so lautet Ungleichung (5.67)

$$\left(\dot{\mathbf{x}}_i(t_*^-)\right)^{\mathrm{T}} \left(c_k \dot{\mathbf{x}}_i(t_*^-) + \beta_k \ddot{\mathbf{x}}_i(t_*^-)\right) \leq 0 \tag{5.68}$$

und mit (4.106) erhält man schließlich die gewünschte Grenze für ε_k:

$$\varepsilon_k^2 \leq -\frac{\beta_k}{c_k} \left(\dot{\mathbf{x}}_i(t_*^-)\right)^{\mathrm{T}} \ddot{\mathbf{x}}_i(t_*^-) \tag{5.69}$$

Die rechte Seite von (5.69) ist nicht-negativ, denn die Ereignisfunktion (5.32) wurde gerade so gewählt, dass ein Übergang zum Haften nur bei

$$\frac{d}{dt} \|\dot{\mathbf{x}}_i(t_*^-)\| < 0 \tag{5.70}$$

gleichzeitig negativer Steigung der Relativgeschwindigkeit detektiert werden kann. Erneute Anwendung der Ableitung vom Betrag (5.65) und Einsetzen von (5.62) und (5.61) in (5.69) lässt eine Interpretation der oberen Grenze für ε_k zu:

$$\varepsilon_k^2 \leq -2\sqrt{\frac{m_c}{c_k}} \frac{d}{dt} \|\dot{\mathbf{x}}_i(t_*^-)\| = -2\sqrt{\frac{\varepsilon_c}{\omega_c^2}} \frac{d}{dt} \|\dot{\mathbf{x}}_i(t_*^-)\| \tag{5.71}$$

Erstens muss die ε_k-Schranke umso kleiner gewählt werden, je höher die Grenzfrequenz ω_c zur Trennung von Starrkörperschwingungen und Regularisierungsschwingungen ist. Zweitens muss sie umso kleiner gewählt werden, je geringer der Regularisierungsparameter ε_c ist (je höher die Regularisierungssteifigkeit c_k). An dieser Stelle wird eine Eigenschaft der Regularisierung sichtbar: Bei starrer Formulierung muss zum Zeitpunkt t_* mangels Gesetz für das Abklingen der kleinen Relativgeschwindigkeit $\|\dot{\mathbf{x}}_i\| = \varepsilon_k$ zum kinematischen Haften $\|\dot{\mathbf{x}}_i\| = 0$ eine Unstetigkeit in den Starrkörperbewegungen $\dot{\mathbf{x}}_i(t_*^-) \neq \dot{\mathbf{x}}_i(t_*^+)$ zugelassen oder die Relativgeschwindigkeit ε_k während des Haftzustands beibehalten werden. Die Regularisierung erlaubt, die Unstetigkeit zu vermeiden und dennoch einen Haftzustand ohne Drift zu erhalten. Soll aber dann die Regularisierung mit $\varepsilon_c \to 0$ und $c_k \to \infty$ zum Ideal der starren Bindung übergehen, muss man in der Lage sein, den Haftzustand bei $\varepsilon_k = 0$ Geschwindigkeit Null zu detektieren! Drittens wird ε_k durch die Steigung der Relativgeschwindigkeit beim Übergang nach Haften beschränkt. Letztere lässt sich nicht weiter quantifizieren, aber das Ergebnis überrascht nicht: Für verschwindende Reibwerte $\mu_i^{St} \to 0$ ist $\frac{d}{dt}\|\dot{\mathbf{x}}_i(t_*^-)\| \to 0$ und mit (5.71) auch $\varepsilon_k \to 0$, das heißt es lässt sich keine endliche ε_k-Geschwindigkeit mehr finden, für die ein Übergang zum Haften ohne sofortiges Losreißen detektiert werden kann. Dies ist für verschwindende Reibwerte intuitiv richtig.

Eine *untere Grenze* für ε_k ist durch die numerisch erzielbare Genauigkeit für die Relativgeschwindigkeit $\dot{\mathbf{x}}(t)$ gegeben. Sind etwa die generalisierten Koordinaten $\mathbf{q}$ und die generalisierten Geschwindigkeiten $\mathbf{p}$ jeweils mit einem absoluten Fehler $\Delta\mathbf{q}$ und $\Delta\mathbf{p}$ behaftet und ist mit (3.41) die Relativgeschwindigkeit als Funktion dieser Größen $\dot{\mathbf{x}}_i = f(\mathbf{q}, \mathbf{p})$ gegeben, so wird über eine TAYLOR-Reihenentwicklung eine Näherungslösung für den Fehler $\Delta\dot{\mathbf{x}}_i$ bestimmt [12]:

$$\Delta\dot{\mathbf{x}}_i = \sum \frac{\partial f}{\partial q} \Delta q + \sum \frac{\partial f}{\partial p} \Delta p \tag{5.72}$$

Hat der Fehler $\Delta\dot{\mathbf{x}}_i$ die Größenordnung der ε_k-Schranke

$$O(\varepsilon_k) = O(\Delta\dot{\mathbf{x}}_i), \tag{5.73}$$

so wird bei kleinen Relativgeschwindigkeiten noch während Gleiten die Richtung der Reibkraft durch den Rundungsfehler dominiert. Die Richtung ist somit willkürlich, Konvergenzprobleme des Lösers sind die Folge. Für eine sichere numerische Abbildung des Gleitzustands muss somit

$$O(\varepsilon_k) > O(\Delta\dot{\mathbf{x}}_i), \tag{5.74}$$

gelten. Eine zweite untere Grenze für ε_k ergibt sich aus der Prüfschrittweite des Lösers. Für sehr kleine ε_k muss auch die Prüfschrittweite $t_m - t_{m-1}$ klein gewählt werden, um den dann sehr kurzzeitigen Vorzeichenwechsel der Ereignisfunktion $\boldsymbol{\gamma}_i(\varepsilon_k)$ auswerten zu können (vergleiche Abbildung 5.14(b)).

Theoretisch ist es also möglich, dass die obere Schranke (5.71) einen aus Sicht von (5.74) zu kleinen Wert für ε_k fordert. Der einzige Ausweg im Rahmen der Regularisierung ist dann, die untere Grenze für ε_k durch Verbesserung der Genauigkeit (Erhöhung der Rechenzeit) weiter abzusenken. Praktisch lassen sich für physikalisch sinnvolle Reibwerte und einer für Gleitkommazahlen mit doppelter Genauigkeit üblichen Fehlertoleranz zwischen 10^{-4} und 10^{-16} gute Werte für ε_k finden. Ist tatsächlich eine Haftreserve

$$T_i^{St}(\|\dot{\mathbf{x}}_i\| \leq \varepsilon_k) > T_i^{St}(\varepsilon_k) \tag{5.75}$$

vorhanden, so muss die obere Grenze (5.71) ohnehin nicht streng eingehalten werden.

Der in Abschnitt 4.6.1 eingeführte Winkel ψ_k ist ähnlich wie ε_k eine kleine numerische Schranke zur Behandlung einer Berührnullstelle. Allerdings verhält sich ψ_k unproblematischer als ε_k. Eine obere Grenze ist erst dann gefunden, wenn das numerische Verfahren aufgrund des Richtungssprungs ψ_k Schwierigkeiten bereitet. In der im Anhang A vorgestellten Software wurden niemals Probleme mit einem Wert von

$$\psi_k = \frac{\pi}{500} \tag{5.76}$$

beobachtet. Dieser Wert ist für die verwendete Schrittweitensteuerung und übliche Fehlertoleranzen des Lösers bereits hinreichend weit von Null entfernt, so dass eine untere Grenze für ψ_k nicht beachtet werden muss. Übergänge von *Gleiten* nach *ausgeprägtem Gleiten* werden mit (5.76) stets sicher detektiert.

6. Anwendungsbeispiele

6.1. Zusammenfassung

Anhand von acht Beispielsystemen wird das Einsatzgebiet der elasto-visko-plastischen Regularisierung umrissen. Jedes der acht Beispiele demonstriert eine andere Eigenschaft der Methode. Zu Beginn in Abschnitt 6.2 stehen zwei akademische Beispiele. Im ersten davon wird die Eingangs getätigte intuitive Annahme über die Konvergenz der Lösung bei immer feinerer Diskretisierung der Kontaktfläche im numerischen Experiment bestätigt. Das zweite akademische Beispiel ist die eingekeilte Scheibe aus Kapitel 1. Das Problem der Nicht-Eindeutigkeit der Lösung bei ideal starrer Modellierung muss nicht untersucht werden, da die Eindeutigkeit der Lösung bereits in Kapitel 5 festgestellt wurde. Stattdessen wird an der eingekeilten Scheibe die Robustheit des Algorithmus bei sehr vielen Ereignissen des Öffnen und Schließens von Kontakten gezeigt.

Im Abschnitt 6.3 folgen vier Beispielsysteme mit zunehmender Nähe zu realen technischen Systemen. Sie alle gehören der Klasse der ebenen Scheibensysteme mit Reibung an. Im einfachsten Modell – ein Stab kontaktiert eine rotierende Scheibe – wird nachgewiesen, dass die elasto-visko-plastische Regularisierung in der Lage ist, typische Fragestellungen der nichtlinearen Dynamik durch Numeriksimulationen zu unterstützen. Weiterhin gelingt anhand dieses Beispiels ein Vergleich von Regularisierung und Modellierung mittels klassischer Mechanik und Einzelpunktkontakt. Die verbleibenden drei Beispielsysteme illustrieren, wie das Kontaktmodell zum Verständnis dynamischer Phänomene in Antriebskomponenten beitragen kann.

Im Abschnitt 6.4 wird ein Greifproblem einer Roboterhand betrachtet. Das Beispiel ist eine Reproduktion aus der Arbeit von Keppler [94], dort mit anderer Methode berechnet. Das Beispiel wurde hauptsächlich übernommen, weil es besonders anschaulich ist. Da hier das Greifproblem nicht im Fokus steht, wird an diesem Beispiel der qualitative Einfluss des Regularisierungsparameters ε_c auf das Simulationsergebnis illustriert.

Das Kapitel schließt mit dem Versuch eines möglichst fairen Vergleichs zwischen der elasto-visko-plastischen Regularisierung und einem für nichtglatte Formulierungen typischen Zeitschrittverfahren. Das erfreuliche Ergebnis ist, dass bei immer genauerer Betrachtung beide Verfahren sich im Ergebnis einander annähern. Im Vergleich der Rechenzeiten schneidet die Regularisierungsmethode entgegen ihrem Ruf als das schnellere Verfahren ab.

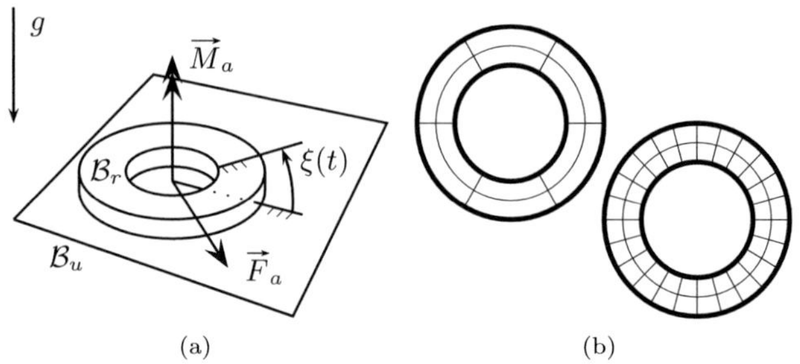

Abbildung 6.1.: (a) Ring gleitet auf Unterlage, (b) Diskretisierung der Kontaktfläche mit 12 und 48 Elementen

6.2. Elementare Beispielsysteme

6.2.1. Ebener Kontakt zwischen zwei Körpern

Das in Abbildung 6.1(a) gezeigte System besteht aus einem Ring $\mathcal{B}_r$ und einer Unterlage $\mathcal{B}_u$. Der Körper $\mathcal{B}_u$ ist starr an den Inertialraum gebunden, der Ring $\mathcal{B}_r$ hat alle sechs Starrkörperfreiheitsgrade. Auf den Ring wirke die Erdbeschleunigung $g = 9.81\ \frac{\mathrm{m}}{\mathrm{s}^2}$ senkrecht zur Unterlage, so dass es auf der Unterseite des Rings zum Kontakt mit der Unterlage kommt. Zusätzlich wirken das äußere Moment $\vec{M}_a$ und im Schwerpunkt die äußere Kraft $\vec{F}_a$ auf den Körper $\mathcal{B}_r$. Für alle Simulationen werden die folgenden Parameter des Systems zugrunde gelegt: Außenradius des Rings $r_2 = 1$ cm, Innenradius des Rings $r_1 = 6$ mm, Höhe des Rings $d = 1$ cm, Materialdichte 12 $\frac{\mathrm{kg}}{\mathrm{dm}^3}$, statischer Reibwert $\mu^{st} = 0.55$, dynamischer Reibwert $\mu^{dyn} = 0.35$.

Vergleich verschiedener Diskretisierungen Für die Unterseite des Rings werden im Folgenden fünf verschiedene Diskretisierungen verwendet, und zwar mit 3, 12, 24, 36 und 48 Kontaktpunkten. Dabei befinden sich die Kontaktpunkte jeweils auf zwei konzentrischen Kreisen und die Anzahl der Kreissegmente wird variiert (vgl. Abbildung 6.1(b)).

Die Regularisierung des tangentialen Kontaktes wird mit den Parametern $\varepsilon_c = \frac{1}{100}$, $\omega_c = 4\ \frac{\mathrm{rad}}{s}$ und $m_c = 1$ kg durchgeführt. Die elastische Bettung in Normalenrichtung ist mit 4 $\frac{\mathrm{kN}}{\mathrm{mm}}$ Steifigkeit und 100 $\frac{\mathrm{kg}}{\mathrm{s}}$ Dämpfung (jeweils bezüglich eines Kontaktpunktes) nur geringfügig deformierbar. Die äußere Kraft $\|\vec{F}_a\| \leq 0.1$ N und das äußere Moment $\|\vec{M}_a\| \leq 0.25$ Nmm (siehe Abbildungen 6.2(a) und 6.2(b)) erzeugen eine willkürliche Bewegung des Rings über die Unterlage. Es wurde einzig darauf geachtet, dass in der Bewegung sowohl Haften als auch Gleiten auftritt.

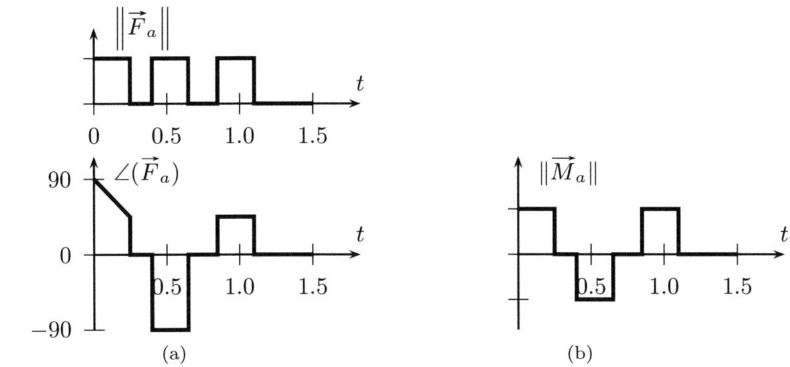

Abbildung 6.2.: (a) Äußere Kraft auf Ring, Betrag und Richtung (b) Äußeres Moment auf Ring

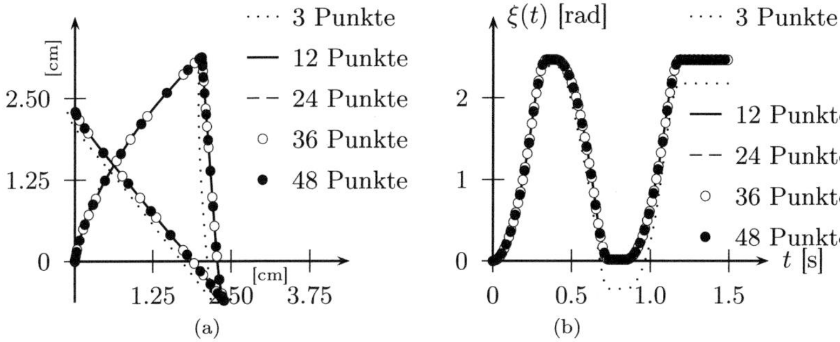

Abbildung 6.3.: (a) Trajektorie vom Ring auf Unterlage, (b) Winkel $\xi(t)$

Nach Numeriksimulationen mit 0.1 μm bzw. 0.1 $\frac{\mu m}{s}$ absoluter und 10^{-7} relativer Fehlertoleranz zeigt sich, dass für Diskretisierungen ab 12 Kontaktpunkten die Ergebnisse gut übereinstimmen. In Abbildung 6.3(a) ist die Trajektorie des Schwerpunktes vom Ring auf der Unterlage für alle fünf Diskretisierungen gezeigt, in dieser Ansicht ist nur für die äußerst grobe Diskretisierung mit drei Kontaktpunkten ein Unterschied sichtbar. Dasselbe gilt für den Verdrehwinkel $\xi(t)$ gegenüber dem Inertialraum, siehe Abbildung 6.3(b).

Bei genauerer Betrachtung stellt man fest, dass die Abstände zwischen den Lösungen bei steigender Anzahl von Kontaktpunkten geringer werden. Nimmt man intuitiv die Lösung mit 48 Kontaktpunkten als "Referenz" $\mathbf{q}_{ref}(t)$ und berechnet den Abstand $\|\mathbf{q}_n(t) - \mathbf{q}_{ref}(t)\|$ für alle Lösungen $\mathbf{q}_n$, $n \in \{3, 12, 24, 36\}$,

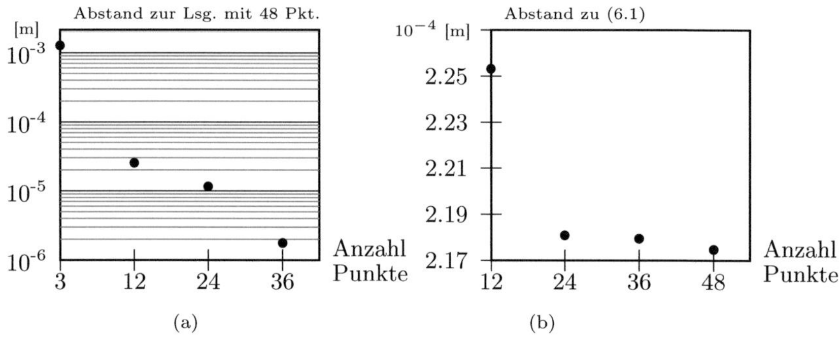

Abbildung 6.4.: (a) Mittlerer quadratischer Abstand der Lösungen mit 3, 12, 24 und 36 Kontaktpunkten zur "Referenz" mit 48 Kontaktpunkten (b) Mittlerer quadratischer Abstand der Lösungen mit 12, 24, 36 und 48 Kontaktpunkten zu Gleichung (6.1)

so ergibt sich ein jeweils geringerer Abstand bei Erhöhung der Punktezahl. Die Differenzen sind in Abbildung 6.4(a) gezeigt. Die eingangs erwähnte intuitive Annahme über die Diskretisierung, dass ab einer gewissen Anzahl von Kontaktpunkten die Lösung unter Hinzunahme weiterer Kontaktpunkte sich nur noch geringfügig ändert, ist zumindest am vorliegenden Beispielsystem durch das beobachtete Konvergenzverhalten bestätigt.

Vergleich verschiedener Diskretisierungen mit kontinuierlicher Reibfläche Beschränkt man sich nur auf den Zustand ausgeprägtes Gleiten A, lässt sich die Frage nach einer geeigneten Referenzlösung für den Algorithmus aus dem vorigen Kapitel 5 leicht beantworten. Denn im Gleitzustand kann das Kraftgesetz der COULOMBschen Reibung lokal für ein infinitesimales Flächenelement der Kontaktfläche formuliert werden, anschließend wird über den kompletten Kontaktrand integriert. Vereinfacht man das Beispielsystem weiter, indem man nur zwei translatorische Freiheitsgrade q_x und q_y in der Ebene der Unterlage sowie einen Winkelfreiheitsgrad ξ zwischen Unterlage und Ring behält, so ergibt sich die Bewegungsgleichung zu

$$m\ddot{q}_x = F_{ax} - \frac{\mu N}{\pi(r_2^2 - r_1^2)} \int_0^{2\pi} \int_{r_1}^{r_2} \frac{v_x(r,\theta)}{\sqrt{v_x^2(r,\theta) + v_y^2(r,\theta)}} r dr d\theta \tag{6.1}$$

$$m\ddot{q}_y = F_{ay} - \frac{\mu N}{\pi(r_2^2 - r_1^2)} \int_0^{2\pi} \int_{r_1}^{r_2} \frac{v_y(r,\theta)}{\sqrt{v_x^2(r,\theta) + v_y^2(r,\theta)}} r dr d\theta$$

$$J_s\ddot{\xi} = M_a + \frac{\mu N}{\pi(r_2^2 - r_1^2)} \int_0^{2\pi} \int_{r_1}^{r_2} \frac{v_x(r,\theta) r \sin(\xi+\theta) - v_y(r,\theta) r \cos(\xi+\theta))}{\sqrt{v_x^2(r,\theta) + v_y^2(r,\theta)}} r dr d\theta$$

mit den Abkürzungen

$$\begin{aligned} v_x(r,\theta) &= \dot{q}_x - \dot{\xi} r \sin(\xi+\theta) \\ v_y(r,\theta) &= \dot{q}_y + \dot{\xi} r \cos(\xi+\theta). \end{aligned} \tag{6.2}$$

Durch Approximation der doppelten Integrale auf der rechten Seite von (6.1) mittels Simpson-Quadratur während jeder Evaluation der DGL lässt sich nun eine numerische Näherungslösung erzeugen, die "sehr viele" Kontaktpunkte enthält. Denn die Diskretisierung der integralen Ausdrücke in (6.1) erfolgt nun durch den abgeschätzten Fehler der Quadratur. In Abbildung 6.5(a) ist die Trajektorie einer solchen Referenzlösung eingezeichnet, wobei die Integrale zu jedem Zeitpunkt mit einer Fehlertoleranz von 10^{-6} approximiert wurden und damit die DGL mit absoluter und relativer Fehlertoleranz von jeweils 10^{-9} gelöst wurde. Die äußere Kraft wurde mit

$$F_{ax}(t) = 0, \quad F_{ay}(t) = \begin{cases} 0.05 \text{ N}, & t < 0.25 \text{ s} \\ -0.05 \text{ N}, & t \geq 0.25 \text{ s} \end{cases} \tag{6.3}$$

festgelegt und das äußere Moment $M_a(t) = 0$ gesetzt. Zusätzlich wurde die Anfangsbedingung

$$\dot{q}_x(0) = 1, \quad \dot{q}_y(0) = 0, \quad \dot{\xi}(0) = 200, \quad q_x(0) = 0, \quad q_y(0) = 0, \quad \xi(0) = 0 \tag{6.4}$$

gewählt, so dass auch im Modell mit allen diskreten Zuständen stets ausgeprägtes Gleiten vorliegt. Wie in Abbildungen 6.5(a) und 6.5(b) ersichtlich, stimmen alle Lösungen mit 12–48 diskreten Kontaktpunkten gut mit der Referenzlösung aus (6.1) überein. Bei genauerer Betrachtung des Abstandes zur Referenzlösung fällt wiederum auf, dass die Näherungslösung mit diskreten Kontaktpunkten umso besser wird, je mehr Kontaktpunkte berücksichtigt wurden (siehe Abbildung 6.4(b)).

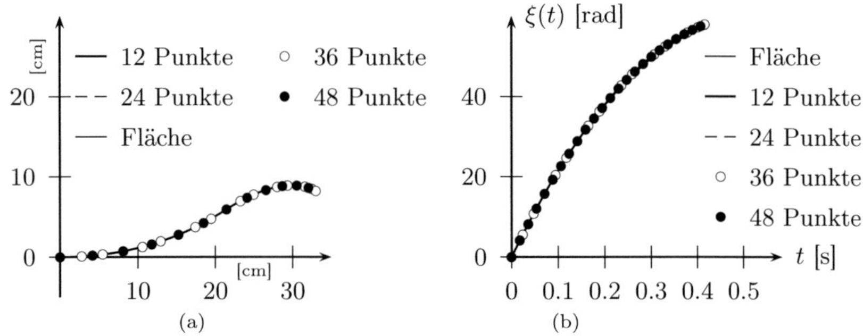

Abbildung 6.5.: (a) Trajektorie vom Ring auf Unterlage, (b) Winkel $\xi(t)$

6.2.2. Die eingekeilte Scheibe

In der Dissertationsschrift [169] wurde die Uneindeutigkeit bezüglich des Haft- oder Gleitzustands im System der eingekeilten Scheibe (Seite 12) gelöst, indem zur Regularisierung in Kontaktnormalenrichtung lokale Elastizitäten eingeführt wurden, der Tangentialkontakt aber weiterhin streng mit nichtglatter Formulierung als starrer Kontakt behandelt wurde.

Mit dem Ergebnis der Eindeutigkeit einer Numeriksimulation mit elasto-visko-plastischer Regularisierung des Tangentialkontakts aus Kapitel 5 ist bereits bekannt, dass beide Uneindeutigkeiten, die Uneindeutigkeit der Reibkraftverteilung während Haften, die für die Bewertung der Dynamik des Systems unerheblich ist, und die Uneindeutigkeit über den Haft- oder Gleitzustand, die pathologisch ist, nicht auftreten werden. Von daher erscheint es müßig, das System der eingekeilten Scheibe mit der elasto-visko-plastischen Regularisierung nachzurechnen, zumal auch in der ursprünglichen Arbeit [115] bereits eine Regularisierung mit tangentialer und normaler Nachgiebigkeit betrachtet wurde. Üblicherweise wird die eingekeilte Scheibe als ebenes System betrachtet, da bereits hier die Nicht-Eindeutigkeit des Haftzustandes bei starrer Formulierung auftritt. Die Eigenschaft der Plastizität des Kontaktmodells aus Kapitel 4 wurde jedoch speziell zur Behandlung flächiger Kontakte in dreidimensionalen MKS eingeführt, für zweidimensionale Systeme wird sie nicht benötigt.

Trotz der Einwände soll im folgenden die Dynamik der eingekeilten Scheibe untersucht werden. Für das System kann eine relativ einfache lineare Stabilitätsanalyse durchgeführt werden, die eine Instabilität der rotierenden Scheibe im Keil unter bestimmten Voraussetzungen bezüglich Keilwinkel θ und Gleitreibung μ offenbart. Das nichtlineare System zeigt bei diesen Parametern eine "klappernde" Bewegung begleitet von zahlreichen Ereignissen des Öffnens und Schließens von Kontakten. Zweck der Untersuchung ist es, das grundsätzliche

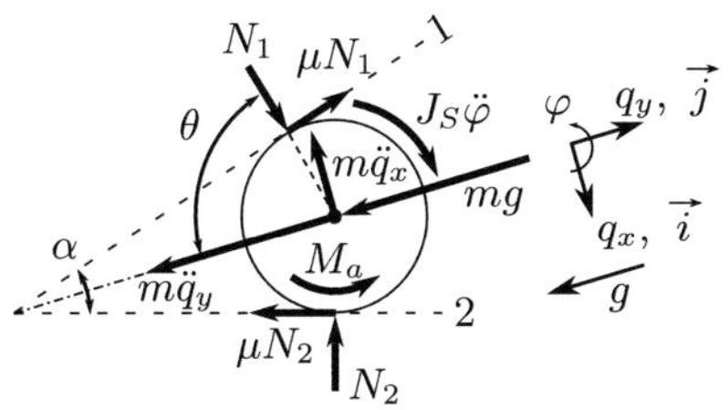

Abbildung 6.6.: Freischnitt der eingekeilten Scheibe

Funktionieren des numerischen Verfahrens für eine hohe Dichte von Ereignissen und die gute Übereinstimmung der Numeriksimulationen mit den Ergebnissen der linearen Stabilitätsanalyse zu demostrieren.

Für alle Simulationen wurden die folgenden Modellparameter verwendet: Masse der Scheibe $m = 1$ kg, Radius der Scheibe $R = 0.1$ m, Trägheitsmoment $J_S = \frac{1}{2}mR^2$, Winkel $\theta = \frac{3}{8}\pi$, Normalsteifigkeit $c_1^n = c_2^n = c = 10^5\ \frac{\mathrm{N}}{\mathrm{m}}$ und Erdbeschleunigung $g = 9.81\ \frac{\mathrm{m}}{\mathrm{s}^2}$. Die tangentialen Regularisierungsparameter c_1 und c_2 wurden hinreichend hoch gewählt, bis sie keinen Einfluss mehr zeigten. Die Normaldämpfung $\beta_1^n = \beta_2^n = \beta$ und der Reibwert $\mu_1 = \mu_2 = \mu$ fließen als freie Parameter in die Stabilitätsanalyse ein.

Aus Gleichung (1.13) ergibt sich unter Berücksichtigung der Trägheitsterme die Bewegungsgleichung

$$\begin{pmatrix} m & 0 & 0 \\ 0 & m & 0 \\ 0 & 0 & J_S \end{pmatrix} \begin{pmatrix} \ddot{q}_x \\ \ddot{q}_y \\ \ddot{\varphi} \end{pmatrix} = \begin{pmatrix} N_1(\sin\theta - \mu\cos\theta) - N_2(\sin\theta + \mu\cos\theta) \\ N_1(\cos\theta + \mu\sin\theta) + N_2(\cos\theta - \mu\sin\theta) - mg \\ -R\mu N_1 - R\mu N_2 + M_a \end{pmatrix}, \tag{6.5}$$

in die bereits die Annahme des Gleitens

$$T_1 = \mu N_1, \quad T_2 = \mu N_2 \tag{6.6}$$

eingesetzt wurde (siehe Freischnitt 6.6). Berücksichtigt man für die Normalkräfte nur die Federkräfte

$$N_1 = c(R - q_x\sin\theta - q_y\cos\theta) \tag{6.7}$$

$$N_2 = c(R + q_x\sin\theta - q_y\cos\theta) \tag{6.8}$$

ohne die Möglichkeit zum Kontaktverlust, so ergibt sich die lineare Bewegungsgleichung

$$\mathbf{M}\ddot{\mathbf{q}} + \mathbf{K}\mathbf{q} = \mathbf{f} \tag{6.9}$$

mit den Freiheitsgraden $\mathbf{q} = [q_x, q_y, \varphi]^\mathrm{T}$, Massen- und Steifigkeitsmatrix

$$\mathbf{M} = \begin{pmatrix} m & 0 & 0 \\ 0 & m & 0 \\ 0 & 0 & J_S \end{pmatrix}, \quad \mathbf{K} = \begin{pmatrix} 2c(1-\cos^2\theta) & -2\mu c\cos^2\theta & 0 \\ 2\mu c(1-\cos^2\theta) & 2c\cos^2\theta & 0 \\ 0 & -2\mu cR\cos\theta & 0 \end{pmatrix} \tag{6.10}$$

sowie aller konstanter Terme

$$\mathbf{f} = \begin{pmatrix} -2\mu cR\cos\theta \\ 2cR\cos\theta - mg \\ -2\mu cR^2 + M_a \end{pmatrix}. \tag{6.11}$$

Man beachte, dass mit (6.9) ein System linearisiert wurde, das sich strenggenommen aufgrund der Unstetigkeiten von Kontaktverlust und Reibung nicht linearisieren lässt. Setzt man $\ddot{\mathbf{q}} = \mathbf{0}$ in (6.9) so lässt sich die Ruhelage

$$q_{x0} = -\frac{\mu mg}{2c\sin^2\theta(1+\mu^2)}, \quad q_{y0} = \frac{2cR\cos\theta(1+\mu^2) - mg}{2c\cos^2\theta(1+\mu^2)}, \quad \varphi \text{ beliebig} \tag{6.12}$$

bestimmen, die für die beiden Sonderfälle $\theta = 0$ (der Keil ist eine Ebene mit dem $\vec{j}$-Einheitsvektor als Normalenrichtung) und $\theta = \frac{\pi}{2}$ (die beiden Schenkel des Keils sind parallel) nicht existiert. Die Gleichung in den Abweichungen $q_x = q_{x0} + \Delta q_x$ und $q_y = q_{y0} + \Delta q_y$ ist gerade die homogene Gleichung des Systems:

$$\mathbf{M}\Delta\ddot{\mathbf{q}} + \mathbf{K}\Delta\mathbf{q} = \mathbf{0} \tag{6.13}$$

mit dem dazugehörigen Eigenwertproblem

$$(\mathbf{M}\lambda^2 + \mathbf{K})\mathbf{v} = \mathbf{0} \tag{6.14}$$

(Eigenwert λ, Eigenvektor $\mathbf{v}$) und charakteristischer Gleichung

$$m^2\lambda^6 + 2cm\lambda^4 + 4c^2(1-\cos^2\theta)\cos^2\theta(1+\mu^2)\lambda^2 = 0. \tag{6.15}$$

Es existiert also stets der doppelte Eigenwert $\lambda_1^2 = 0$, der dem beliebigen Drehwinkel φ zugeordnet ist. Weitere Eigenwerte aus (6.15) sind

$$\lambda_{2,3}^2 = -\frac{c}{m}\left(1 \mp \sqrt{1 - 4\sin^2\theta\cos^2\theta(1+\mu^2)}\right). \tag{6.16}$$

Werden die Nullstellen von $\sin\theta$ und $\cos\theta$ aufgrund der bereits genannten Nicht-Existenz der Ruhelage ausgeschlossen, so ist das Argument der Wurzel in (6.16) stets kleiner Eins. Falls zusätzlich

$$1 - 4\sin^2\theta\cos^2\theta(1+\mu^2) \geq 0 \tag{6.17}$$

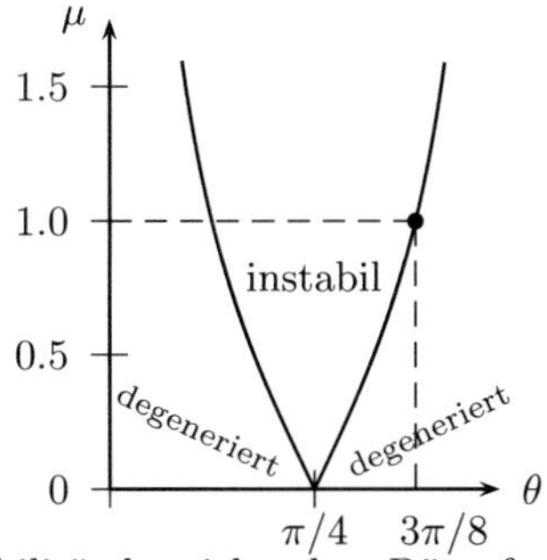

Abbildung 6.7.: Stabilitätsbereiche ohne Dämpfung in Normalenrichtung

gilt, sind λ_2^2 und λ_3^2 negativ, das heißt es gibt zwei rein imaginäre Paare komplex konjugierter Eigenwerte. Der Realteil aller Eigenwerte $\mathrm{Re}(\lambda_i)$ ist somit Null und es kann keine Stabilitätsaussage für das nichtlineare System getroffen werden (degenerierte Ruhelage, Satz von HARTMAN und GROBMAN). Ist hingegen

$$1 - 4\sin^2\theta\cos^2\theta(1+\mu^2) < 0, \tag{6.18}$$

so entstehen Eigenwerte mit positivem und negativem Realteil, die Ruhelage ist instabil. Die Grenze von instabilem und degeneriertem Bereich ist durch ein Gleichheitszeichen in (6.17) gegeben und in der (μ, θ)-Ebene in Abbildung 6.7 skizziert. Für den hier verwendeten Winkel $\theta = \frac{3}{8}\pi$, mit

$$\alpha = \pi - 2\theta \tag{6.19}$$

entspricht dies einem Keilwinkel $\alpha = \frac{\pi}{4}$, beginnt die Instabilität bei $\mu \geq 1$ (Abbildung 6.7).

Die Stabilitätsaussage lässt sich präzisieren, wenn man viskose Dämpfung im Normalkontakt berücksichtigt, allerdings zu dem Preis, dass die Eigenwerte nicht mehr so einfach wie in (6.16) anzugeben sind. Anstelle von (6.7) und (6.8) sei jetzt

$$N_1 = c(R - q_x\sin\theta - q_y\cos\theta) + \beta(-\dot{q}_x\sin\theta - \dot{q}_y\cos\theta) \tag{6.20}$$

$$N_2 = c(R + q_x\sin\theta - q_y\cos\theta) + \beta(\dot{q}_x\sin\theta - \dot{q}_y\cos\theta) \tag{6.21}$$

Die Bewegungsgleichung lautet dann

$$\mathbf{M}\ddot{\mathbf{q}} + \mathbf{D}\dot{\mathbf{q}} + \mathbf{K}\mathbf{q} = \mathbf{f} \tag{6.22}$$

mit **M**, **K** und **f** wie bisher (6.10) und der Dämpfungsmatrix

$$\mathbf{D} = \begin{pmatrix} 2\beta(1-\cos^2\theta) & -2\beta\mu\cos^2\theta & 0 \\ 2\beta\mu(1-\cos^2\theta) & 2\beta\cos^2\theta & 0 \\ 0 & -2\mu\beta R\cos\theta & 0 \end{pmatrix} \tag{6.23}$$

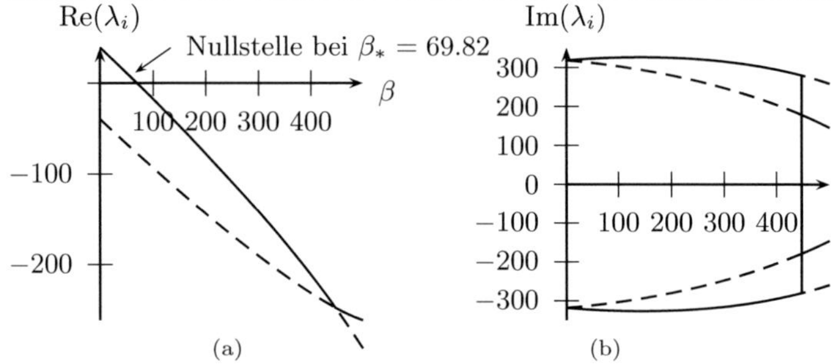

Abbildung 6.8.: (a) Realteile aller vier Eigenwerte $\lambda_i \neq 0$ (zwei komplex konjugierte Eigenwertpaare), (b) Imaginärteile aller vier Eigenwerte $\lambda_i \neq 0$

Die Ruhelage ist wiederum (6.12), die charakteristische Gleichung ist jedoch

$$\begin{aligned}\lambda^6 m^2 + \lambda^5 2\beta m + \lambda^4[4\beta^2(1+\mu^2)\cos^2\theta(1-\cos^2\theta) + 2cm] + \\ \lambda^3 8\beta c\cos^2\theta(1-\cos^2\theta)(1+\mu^2) + \lambda^2 4c^2\cos^2\theta(1-\cos^2\theta)(1+\mu^2) = 0\end{aligned} \tag{6.24}$$

Wiederum tritt sofort der doppelte Eigenwert $\lambda_1^2 = 0$ der ungefesselten Starrkörperdrehung der Scheibe auf. Die beiden komplex konjugierten Eigenwertpaare λ_2 und $\overline{\lambda}_2$ sowie λ_3 und $\overline{\lambda}_3$ lassen sich zwar noch geschlossen finden, allerdings sind die Ungleichungen zur Bestimmung der Stabilitätsgrenzen unübersichtlich und werden daher weggelassen. Stattdessen sind in Abbildungen 6.8(a) und 6.8(b) die Real- und Imaginärteile der verbleibenden Eigenwerte für den im ungedämpften System überkritischen Reibwert $\mu = 1.05$ gezeichnet. Ein Paar komplex konjugierter Eigenwerte beginnt für $\beta = 0$ mit positivem Realteil, die Scheibe ist instabil, wie bereits aus Abbildung 6.7 bekannt. Durch Erhöhen der Dämpfung werden die Realteile aller Eigenwerte λ_2, $\overline{\lambda}_2$ und λ_3, $\overline{\lambda}_3$ negativ, die Ruhelage (q_{x0}, q_{y0}) stabil. Rechnerisch liegt die Nullstelle des Realteils bei $\beta_* = 69.82\ \frac{\text{kg}}{\text{s}}$.

Trotz der drastischen Linearisierung des Kontakts lässt sich diese Stabilitätsgrenze auch durch Simulation mit dem Algorithmus aus Kapitel 5 identifizieren. Für eine leicht überkritische Dämpfung von $\beta = 70\ \frac{\text{kg}}{\text{s}}$ klingen die Schwingungen der Scheibe in der $(\vec{i}, \vec{j})$-Ebene ab. In Abbildung 6.9(a) ist die q_y-Koordinate der Numeriksimulation gezeigt. Der sich einstellende stationäre Wert q_{y0} entspricht gut der Prognose aus (6.12). Wählt man hingegen eine leicht kritische Dämpfung von $\beta = 69\ \frac{\text{kg}}{\text{s}}$, so klingt die Schwingung auf (Abbildung 6.9(b)). Entgegen der linearen Analyse wird die Amplitude im nichtlinearen System durch Kontaktverluste zwischen Scheibe und Keil begrenzt.

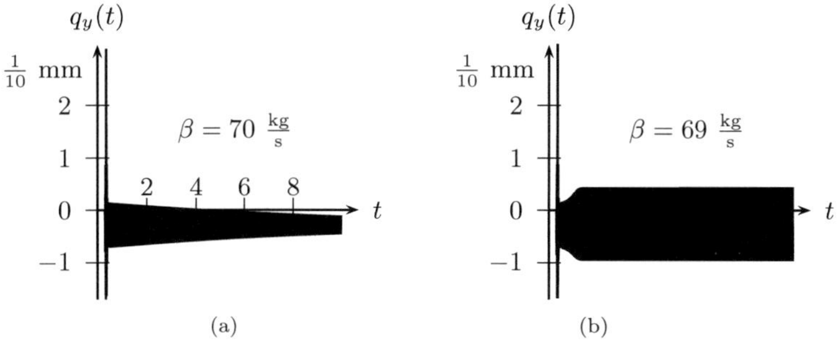

Abbildung 6.9.: (a) Abklingende Schwingung der eingekeilten Scheibe bei linearer Stabilität, (b) Schwingung der eingekeilten Scheibe bei linearer Instabilität

Statt einer Instabilität stellt sich in der Numeriksimulation ein stabiler Grenzzyklus ein, dessen konstante q_y-Amplitude in Abbildung 6.9(b) zu sehen ist. Die Simulationen bei linearer Instabilität sind von einem fortwährenden Öffnen und Schließen der Kontakte begleitet, was sich natürlich auf die Rechenzeit auswirkt.

Die Stabilitätsgrenze lässt sich für weitere Reibwerte sowohl mit Eigenwertanalyse als auch durch Simulation finden. In Abbildung 6.10 sind exemplarisch für fünf verschiedene μ die analytischen Stabilitätsgrenzen entlang β_* eingezeichnet. Zusätzlich wurde mit dem Computeralgorithmus die Stabilitätsgrenze durch Ausprobieren auf 1 $\frac{\text{kg}}{\text{s}}$ genau bestimmt. Wie in Abbildung 6.10 zu beobachten ist, liegen beide Ergebnisse dicht beeinander. Insgesamt lässt sich am Beispielsystem der eingekeilten Scheibe eine gute Übereinstimmung zwischen analytischer Vorhersage und numerischen Ergebnissen feststellen. Allerdings enthielten die simulierten Bewegungen nur die Kontaktzustände *Gleiten A* und *inaktiv #*. Die Frage, ob mit dem Kontaktmodell nichtlineare Phänomene mit Haft- und Gleitzuständen untersucht werden können, muss anhand weiterer Beispielsysteme beantwortet werden.

6.3. Nichtlineare Dynamik ebener Scheibensysteme

Rotierende Scheiben mit Reibung finden sich in vielen technischen Anwendungen wieder. Bei Kraftfahrzeugantrieben sind in erster Linie Reibkupplungen, Betätigungssysteme für konventionelle oder Doppelkupplungen und Bremssysteme [168] zu nennen. Andere weit verbreite Anwendungen sind Tribometer zum Messen von stationären Gleitreibwerten [85] oder die Untersuchung uner-

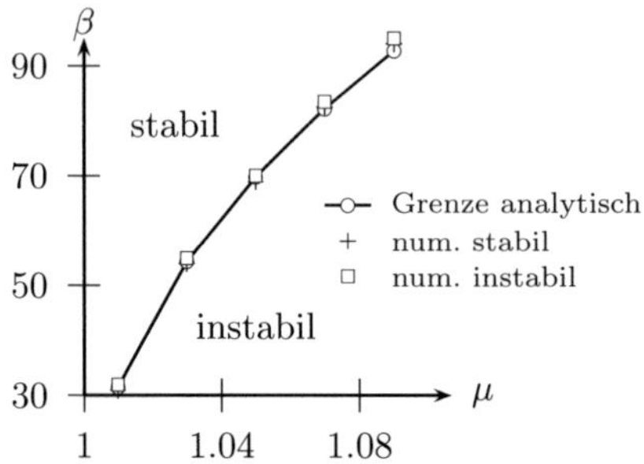

Abbildung 6.10.: Stabilitätsbereiche, analytische Vorhersage und Numeriksimulation

wünschter Kollisionen zwischen Magnetscheiben und Lesekopf in magnetischen Massenspeichern [82].

6.3.1. Einfache Systeme mit radialer Elastizität und Reibung

Das folgende Beispiel soll demonstrieren, dass das in Kapiteln 4 und 5 vorgestellte Verfahren auch zur Behandlung von Starrkörpersystemen mit Punktkontakt geeignet ist. Da in diesen Systemen während Haften keine Bindung überzählig ist, kann die Haftreibkraft stets aus einer Gleichgewichtsbetrachtung bestimmt werden. Starrkörpersysteme mit Punktkontakt bieten sich daher an, den Einfluss der Regularisierungsparameter auf die Lösung zu untersuchen.

Das in Abbildung 6.11 gezeigte System besteht aus einer Scheibe $\mathcal{B}_m$ und einem Stab $\mathcal{B}_s$, der an seinem Ende die Scheibe berührt. Die Scheibe rotiert mit konstanter Winkelgeschwindigkeit ω um ihre starr gelagerte Zentralachse. Die einzigen Freiheitsgrade des Systems sind die q_i- und q_j-Verschiebungen des Stabs in der Ebene der Scheibe. Entlang beider Richtungen ist der Stab über die Steifigkeit c_s und die viskose Dämpfung β_s an den Inertialraum gefesselt. Die entspannte Lage der Federn befindet sich im Punkt $(X_0, 0)^{\mathrm{T}}$ der $(\vec{i}, \vec{j})$-Ebene. Es gelte zu allen Zeiten die konstante Normalkraft $\vec{N} = N\vec{k}$ mit $N = 1$.

Mit der COULOMBschen Gleitreibkraft

$$\mathbf{T}^c = \begin{pmatrix} T_i^c \\ T_j^c \end{pmatrix} = -\mu N \frac{\dot{\mathbf{x}}}{||\dot{\mathbf{x}}||} \tag{6.25}$$

und der Relativgeschwindigkeit $\dot{\mathbf{x}}(t)$

$$\dot{\mathbf{x}}(t) = \begin{pmatrix} \dot{x}_i \\ \dot{x}_j \end{pmatrix} = \begin{pmatrix} \dot{q}_i + \omega q_j \\ \dot{q}_j - \omega q_i \end{pmatrix} \tag{6.26}$$

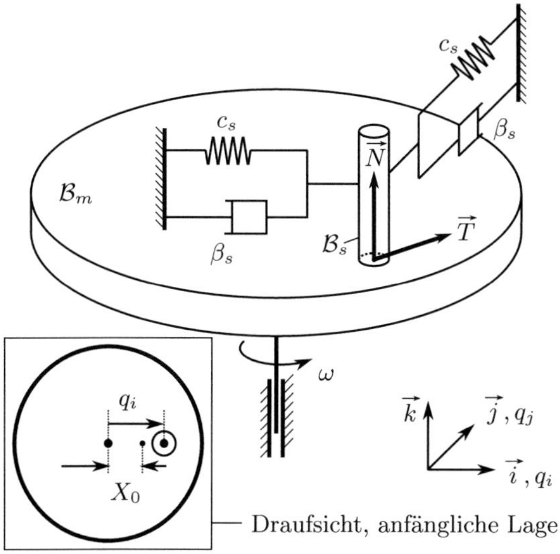

Abbildung 6.11.: Stab auf Scheibe mit einem Kontaktpunkt. Die kleine Detailansicht zeigt den Abstand zwischen Scheibe *master* und Stab *slave* X_0 in undeformierter Lage der Feder sowie die Federverformung $q_i - X_0$. Eine Taumelbewegung der Scheibe ist im Modell aufgrund der starr angenommenen Scheibe mit idealem Drehgelenk nicht möglich. Eine Bewegung des Stabs in $\vec{k}$-Richtung wird ebenfalls per Annahme ausgeschlossen, so dass der Betrag der Normalkraft $\|\vec{N}\|$ konstant ist.

lauten die Bewegungsgleichungen des Stabes

$$\begin{aligned} m\ddot{q}_i + \beta_s \dot{q}_i + c_s(q_i - X_0) = T_i^c &= \frac{-\mu N(\dot{q}_i + \omega q_j)}{\sqrt{(\dot{q}_i + \omega q_j)^2 + (\dot{q}_j - \omega q_i)^2}} \\ m\ddot{q}_j + \beta_s \dot{q}_j + c_s q_j = T_j^c &= \frac{-\mu N(\dot{q}_j - \omega q_i)}{\sqrt{(\dot{q}_i + \omega q_j)^2 + (\dot{q}_j - \omega q_i)^2}} \end{aligned} \tag{6.27}$$

während Gleiten und

$$\begin{aligned} q_i(t) &= C\cos(\omega(t - t_*) + \theta) \\ q_j(t) &= C\sin(\omega(t - t*) + \theta) \end{aligned} \tag{6.28}$$

während Haften, wobei sich Amplitude C und Phasenwinkel θ sich aus dem Zeitpunkt t_* des letzten Gleit-Haftübergangs errechnen.

$$C = \sqrt{q_i^2(t_*) + q_j^2(t_*)} \tag{6.29}$$

$$\theta = \begin{cases} \arctan \frac{q_j(t_*)}{q_i(t_*)} + \pi, & q_i(t_*) < 0 \\ \arctan \frac{q_j(t_*)}{q_i(t_{**})}, & q_i(t_*) > 0 \\ \frac{\pi}{2}, & q_i(t_*) = 0, \quad q_j(t_*) > 0 \\ -\frac{\pi}{2}, & q_i(t_*) = 0, \quad q_j(t_*) < 0 \\ \text{unbestimmt}, & q_i(t_*) = 0, \quad q_j(t_*) = 0 \end{cases} \tag{6.30}$$

Der Haftzustand wird mittels der Bedingung $T \leq \mu^{st} N = \mu^{st}$ überwacht, die Tangentialkraft T kann aufgrund des Punktkontaktes während Haften aus dem dynamischen Gleichgewicht

$$T = \sqrt{T_i^2 + T_j^2}, \qquad \begin{cases} T_i = m\ddot{q}_i + \beta_s \dot{q}_i + c_s(q_i - X_0) \\ T_j = m\ddot{q}_j + \beta \dot{q}_j + c_s q_j \end{cases} \tag{6.31}$$

bestimmt werden. Der Übergang von Gleiten nach Haften wird wie gehabt als Berührnullstelle der Relativgeschwindigkeit im Kontaktpunkt gesucht, so dass die Ereignisfunktion $\gamma(t)$ des Systems insgesamt mit

$$\gamma(q_i, q_j, \dot{q}_i, \dot{q}_j) = \begin{cases} \sqrt{T_i^2 + T_j^2} \leq \mu^{st}, & s = H \\ \sqrt{(\dot{q}_i + \omega q_j)^2 + (\dot{q}_j - \omega q_i)^2} - \varepsilon \geq 0 & s = A \end{cases} \tag{6.32}$$

gegeben ist. Kontaktverlust (#) ist mit den zwei gewählten Freiheitsgraden nicht möglich und *Gleiten G* mit plastischer Deformation wird im Modell mit Einzelpunktkontakt nicht benötigt. Wegen (6.28) ist unmittelbar nach einem Übergang von Haften nach Gleiten t_* die Relativgeschwindigkeit im Kontaktpunkt exakt Null:

$$0 = \sqrt{(\dot{q}_i + \omega q_j)^2 + (\dot{q}_j - \omega q_i)^2} \tag{6.33}$$

Somit ist die rechte Seite von (6.27) singulär zum Zeitpunkt t_*. Abhilfe schafft ähnlich wie in (4.102) die Argumentation, dass die Tangentialkraft im Übergang stetig sei, also

$$\mathbf{T}(t_*^-) = \mathbf{T}(t_*^+), \quad \mathbf{T} = \begin{pmatrix} T_i \\ T_j \end{pmatrix}. \tag{6.34}$$

Anstelle von (6.25) wird dann für die rechte Seite von (6.27) die Tangentialkraft

$$\mathbf{T}^c = \begin{cases} -\mu N \frac{\mathbf{T}(t_*^-)}{\|\mathbf{T}(t_*^-)\|}, & t = t_* \\ -\mu N \frac{\dot{\mathbf{x}}}{\|\dot{\mathbf{x}}\|}, & t > t_* \end{cases} \tag{6.35}$$

verwendet. Das Modell mit starrer Reibstelle aus den Gleichungen (6.27), (6.28), (6.29), (6.30), (6.32) und (6.35) wurde mit einem ROSENBROCK-Einschrittverfahren implementiert und mit vergleichsweise strenger absoluter und relativer Fehlertoleranz von jeweils 10^{-11} numerisch gelöst. Die so erhaltene Lösung soll als Referenz für das Modell mit regularisierter Reibstelle dienen und sei mit $\mathbf{q}_{\text{ref}}(t)$ bezeichnet.

Eine für technische Anwendungen interessante Lösung des Systems ist eine Ruhelage des Stabs im Raum bei gleitendem Kontakt zur Scheibe. Sie lässt sich aus (6.27) mit der Transformation der Bewegungsgleichung auf Polarkoordinaten

$$q_i = \rho \cos\psi, \quad q_j = \rho \sin\psi \tag{6.36}$$

zu

$$\rho_0 = \sqrt{X_0^2 - \frac{\mu^2 N^2}{c_s^2}} \qquad \psi_0 = \arcsin\left(\frac{\mu N}{c_s X_0}\right) \tag{6.37}$$

$$q_{i0} = X_0\left(1 - \frac{\mu^2 N^2}{c_s^2 X_0^2}\right) \qquad q_{j0} = \frac{\mu N}{c_s X_0}\sqrt{X_0^2 - \frac{\mu^2 N^2}{c_s^2}} \tag{6.38}$$

ermitteln. In dieser Ruhelage befinden sich Reibkraft und Federkraft in der in Abbildung (6.12(a)) gezeigten Weise im Gleichgewicht. Alle Ruhelagen liegen auf dem Kreis

$$\left(q_{i0} - \frac{X_0}{2}\right)^2 + q_{j0}^2 = \frac{X_0^2}{4}, \tag{6.39}$$

was durch Einsetzen von (6.38) in (6.39) nachvollzogen werden kann [52]. Je höher die Normalkraft N ist, umso weiter wandert die Gleichgewichtslage auf dem Thaleskreis in Richtung des Drehzentrums der Scheibe im Ursprung von $(\vec{i}, \vec{j})$. Diese Lösung wird in der technischen Anwendung üblicherweise mit *Selbstzentrierung* bezeichnet (vgl. Einführung Seite 4). Der Begriff Selbstzentrierung ist leider mehrfach belegt (im nachfolgenden Abschnitt 6.3.2 wird ein anderer Mechanismus der Selbstzentrierung untersucht).

Bei höheren Drehzahlen ω wird das Einzugsgebiet der Ruhelage verlassen. Statt der Selbstzentrierung kommt es zu einem Grenzzyklus mit großen Amplituden, wie er in Abbildung 6.12(b) für die Parameter $\mu^{dyn} = 0.11$, $\mu^{st} = 1.01\mu^{dyn}$, $m = 1$ kg, $c_s = 1\ \frac{\text{N}}{\text{m}}$, $\beta = 0.1\ \frac{\text{kg}}{\text{s}}$, $\omega = 1.1\ \frac{\text{rad}}{\text{s}}$ und $X_0 = 0.1$ m gezeigt ist. Es kommt zu alternierenden Phasen von Haften und Gleiten, wobei das Haften bei den gewählten Parametern stets im unteren linken Quadranten der Trajektorie stattfindet. Dort ist wegen (6.28) die Bewegung kreisförmig, während der Gleitphase steigt zunächst der Abstand zum Drehzentrum von $\mathcal{B}_m$ und sinkt dann wieder, bis der Haftradius erreicht ist. Lässt man nur Gleiten des Kontaktpunktes zu – das heißt (6.27) sei die vollständige Bewegungsgleichung des Systems – so erhält man für dieselben Parameter ebenfalls einen

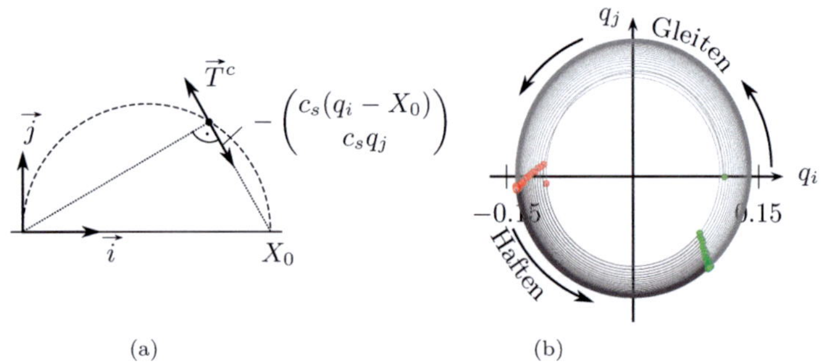

Abbildung 6.12.: (a) Gleichgewicht aus Reibkraft und Federkraft am Thaleskreis, (b) Grenzzyklus des Stabs im (q_i, q_j)-Konfigurationsraum

ε_c	c [N/m]	β [kg/s]
10^1	10^3	$20\sqrt{10}$
1	10^4	200
10^{-1}	10^5	$200\sqrt{10}$
10^{-2}	10^6	2000
10^{-3}	10^7	$2000\sqrt{10}$
10^{-4}	10^8	20000

Tabelle 6.1.: Regularisierungsparameter

Zyklus mit großer Amplitude, der dann durch die Dämpfung β_s begrenzt und stabil ist[1]. Hier wird die Amplitude zusätzlich durch die Haftphasen begrenzt. Dieser Lösungstyp sei mit *Schleudern* bezeichnet.

Bevor die Lösungen *Selbstzentrierung* und *Schleudern* weiter untersucht werden, lässt sich am Beispiel des Stabs auf der Scheibe demonstrieren, dass die Lösung der Regularisierung $\mathbf{q}(t)$ gegen die Lösung des Modells mit starrer Reibstelle $\mathbf{q}_{\text{ref}}(t)$ numerisch konvergiert. Dazu wurde der dimensionslose Regularisierungsparameter ε_c von 10 bis 10^{-4} in Zehnerpotenzen variiert. Die dazugehörigen tangentialen Steifigkeiten und Dämpfungen aus Gleichungen (5.61) und (5.62) sind in Tabelle 6.3.1 gelistet, wobei als Grenzfrequenz ω_c die zehnfache Eigenkreisfrequenz $\omega_0^2 = \frac{c}{m}$ des Stabs an seiner elastischen Lagerung und als charakteristische Masse m_c die Masse des Stabs verwendet wurden.

[1] Die Dynamik des Systems unter der Annahme fortwährenden Gleitens ist ausführlich in [52] untersucht.

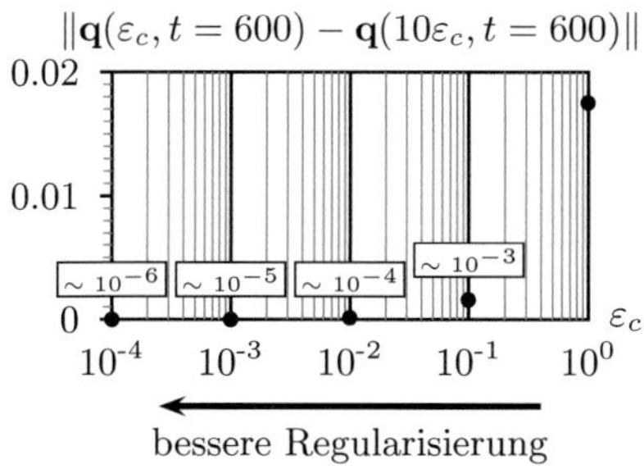

Abbildung 6.13.: Konvergenz der Lösung bei strengerer Regularisierung

Bei Verringerung des Regularisierungsparameters ε_c (also bei Erhöhung der tangentialen Kontaktsteifigkeit) konvergiert die Lösung $\mathbf{q}(\varepsilon_c, t)$. In Abbildung 6.13 ist der Abstand nach 600 Sekunden Simulationszeit zwischen einer numerischen Lösung $\mathbf{q}(\varepsilon_c, 600)$ und der benachbart schlechteren Regularisierung $\mathbf{q}(10\varepsilon_c, 600)$ gezeigt. Bereits bei einem Regularisierungsparameter von $\varepsilon_c = 10^{-3}$, also einer mäßig hohen tangentialen Kontaktsteifigkeit von 10 $\frac{\text{kN}}{\text{mm}}$ ist nach 600 Sekunden Simulationszeit der Unterschied zur genaueren Regularisierung $\varepsilon_c = 10^{-4}$ mit 1.5 μm bei 15 cm Amplitude hinreichend klein geworden.

Ebenso lässt sich anhand dieser numerischen Experimente für verschiedene ε_c ein Konvergenzverhalten

$$\lim_{\varepsilon_c \to 0} (\mathbf{q}(\varepsilon_c, t) - \mathbf{q}_{\text{ref}}(t)) = 0 \tag{6.40}$$

feststellen, ohne dass (6.40) formal nachgewiesen wird. Der relative Fehler bezogen auf das Modell mit starrer Reibstelle ist für $\varepsilon_c = 10$ mit knapp 15% noch stark (Abbildung 6.14, nimmt aber unter Verbesserung der Regularisierung stetig ab. Bereits bei $\varepsilon_c = 10^{-3}$ ist der relative Fehler der Regularisierung mit einem Wert von $3 \cdot 10^{-6}$ praktisch klein genug. Insgesamt zeigt sich, dass regularisierte und starre Lösung gut übereinstimmen.

Neben den Lösungen *Selbstzentrierung* und *Schleudern* ist auch ein fortwährendes Haften des Stabs auf der Scheibe möglich. Es wird sich zeigen, dass mit der Regularisierungsmethode auch Bifurkationen zwischen den Lösungen *Haften* und *Schleudern* identifizierbar sind. Aus Gleichung (6.31), der Lösung fürs Haften (6.28) und der Haftbedingung als erste Zeile von (6.32) ergibt sich die Ungleichung:

$$\begin{aligned}(\mu^{st})^2 \geq \left(c_s - m\omega^2\right)^2 C^2 + \beta_s^2 C^2 \omega^2 + c_s^2 X_0^2 \\ - 2c_s X_0 C \left[\left(c_s - m\omega^2\right) \cos\omega t - \beta_s \omega \sin\omega t\right]\end{aligned} \tag{6.41}$$

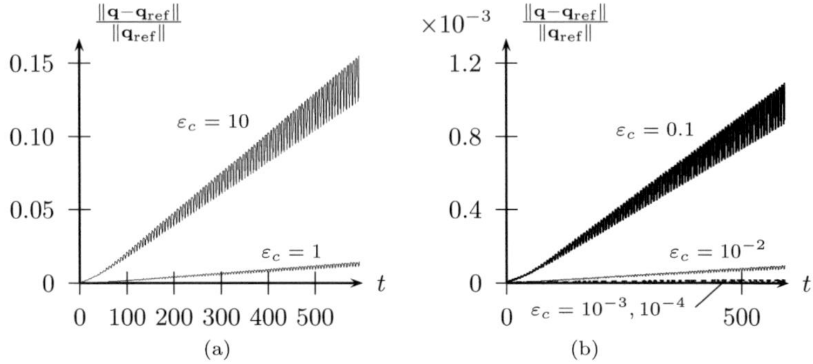

Abbildung 6.14.: Relativer Fehler von regularisierter Lösung gegenüber Modell mit starrer Reibstelle. In (a) weiche Regularisierungsparameter $\varepsilon_c = 10$ und $\varepsilon_c = 1$, in (b) strengere Regularisierungsparameter zwischen $\varepsilon_c = 0.1$ und $\varepsilon_c = 10^{-4}$.

Um permanentes Haften zu ermöglichen, muss (6.41) für alle Zeiten t erfüllt sein.

$$\mu^{st} \geq C\sqrt{(c_s - m\omega^2)^2 + \beta_s^2\omega^2} + c_s X_0 \tag{6.42}$$

Die Amplitude C des Haftens ist also beschränkt mit

$$C \leq \frac{\mu^{st} - c_s X_0}{\sqrt{(c_s - m\omega^2)^2 + \beta_s^2\omega^2}}. \tag{6.43}$$

Für Reibwerte μ^{st} innerhalb des Haftbereiches (6.43) lässt sich ein Ansteigen der Amplitude C bei Verringerung von μ^{st} feststellen. Genau an der Stelle, wo die numerisch ermittelte $C(\mu^{st})$-Kurve die analytisch erhaltene Schranke (6.43) schneidet, springt die Lösung auf *Schleudern* über. Dieser Übergang ist in Abbildung 6.15(a) gezeigt, die Grenze aus (6.43) ist zusätzlich als gestrichelte Linie eingezeichnet. Der Sprung zwischen Haften und Schleudern wurde numerisch mit einem Schießverfahren auf eine Genauigkeit von $\Delta\mu = 10^{-4}$ bestimmt. Lösungen zwischen Haften und Schleudern lassen sich weder mit der Regularisierungsmethode noch mit starrer Modellierung finden, so dass es sich bei dem Übergang um eine Bifurkation handelt. Betrachtet man in (6.43) ω und μ^{st} als freie Parameter und hält m, c_s, X_0 und β_s fest, so ist die Amplitude des Haftens durch die in Abbildung 6.15(b) gezeichnete Fläche begrenzt. Wiederholt man die Vorgehensweise von Abbildung 6.15(a) für verschiedene ω, μ^{st} und Anfangsbedingungen, so lässt sich diese Fläche numerisch wiederfinden. In Abbildung 6.15(b) sind exemplarisch einige Punkte für die Anfangsbedingung

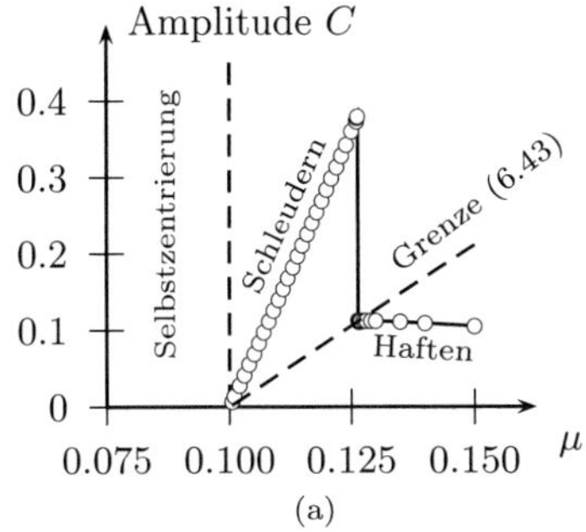

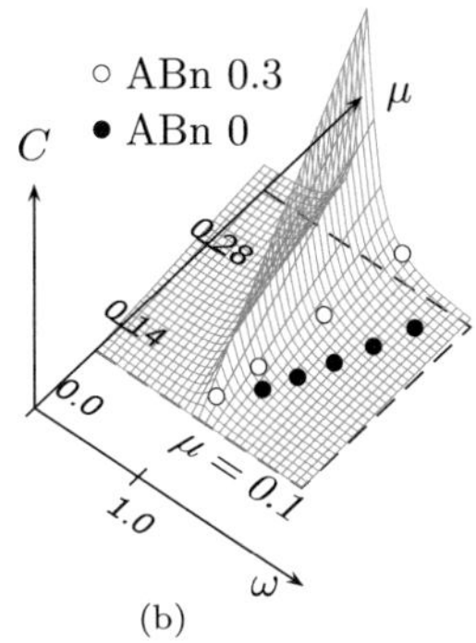

Abbildung 6.15.: (a) Übergang der Lösung Schleudern zu Haften, (b) Grenzfläche zwischen Schleudern und Haften, analytisch (Fläche) und numerisch (Punkte)

$\mathbf{q}(t=0) = [0,0]$ (schwarze Punkte) und $\mathbf{q}(t=0) = [0.3,0]$ (weiße Punkte) eingezeichnet. Die numerisch ermittelten Punkte liegen gerade auf der analytisch bestimmten Fläche aus (6.43).

Für die gewählten Anfangsbedingungen findet bei $\mu^{st} N \leq c_s X_0 = 0.1$ N Selbstzentrierung statt, dies ist in Abbildung 6.15(b) unterhalb der mit $\mu = 0.1$ bezifferten gestrichelten Linie.

Ein System mit verteiltem Reibkontakt erhält man, indem der Stab $\mathcal{B}_s$ durch eine weitere Scheibe ersetzt wird. Als zusätzlicher Freiheitsgrad des Systems wird der Verdrehwinkel der Reibscheibe $\mathcal{B}_s$ eingeführt. Das System ist in Abbildung 6.16 gezeigt, der flächige Reibkontakt wurde bereits mit 12 Kontaktpunkten diskretisiert. Eine Modellierung mit starrer Reibstelle analog zum vorigen Beispiel ist jetzt nur noch mit nichtglatten Methoden möglich, da in (6.31) nun zwölf unbekannte Tangentialkräfte $\overrightarrow{T}_i$ stehen, aber nur zwei skalare Gleichungen vorliegen. Nachfolgend sollen exemplarische topologische Eigenschaften des Lösungsraumes untersucht werden.

In Abbildung 6.15(a) wurde der Übergang von der Lösung Schleudern zum Haften in Abhängigkeit des Reibwerts μ gefunden. Wählt man als Kontrollparameter jetzt nicht nur μ, sondern zusätzlich den Achsversatz zwischen Drehzentrum und entspannter Lage der Federn X_0, so erhält man das "Bifurkationsdiagramm" in Abbildung 6.17(a). Die Punkte wurden wieder mit einem Schießverfahren ausgehend von exaktem X_0 auf die Genauigkeit $\Delta\mu = 10^{-4}$ bestimmt. Das Diagramm 6.17(a) ist ein 2D-Querschnitt durch den höherdimensionalen Raum aus Modellparametern und Anfangsbedingungen, hier für

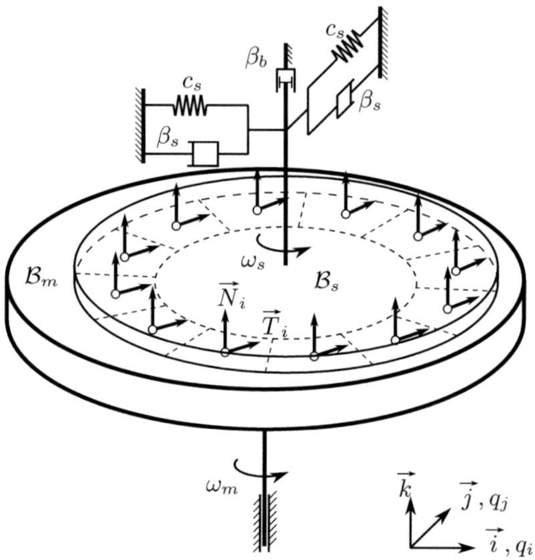

Abbildung 6.16.: Das System mit zwei Scheiben und 12 Kontaktpunkten. In jedem Kontaktpunkt sind die tangentialen und normalen Kontaktkräfte gezeigt.

natürliche Anfangsbedingungen

$$q_i(0) = 0, \quad q_j(0) = 0, \quad \dot{q}_i(0) = 0, \quad \dot{q}_j(0) = 0 \tag{6.44}$$

erstellt. Wird ein Punkt genau auf der Grenze zwischen Schleudern und Haften betrachtet, so lässt sich die Haftlösung entweder durch ein Erhöhen des Reibwerts oder ein Verringern des Achsversatzes X_0 erzwingen (vgl. Abb. 6.17(a)). Dies untermauert die intuitive Vorstellung, dass die Lösung Schleudern eine durch Fliehkraft begünstigte Bewegung ist.

Als zweites Beispiel wird in Abbildung 6.17(b) die Bifurkation im (μ, β_b)-Querschnitt des Parameterraums bestimmt, ebenfalls bei Anfangsbedingung (6.44). Ein höheres Bremsmoment der angetriebenen Scheibe durch die viskose Dämpfung β_b begünstigt die Lösung Schleudern, was intuitiv ebenfalls plausibel erscheint, da jegliches Haften durch das Aufzwingen eines Schlupfes in Umfangsrichtung erschwert wird. Schließlich wird in Abbildung 6.18 die Grenzfläche zwischen Haften und Schleudern näherungsweise bestimmt. Kontrollparameter sind jetzt Achsversatz X_0 und die Anfangsbedingung $q_i(0) = q_{i0}$. Alle

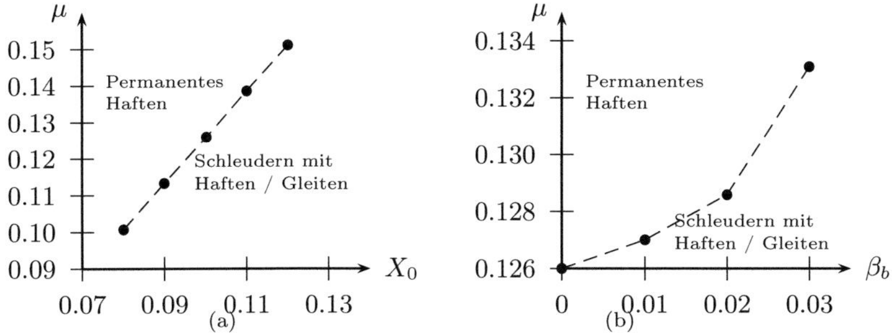

Abbildung 6.17.: (a) Grenze zwischen Haften und Schleudern mit Reibwert und Achsversatz als Kontrollparameter, (b) Grenze zwischen Haften und Schleudern mit Reibwert und Dämpfung als Kontrollparameter

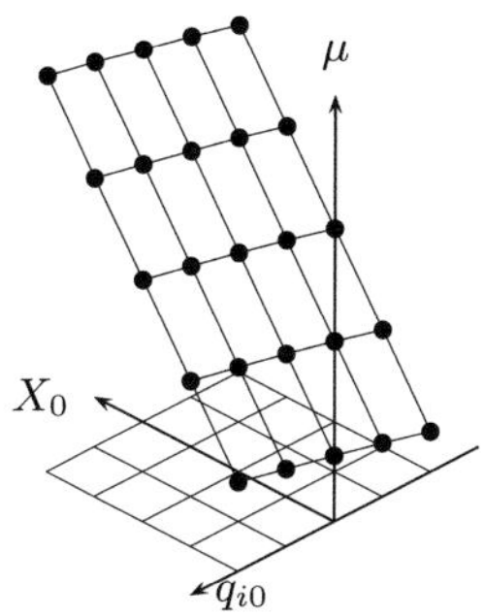

Abbildung 6.18.: Grenzfläche zwischen Schleudern und Haften. Haften oberhalb der Fäche, Schleudern mit wechselnd Haften / Gleiten unterhalb der Fläche.

anderen Anfangsbedingungen wurden wieder mit

$$q_j(0) = 0, \quad \dot{q}_i(0) = 0, \quad \dot{q}_j(0) = 0 \tag{6.45}$$

festgehalten. Alle 25 Punkte in Abbildung 6.18 wurden mit einem Schießverfahren auf die Genauigkeit $\Delta\mu = 10^{-4}$ bestimmt. Die 25 Punkte ergeben eine leicht gekrümmte Fläche (die Krümmung ist in Abb. 6.18 kaum merklich) und

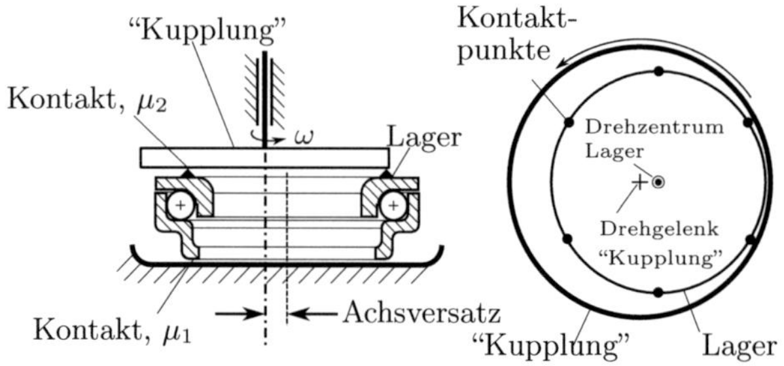

Abbildung 6.19.: Einfaches Modell eines Betätigungssystems

es findet sich kein Ausreißer unter den Punkten. Das Verfahren scheint zum numerischen Verfolgen von Grenzen im Lösungsraum geeignet.

6.3.2. Ein ebenes Lager mit Selbstzentrierung

Während in den vorangegangenen Beispielen mit *Selbstzentrierung* eine Ruhelage mit permanentem Gleiten gemeint war, existiert ein verbreitetes zweites Phänomen, welches unter demselben Namen firmiert, aber gänzlich anders funktioniert. Das in Abbildung 6.19 skizzierte System besteht aus einem mit konstanter Winkelgeschwindigkeit ω rotierendem Bauteil, einem Lager mit den beiden Starrkörpern von Ober- und Unterschale, dessen Innenleben durch ein Drehgelenk idealisiert sei, sowie einer Unterlage, die starr an den Inertialraum gefesselt ist. Zwischen antreibender Scheibe und Lageroberschale sowie zwischen Lagerunterschale und Unterlage ist jeweils ein flächiger Reibkontakt, beide seien mit je sechs Kontaktpunkten diskretisiert.

Das Lager ist damit radial beweglich, was bei Betätigungssystemen von Kupplungen meist konstruktiv erwünscht ist, da die genaue Drehachse der Kupplung aufgrund von Fertigungs- und Montagetoleranzen unbekannt ist. Steht nun das Lager zu Beginn einer Bewegung mit einem Drehgelenk exzentrisch von der Drehachse der Kupplung wie in Abbildung 6.19 gezeigt, so wird unter *Selbstzentrierung* eine kollineare Ausrichtung der Drehachsen durch radiale Fortbewegung des Lagers verstanden. Ist dieser Vorgang abgeschlossen, kann in beiden verteilten Kontakten überall Haften stattfinden, was überhaupt erst einen über eine Fahrzeuglaufstrecke hinreichend geringen Verschleiß an den Kontaktstellen ermöglicht. Für die Funktion des Betätigungssystems ist eine erfolgreiche Selbstzentrierung zwingend erforderlich.

Aus Messungen ist bekannt, dass diese Form der Selbstzentrierung in technischen Systemen ähnlich zu Abbildung 6.19 meistens funktioniert, in Ausnahmefällen jedoch nicht funktioniert. Drei Beispiele sind in Abbildung 6.20

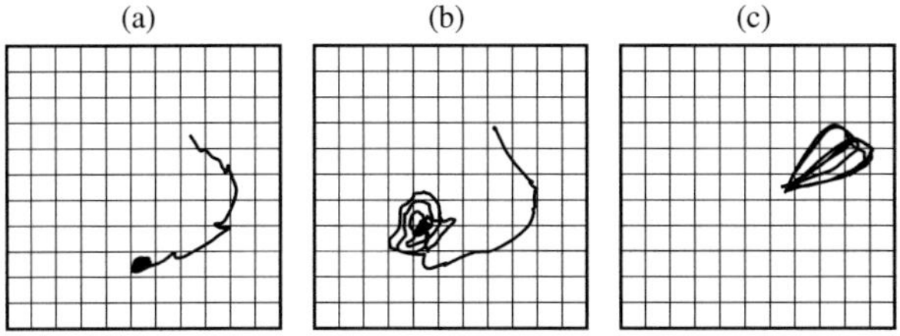

Abbildung 6.20.: Exemplarische Messungen der Selbstzentrierung: (a) kurze Zentrierung (zentrierte Position links unten im Bild), (b) Zentrierung mit spiralförmiger Trajektorie, (c) keine Zentrierung

gezeigt. In 6.20(a) ist eine Zentrierkurve mit relativ schneller, direkter Ausrichtung des Lagers von seiner Startposition (rechts oben) zur zentrierten Position (links unten). Häufiger ist eine Zentrierkurve wie in 6.20(b) zu beobachten, dort bewegt sich das Lager auf einer spiralförmigen Trajektorie auf das Drehzentrum zu. Schließlich ist in 6.20(c) eine Messung ohne Zentrierung gezeigt.

Aufgrund der Komplexität des Phänomens können die folgenden Simulationsbeispiele nicht ausreichen, um das Phänomen der Selbstzentrierung zu verstehen. Vielmehr soll demonstriert werden, dass die elasto-visko-plastische Regularisierung zusammen mit ereignisgesteuerter Integration geeignet ist, zum Verständnis beizutragen. Dazu sollen einige für das Phänomen relevante Parameter durch numerische Experimente identifiziert werden.

Für alle folgenden Simulationen sind die folgenden Trägheits- und Geometrieparameter zugrunde gelegt: Masse der Lagerunterschale: 80 g; Masse der Lageroberschale: 77g; Hauptträgheitsmomente der Lagerunterschale: $J_x = J_y = 5 \cdot 10^{-5}$ kgm^2; $J_z = 9.8 \cdot 10^{-5}$ kgm^2; Hauptträgheitsmomente der Lageroberschale: $J_x = J_y = 4.8 \cdot 10^{-5}$ kgm^2; $J_z = 9.4 \cdot 10^{-5}$ kgm^2; Die Gesamtnormalkraft beträgt 600 N. Kontaktradien in beiden Kontakten: 38.25 mm. Das Lager in Abbildung 6.19 habe zunächst keine Kippfreiheitsgrade um die $\vec{i}$- und $\vec{j}$-Achsen, so dass die Normalkraftverteilung konstant ist. Das Schleppmoment im Lager wird stets zu Null angenommen. Die Winkelgeschwindigkeit der antreibenden Scheibe ist 157 $\frac{\text{rad}}{\text{s}} \approx 1500 \frac{\text{U}}{\text{min}}$. Für die tangentialen Regularisierungsparameter ergeben sich mit $\varepsilon_c = 10^{-3}$, $\omega_c = 400$ $\frac{\text{rad}}{\text{s}}$ und $m_c = 0.5$ kg eine tangentiale Kontaktsteifigkeit von $c_k = 79$ $\frac{\text{kN}}{\text{mm}}$ und eine Dämpfung von $\beta_k = 12566$ $\frac{\text{kg}}{\text{s}}$.

Die intuitive Annahme, dass bei erhöhtem Reibwert in der Kontaktschnittstelle Lager / Kupplung permanentes Haften an der Kupplung und bei erhöhtem Reibwert im Kontakt Lager / Unterlage permanentes Haften an der Unterlage auftritt, wird durch Simulationen bestätigt. In Abbildung 6.21(a)

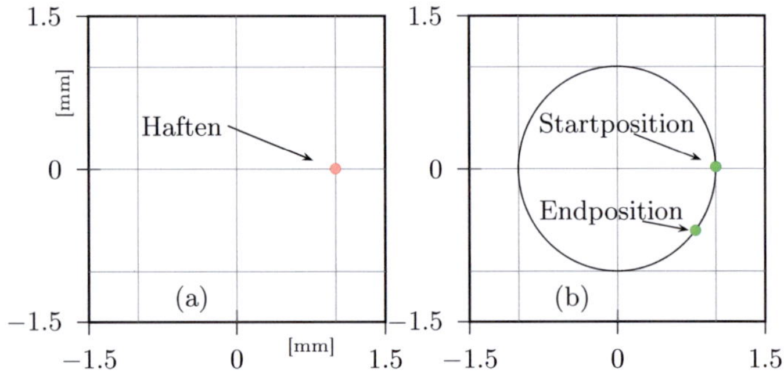

Abbildung 6.21.: Trajektorie des Lagerschwerpunktes bei (a) erhöhter Reibung an der Unterlage und (b) erhöhter Reibung an der antreibenden Scheibe

ist $\mu_1 = 0.2$ und $\mu_2 = 0.15$, das Lager bleibt an der Unterlage Haften, während der obere Kontakt permanent gleitet. In Abbildung 6.21(b) ist $\mu_1 = 0.15$ und $\mu_2 = 0.2$, das Lager bleibt an der antreibenden Scheibe haften, während der untere Kontakt permanent gleitet. Für eine erfolgreiche Zentrierung müssen somit – zumindest zeitweise – Gleitzustände in beiden Kontakten vorliegen.

Gleitzustände lassen sich im Modell durch Festlegung identischer Reibwerte in beiden Kontakten und durch Absenken des statischen Reibwertes auf einen Wert nahe des Gleitreibwerts begünstigen, beispielsweise $\mu^{st} = 0.150001$ bei Gleitreibwert $\mu^{dyn} = 0.15$. Dennoch reicht diese Maßnahme nicht aus, um Zentrierung zu erhalten. Die Trajektorie des Lagers ist in Abbildung 6.22(a) gezeigt. Sie ist ähnlich wie in Abbildung 6.21(b), allerdings mit andauernden Gleitzuständen in beiden Kontakten. In Abbildung 6.22(b) ist eine Simulation mit identischen Parametern wie in (a) gezeigt. Der einzige Unterschied ist, dass jetzt das Lager die vollen sechs Starrkörperfreiheitsgrade hat. Anstelle einer konstanten Normalkraftverteilung werden die Steifigkeiten der elastischen Bettung mit $c_2^n = 1\ \frac{\text{kN}}{\text{mm}}$ pro Kontaktpunkt oder $6\ \frac{\text{kN}}{\text{mm}}$ insgesamt an der Unterlage und $c_1^n = 72\ \frac{\text{N}}{\text{mm}}$ pro Zunge oder $432\ \frac{\text{N}}{\text{mm}}$ insgesamt an der Kupplungstellerfeder berücksichtigt. Letztere Steifigkeit ist also deutlich geringer, da die Tellerfederzungen einer Kupplung relativ weiche Bauteile sind. Die Normaldämpfungen sind in beiden Fällen mit $\beta_1^n = \beta_2^n = 0.01\ \frac{\text{kg}}{s}$ auf einen geringen Wert abgeschätzt. Durch die elastische Bettung ist es möglich, das Lager mit den Reibkräften leicht aus der Ebene der Unterlage zu verkippen. Bei der Bewegung in Abbildung 6.22(b) bleibt der Verkippwinkel immer unter $\frac{2}{100}{}^\circ$, dies reicht jedoch aus, durch die geänderte Relativkinematik eine leicht zentrierende Gesamtreibkraft zu erzeugen. In der Endposition in 6.22(b) befindet

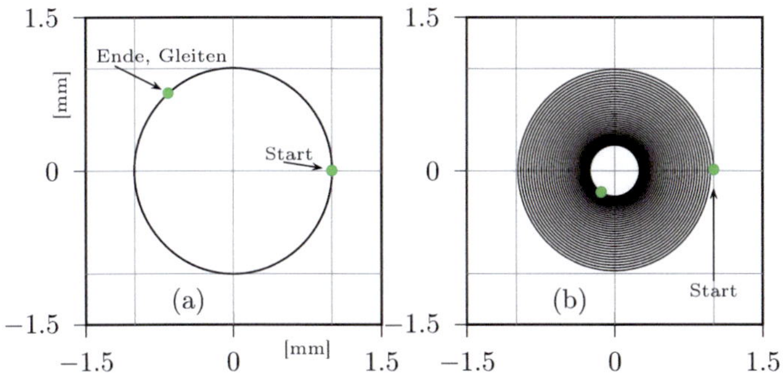

Abbildung 6.22.: Trajektorie des Lagerschwerpunktes bei (a) rein ebener Bewegung (b) zusätzlichen Freiheitsgraden der Verkippung

sich das Lager auf einer kreisförmigen Trajektorie mit permanentem Haften an der Kupplung und Gleiten auf der Unterlage. Bemerkenswert ist, dass bei sukzessiver Erhöhung der Normalsteifigkeiten die Lösung aus 6.22(b) sich der von 6.22(a) annähert, das heißt die Idealisierung der Normalsteifigkeiten durch starre Bindungen führt von der gewünschten Bewegung weg. Demnach sind die Normalsteifigkeiten im vorliegenden System eher als physikalische denn als Regularisierungssteifigkeiten zu interpretieren.

Die Berücksichtigung der vollen 3D-Bewegung des Lagers führt in die Nähe der aus Messungen bekannten Selbstzentrierung, aber das Ergebnis ist noch nicht zufriedenstellend: Einerseits sind die Annahmen der identischen Reibwerte und der geringfügigen Überhöhung des statischen Reibwertes für ein reales System mit Sicherheit nicht erfüllt[2]. Andererseits ist die Zentrierung in Abbildung 6.22(b) nicht vollständig, es kommt zum Haften an der Kupplung mit dauerhaftem Gleiten auf der Unterlage.

Ein naheliegender Versuch ist es, durch axiale hochfrequente Anregung des Lagers das Haften zu verhindern und dabei die Zentrierung zu vervollständigen. In Abbildung 6.23 wurde zunächst der statische Reibwert auf den realistischeren Wert $\mu^{st} = 0.16$ bei weiterhin $\mu^{dyn} = 0.15$ gesetzt, außerdem wurde die Dämpfung in Normalenrichtung mit $\beta_1^n = \beta_2^n = 10\ \frac{\text{kg}}{\text{s}}$ um den Faktor 100 erhöht. Bei ansonsten unveränderten Parametern kommt es aufgrund der größeren Haftreserve und Dämpfung zum Haften an der Unterlage, siehe Abb. 6.23(a). Mit einer harmonischen axialen Anregung wie sie durch einen Verbrennungsmotor auf das Lager aufgeprägt werden kann (hier willkürlich mit Frequenz: 4. Ordnung von ω, Amplitude: $\frac{1}{15}$ der mittleren Normalkraft) lässt

[2]Es existieren jedoch konstruktive Maßnahmen um ersteres zu erreichen, siehe Abschnitt 6.3.4

sich dieses Haften lösen, allerdings ist die anschließende Zentrierung weiterhin unvollständig, siehe Abb. 6.23(b). Dabei stellt man fest, dass die schwierig zu beziffernde Dämpfung in Normalenrichtung β_1^n, β_2^n ein ebenso gewichtiger Parameter ist wie die axiale Anregung. In den Bildern 6.23(a) und (b) wurde mit $\beta_1^n = \beta_2^n = 10\ \frac{\mathrm{kg}}{\mathrm{s}}$ gerechnet, während in (c) und (d) wie früher mit $\beta_1^n = \beta_2^n = 0.01\ \frac{\mathrm{kg}}{\mathrm{s}}$ gerechnet wurde. Demnach ist bei geringeren Dämpfungen stets ein besseres Zentrierverhalten zu erwarten, bei hohen Dämpfungen wirkt sich die axiale Anregung dennoch positiv auf das Zentrierverhalten aus. In den Bildern 6.23(a)–(d) wird insgesamt keine *vollständige* Zentrierung erhalten. Diese ist jedoch bei deutlich stärkerer axialer Anregungsamplitude von $\frac{1}{3}$ der mittleren Normalkraft und geringer Dämpfung $\beta_1^n = \beta_2^n = 0.01\ \frac{\mathrm{kg}}{\mathrm{s}}$ möglich, wie in Abbildung 6.24 gezeigt. Dort ist auch das Muster der Haft- / Gleitübergänge exemplarisch für einen Kontaktpunkt eingezeichnet. Der Beginn einer neuen Gleitphase nach erfolgtem Haften ist in Abbildung 6.24 mit einem grünen Punkt gekennzeichnet. Der Selbstzentrierungsvorgang kommt demnach ständig zum Erliegen und wird erst durch Störanregung (hier axiale Anregung) verbunden mit ständigem Losreißen der Kontakte aufrecht erhalten.

6.3.3. Ein Lager mit radialer Elastizität und Selbstzentrierung

Im vorigen Abschnitt waren alle Steifigkeiten in radialer Richtung Regularisierungssteifigkeiten. Bei hinreichend strenger Wahl des Regularisierungsparameters ε_c verhält sich das Modell in radialer Richtung demnach ideal starr. Diese Annahme ist in der Realität nicht gegeben, darum soll nun auf der Suche nach Selbstzentrierung das Modell aus Abbildung 6.19 um die radialen Elastizitäten c_{r1} auf Seite der antreibenden Scheibe und c_{r2} an der Unterlage erweitert werden, siehe Abbildung 6.25. Beide Steifigkeiten werden als Ersatzsteifigkeiten der benachbarten elastischen Bauteile interpretiert.

Zunächst sei nur eine radiale Elastizität an der antreibenden Scheibe betrachtet und die Unterlage weiterhin starr (Abbildung 6.25 links). Als Basis für den Vergleich wird die Lösung mit radial starrer Modellierung und $\mu^{st} = 0.16$, $\mu^{dyn} = 0.15$ herangezogen. Aufgrund der Haftreserve kommt es ohne Zentrierung zum Haften an der Unterlage, siehe Abbildung 6.26(a). Die Masse der Kupplung sei mit $m_k = 10$ kg gegeben. Bereits eine steife radiale Elastizität von $100 \frac{\mathrm{kN}}{\mathrm{mm}}$ verändert das Ergebnis hin zu einer Lösung mit deutlicher Zentrierung und Gleiten auf der Unterlage (b). Durch weiteres Verringern der radialen Steifigkeit verbessert sich die Endposition und rückt näher an das Drehzentrum der Kupplung. Die Anzahl der Spiralwindungen der Zentrierkurve nimmt ab, bis in Abbildung 6.26(d) schließlich eine Form der Zentrierkurve erreicht ist, wie sie auch aus Messungen bekannt ist, vergleiche Abbildung 6.20(a).

Betrachtet man die Kupplung als Einmassenschwinger mit periodischer Krafterregung, so ergibt sich für die drei Zentrierkurven mit radialer Elastizität aus

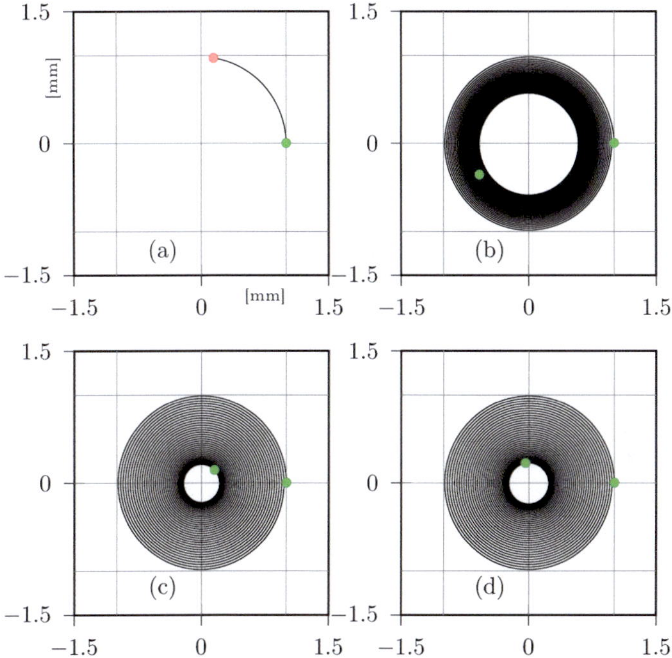

Abbildung 6.23.: Einfluss axialer Anregung: (a) keine axiale Anregung und hohe Dämpfung in Normalenrichtung, (b) axiale Anregung und hohe Dämpfung, (c) keine axiale Anregung und geringe Dämpfung, (d) axiale Anregung und geringe Dämpfung

Abbildung 6.26 ein Verhältnis aus Erregerkreisfrequenz und Eigenkreisfrequenz

$$\eta = \frac{\omega}{\omega_0} = \frac{\omega}{\sqrt{c_{r1}/m_k}} \tag{6.46}$$

von (b) $\eta = 0.05$, (c) $\eta = 0.2$ und (d) $\eta = 0.7$, die Kupplung wird demnach stets unterhalb der Resonanz $\eta = 1$ angeregt. Die radialen Bewegungen der Kupplung sind während dieser Zentriervorgänge bei Rechnung mit geringfügig angenommener Dämpfung $\beta_{r1} = 0.01\ \frac{\text{kg}}{\text{s}}$ zumindest in einer realistischen Größenordnung, bei $c_{r1} = 100\ \frac{\text{kN}}{\text{mm}}$ bleibt die Amplitude bei $\frac{3}{100}$ mm, bei der weichen radialen Anbindung mit $c_{r1} = 0.5\ \frac{\text{kN}}{\text{mm}}$ aufgrund des höheren Frequenzverhältnisses bei $\frac{3}{10}$ mm (siehe Abbildung 6.27).

Jetzt wirke allein eine radiale Elastizität an der Unterlage, die Anbindung der Kupplung sei starr (Abbildung 6.25 rechts). Ausgegangen wird wieder von

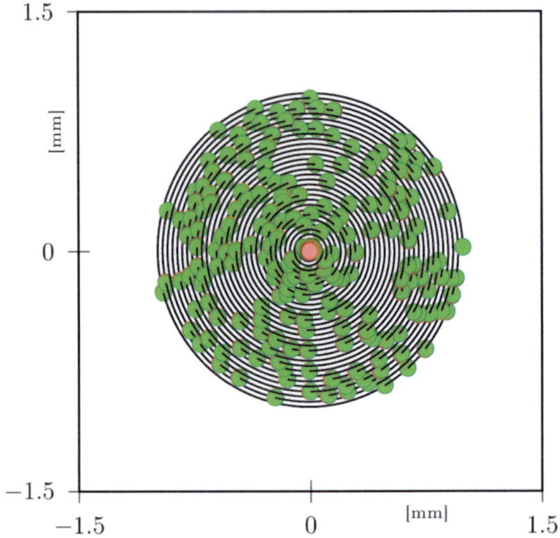

Abbildung 6.24.: Muster der H/G-Übergänge bei axialer Anregung

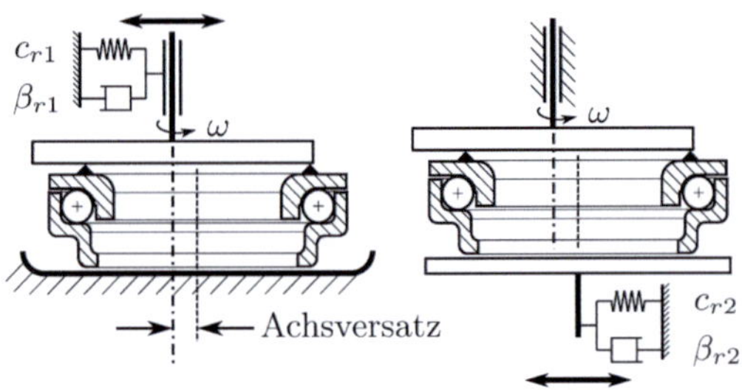

Abbildung 6.25.: Modifikationen mit radialer Elastizität

der Simulation ohne radiale Elastizitäten, Abbildung 6.26(a). Die Masse der Unterlage (Einrückhebel) wird mit 1kg abgeschätzt. Der Einfluss der radialen Elastizität im stehenden Teilsystem unterscheidet sich von der radialen Elastizität im rotierenden Teilsystem. Für verschiedene radiale Steifigkeiten lassen sich unvollständige Zentrierungen, Lösungen mit fortwährendem Haften an der Unterlage sowie Lösungen mit fortwährendem Haften an der Kupplung finden. Alle drei Lösungen sind in Abbildung 6.28 enthalten. Eine radiale Elastizität

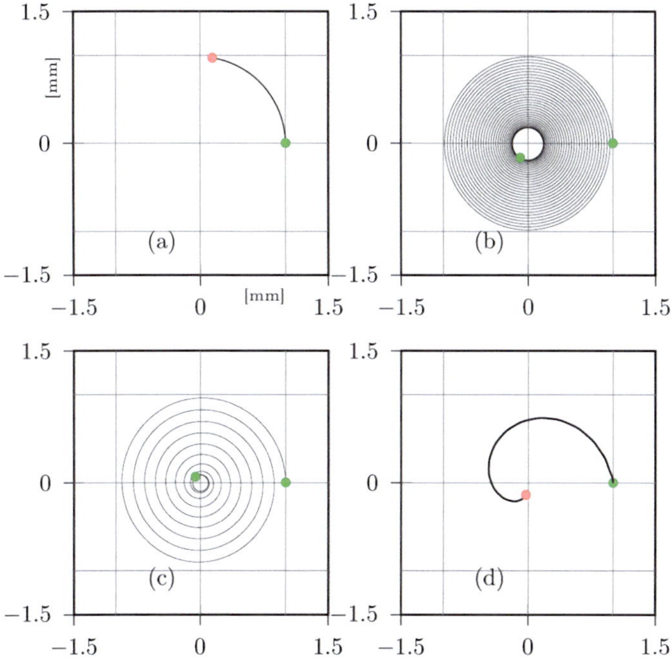

Abbildung 6.26.: Radiale Elastizitäten an der Kupplung: (a) starr, (b) 100 $\frac{\text{kN}}{\text{mm}}$, (c) 5 $\frac{\text{kN}}{\text{mm}}$, und Zentrierung bei (d) 0.5 $\frac{\text{kN}}{\text{mm}}$

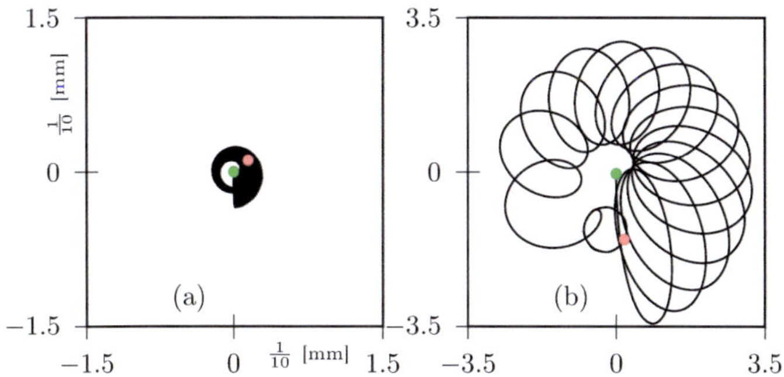

Abbildung 6.27.: Bewegung der Kupplung: (a) 5 $\frac{\text{kN}}{\text{mm}}$, (b) 0.5 $\frac{\text{kN}}{\text{mm}}$

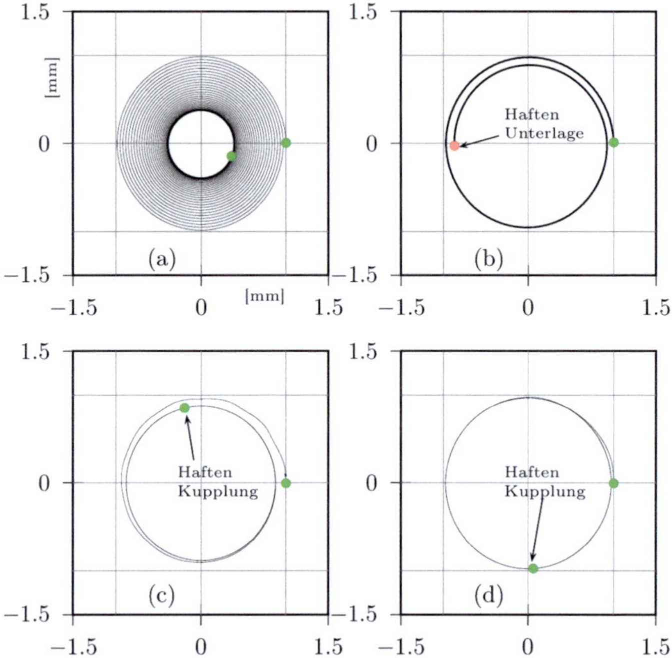

Abbildung 6.28.: Radiale Elastizitäten an der Unterlage: (a) 50 $\frac{\text{kN}}{\text{mm}}$, (b) 5 $\frac{\text{kN}}{\text{mm}}$, (c) 1 $\frac{\text{kN}}{\text{mm}}$, und Zentrierung bei (d) 0.5 $\frac{\text{kN}}{\text{mm}}$

an der Unterlage verbessert – im Gegensatz zur radialen Elastizität an der Kupplung – nicht systematisch das Zentrierverhalten des Lagers.

Das Ergebnis verbessert sich nicht mehr wesentlich, wenn man beide radialen Elastizitäten c_{r1} und c_{r2} berücksichtigt. Dies ist in Abbildung 6.29 demonstriert, vergleiche mit Abbildungen 6.26 und 6.28.

6.3.4. Ein konventionelles Ausrücklager mit Selbstzentrierung

Die Auswahl von ebenen Scheibensystemen mit verteilten Reibkontakten sei mit einem realitätsnahen Beispiel abgeschlossen. Bei dem in Abbildung 6.30 dargestellten System handelt es sich um ein konventionelles Ausrücklager, wie es häufig zusammen mit trockenen Tellerfederkupplungen verbaut wird. Der rotierende Teil besteht in Abbildung 6.30 aus der Tellerfeder und dem Außenring des Lagers, dazwischen der auf sechs Tellerfederzungen verteilte Kontakt FCI_1. Der stehende Teil besteht aus Innenring und Halteblech. Das Lager ist

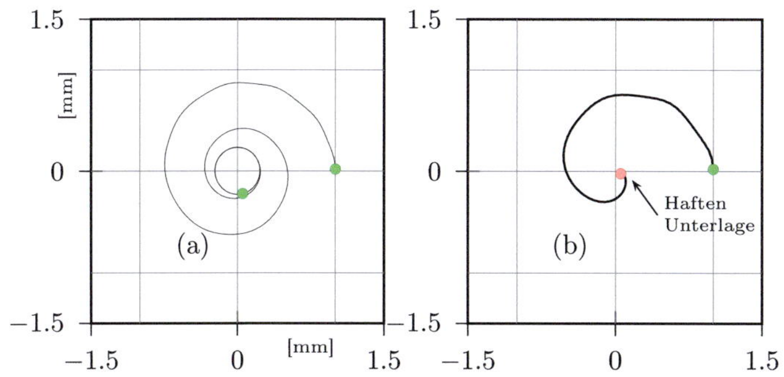

Abbildung 6.29.: Trajektorie des Lagerschwerpunktes bei zwei radialen Elastizitäten (a) 1 kN/mm und 10 kN/mm, (b) 0.5 kN/mm und 5 kN/mm

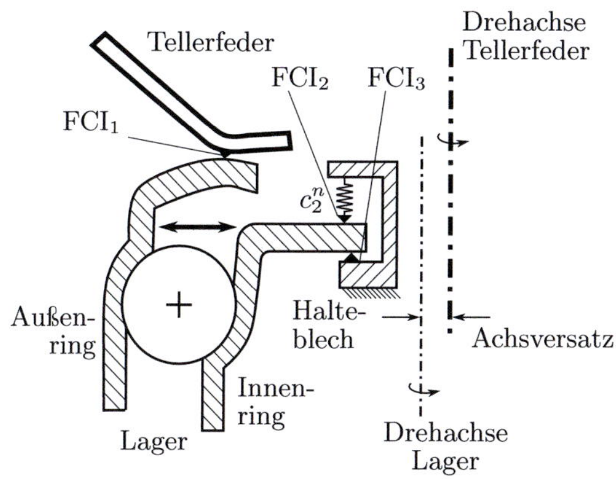

Abbildung 6.30.: Konventionelles Ausrücklager

radial verschieblich, denn es ist am Halteblech nur über die beiden verteilten Reibkontakte FCI_2 und FCI_3 befestigt. Die elastische Bettung aus c_2^n und c_3^n ist vorgespannt, im realen System wird die Vorspannung über eine kleine *Zentriertellerfeder* erreicht. Zwei konstruktive Maßnahmen sollen ein gutmütiges Zentrierverhalten des Ausrücklagers sicherstellen:

1. Die Normalsteifigkeit c_2^n auf Seite der Zentriertellerfeder ist relativ gering, die Normalsteifigkeit c_3^n auf der gegenüberliegenden Seite am Halteblech ist relativ hoch.

2. Der Reibwert μ_1 ist höher als die Reibwerte μ_2 und μ_3.

Der Normalkraftfluss der Ausrückbewegung wird über Halteblech und Innenring auf die Kugeln des Lagers übertragen, weiter auf den Außenring und schließlich an den Tellerfederzungen in die Kupplung eingeleitet. Zu Beginn einer Ausrückbewegung ist die Normalkraft klein. Obwohl der Reibwert an FCI_1 höher ist als an FCI_2 und FCI_3, sind die tangentialen Reibkräfte am Halteblech höher, denn dort wirkt zusätzlich zur Ausrückkraft die Vorspannung aus c_2^n. Das gesamte Ausrücklager haftet am Halteblech.

Beim Ausrücken wird jetzt die Normalkraft erhöht, dabei steigen die Reibkräfte wegen $\mu_1 > \mu_2, \mu_3$ an der Tellerfeder stark an. Gleichzeitig wird wegen $c_2^n < c_3^n$ der Beitrag zur Reibkraft am Halteblech aus der Vorspannung zunehmend unbedeutend. Bei einer bestimmten Ausrückkraft ist schließlich ein Gleichgewicht der Reibkräfte erreicht: Die Summe aller Reibkräfte an FCI_1 + FCI_2 stimmt dem Betrag nach mit der Summenreibkraft an FCI_1 überein und ein Losreißen am Halteblech ist erstmals möglich. Es wird davon ausgegangen, dass die Selbstzentrierung jetzt erfolgt, denn bei zunehmender Ausrückkraft übersteigen die Reibkräfte an FCI_1 jene am Halteblech und ein dauerhaftes Haften an der Tellerfeder ist möglich.

Für die Simulation wurden die folgenden Parameter verwendet (alle Größen in SI-Einheiten, m, kg, s, usw.): Masse des Innenrings $m_{ir} = 0.05$; Hauptträgheitsmomente des Innenrings $J_x = J_y = 1.7 \cdot 10^{-5}$, $J_z = 3.2 \cdot 10^{-5}$; Masse des Außenrings $m_{ar} = 0.033$; Hauptträgheitsmomente des Außenrings $J_x = J_y = 1.46 \cdot 10^{-5}$, $J_z = 2.8 \cdot 10^{-5}$; Kontaktradius an der Tellerfeder $R_1 = 0.0235$; Reibwerte an der Tellerfeder $\mu_1^{dyn} = 0.25$ und $\mu_1^{st} = 0.26$; Kontaktradius an FCI_2 $R_2 = 0.02$; Kontaktradius an FCI_3 $R_2 = 0.0178$; Reibwerte $\mu_2^{dyn} = \mu_3^{dyn} = 0.134$, $\mu_2^{st} = \mu_3^{st} = 0.135$; Normalsteifigkeit $c_2^n = 10^4$; Normalsteifigkeit $c_3^n = 10^7$; Drehzahl der Tellerfeder 1500 U/min; aus c_2^n resultierende Vorspannung zu Beginn der Ausrückbewegung: 100 N.

Das Drehzentrum der Tellerfeder befindet sich bei $q_x = 0, q_y = 1$ mm und zu Beginn steht das Lager bei $q_x = 0, q_y = 0$, also mit einem Achsversatz von 1 mm. Trotz der aufgeprägten Radialbewegung der Tellerfederzungen kommt es zum Haften an einer Zunge und es findet keine Zentrierung statt. Die Trajektorie des Lagers ist in Abbildung 6.31 gezeigt.

Um das Haften zu Überwinden und den Zentriervorgang auszulösen sind wie in den vorigen Abschnitten verschiedene Szenarien der Störanregung denkbar, so auch das Berücksichtigen von radialen Elastizitäten. In Abbildung 6.32 wurde eine vollständige Zentrierung erreicht, indem die Tellerfeder über eine radial bewegliche "Kupplungsmasse" von 10 kg mit einer radialen Steifigkeit von 0.1 kN/mm an den Inertialraum gefesselt wurde. Wie in den vorigen Systemen mit Selbstzentrierung stellt die radiale Elastizität eine wichtige Einflussgröße dar.

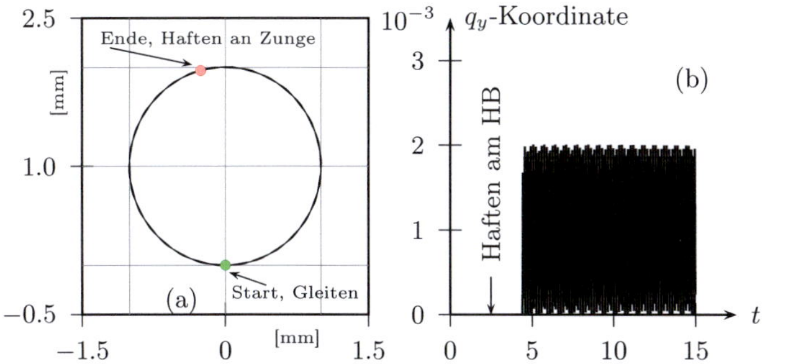

Abbildung 6.31.: Selbstzentrierung am konventionellen Ausrücklager ohne radiale Elastizität (a) Trajektorie des Lagers, (b) Zeitschrieb

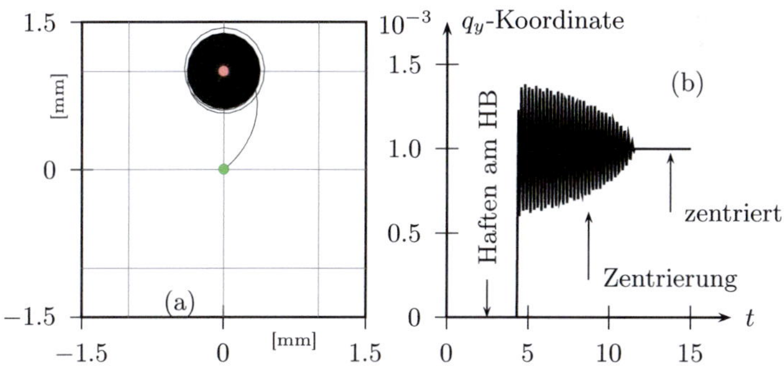

Abbildung 6.32.: Selbstzentrierung am konventionellen Ausrücklager mit radialer Elastizität (a) Trajektorie des Lagers, (b) Zeitschrieb

Die Rechenzeit für 25 Sekunden Simulationszeit des Systems mit insgesamt 68 Freiheitsgraden und 5700 diskreten s_i-Übergängen betrug ca. 4 Minuten.

Die numerischen Experimente der vorangegangenen Anwendungsbeispiele lassen folgende Schlüsse zum Phänomen der Selbstzentrierung zu:

- Selbstzentrierung findet während Gleiten statt. Modelle die Haften und Gleiten beinhalten, zeigen oft eine Lösung mit dauerhaftem Haften. Zur erfolgreichen Selbstzentrierung muss das System in der Lage sein, haftende Kontakte ständig aufzubrechen.

- Als wichtige Stellschrauben zur Beeinflussung des Zentrierverhaltens wurden die Reibwerte, radiale Elastizitäten und äußere hochfrequente Anregungen identifiziert.

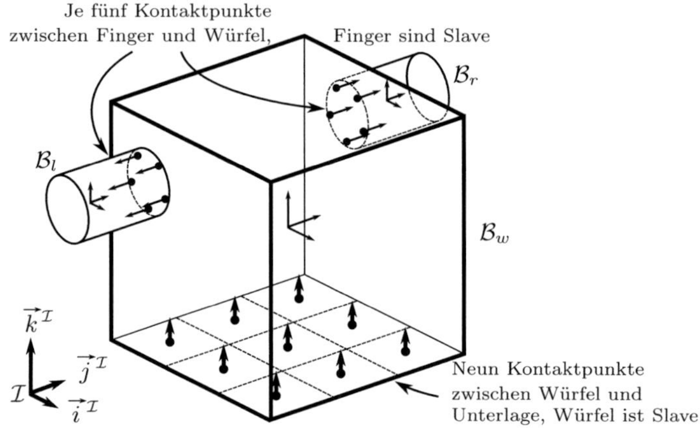

Abbildung 6.33.: Greifproblem, angeregt aus [94]

- Die Struktur des Lösungsraumes ist empfindlich gegenüber Änderungen von Parametern und Annahmen der Modellierung.
- Selbstzentrierung ist in der Realität insgesamt robuster gegenüber Änderungen als im Modell.
- Das Einbringen von zusätzlichen Störungen in das Modell verbessert oftmals das Zentrierverhalten, andere Lösungen verschwinden zugunsten der Zentrierung. Dies geschieht entgegen der üblichen Annahme, dass einfachere Modelle auch einen übersichtlicheren Lösungsraum besitzen.

6.4. Ein Beispiel aus der Robotik

Das folgende Beispiel wurde durch die Arbeit [94] inspiriert und soll die Verwendbarkeit der elasto-visko-plastischen Regularisierung vom flächigen Reibkontakt aus Kapiteln 4 und 5 für Greifprobleme als Beispiel einer Anwendung außerhalb der Triebstrangdynamik demonstrieren.

Das in Abbildung 6.33 gezeigte System besteht aus einem Würfel $\mathcal{B}_w$ mit 18 cm Kantenlänge und den beiden im folgenden mit "Finger" bezeichneten Manipulatoren $\mathcal{B}_l$ und $\mathcal{B}_r$. Zwischen Unterseite des Würfels und der $(\vec{i}, \vec{j})$-Ebene des Inertialraumes $\mathcal{I}$ befindet sich ein flächiger Reibkontakt mit neun diskreten Kontaktpunkten, die körperfest auf $\mathcal{B}_w$ sind. Auf den Fingern $\mathcal{B}_l$ und $\mathcal{B}_r$ sind jeweils fünf diskrete Kontaktpunkte auf einem Kreis mit 2 cm Radius angeordnet. Der Starrkörper $\mathcal{B}_w$ übernimmt sowohl die Rolle von Master wie auch von Slave. Der Würfel soll mit den beiden Fingern angehoben

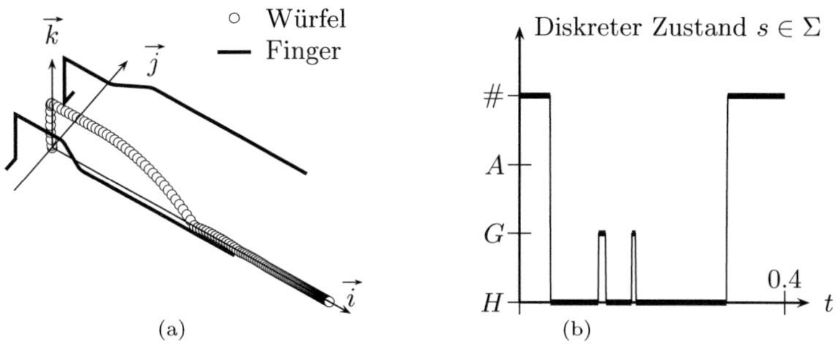

Abbildung 6.34.: (a) 3D-Trajektorien von Finger und Würfel im Inertialraum, (b) Zustand eines Kontaktpunktes am Finger $\mathcal{B}_l$

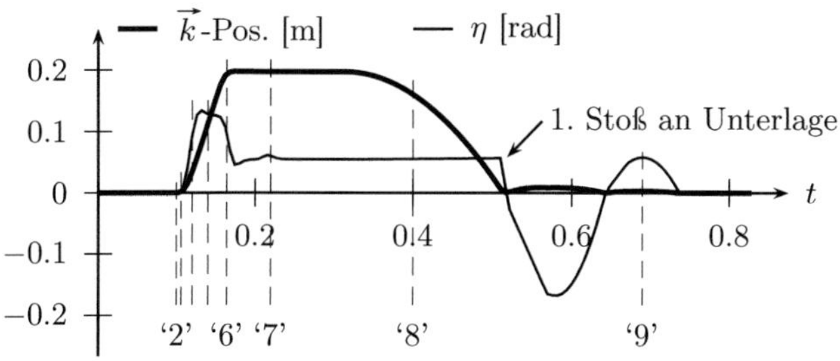

Abbildung 6.35.: $\vec{k}$-Position und Verkippwinkel η um $\vec{j}$-Achse vom Würfel

("Pinzettengriff") und anschließend fortbewegt und auf die Unterlage geworfen werden. Die Bewegung der Finger wird kinematisch vorgeschrieben, so dass als Freiheitsgrade die sechs translatorischen und rotatorischen Freiheitsgrade des Starrkörpers $\mathcal{B}_w$ sowie 38 tangentiale $\mathbf{z}(t)$ und 19 normale $\mathbf{u}(t)$ Freiheitsgrade der insgesamt 19 Kontaktpunkte übrigbleiben.

In Abbildung 6.34(a) sind die Trajektorien der Schwerpunkte aller drei Körper gezeigt. Die beiden Finger bewegen sich ausgehend von geöffneten Kontakten solange aufeinander zu, bis jeweils die Normalkraft von 100 N erreicht ist. Anschließend wird der Würfel angehoben. Da die Finger außerhalb der Symmetrieachsen des Würfels angreifen und die Normalkräfte für permanentes Haften nicht ausreichen, kommt es bei großer Beschleunigung des Würfels zu kurzzeitigen Gleitphasen zwischen Fingern und Würfel. Die Schnappschüsse des Systems zu verschiedenen Zeitpunkten in Abbildung 6.36 zeigen die Haft- und Gleitzustände für jeden Kontaktpunkt durch farbliche Kodierung der Tangentialkräfte. Nachdem der Würfel in angehobener Position fortbewegt wurde,

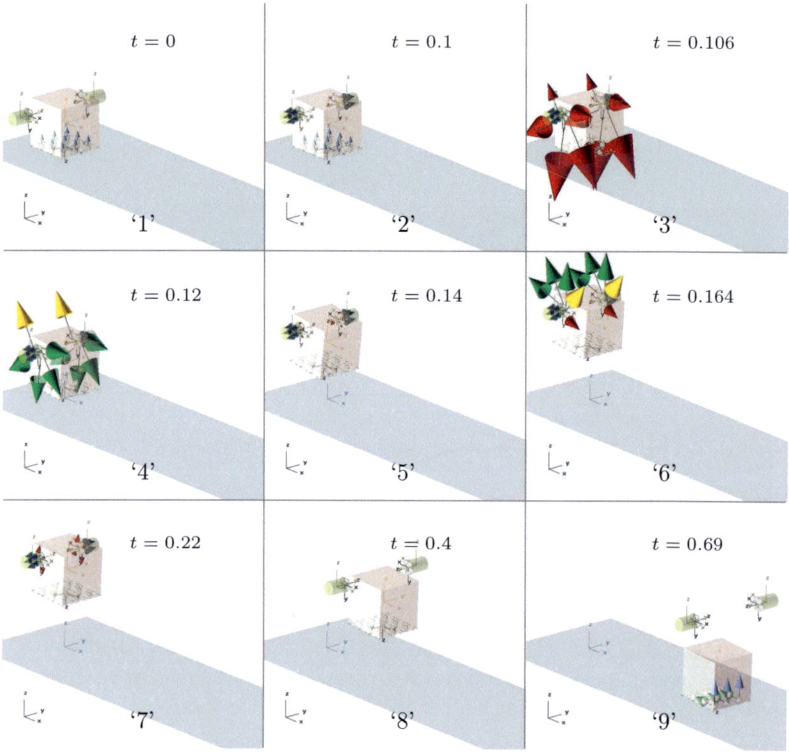

Abbildung 6.36.: Bewegungsablauf vom Würfel im Pinzettengriff (rot = Haften, gelb = Gleiten, grün = ausgeprägtes Gleiten)

gehen die Finger wieder auseinander und der Würfel fällt auf die Unterlage herab. Die Restitution des Stoßes beim Aufprall auf der Unterlage wird über die normale Kontaktdämpfung eingestellt, im Beispiel wurde der Wert $\beta^n = 32 \frac{\text{kg}}{\text{s}}$ gewählt. Der Würfel gleitet auf der Unterlage, bis seine kinetische Energie durch die Reibung dissipiert wurde und es schließlich zum Haften an der Unterlage kommt.

Da es sich um eine freie Starrkörperbewegung handelt und alle Steifigkeiten im System Kontaktsteifigkeiten sind, wurde die Grenzfrequenz mit $\omega_c = 4 \frac{\text{rad}}{\text{s}}$ niedrig gewählt. Die charakteristische Masse m_c des Systems ist 0.3 kg. Der Regularisierungsparameter wurde auf $\varepsilon_c = \frac{1}{100}$ festgelegt. Aus Gleichung (5.61) erhält man eine äußerst geringe tangentiale Kontaktsteifigkeit c_k von

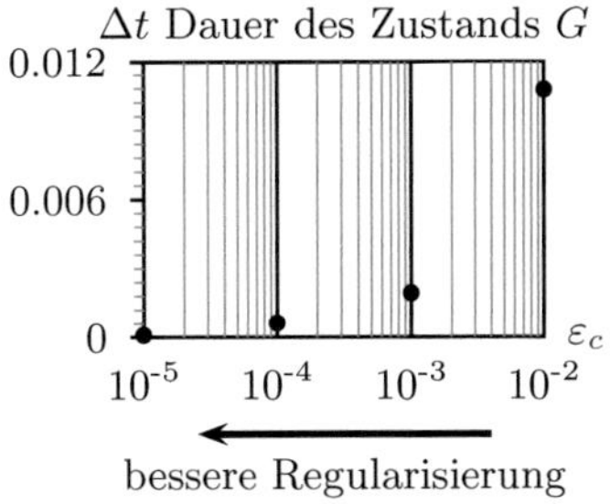

ε_c	c [N/m]	β [kg/s]	Rechen-zeit [s]
10^{-2}	18949.6	151	1.4
10^{-3}	189496	477	1.5
10^{-4}	1894964	1508	1.6
10^{-5}	18949649	4769	1.6

Abbildung 6.37.: Einfluss vom Regularisierungsparameter auf Dauer der plastischen Deformation

ca. 19 $\frac{\text{N}}{\text{mm}}$. Für geringe Steifigkeiten werden die internen Freiheitsgrade $\mathbf{z}_i(t)$ zu relativ "langsamen" Variablen, wie sich an Gleichung (4.113) ablesen lässt. Da jetzt die Entwicklung von Gleiten G mit plastischer Deformation hin zu ausgeprägtem Gleiten A "langsam" vonstatten geht, kann man Kontaktpunkte mit lang andauerndem Zustand G beobachten. In Abbildung 6.34(b) und Bild '4' in Abbildung 6.36 ist sogar ein Kontaktpunkt, für den der Zustand G nicht nach A übergeht, sondern zurück zum Haften H. Für strengere Regularisierungsparameter verkürzt sich die Dauer des Zustands G und es tritt wieder ausgeprägtes Gleiten A als Nachfolgezustand von G auf. In Abbildung 6.37 sind die Verweilzeiten im Zustand G für vier verschiedene Größenordnungen von ε_c gezeigt. Bei $\varepsilon_c = 10^{-5}$ liegt die Verweildauer im Zustand G mit plastischer Deformation bereits bei 10^{-4} s, so dass man als makroskopischer Beobachter vielleicht wieder einen "sprunghaften" Übergang von der elastischen Haftreibkraft auf die COULOMBsche Gleitreibkraft interpretieren würde. Für den Löser stellt sich der Übergang allerdings stets kontinuierlich dar. Für strengere Regularisierungsparameter mit immer schnellerer Dynamik der internen Reibfreiheitsgrade $\mathbf{z}_i(t)$ ist die Schrittweitensteuerung des Lösers aufgrund der höheren mathematischen Steifigkeit des Systems zu kleineren Schrittweiten im Zustand G gezwungen. Dementsprechend steigen auch die Rechenzeiten für strengere Regularisierungen, auch wenn im vorliegenden einfachen System mit wenigen Freiheitsgraden alle Rechenzeiten gering ausfallen (vergl. Abbildung 6.37). Trotz der weiten Spreizung des Regularisierungsparameters und obwohl der Würfel nur über Reibkräfte bewegt wird, fällt die maximale Abweichung der Bewegungsgrößen gering aus. So ist beispielsweise die akkumulierte Abweichung der $\vec{k}^{\mathcal{I}}$-Koordinate des Würfels zum Zeitpunkt des Loslassens der Finger mit 93 μm bei einer Bewegungsamplitude von knapp 20 cm vernachlässigbar klein.

An diesem Beispiel wird ein charakteristisches Merkmal der elasto-viskoplastischen Regularisierung gegenüber klassischer Regularisierung mit Federn und Dämpfern sichtbar. Dem Benutzer ist es freigestellt, sich zwischen zwei Extremen zu bewegen:

- Es gibt nur zwei Zustände Haften H und COULOMBsches Gleiten A, aber die Numerik ist herausfordernd, denn das System ist steif.
- Das System ist nicht steif, aber es gibt drei Zustände H, G und A und es wird in Kauf genommen, dass während G nur der Betrag der Reibkraft exakt der COULOMBschen oder STRIBECKschen Reibung entspricht, während die Reibkraftorientierung sich noch der Relativgeschwindigkeit annähert.

Die alleinige Stellschraube zwischen den beiden Extremen ist der Regularisierungsparameter ε_c.

6.5. Vergleich mit nichtglatten Methoden

Der folgende Vergleich zwischen der Regularisierung aus den Kapiteln 4 und 5 kann nicht den Anspruch haben, repräsentativ oder vollständig zu sein. Denn die Leistungsfähigkeit beider Methoden hängt von den Bewegungen des betrachteten Systems ab. Ziel dieses Abschnittes ist es, zweierlei zu demonstrieren: Einerseits wird sich zeigen, dass die Ergebnisse gut übereinstimmen. Zweitens wird anhand eines Vergleichs der Rechenzeiten offenbar, dass eine Regularisierungsmethode auch mit vielen Kontakten und zeitlich schlecht isolierten Ereignissen bezüglich ihrer numerischen Effizienz nicht zwingend gegenüber typischen nichtglatten Methoden im Nachteil ist.

Betrachtet wird ein einfacher Reibschwinger mit zwei Freiheitsgraden, für den bekannte Ergebnisse in der Literatur vorliegen. Für das System in Abbildung 6.38 werden die generalisierten Koordinaten und Geschwindigkeiten

$$\mathbf{q} = [x_1, z_1, x_2, z_2]^{\mathrm{T}}, \quad \mathbf{p} = [\dot{x}_1, \dot{z}_1, \dot{x}_2, \dot{z}_2]^{\mathrm{T}} \tag{6.47}$$

gewählt. Damit lässt sich die Bewegungsgleichung in der Form

$$\begin{cases} \mathbf{M}\dot{\mathbf{p}} + \mathbf{B}\mathbf{p} + \mathbf{C}\mathbf{q} = \mathbf{F}_{ext} + \mathbf{F}_1 + \mathbf{F}_2 \\ \mathbf{q}(t=0) = \mathbf{q}_0, \quad \mathbf{p}(t=0) = \mathbf{p}_0 \end{cases} \tag{6.48}$$

schreiben, mit der Massenmatrix $\mathbf{M}$ und Dämpfungsmatrix $\mathbf{B}$ gemäß

$$\mathbf{M} = \begin{pmatrix} m_1 & 0 & 0 & 0 \\ 0 & m_1 & 0 & 0 \\ 0 & 0 & m_2 & 0 \\ 0 & 0 & 0 & m_2 \end{pmatrix}, \quad \mathbf{B} = \begin{pmatrix} \beta_1 + \beta_2 & 0 & -\beta_2 & 0 \\ 0 & 0 & 0 & 0 \\ -\beta_2 & 0 & \beta_1 + \beta_2 & 0 \\ 0 & 0 & 0 & 0 \end{pmatrix} \tag{6.49}$$

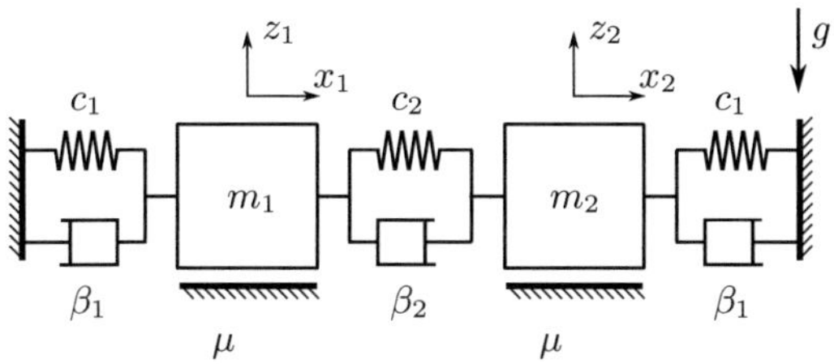

Abbildung 6.38.: Reibschwinger mit zwei Freiheitsgraden, reproduziert aus [176]

und der Steifigkeitsmatrix $\mathbf{C}$ und dem Vektor der äußeren Kräfte $\mathbf{F}_{ext}$ gemäß

$$\mathbf{C} = \begin{pmatrix} c_1 + c_2 & 0 & -c_2 & 0 \\ 0 & 0 & 0 & 0 \\ -c_2 & 0 & c_1 + c_2 & 0 \\ 0 & 0 & 0 & 0 \end{pmatrix}, \quad \mathbf{F}_{ext} = \begin{pmatrix} 0 \\ -m_1 g \\ 0 \\ -m_2 g \end{pmatrix}. \tag{6.50}$$

Die Kräfte $\mathbf{F}_1$ sowie $\mathbf{F}_2$ enthalten die noch zu bestimmenden Normal- und Tangentialkräfte der beiden Reibstellen. Die beiden Kontakte seien mit $i = 1, 2$ indiziert und an beiden Kontakten wirke derselbe Reibwert μ. Für beide Kontakte i werden die lokalen Koordinaten $\mathbf{y}_i = [y_{Ni}, y_{Ti}]^{\mathrm{T}}$ mit jeweils skalarer Verschiebung in Normal- und Tangentialrichtung sowie die LAGRANGEschen Multiplikatoren $\boldsymbol{\lambda}_i = [\lambda_{Ni}, \lambda_{Ti}]^{\mathrm{T}}$ für die Normal- und Reibkraft definiert. Das nichtglatte Modell für den Normal- und Tangentialkontakt kann mit

$$\text{falls } y_{Ni} = 0, \quad \begin{cases} 0 \leq \dot{y}_{Ni} \perp \lambda_{Ni} \geq 0 \\ \dot{y}_{Ti} = 0, \quad |\lambda_{Ti}| \leq \mu \lambda_{Ni} \\ \dot{y}_{Ti} \neq 0, \quad \lambda_{Ti} = -\mu \lambda_{Ni} \operatorname{sign} \dot{y}_{Ti} \end{cases}, \quad i \in \{1, 2\} \tag{6.51}$$

zusammengefasst werden (siehe [19]). Zwischen den lokalen Koordinaten $\mathbf{y}_i$ und den globalen Koordinaten $\mathbf{q}$ sowie den Multiplikatoren $\boldsymbol{\lambda}_i$ und den Kontaktkräften $\mathbf{F}_i$ besteht die einfache lineare Relation

$$\begin{cases} \mathbf{y}_i = \mathbf{H}_1 \mathbf{q} \\ \mathbf{F}_i = \mathbf{H}_i^{\mathrm{T}} \boldsymbol{\lambda}_i \end{cases}, \quad i \in \{1, 2\} \tag{6.52}$$

mit den Matrizen

$$\mathbf{H}_1 = \begin{pmatrix} 0 & 1 & 0 & 0 \\ 1 & 0 & 0 & 0 \end{pmatrix}, \quad \mathbf{H}_2 = \begin{pmatrix} 0 & 0 & 0 & 1 \\ 0 & 0 & 1 & 0 \end{pmatrix}. \tag{6.53}$$

In dieser Darstellung (6.48) bis (6.53) lässt sich der Reibschwinger mit Hilfe der SICONOS-Plattform [19] implementieren, einer numerischen Programmbibliothek speziell zur Modellierung nichtglatter dynamischer Systeme.

Parallel dazu wurde ein regularisiertes Modell mit der Software aus Anhang A erstellt. Obwohl bei eindimensionaler Reibstelle für die eindimensionale Relativgeschwindigkeit ein echter Nulldurchgang existiert, wurde die Ereignisfunktion (5.32) mit Beträgen von vektoriellen Größen belassen, um das sogenannte Problem der *Wahl der Epsilons* als typischen Nachteil der Methode zu erhalten. Bei eindimensionaler Reibung wird der Zustand G mit plastischer Deformation nicht benötigt, denn die Reibkraft kann nur noch eine Richtung haben. Auch dies wird nicht gesondert behandelt, sondern dem Petri-Netz aus Abschnitt 5.3.2 überlassen. Der Vergleich bleibt sinnvoll, solange hinreichend viele Zustandswechsel der diskreten Variablen s_i auftreten, egal zwischen welchen Zuständen des Alphabets $\Sigma = \{H, G, A, \#\}$ dabei letztendlich geschaltet wird.

Für Dämpfungswerte $\beta_1 > 0$ und $\beta_2 < -\frac{\beta_1}{2}$ ist die Dämpfungsmatrix $\mathbf{B}$ nicht mehr positiv definit und bei reibungsfreier Betrachtung $\mathbf{F}_1 = \mathbf{F}_2 = \mathbf{0}$ ist die triviale Ruhelage des Systems instabil, wie man sofort an Gleichung 6.48 erkennt. Unter Berücksichtigung der Reibkräfte gibt es trotz der negativen Dämpfung eine Menge von Anfangsbedingungen, für die sich nach einem Einschwingvorgang ein permanentes Haften der Massen m_1 und m_2 am Untergrund einstellt. Für Zahlenwerte der Massen $m_1 = m_2 = 1$, Steifigkeiten $c_1 = c_2 = 1$, Dämpfungen $\beta_1 = 0.5$ und $\beta_2 = -0.375$, Reibwerte $\mu = 0.1$ sowie die Anfangsbedingung $\mathbf{q}_0 = [5,8224\ 0\ 0\ 0]^{\mathrm{T}}$ und $\mathbf{p}_0 = \mathbf{0}$ erhält man die Lösung in Abbildung 6.39(a), wo die Schwingung nach ca. 180 Sekunden abklingt und ins Haften übergeht. Hingegen erhält man für die leicht modifizierte Anfangsbedingung $\mathbf{q}_0 = [5,8225\ 0\ 0\ 0]^{\mathrm{T}}$ und $\mathbf{p}_0 = \mathbf{0}$ eine aufklingende Schwingung, wie sie in Abbildung 6.39(b) zu sehen ist. In [176] wurde das Einzugsgebiet dieser Haftlösung bei Verwendung nichtglatter Formalismen untersucht. Dort wird die Summe aus kinetischer und potenzieller Energie als LJAPUNOWsche Funktion für eine sehr konservative Abschätzung des Einzugsgebiets der Haftlösung verwendet. Eine genauere Bestimmung des Einzugsgebietes erfordert ohne Kenntnis einer geeigneteren LJAPUNOWschen Funktion numerische Verfahren. In [176] wurde der Querschnitt des Einzugsgebiets durch die Ebene $\dot{x}_1(0) = 0$ und $\dot{x}_2(0) = 0$ durch numerisches Auswerten eines feinen Gitters von Anfangsbedingungen mit nichtglatten Methoden bestimmt. Hier wird ein gleiches Einzugsgebiet mit regularisiertem Kontaktmodell und einem Schießverfahren erhalten, das Ergebnis ist in Abbildung 6.40 gezeigt. In der Mitte befindet sich das Haftgebiet, die beiden Begrenzungslinien wurden aus jeweils 20 äquidistanten Einzelpunkten erzeugt, für die im Schießverfahren eine Genauigkeit bezüglich x_1 und x_2 von zunächst 10^-2 gefordert wurde.

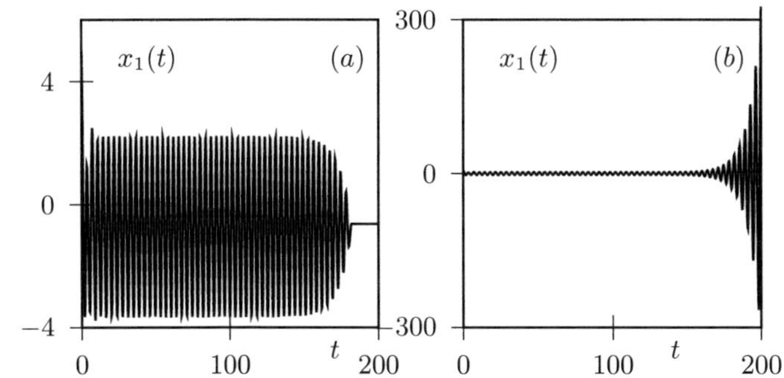

Abbildung 6.39.: (a) Lösung mit permanentem Haften am Ende der Bewegung (b) Aufklingende Lösung

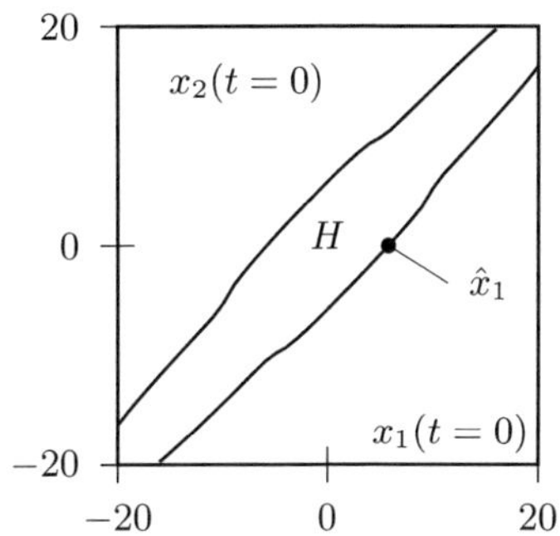

Abbildung 6.40.: Querschnitt des Einzugsgebiets der Haftlösung bei $\dot{x}_1 = 0$, $\dot{x}_2 = 0$, nachgerechnet mit Regularisierungsmethode, Original aus [176]

Für einen genaueren Vergleich von regularisiertem und nichtglattem Modell wird die Lage der Anfangsbedingung $\mathbf{q}_0 = [\hat{x}_1 \ 0 \ 0 \ 0]^{\mathrm{T}}$ und $\mathbf{p}_0 = \mathbf{0}$ betrachtet, welche die Verzweigung zwischen Haftlösung und anwachsender Lösung markiert, also auf der unteren Begrenzungslinie in Abbildung 6.40 bei $x_2(t = 0) = 0$ liegt. Denn genau auf der Verzweigung ist das Ergebnis jeder Numeriksimulation naturgemäß empfindlich gegenüber Eigenschaften und Parametern des numerischen Verfahrens. Es gelte die sprachliche Konvention, dass die Grenze $\hat{x}_1$ *mit der Genauigkeit* Δx_1 bestimmt wurde, wenn für die Anfangsbedingung $\mathbf{q}_0 = [\hat{x}_1 \ 0 \ 0 \ 0]^{\mathrm{T}}$ gerade die Haftlösung wie in Abbildung 6.39(a) erhalten wird und für die Anfangsbedingung $\mathbf{q}_0 = [\hat{x}_1 + \Delta x_1 \ 0 \ 0 \ 0]^{\mathrm{T}}$ gerade die anwachsende Lösung wie in Abbildung 6.39(b) erhalten wird. Wird die Grenze $\hat{x}_1$ mit

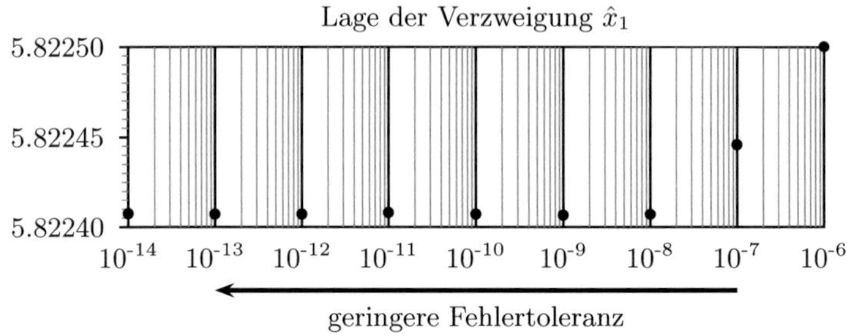

Abbildung 6.41.: Konvergenz der Verzweigung $\hat{x}_1$ bei strengerer Fehlertoleranz

hoher Genauigkeit bestimmt, so dauert der Einschwingvorgang mitunter deutlich länger als in Abbildung 6.39, die Bewegung ist dann über den gesamten Zeitbereich von $t \in [0, 200]$ s eine Schwingung beider Massen m_1 und m_2 mit kurzzeitigen Haftphasen an den Umkehrpunkten. Es existieren demnach gleich viele Haft- und Gleitphasen und die Menge der benötigten Zustandswechsel lässt sich ungefähr über die Schwingfrequenz und die Simulationszeit abschätzen. Die Bewegung lässt sich ohne Haftmodell nicht mehr simulieren, da an den Umkehrpunkten die absinkende Relativgeschwindigkeit die Schrittweite des Lösers gegen Null gehen lässt.

Für die nachfolgenden Simulationen werden alle Modellparameter festgehalten und die Parameter des jeweiligen numerischen Verfahrens variiert. Für das regularisierte Modell wird willkürlich das Intervall $[10^{-14}, 10^{-6}]$ für die Wahl der absoluten und relativen Fehlertoleranz des Lösers, das Intervall $\varepsilon_1 = \varepsilon_2 = \varepsilon \in [10^{-11}, 10^{-5}]$ für die verschwindende Relativgeschwindigkeit in beiden Kontakten und das Intervall $\varepsilon_c \in [10^{-5}, 10^{-1}]$ für den Regularisierungsparameter als Parameterraum festgelegt. Die Grenzfrequenz wird mit $\omega_c = 100$ rad/s auf den hundertfachen Wert der Eigenkreisfrequenz $\omega_0^2 = c_1/m_1 = c_2/m_2 = 1$ festgelegt, so dass sich bei einem Regularisierungsparameter von $\varepsilon_c = \frac{1}{100}$ eine tangentiale Steifigkeit von 1 kN/mm ergibt, vergleiche Abschnitt 5.5.

Zunächst seien $\varepsilon_c = 10^{-5}$ und $\varepsilon = 10^{-11}$ festgehalten. Für immer strengere Fehlertoleranzen (absolut und relativ) nähert sich die mit einem Schießverfahren auf die Genauigkeit $\Delta x_1 = 10 \cdot \texttt{tol}$ bestimmte Grenze $\hat{x}_1$ dem Wert $\hat{x}_1 = 5.8224076245923678$ an, siehe Abbildung 6.41. Der Unterschied zwischen dem gefundenen $\hat{x}_1$ bei Toleranz 10^{-14} und dem $\hat{x}_1$ bei Toleranz 10^{-13} ist kleiner als 10^{-9}. Da die Parameter $\varepsilon_c = 10^{-5}$ und $\varepsilon = 10^{-11}$ jeweils das "genauere" Ende ihres Intervalls markieren, hat der Wert

$$\hat{x}_1 = 5.8224076245923678 =: \check{x}_1 \tag{6.54}$$

die höchste Genauigkeit innerhalb der gewählten Intervallgrenzen des regularisierten Modells und sei fortan mit $\check{x}_1$ bezeichnet.

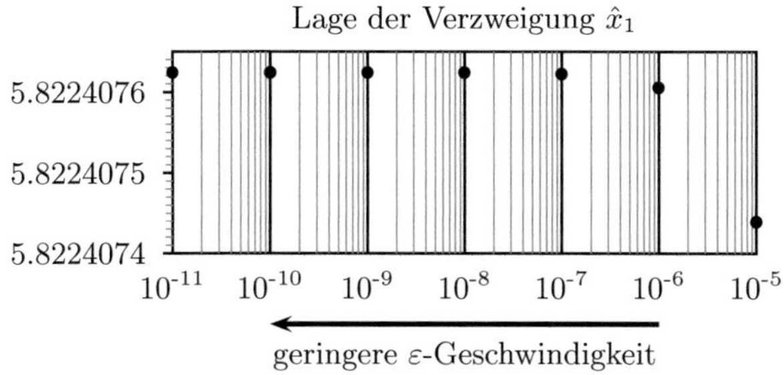

Abbildung 6.42.: Konvergenz der Verzweigung $\hat{x}_1$ unter Verringerung der ε-Geschwindigkeit

Werden jetzt die Fehlertoleranz bei 10^{-14} und der Regularisierungsparameter $\varepsilon_c = 10^{-5}$ festgehalten und stattdessen die verschwindende Relativgeschwindigkeit ε verändert, so erhält man ebenfalls eine deutliche Annäherung an den Wert $\check{x}_1$. Dies ist in Abbildung 6.42 gezeigt. Alle $\hat{x}_1$ wurden für Abbildung 6.42 mit einer Genauigkeit von 10^{-13} ausgerechnet, das Zehnfache der aboluten und relativen Fehlertoleranz. Die Grenze $\hat{x}_1(\varepsilon = 10^{-10})$ ist im Rahmen der Genauigkeit $\Delta x_1 = 10^{-13}$ sogar identisch mit $\hat{x}_1(\varepsilon = 10^{-11})$, die beobachtete Konvergenz $\hat{x}_1(\varepsilon)$ ist nicht mehr zu verbessern.

Schließlich werden $\varepsilon = 10^{-11}$ und die Fehlertoleranz 10^{-14} festgehalten und ε_c wird variiert. Erneut werden für strengere Regularisierungsparameter die Unterschiede zwischen den gefundenen Verzweigungen $\hat{x}_1$ immer geringer, siehe Abbildung 6.43(a). Der Unterschied zwischen $\varepsilon_c = 10^{-4}$ und $\varepsilon_c = 10^{-5}$ bezüglich der gefundenen Grenze $\hat{x}_1$ ist geringer als 10^{-6}.

Im nichtglatten Modell wird als einziger numerischer Parameter die konstante Schrittweite h mit den Werten

$$h \in \{0.005\ 0.001\ 0.0005\ 0.0001\ 0.00005\} \tag{6.55}$$

verändert. Auch hier lässt sich ein Konvergenzverhalten innerhalb des nichtglatten Modells beobachten: Die Abstände zwischen den für Schrittweiten h aus (6.55) erhaltenen Grenzen $\hat{x}_1(h)$ werden bei jeder Verringerung der Schrittweite kleiner, siehe Abbildung 6.43(b). Insbesondere wird mit jeder Verringerung von h auch der Abstand zum Vergleichswert des regularisierten Modells $\check{x}_1$ geringer. Das Ergebnis der numerischen Experimente ist demnach: *Für immer strengere numerische Parameter konvergieren Regularisierungsmethode mit ereignisgesteuerter Integration und nichtglatte Methode mit Zeitschrittverfahren zueinander.*

Der verbleibende Abstand zwischen $\hat{x}_1$ aus regularisiertem Modell und $\hat{x}_1$ aus nichtglattem Modell für die hier verwendeten Bereiche numerischer Parameter

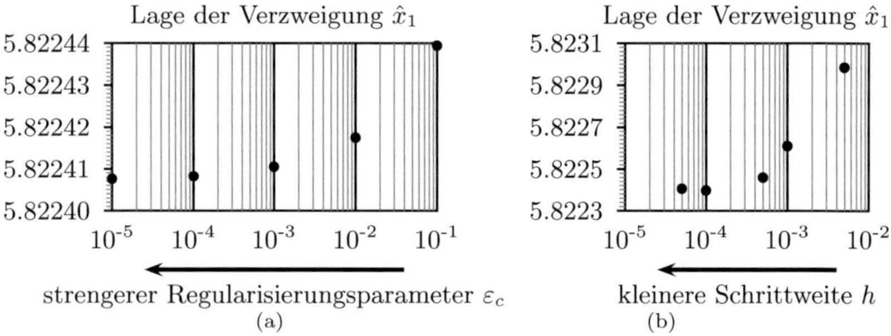

Abbildung 6.43.: (a) Konvergenz im regularisierten Modell bei strengerem ε_c (b) Konvergenz im nichtglatten Modell bei kleinerer Schrittweite

ist kleiner als 10^{-6}. Dies lässt sich vermutlich durch weiteres Absenken von h noch verbessern, ist jedoch aufgrund der konstanten Schrittweite mit hohen Rechenzeiten verbunden und wird nicht weiter verfolgt.

Um den abschließenden Vergleich der Rechenzeiten möglichst fair zu gestalten, werden folgende Maßnahmen ergriffen:

- Es wird auf identischer Hardware gerechnet.
- Die Schrittweite im nichtglatten Modell wird mit $h = 0.005$ festgelegt (die größte der bisherigen Schrittweiten). Bei der ereignisgesteuerten Integration des regularisierten Modells existiert eine Schrittweitensteuerung. Der Schrittweitensteuerung wird als zusätzlicher Maximalwert ebenfalls $h = 0.005$ mitgegeben. Die geforderten Fehlertoleranzen beeinflussen hauptsächlich die Schrittweitensteuerung. Mit 10^{-9} für beide Toleranzen wird ein mittlerer Wert gewählt.
- Mit $\varepsilon_c = 10^{-5}$ wird der bisher strengste Regularisierungsparameter gewählt.
- Mit $\varepsilon = 10^{-6}$ m/s $= 1$ μm/s wird ein mittlerer Wert für die kleine Schranke der Relativgeschwindigkeit gewählt.
- Bestimmt man im regularisierten Modell mit diesen Numerikparametern die Verzweigung $\hat{x}_1$, so liegt sie näher an $\check{x}_1$ als die Grenze aus dem nichtglatten Modell mit Schrittweite $h = 0.005$. Sie liegt ebenfalls näher an dem besten Wert für $\hat{x}_1$ aus dem nichtglatten Modell mit kleinster Schrittweite $h = 0.00001$. Das regularisierte Modell ist somit etwas strenger eingestellt als das nichtglatte Modell.

- Wenn zusätzliche Kontakte eingeführt werden, so sollen sie in beiden Modellen nur ersatzweise für "irgendwelche Kontakte" im dynamischen System stehen. Innerhalb der SICONOS-Plattform werden die Kontakte automatisch als eigenständige Objekte behandelt und jeder zusätzliche Kontakt verursacht weiteren Rechenaufwand. Um innerhalb der Software aus Anhang A mögliche Optimierungspotentiale der symbolischen Gleichungserzeugung zu versperren werden die zusätzlichen Kontaktpunkte an unterschiedlichen Orten $\mathbf{s}_{\mathcal{L}_s}$ gemäß Gleichung (3.16) eingeführt. Dies erzeugt Rechenaufwand bei der Auswertung kinematischer Größen, ohne dass dies im eindimensionalen Modell Einfluss auf die Dynamik hätte.

Es werden die Rechenzeiten von Modellen mit insgesamt 2, 12, 24 und 48 Kontakten verglichen, wobei die Kontakte gleichmäßig auf die Massen m_1 und m_2 verteilt werden. Im regularisierten Modell treten drei verschiedene typische Zeitabstände zwischen Ereignissen auf: Haftphasen an Umkehrpunkten der Schwingung sind durch lange Gleitphasen zwischen den Umkehrpunkten getrennt. Es existiert somit eine Gruppe *zeitlich gut isolierter* Ereignisse. Die Haftphasen an den Umkehrpunkten selbst sind mit einigen Mikrosekunden relativ kurz. Beginn und Ende von Haften bilden eine zweite Gruppe zeitlich mäßig isolierter Ereignisse. Schließlich entstehen durch die künstlich eingeführten $\mathbf{s}_{\mathcal{L}_s}$ Rundungsfehler bei der Auswertung kinematischer Größen, speziell Relativgeschwindigkeiten in der Ereignisfunktion. Dies führt zur dritten Gruppe der zeitlich schlecht isolierten Ereignisse.

Wie in Abbildung 6.44 zu sehen ist, erzielt die Software aus Anhang A auch bei steigender Anzahl von Kontakten deutlich geringere Rechenzeiten als die SICONOS-Plattform. Die Anzahl der Zustandswechsel rangiert im regularisierten Modell zwischen 311 Wechseln bei einem Kontakt und knapp 12700 Wechseln bei 48 Kontakten.

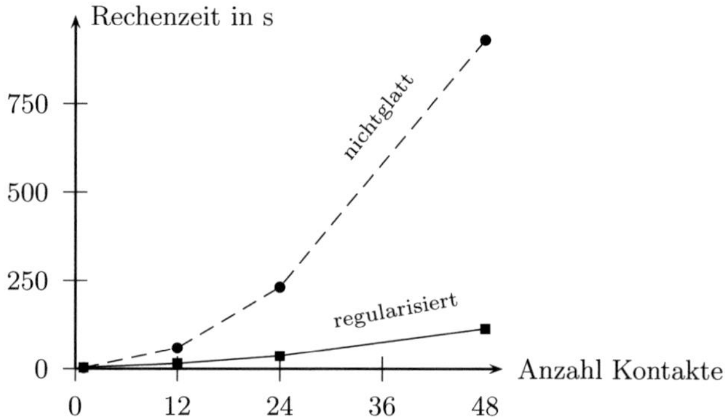

Abbildung 6.44.: Vergleich der Rechenzeiten von nichtglattem und regularisiertem Modell

7. Zusammenfassung

In der vorliegenden Arbeit wird ein Formalismus zur Dynamiksimulation von mechanischen Mehrkörpersystemen mit flächigen Reibkontakten vorgestellt. Das Verfahren ist geeignet für eine Klasse von mittelgroßen Systemen, die einerseits groß genug sind, dass eine Herleitung der Bewegungsgleichungen von Hand zu aufwändig erscheint, andererseits klein genug sind, dass eine Untersuchung der dynamischen Phänomene durch numerische Experimente noch zum Systemverständnis beiträgt. Der Formalismus wurde insbesondere zur Simulation von Antriebssystemen in Kraftfahrzeugen entworfen, lässt sich aber ebenso zur Modellierung anderer technischer Systeme heranziehen.

Das verwendete Reibmodell erlaubt eine möglichst konsequente Anwendung klassischer Reibgesetze wie der COULOMBschen Reibung auf verteilte Kontakte. Das Problem der überzähligen Bindungen während Haften in mehreren Kontaktpunkten wird regularisiert, das heißt mittels künstlich eingeführter lokaler Nachgiebigkeit im Kontakt umgangen. Die Regularisierung verwendet Analogien von Plastizität und Reibung, wie sie auch in der Strukturmechanik ausgenutzt, hier jedoch auf die Mehrkörperdynamik angewendet werden. Der elasto-plastische Reibkontakt geht intuitiv aus dem etablierten Modell der idealen Plastizität von PRANDTL und REUSS aus der Kontinuumsmechanik hervor. Dieses ist das einfachste verfügbare Plastizitätmodell, welches gleichzeitig eine robuste und effiziente numerische Behandlung ermöglicht.

Als Nebenprodukt dieser Arbeit entstand eine Simulationssoftware, die den Formalismus implementiert und für den Einsatz in der Industriepraxis zur Verfügung stellt. Mit dieser Software wird anhand einiger – sowohl akademischer als auch praxisrelevanter – Beispiele demonstriert, dass Regularisierungen sich als Alternative zu den Formalismen der nichtglatten Mechanik anbieten. Dabei lassen sich beispeilsweise bei der Untersuchung der Radialdynamik ebener Scheibensysteme dynamische Phänomene aufzeigen, die mit klassischer Modellierung mit Einzelkontakten oder permanent angenommenem Gleiten unsichtbar bleiben.

A. Das DynaReg2D Software-Paket

Dieser Anhang gibt einen Überblick über die DYNAREG2D Software, welche die Ergebnisse der vorliegenden Arbeit implementiert und für den industriellen Alltag in einer Berechnungsabteilung zur Verfügung stellt.

DYNAREG2D ist eine unveröffentliche Software für den internen Gebrauch. Sie richtet sich an Benutzer mit Erfahrung in der Dynamiksimulation von Mehrkörpersystemen. Der Name der Software setzt sich aus dem bereits in Abschnitt 3.6 erwähnten *DynaFlexPro* als Gleichungserzeuger [155], der hier verwendeten Methode der *Regularisierung* für die Kontakte und und dem flächenhaften (*2D*) Charakter der Kontaktgeometrien zusammen.

A.1. Zusammenfassung

- DYNAREG2D ist eine Sammlung von Werkzeugen zur Modellierung der betrachteten Klasse von Mehrkörpersystemen in Form von symbolischer Computeralgebra ebenso wie zur Numeriksimulation dieser Modelle. Hinzu kommt eine Reihe von Werkzeugen zum *Pre-* und *Postprocessing* von Simulationsdaten und zur Durchführung von *Parameterstudien*.

- Die Gesamtheit der Werkzeuge versetzt den Anwender in die Lage, eine Vielzahl numerischer Experimente für die betrachtete Klasse von Mehrkörpersystemen durchzuführen. Zu diesem Zweck wurde besonders viel Wert auf die Rechengeschwindigkeit der Software gelegt.

- Nachdem mittels der numerischen Experimente ein erstes Verständnis des Systems erarbeitet wurde, wird üblicherweise eine Analyse auf Gleichungsebene angestrebt. Da die Bewegungsgleichungen bereits symbolisch erzeugt wurden, bietet DYNAREG2D als Nebenprodukt einen bequemen Einstieg in die Analytik.

- DYNAREG2D verwendet zeitgemäße Methoden der Softwareentwicklung und jüngste Techniken der Modellierung und Numerik. Modulare Implementierungen erlauben eine komfortable Wartung der Software. DYNAREG2D eignet sich somit als Basis für weitere Entwicklungen.

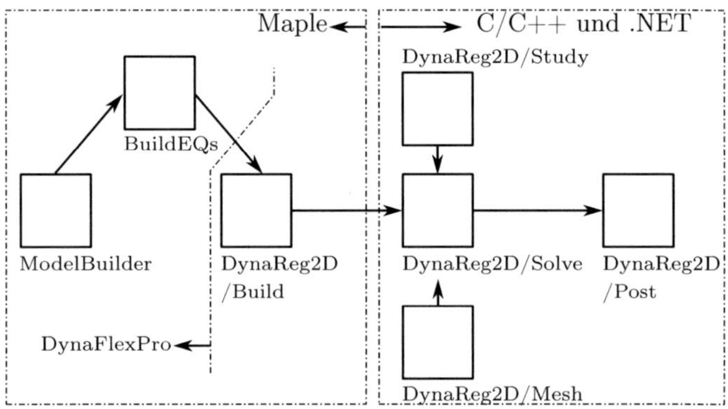

Abbildung A.1.: Verwendung der Einzelwerkzeuge in einer DynaReg2D-Arbeitsfolge

A.2. Software-Architektur

Eine typische Arbeitsfolge mit DynaReg2D illustriert das Zusammenspiel der einzelnen Werkzeuge. Jedes Werkzeug verwendet in seinem Quellcode existierende Softwarebibliotheken, so dass auf eine Wiederholung anderswo geleisteter Arbeit weitestgehend verzichtet werden konnte[1].

Das Mehrkörpersystem wird zunächst mit Hilfe des grafischen Eingabewerkzeugs *ModelBuilder* entworfen (siehe Abbildung A.1). *ModelBuilder* ist Teil der kommerziellen Maple-Erweiterung DynaFlexPro. Die Kontaktschnittstellen werden in ModelBuilder angelegt, zu diesem Zeitpunkt sind die Kontaktkräfte und die Funktionen der Kontaktkinematik jedoch noch unbekannte Zeitfunktionen. Der Entwurf des MKS mit flächigen Reibkontakten setzt allgemeines Wissen über Mehrkörperdynamik und das Befolgen einer speziellen Syntax für die Markierung der Reibkontakte beim Benutzer voraus.

Am Ende der Entwurfsphase steht eine DynaFlexPro-Eingabedatei bereit, die zunächst zur Erzeugung der Bewegungsgleichung (in Form von (4.163)) mit unbekannten Kontaktkräften verwendet wird. Diese Arbeit wird vom DynaFlexPro-Befehl `BuildEQs` erledigt.

Bis hierhin wurden vorgefertigte Teile des kommerziellen Pakets DynaFlexPro verwendet. Jetzt tritt das neue Maple-Paket DynaReg2D/Build auf den Plan und erzeugt in Maple das kombinierte dynamische System aus mecha-

[1] Ohne die zur Fertigstellung dieser Arbeit zeitgleich stattfindende Ausbreitung von *freier Software* wäre die Realisierung eines umfangreichen Simulationswerkzeugs für den Autor schwerlich möglich gewesen.

nischen Bewegungsgleichungen und interner Dynamik des Reibsystems. Am Ende von DynaReg2D/Build wird Simulationscode in ANSI-C exportiert, der sich durch eine hohe Effizienz – erkauft durch den Nachteil einer schlechten bis unmöglichen Lesbarkeit für das menschliche Auge – auszeichnet.

Das Werkzeug DynaReg2D/Solve übernimmt diesen Simulationscode und kompiliert ihn in eine dynamische Bibliothek (*dll, dynamic link library*). Somit wird während der Numeriksimulation keine Evaluation von Gleichungen mehr vorgenommen, dieser Schritt wurde vollständig in der symbolischen Rechnung zuvor erledigt. Stattdessen wird während der Simulation reine Arithmetik über den vier Grundrechenarten betrieben. Dies ist ein wesentliches Merkmal der verwendeten Architektur zur Erlangung geringer Rechenzeiten.

Ein weiterer wesentlicher Baustein zur Erzielung hoher numerischer Effizienz ist ein leistungsfähiger Löser für die hier auftretenden gewöhnlichen Differentialgleichungssysteme mit unstetiger rechter Seite. Ebenfalls im Programmteil DynaReg2D/Solve wurde eine modifizierte Version des unter der BSD-Lizenz[2] veröffentlichten Lösers CVODE aus dem SUNDIALS-Quellcodepaket[3] implementiert [79]. Die Modifikationen des Solvers erstrecken sich hauptsächlich auf die in Kapitel 5 genannte Strategie zur Nullstellensuche.

Während der für den Endbenutzer sichtbare Teil von DynaReg2D/Solve genauso wie alle anderen Werkzeuge aus DynaReg2D in der verwalteten Sprache C# (*C-sharp*) aus dem *.NET-Framework* implementiert sind, wurden sämtliche Zutaten der Numerik in nativen (unverwalteten) Code in der Sprache C ausgelagert. Für die Sprache C existiert eine Vielzahl ausgereifter Kompilierungswerkzeuge, die potentiell effizienten Maschinencode erzeugen. Auch lässt sich ein genereller Trend im wissenschlaftlichen Rechnen weg von Fortran und hin zu C beobachten [79].

DynaReg2D/Post ist ein vielseitig verwendbares Visualisierungswerkzeug für dreidimensionale Starrkörpersysteme mit der zusätzlichen Fähigkeit, die für diskretisierte flächige Reibkontakte typische hohe Zahl an Kraftvektoren darzustellen. Starrkörpergeometrien werden über das neutrale STL-Format[4] beschrieben, welches mit nahezu jedem CAD-System erzeugt werden kann. DynaReg2D/Post basiert auf der OpenGL-Programmierschnittstelle[5] und verwendet ein eigens für die betrachtete Klasse von Mehrkörpersystemen entwickeltes Dateiformat zur Speicherung der Bewegungen, welches – wie alle anderen Dateiformate aus DynaReg2D – mithilfe eines XML-Schemas[6] definiert wird.

[2]BSD, Berkeley Software Distribution

[3]SUNDIALS, SUite of Nonlinear and DIfferential/ALgebraic equation Solvers.

[4]STL, Standard Triangulation Language

[5]OpenGL, Open Graphics Library

[6]XML, Extensible Markup Language

A.2.1. Erzeugung von Simulationscode

Das Produkt von DynaReg2D/Build ist optimierter Simulationscode. Nachfolgend sind alle Dateien aus Simulationscode eines DynaReg2D-Modells aufgelistet und die dazugehörigen Gleichungen referenziert.

C_Xdot.c Die rechte Seite der Differentialgleichung gemäß (4.171).

C_eventFun.c Alle Ereignisfunktionen des Systems gemäß (5.3).

C_initializeStates.c Eine Initialisierungsfunktion für die diskreten Variablen. Der Benutzer muss nur die Anfangsbedingung für die generalisierten Koordinaten $\mathbf{q}$ und Geschwindigkeiten $\mathbf{p}$ des Systems vorgeben, daraus errechnet `C_initializeStates.c` die diskreten Kontaktzustände s_i sowie die Anfangswerte der internen elastischen Variablen des Reibsystems.

C_postProcKinTrans.c Ohne den Benutzer zu fragen erzeugt DynaReg2D/Build für jedes System alle Postprocessing-Größen, die zur 3D-Visualisierung benötigt werden. Dies beinhaltet die absoluten Koordinaten aller Bezugssysteme von Starrkörpern sowie alle Rotationsmatrizen. Weiterhin werden alle Kraftvektoren der Kontaktkräfte zur Visualisierung ausgegeben.

C_switchFun.c Die Schaltfunktion des Systems bildet das Petri-Netz N_i aus den Abschnitten 5.3.1 und 5.3.2 ab.

system.drsxml Ein Prototyp einer leeren Simulation, das heißt alle Parameter sind mit Null initialisiert. Dieser Prototyp wird von DynaReg2D/Solve benötigt, um das MKS zu parametrisieren.

A.3. Beispiel

Das folgende Beispiel einer DynaReg2D-Arbeitsfolge wurde direkt dem industriellen Tagesgeschäft entliehen. Das Mehrkörpersystem weist mit 14 generalisierten Koordinaten des Starrkörpersystems und sechs flächigen Kontaktschnittstellen mit insgesamt 36 internen Freiheitsgraden der Reibung eine typische Größe eines Systems zur Simulation mit DynaReg2D auf.

Die technischen Details des Systems (die Betätigung eines Doppelkupplungsgetriebes) und die mit DynaReg2D ermittelten Simulationsergebnisse werden an dieser Stelle bewusst weggelassen. Das Beispiel dient nur zur Veranschaulichung der Softwarebenutzung.

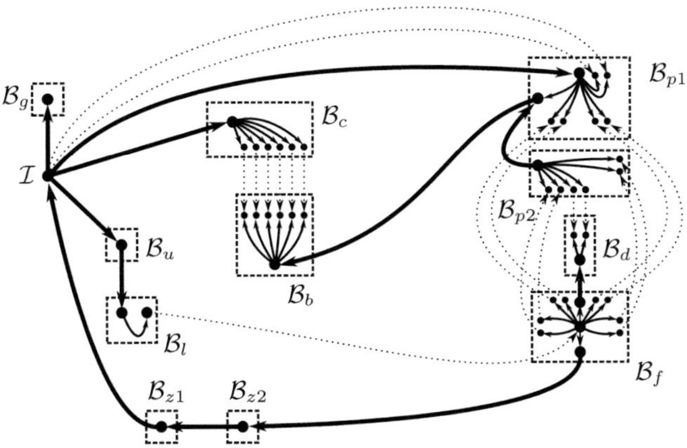

Abbildung A.2.: Entwurf des MKS als gerichteter Graph

Modellierung In der ersten Phase einer DynaReg2D-Arbeitsfolge wird in *ModelBuilder* eine visuelle Repräsentation des gerichteten Graphen aus Abschitt 3.6 erzeugt. In Abbildung A.2 ist der Graph des Beispielsystems gezeigt, wobei Komponenten des Kobaums (gestrichelte Pfeile) nur angezeigt sind, sofern es sich um Kontaktkräfte oder Gelenke einer kinematisch geschlossenen Schleife handelt. Während der Einbau der üblichen Komponenten eines MKS, wie Starrkörper und gewöhnliche Gelenke, schnell vonstatten geht, benötigt die Modellierung der Kontaktschnittstellen etwas mehr Zeitaufwand. Für jeden Kontaktpunkt müssen eigene *Slave*- und *Master*-Punkte als Koordinatensysteme eingeführt werden und einer DynaReg2D-Syntax folgend parametrisiert werden. So ist beispielsweise mit `Fx_fCI1_2(t)` die x-Komponente der Kontaktkraft im zweiten Kontaktpunkt von Kontaktschnittstelle eins (`fCI1`) bezeichnet. Eventuelle Modellierungsfehler bei der Parametrisierung von Kontaktschnittstellen werden später durch DynaReg2D/Build angezeigt.

Die Erzeugung eines Graphen wie im Beispielsystem nimmt wenige Stunden in Anspruch, eine entsprechende Einarbeitung des Modellierers vorausgesetzt.

Erzeugung von Simulationscode Der nachfolgende Schritt der Erzeugung des dynamischen Gleichungssystems und des dazugehörigen Simulationscodes läuft größtenteils automatisiert ab. Der Benutzer steuert den Vorgang über ein *Maple-Arbeitsblatt*, welches sich aus einer Vorlage erstellen lässt. Nach kleinen Anpassungen durch den Anwender, wie etwa der Name der verwendeten DynaFlexPro-Eingabedatei, kann das Arbeitsblatt ausgeführt werden. Die

Codedatei	Indizierungen	Anweisungen	Additionen	Multiplik.	Div.
DGL	2.784	3.588	5.041	5.096	21
Ereign.	1.593	1.570	2.046	1.719	2
Post.	1.965	2.091	2.248	2.018	0
Schalt.	2.575	2.345	2.039	1.704	2
Summe	8.917	9.594	11.374	10.537	25

Tabelle A.1.: Größe der Beispielsimulation

Ausführungszeit bis zur Erstellung des fertigen Simulationscodes beträgt im Beispiel ca. 2 Minuten auf einem derzeitigen Desktop-PC.

Die Verwendung eines Maple-Arbeitsblattes erlaubt Interaktion mit dem Benutzer. Da alle Gleichungen in mathematischer Form vorliegen, sind hier Manipulationen des Mehrkörpersystems möglich. Im Beispiel werden die Gleichungen einer komplizierten Gelenkkinematik im Arbeitsblatt aufgestellt und in das Mehrkörpersystem eingepflegt. Eine solche Kinematik wäre in keiner Gelenkbibliothek enthalten, und muss daher von Hand erzeugt werden. Weitere Verwendungen des Maple-Arbeitsblattes sind etwa:

Dokumentation des Mehrkörpersystems durch Fließtext und Skizzen.

Postprocessing: DynaReg2D/Build erlaubt dem Benutzer die Definition eigener Postprocessing-Variablen, um häufig benötigte Ergebnisgrößen eines Systems nicht nach jeder Simulation erneut auswerten zu müssen. Stattdessen werden die Ergebnisgrößen im Maple-Arbeitsblatt definiert und direkt in den Simulationscode eingebettet.

Plausibilität: Der Modellierer kann mathematische Terme des MKS im Arbeitsblatt betrachten und auf Plausibilität hinsichtlich seines beabsichtigten Modells untersuchen. Dies hat jedoch nur bei kleinen MKS mit wenigen Freiheitsgraden einen praktischen Nutzen.

Die Größe des Simulationscodes, d.h. die in jeder erzeugten Codedatei enthaltenen elementaren Operationen, ist in Tabelle A.3 gezeigt. Bei jedem Integrationsschritt des Lösers muss jede Codedatei mindestens einmal evaluiert werden, die genaue Anzahl der Evaluationen richtet sich nach dem Konvergenzverhalten des aktuellen Integrationsschrittes. Der Simulationscode des Beispiels benötigt ca. 1 Minute zur Kompilierung.

Parametrisierung DynaReg2D/Solve öffnet nach Erzeugung des Kompilats ein Fenster zur Parametrisierung des Systems (Abbildung A.3). Hier werden sowohl die zuvor in Maple definierten symbolischen Parameter mit Zahlenwerten

Abbildung A.3.: Parametrisierung des MKS im Hauptfenster von DynaReg2D/Solve

versehen als auch numerische Parameter des Solvers und Geometrien in Form von `*.stl`-Dateien vergeben. Ein vollständiger Satz Parameter für das kombinierte System wird als eine *Simulation* angesehen und lässt sich zur späteren Reproduktion im eigenen `*.drsxml`-Format speichern.

Die Beispielsimulation enthält 269 konstante Parameter und 7 zeitabhängige Parameter. Ein Großteil der konstanten Parameter beschreibt die Lagen und Orientierungen der Master- und Slave-Bezugssysteme auf den Körpern. Für die Parametrisierung des Beispielsystems von Beginn an vergehen einige Stunden Arbeitszeit, später können ohne Aufwand neue Simulationen als Varianten der ersten Simulation gespeichert werden. Um systematisch eine Vielzahl von Varianten im Sinne eines *Design of Experiments* (DoE) zu generieren, wurde das Hilfsprogramm DynaReg2D/Study geschaffen.

Lösung Die Arbeit von DynaReg2D/Solve wird durch den Benutzer überwacht (Abbildung A.4). Eine rudimentäre *Tracing*-Funktionalität des Lösers gibt Auskunft über die aktuellen diskreten Zustände der Kontaktpunkte. Ein

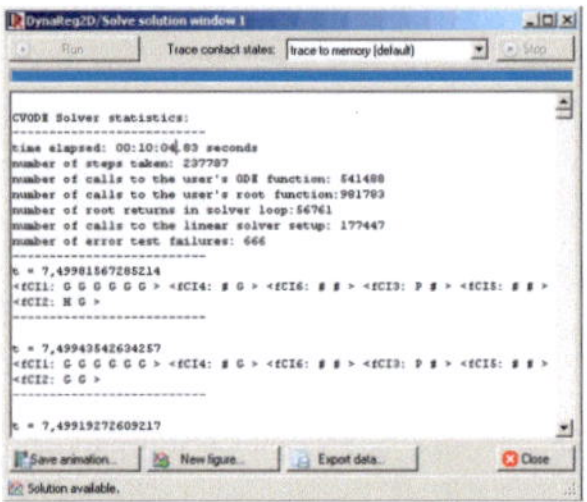

Abbildung A.4.: Beobachten einer Rechnung in DynaReg2D/Solve

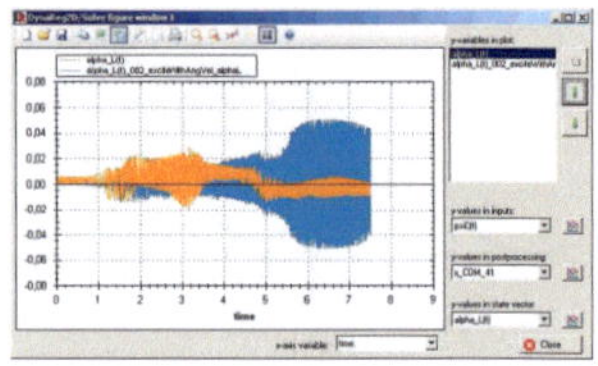

Abbildung A.5.: Ergebnisanzeige in DynaReg2D/Solve

Ausgewertete Größe	Anzahl
Rechenzeit	10:14 Min.
Integrationsschritte	234.722
Evaluationen der DGL	538.911
Aufrufe Nullstellensuche	954.150
Gefundene Nullstellen	56.858
Setup des linearen Lösers	172.589
Toleranz nicht eingehalten	765

Tabelle A.2.: Auswertung der Arbeit des Lösers

häufiges Szenario ist ein exorbitantes Anwachsen der Haft- / Gleitübergänge, welches oftmals in einem zu hohen Wert der ε-Geschwindigkeit (vgl. Abschnitt 5.5) begründet liegt. In diesem Fall kann die Integration angehalten, entsprechend reparametrisiert und neu gestartet werden. Allerdings erträgt DYNAREG2D eine recht hohe Anzahl von Ereignissen, bevor eine Abbruch einer laufenden Simulation in Erwägung gezogen werden sollte.

Im Beispiel wurde das Verhalten des Betätigungssystems während eines Hochlaufs der Motordrehzahl von Null auf 7500 U/Min. simuliert. Die rotierenden Teile des Systems absolvieren dabei ca. 450 vollständige Umdrehungen. Die Rechenzeit betrug ca. 10 Minuten, ebenfalls auf einem gewöhnlichen Desktop-PC. Eine Zusammenfassung der Statistik des Lösers ist in Tabelle A.3 gegeben.

Postprocessing Direkt in DynaReg2D/Solve können 2D-Plots der Simulationsergebnisse angefertigt werden (Abbildung A.5). Das dazugehörige Werkzeug lässt den Benutzer aus den folgenden Gruppen von Ergebnissen wählen:

- Generalisierte Koordinaten und Geschwindigkeiten des MKS und interne Koordinaten der Reibkontakte. Alle Koordinaten, die in *DynaFlexPro* in den Baum des Systems gewählt wurden, deren erste Zeitableitungen sowie alle Freiheitsgrade der Regularisierung stehen als Größen für die x- oder y-Achse in Grafiken zur Verfügung.

- Alle Größen des Postprocessings, die von DynaReg2D/Build standardmäßig zum Zweck der 3D-Animation erzeugt wurden. Dazu gehören alle Lagen und Orientierungen von Starrkörpern in absoluten Koordinaten sowie alle Kontaktkräfte, aufgeteilt nach Normal- und Tangentialrichtung. Auch die Zustände der diskreten Variablen für die Kontaktpunkte können visualisiert werden.

- Postprocessing-Variablen, die vom Benutzer im Maple-Arbeitsblatt definiert wurden.

- Alle zeitabhängigen Parameter des Systems.

Während 2D-Grafiken direkt in der Simulationsumgebung generiert werden können, wird für 3D-Visualisierungen das externe Hilfsprogramm DynaReg2D/Post benötigt. Die Simulationsergebnisse werden vom Löser in das eigene `*.mbzip`-Format geschrieben, welches von DynaReg2D/Post eingelesen wird.

Obwohl 2D-Grafiken auch in DynaReg2D sicherlich das häufigste Werkzeug zur Bewertung der Simulationsergebnisse sind, gibt die 3D-Animation wichtige Rückmeldung an den Anwender:

- Der Zusammenbau des MKS kann schnell auf Plausibilität überprüft werden. Die meisten Modellierungsfehler werden in der 3D-Ansicht offensichtlich.

- Die berechneten Bewegungen können grob bewertet werden, sofern die Amplituden sichtbar sind.

- Das Verhalten der Reibkontakte kann auf einen Blick bewertet werden. Die Reibkräfte werden mit der aus Abbildung 6.36 bekannten Farbcodierung für Haft- und Gleitzustände visualisiert.

Das System der Beispielsimulation ist in Abbildung A.6 in DynaReg2D/Post geöffnet.

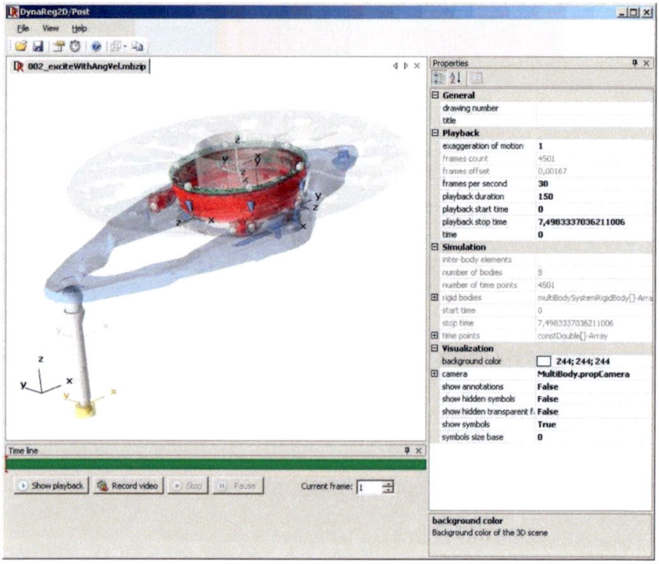

Abbildung A.6.: 3D-Visualisierung mit DynaReg2D/Post

Literaturverzeichnis

[1] AMONTON, G.: De la résistance causée dans les machines. In: *Mémoires de l'Académie des Sciences* (1699), S. 203–222

[2] ANH, L. X. ; WITTENBURG, J. (Hrsg.): *Dynamics of Mechanical Systems with Coulomb Friction.* Springer Verlag, 2003

[3] ANTUNES, J. ; AXISA, F. ; BEAUFILS, B. ; GUILBAUD, B.: Coulomb Friction Modelling in Numerical Simulations of Vibrations and Wear Work Rate of Tube Bundles. In: *J. Fluids Struct.* 4 (1988), S. 287–304

[4] ARMSTRONG-HÉLOUVRY, B.: *Control of Machines with Friction.* Kluwer Academic Publishers, 1991

[5] ARMSTRONG-HÉLOUVRY, B. ; DUPONT, P. ; CANUDAS DE WIT, C.: Friction in servo machines: Analysis and control methods. In: *Applied Mechanics Reviews* 47 (1994), S. 275–302

[6] AVITZUR, B. ; NAKAMURA, Y.: Analytical Determination of Friction Resistance as a Function of Normal Load and Geometry of Surface Irregularities. In: *Wear* 107 (1986), S. 367–383

[7] BACIU, G. ; KESAVAN, H.K.: Graph-Theoretic Modeling of Particle-Mass and Constrained Rigid Body System. In: *Mechanism and Machine Theory* 30 (1995), S. 953–967

[8] BAUCHAU, O. A.: Modeling friction phenomena in flexible multibody dynamics. In: *Computer Methods in Applied Mechanics and Engineering* 195 (2006), S. 6909–6924

[9] BAUMGARTE, J.: Stabilization of Constraints and Integral of Motion for Nonpenetrating Rigid Bodies. In: *Computer Methods in Applied Mechanics and Engineering* 1 (1972), S. 1–16

[10] BENNEWITZ, R.: Friction Force Microscopy. In: *Fundamentals of Friction and Wear on the Nanoscale*, 2007, S. 1–14

[11] BERTRAM, A.: *Elasticity and Plasticity of Large Deformations.* Springer Verlag, 2005

[12] *Kapitel* Progagation of Errors. In: BEVINGTON, P. R. ; ROBINSON, D. K.: *Data Reduction and Error Analysis for the Physical Sciences.* McGraw-Hill, 1992, S. 41–44

[13] BLIMAN, P. A.: Mathematical Study of the Dahl's Friction Model. In: *European Journal of Mechanics A/Solids* 11 (1992), S. 835–848

[14] BLIMAN, P. A. ; SORINE, M.: Easy-to-use realistic dry friction models for automatic control. In: *Proceedings of the 3rd European Control Conference.* Rome, Italy, 1995, S. 3788–3794

[15] BONA, B. ; INDRI, M.: Friction Compensation in Robotics: an Overview. In: *44th IEEE Conference on Decision and Control and the European Control Conference.* Sevilla, Spanien, Dezember 2005, S. 4360–4367

[16] BOWDEN, F. P. ; TABOR, D.: The area of contact between stationary and between moving surfaces. In: *Proceedings of the Royal Society of London A* 169 (1939), S. 391–413

[17] BOWDEN, F. P. ; TABOR, D.: *The Friction and Lubrication of Solids. Part I.* Clarendon Press, 1950

[18] BOWDEN, F. P. ; TABOR, D.: *The Friction and Lubrication of Solids. Part II.* Clarendon Press, 1964

[19] BROGLIATO, B.: *Numerical Methods for Nonsmooth Dynamical Systems: Applications in Mechanics and Electronics.* Springer Verlag, 2008

[20] BROGLIATO, Bernard: *Nonsmooth mechanics.* 2. ed. Springer Verlag, 1999. – ISBN 1–85233–143–7

[21] BUDAKIAN, R. ; PUTTERMAN, S. J.: Time Scales for Cold Welding and the Origins of Stick-Slip Friction. In: *Physical Review B* 65 (2002), S. 235429

[22] CANUDAS DE WIT, C.: Comments on A New Model for Control of Systems with Friction. In: *IEEE Transactions on Automatic Control* 43 (1998), S. 1189–1190

[23] CANUDAS DE WIT, C. ; DOLCINI, P. ; BÉCHART, H.: Observer-based optimal control of dry clutch engagement. In: *European Control Conference. CDC-ECC '05. 44th IEEE Conference on Decision and Control,* 2005, S. 615–621

[24] Canudas de Wit, C. ; Olsson, H. ; Åström, K. ; Lischinsky, P.: A New Model for Control of Systems with Friction. In: *IEEE Transactions on Automatic Control* 40 (1995), Nr. 3, S. 419–425

[25] Cattaneo, C.: Sul Contatto di due Corpi Elastici. In: *Accademia dei Lincei, Rendiconti* Series 6, Vol. 27 (1938), S. part I: 342–358, part II: 434–436, part III: 474–478

[26] Center for Applied Scientific Computing, Lawrence Livermore National Laboratory (Hrsg.): *Example Programs for CVODE v. 2.5.0.* Livermore, California: Center for Applied Scientific Computing, Lawrence Livermore National Laboratory, 2006

[27] Challen, J. M. ; Oxley, P. L. B.: An Explanation of the Different Regimes of Friction and Wear Using Asperity Deformation Models. In: *Wear* 53 (1979), S. 229–243

[28] Chen, W.-F.: *Limit Analysis and Soil Plasticity.* Elsevier, 1975

[29] Ciavarella, M.: Tangential Loading of General Three-Dimensional Contacts. In: *ASME Journal of Applied Mechanics* 65 (1998), S. 998–1003

[30] Ciliz, M. K. ; Tomizuka, M.: Friction Modelling and Compensation for Motion Control Using Hybrid Neural Networks. In: *Engineering Applications of Artificial Intelligence* 20 (2007), S. 898–911

[31] Colchero, J. ; Marti, O. ; Mlynek, J.: Forces in Scanning Probe Methods. In: Güntherodt, H.-J. (Hrsg.) ; Anselmetti, D. (Hrsg.) ; Meyer, E. (Hrsg.): *NATO ASI Series E: Applied Sciences* Bd. 286, 1995, S. 345

[32] Collins, I. F.: The Upper Bound Theorem for Rigid-Plastic Solids Generalized to Include Coulomb Friction. In: *Journal of Mechanics and Physics of Solids* 17 (1969), S. 323–338

[33] Coulomb, C. A.: Théorie des machines simples. In: *Mémoires de Mathematique et de Physique de l'Académie des Sciences* (1785), S. 161–331

[34] Courtney-Pratt, J. S. ; Eisner, E.: The Effect of Tangential Loading Force on the Contact of Metallic Bodies. In: *Proceedings of the Royal Society London A* 238 (1956), S. 529–550

[35] Curnier, A.: A Theory of Friction. In: *International Journal of Solids and Structures* 20 (1984), S. 637–647

[36] DAHL, P. R.: Solid Friction Damping of Mechanical Vibrations. In: *AIAA Journal* 14 (1976), S. 1675–1682

[37] DAHL, P. R.: Measurement of Solid Friction Parameters of Ball Bearings. In: *Proceedings of the 6th Annual Syposium on Incremental Motion, Control Systems and Devices.* University of Illinois, 1977, S. 49–60

[38] DIENWIEBEL, M ; VERHOEVEN, G. ; PRADEEP, N. ; FRENKEN, J. E. M.: Superlubricity of Graphite. In: *Physical Review Letters* 92 (2004), S. 126101 1–4

[39] DIESTEL, R.: *Graphentheorie.* 3. Auflage. Springer Verlag, 2006

[40] DRUCKER, D. C.: Coulomb Friction, Plasticity and Limit Loads. In: *ASME Journal of Applied Mechanics* 21 (1954), S. 71–74

[41] DRUCKER, D. C. ; GREENBERG, H. J. ; PRAGER, W.: Extended Limit Design Theorems for Continuous Media. In: *Quaterly of Applied Mathematics* 9 (1952), S. 381–389

[42] DRUMMOND, C. ; RICHETTI, P.: Surface Force Apparatus in Nanotribology. In: GNECCO, E. (Hrsg.) ; MEYER, E. (Hrsg.): *Fundamentals of Friction and Wear on the Nanoscale*, Springer Verlag, 2007, S. 15–33

[43] DUPONT, P. ; ARMSTRONG, B. ; HAYWARD, V.: Elasto-Plastic Friction Model: Contact Compliance and Stiction. In: *Proceedings of the American Control Conference*, 2000, S. 1072–1077

[44] DUPONT, P. ; HAYWARD, V. ; ARMSTRONG, B. ; ALTPETER, F.: Single State Elasto-Plastic Friction Models. In: *IEEE Transactions on Automatic Control* 47 (2002), S. 787–792

[45] DUVAUT, G. ; LIONS, J. L.: *Inequalities in Mechanics and Physics.* Springer Verlag, 1976

[46] EDWARDS, C. M. ; HALLING, J.: An Analysis of the Plastic Interaction of Surface Asperities and its Relevance to the Value of the Coefficient of Friction. In: *Mechanical Engineering Science* 10 (1968), S. 101–110

[47] ENGLEDER, T. ; VIELSACK, P.: The Influence of Regularization Methods on the Integration of Stick-Slip Motion. In: *Zeitschrift für Angewandte Mathematik und Mechanik* 81 (2001), S. 187–188

[48] *Kapitel* Supplementum de motu corporum rigidorum a frictione perturbato. In: EULER, L.: *Theoria motus corporum solidorum seu rigidorum.* Rostock, Greifswald : A. F. Röse, 1765

[49] FEENY, B. ; GURAN, A. ; HINRICHS, N. ; POPP, K.: A Historical Review on Dry Friction and Stick-Slip Phenomena. In: *Applied Mechanics Review* 51 (1998), S. 321–341

[50] FIDLIN, A.: *Nonlinear Oscillations in Mechanical Engineering.* Springer Verlag, 2006

[51] *Kapitel* Simulationstechnik am Beispiel des ZMS. In: FIDLIN, A. ; SEEBACHER, R.: *8. LuK Kolloquium.* LuK GmbH & Co. oHG, 2006, S. 56–71

[52] FIDLIN, A. ; STAMM, W.: On the radial dynamics of friction disks. In: *European Journal of Mechanics A/Solids* 28 (2009), S. 526–534

[53] FISCHER, F.: *Behandlung des PAINLEVÉschen Paradoxons in der modernen Mehrkörperdynamik*, TU Darmstadt, Diss., 2009

[54] FREDRIKSSON, B.: Finite Element Solution of Surface Nonlinearities in Structural Mechanics with Special Emphasis to Contact and Fracture Mechanics Problems. In: *Computers & Structures* 6 (1976), S. 281–290

[55] FU, G.: An Extension of Hertz's Theory in Contact Mechanics. In: *ASME Journal of Applied Mechanics* 74 (2007), S. 373–374

[56] *Kapitel* Reibung und Verschleiß: Ursachen–Arten–Mechanismen. In: GAHR, K.-H. Z.: *Reibung und Verschleiß.* DGM-Informationsgesellschaft, 1992

[57] GLOCKER, C.: *Dynamik von Starrkörpersystemen mit Reibung und Stößen*, TU München, Diss., 1995

[58] GLOCKER, C.: *Set-Valued Force Laws.* Springer Verlag, 2001

[59] GNECCO, E. (Hrsg.) ; MEYER, E. (Hrsg.): *Fundamentals of Friction and Wear on the Nanoscale.* Springer Verlag, 2007

[60] GONTHIER, Y.: *Contact Dynamics Modelling for Robotic Task Simulation*, University of Waterloo, Diss., 2007

[61] GONTHIER, Y. ; MCPHEE, J. ; LANGE, C. ; PIEDBŒUF, J.-C.: A Regularized Contact Model with Asymmetric Damping and Dwell-Time Dependent Friction. In: *Multibody System Dynamics* 11 (2004), S. 209–233

[62] GORJACEVA, I. G.: *Contact mechanics in tribology.* Kluwer Academic Publishers, 1998

[63] GOURDON, D. ; ISRAELACHVILI, J. N.: Transitions between Smooth and Complex Stick-Slip Sliding of Surfaces. In: *Physical Review E* 68 (2003), S. 021602

[64] GREEN, A. P.: Friction between Unlubricated Metals: A Theoretical Analysis of the Junction Model. In: *Proceedings of the Royal Society of London A* 228 (1955), S. 191–204

[65] GREENWOOD, J. A.: Contact of Rough Surfaces. In: SINGER, I. L. (Hrsg.) ; POLLOCK, H. M. (Hrsg.): *Fundamentals of Friction: Macroscopic and Microscopic Processes*, Kluwer, 1992

[66] GREENWOOD, J. A. ; WILLIAMSON, J. B. P.: Contact of Nominally Flat Surfaces. In: *Proceedings of the Royal Society of London A* 295 (1966), S. 300–319

[67] GYALOG, T. ; GNECCO, E. ; MEYER, E.: Stick-Slip Motion on the Atomic Scale. In: GNECCO, E. (Hrsg.) ; MEYER, E. (Hrsg.): *Fundamentals of Fricion and Wear on the Nanoscale*, 2007

[68] HAESSIG, D. A. ; FRIEDLAND, B.: On the Modeling and Simulation of Friction. In: *ASME Journal of Dynamic Systems, Measurement and Control* 113 (1991), S. 345–362

[69] HAGEDORN, P.: *Nichtlineare Schwingungen.* Akademische Verlagsgesellschaft, 1978

[70] HAGEDORN, P.: *Technische Mechanik; Band 3: Dynamik.* Verlag Harri Deutsch, 2008

[71] HAIRER, E. ; WANNER, G.: *Solving Ordinary Differential Equations I. Nonstiff Problems.* Springer Verlag, 1993

[72] HAIRER, E. ; WANNER, G.: *Solving Ordinary Differential Equations II. Stiff and Differential-Algebraic Problems.* Springer Verlag, 1996

[73] HALPHEN, B. ; NGUYEN, Q.S.: Sur les matériaux standards généralisés. In: *Journal de Mécanique* 14 (1975), S. 39–62

[74] HARTMANN, S. O.: *Simulation von Mehrkörpersystemen mit Kontakten komplexer Geometrie*, Universität Duisburg-Essen, Diss., 2001

[75] HARTOG, J. P. D.: Forced Vibrations Combined with Combined Coulomb and Viscous Friction. In: *Transactions of the ASME* 53 (1931), S. 107–115

[76] HAUG, E. J.: *Computer Aided Kinematics and Dynamics of Mechanical Systems.* Allyn and Bacon, 1989

[77] HERTZ, H.: *Gesammelte Werke von Heinrich Hertz.* Leipzig : Barth, 1895

[78] HIEBERT, K. L. ; SHAMPINE, L. F.: Implicitly defined output points for solutions of ODEs / Sandia National Laboratories. Albuquerque, New Mexico, 1980. – Forschungsbericht

[79] HINDMARSH, A. C. ; BROWN, P. N. ; GRANT, K. E. ; LEE, S. L. ; SERBAN, R. ; SHUMAKER, D. E. ; WOODWARD, C. S.: SUNDIALS: Suite of Nonlinear and Differential/Algebraic Equation Solvers. In: *ACM Transactions on Mathematical Software* 31 (2005), Nr. 3, S. 363–396

[80] HIPPMANN, G.: *Modellierung von Kontakten komplex geformter Körper in der Mehrkörperdynamik*, TU Wien, Diss., 2004

[81] HOFFMANN, D.: *Augmented-Lagrange-Verfahren bei Reibkontaktproblemen unter transienter Beanspruchung*, Universität Karlsruhe (TH), Diss., 2003

[82] HONCHI, M. ; KOHIRA, H. ; MATSUMOTO, M.: Numerical simulation of slider dynamics during slider-disk contact. In: *Tribology International* 36 (2003), S. 235–240

[83] HU, Y.-Z. ; ZHANGA, T. ; MAA, T.-B. ; WANG, H.: Molecular Dynamics Simulations on Atomic Friction Between Self-Assembled Monolayers: Commensurate and Incommensurate Sliding. In: *Computational Materials Science* 38 (2006), S. 98–104

[84] HUNT, K. H. ; CROSSLEY, F. R. E.: Coefficient of Restitution Interpreted as Damping in Vibroimpact. In: *Transactions of the ASME Journal of Applied Mechanics* (1975), S. 440–445

[85] IBRAHIM, R. A.: Friction-induced vibration, chatter, squeal, and chaos. Part I: Mechanics of contact and friction. In: *Applied Mechanics Reviews* 47 (1994), S. 209–226

[86] INDLEKOFER, N. ; WAGNER, U. ; FIDLIN, A. ; TEUBERT, A.: Latest Results in the CVT Development. In: *7th LuK Symposium*, 2002, S. 63–72

[87] ISRAELACHVILI, J. N. ; TABOR, D.: The Measurement of van der Waals Dispersion Forces in the Range 1.5 to 130 nm. In: *Proceedings of the Royal Society of London A* 331 (1972), S. 19–38

[88] Johnson, K. L.: Surface Interaction between Elastically Loaded Bodies under Tangential Forces. In: *Proceedings of the Royal Society of London A* 230 (1955), S. 531–549

[89] Johnson, K. L.: *Contact Mechanics.* Cambridge University Press, 1987

[90] Jost, H P.: The economic importance of tribology in the conservation of energy. In: *Tribology: Friction, wear, lubrication. Volume 1 - Abrasive wear, vibration wear, surface treatment, manufacturing operation.*, 1981

[91] Kachanov, L. M.: *Foundations of the Theory of Plasticity.* North-Holland, 1971

[92] Kane, T. R. ; Levinson, D. A.: *Dynamics : theory and applications.* McGraw-Hill, 1985

[93] Karnopp, D.: Computer Simulation of Stick-Slip Friction in Mechanical Dynamic Systems. In: *ASME Journal of Dynamic Systems, Measurement and Control* 107 (1985), S. 100–103

[94] Keppler, R.: *Zur Modellierung und Simulation von Mehrkörpersystemen unter Berücksichtigung von Greifkontakt bei Robotern*, Universität Karlsruhe, Diss., 2006

[95] Kerr, A. D.: Elastic and Visco-Elastic Foundation Models. In: *ASME Journal of Applied Mechanics* 31 (1964), S. 491–498

[96] Kikuchi, N. ; Oden, J. T.: *Contact Problems in Elasticity: A Study of Variational Inequalities and Finite Element Methods.* SIAM Studies in Applied Mathematics, 1988

[97] Kim, S.S. ; Vanderploeg, M.J.: A general and efficient method for dynamic analysis of mechanical systems using velocity transformations. In: *Journal of Mechanisms, Transmissions, and Automation in Design* 108 (1986), S. 176–182

[98] Klarbring, A.: General Contact Boundary Conditions and the Analysis of Frictional Systems. In: *International Journal of Solids and Structures* 22 (1986), S. 1377–1398

[99] Kogut, L. ; Etsion, I.: A Static Friction Model for Elastic-Plastic Contacting Rough Surfaces. In: *ASME Journal of Tribology* 126 (2004), S. 34–40

[100] Kragelski, I. V.: *Friction, Wear, Lubrication: Tribology Handbook.* Pergamon Press, 1981

[101] LANDMAN, U. ; LUEDTKE, W. D. ; RINGER, E. M.: Molecular Dynamics Simulations of Adhesive Contact Formation and Friction. In: SINGER, I. L. (Hrsg.) ; POLLOCK, H. M. (Hrsg.): *Fundamentals of Friction*, 1992

[102] LANKARANI, H. M. ; NIKRAVESH, P. E.: A Contact Force Model With Hysteresis For Impact Analysis of Multibody Systems. In: *Journal of Mechanical Design* 112 (1990), S. 369–376

[103] LAURSEN, T. A.: *Computational Contact and Impact Mechanics*. Springer Verlag, 2002

[104] LAURSEN, T. A. ; SIMO, J. C.: A Continuum-Based Finite Element Formulation for the Implicit Solution of Multibody, Large Deformation Frictional Contact Problems. In: *International Journal for Numerical Methods in Engineering* 36 (1993), S. 3451–3485

[105] LEGER, M.: Automated Selection of Modelling Coordinates for Forward Dynamic Analysis of Multibody Systems. (2006)

[106] LEGER, M. ; MCPHEE, J.: Selection of Modelling Coordinates for Forward Dynamic Multibody Simulations. In: *Multibody System Dynamics* 18 (2007), S. 277–297

[107] LEONARDO DA VINCI: *The Notebooks of Leonardo da Vinci. Arranged, Rendered Into English and Introduced By Edward MacCurdy*. New York : Reynal & Hitchcock, 1939

[108] LIU, S. B. ; PEYRONNEL, A. ; WANG, Q. J. ; KEER, L. M.: An Extension of the Hertz Theory for Three-Dimensional Coated Bodies. In: *Tribology Letters* 18 (2005), S. 303–314

[109] LUDING, S.: Contact Models for Very Loose Granular Meterials. In: *IUTAM Symposium on Multiscale Problems in Multibody System Contacts*, 2006

[110] LÜDER, J.: *Ein Beitrag zur Modellbildung von reibungsbehafteten Kontakten mit wechselnder Struktur in Mehrkörpersystemen*, Gerhard-Mercator-Universität Duisburg, Diss., 1999

[111] MANNSHARDT, R.: One-step methods of any order for ordinary differential equations with discontinuous right-hand sides. In: *Numerische Mathematik* 31 (1978), S. 131–152

[112] MATE, C. ; MCCLELLAND, G. ; ERLANDSSON, R. ; CHIANG, S.: Atomic-Scale Friction of a Tungsten Tip on a Graphite Surface. In: *Physical Review Letters* (1987), S. 1942–1945

[113] THE MATHWORKS INC. (Hrsg.): *Matlab help files.* Natick, Massachusetts: The Mathworks Inc., 1984-2009

[114] MCCLELLAND, G. M. ; GLOSLI, J. N.: Friction at the Atomic Scale. In: SINGER, I. L. (Hrsg.) ; POLLOCK, H. M. (Hrsg.): *Fundamentals of Friction*, Kluwer, 1992

[115] MCNAMARA, S. ; GARCÍA-ROJO, R. ; HERRMANN, H.: Indeterminacy and the onset of motion in an simple granular packing. In: *Physical Review E* 72 (2005), S. 021304 1–11

[116] MCPHEE, J.: On the Use of Linear Graph Theory in Multibody System Dynamics. In: *Nonlinear Dynamics* 9 (1996), S. 73–90

[117] MCPHEE, J.: Automatic Generation of Motion Equations for Planar Mechanical Systems Using the New Set of "Branch Coordinates". In: *Mechanism and Machine Theory* 33 (1998), S. 805–823

[118] *Kapitel* Virtual prototyping of multibody systems with linear graph theory and symbolic computing. In: MCPHEE, J.: *Virtual Nonlinear Multibody Systems.* Kluwer Academic Publishers, 2003, S. 37–56

[119] MICHALOWSKI, R. ; MRÓZ, Z.: Associated and non-associated sliding rules in contact friction problems. In: *Archives of Mechanics* 30 (1978), S. 259–276

[120] MINDLIN, R. D.: Compliance of Elastic Bodies in Contact. In: *ASME Journal of Applied Mechanics* 16 (1949), S. 259

[121] MITIGUY, P. C. ; KANE, T. R.: Motion Variables Leading to Efficient Equations of Motion. In: *The International Journal of Robotics Research* 15 (1996), S. 522–532

[122] *Kapitel* On Unilateral Constraints, Friction and Plasticity. In: MOREAU, J.-J.: *New Variational Techniques in Mathematical Physics.* Edizioni Cremonese, 1974, S. 171–322

[123] MRÓZ, Z. ; DRESCHER, A.: Limit Plasticity Approach to Some Cases of Flow of Bulk Solids. In: *ASME Journal of Engineering for Industry* 91 (1969), S. 357–364

[124] MULLIAH, D. ; KENNY, S. D. ; SMITH, R.: Modeling of Stick-Slip Phenomena Using Molecular Dynamics. In: *Physical Review B* 69 (2004), S. 205407

[125] MÜLLER, M.: *Zur Topographie- und Grenzschichtdynamik in Bremssystemen*, Technische Universtität Braunschweig, Diss., 2007

[126] MÜSER, M. H. ; ROBBINS, M. O.: Conditions for Static Friction between Flat Crystalline Surfaces. In: *Physical Review B* 61 (2000), S. 2335–2342

[127] MÜSER, M. H. ; WENNING, L. ; ROBBINS, M. O.: Simple Microscopic Theory of Amontons's Laws for Static Friction. In: *Physical Review Letters* 86 (2001), S. 1295–1298

[128] ODEN, J. T. ; MARTINS, J. A. C.: A Numerical Analysis of a Class of Problems in Elastodynamics with Friction. In: *Computer Methods in Applied Mechanics and Engineering* 40 (1983), S. 327–360

[129] ODEN, J. T. ; MARTINS, J. A. C.: Models and Computational Methods for Dynamic Friction Phenomena. In: *Computer Methods in Applied Mechanics and Engineering* 52 (1985), S. 527–634

[130] OSTERMEYER, G. P. ; MÜLLER, M.: Dynamic Ineraction of Friction Surface Topography in Brake Systems. In: *Tribology International* 39 (2006), S. 370–380

[131] OSTERMEYER, G. P. ; MÜLLER, M.: New insights into the tribology of brake systems. In: *Journal of Automobile Engineering* 222 (2008), S. 1167–1200

[132] *Kapitel* Nonconvex Superpotentials and Hemivariational Inequalities. Quasidifferentiability in Mechanics. In: PANAGIOTOPOULOS, P.: *Nonsmooth Mechanics and Applications.* Springer Verlag, 1988

[133] PASTERNAK, P. L.: *On a new Method of Analysis of an Elastic Foundation by Means of two Foundation Constants (in Russian).* Gosudarstvennoe Izdatelstvo Literatur i po Stroitelstvui Arkhitekure, 1954

[134] PERSSON, B. N. J.: Friction Dynamics for Curved Solid Surfaces with Long-Range Elasticity. In: *Journal of Chemical Physics* 113 (2000), S. 5477

[135] PERSSON, B. N. J. ; POPOV, V. L.: On the Origin of the Transition from Slip to Stick. In: *Solid State Communications* 114 (2000), S. 261–266

[136] PLATO, R.: *Über die Diskretisierung und Regularisierung schlecht gestellter Probleme*, TU Berlin, Diss., 1990

[137] Polycarpou, A. A. ; Soom, A.: Two-Dimensional Models of Boundary and Mixed Friction at a Line Contact. In: *ASME Journal of Tribology* 117 (1995), S. 178–184

[138] Popov, V. L.: A Theory on the Transition from Static to Kinetic Friction in Boundary Lubrication Layers. In: *Solid State Communications* 115 (2000), S. 369–373

[139] Popov, V. L.: Thermodynamics and Kinetics of Shear-Induced Melting of a Thin Layer of Lubricant Confined between Solids. In: *Technical Physics* 46 (2001), S. 605–615

[140] Popov, V. L.: *Kontaktmechanik und Reibung*. Springer Verlag, 2009

[141] Popp, K.: Some Model Problems Showing Stick-Slip Motion and Chaos. In: *ASME Winter Annual Meeting*, 1992

[142] Popp, K.: Non-Smooth Mechanical Systems - an Overview. In: *Forschung im Ingenieurwesen* 64 (1998), S. 223–229

[143] Priese, L. ; Wimmel, H.: *Petri-Netze*. Springer Verlag, 2008

[144] Rubinstein, S. M. ; Cohen, G. ; Fineberg, J.: Detachment Fronts and the Onset of Dynamic Friction. In: *Nature* 430 (2004), S. 1005–1009

[145] Scherrer, M. ; McPhee, J.: Dynamic Modeling of Electromechanical Multibody Systems. In: *Multibody System Dynamics* 9 (2003), S. 87–115

[146] Schmitke, C.: *Modelling Multibody Multi-Domain Systems Using Subsystems and Linear Graph Theory*, University of Waterloo, Diss., 2004

[147] Schmitke, C. ; McPhee, J.: Forming Equivalent Subsystem Components to Facilitate the Modelling of Mechatronic Multibody Systems. In: *Multibody System Dynamics* 14 (2005), S. 81–110

[148] Schäfer, U.: *Das lineare Komplementaritätsproblem*. Springer Verlag, 2008

[149] Sextro, W.: *Dynamical Contact Problems with Friction*. Springer Verlag, 2002

[150] Shabana, A.: *Dynamics of Multibody Systems*. Cambridge University Press, 1998

[151] Shabana, A.: *Computational Dynamics*. Wiley, 2001

[152] SHAMPINE, L. F. ; THOMPSON, S.: Event Location for Ordinary Differential Equations. In: *Computers & Mathematics with Applications* 29 (2000), S. 43–54

[153] SHI, P. ; MCPHEE, J.: On the Use of Virtual Work in a Graph-Theoretic Formulation for Multibody Dynamics. In: *Proceedings of the ASME Design Engineering Technical Conferences, Sacramento, California*, 1997

[154] SHI, P. ; MCPHEE, J.: Inverse Dynamics of Multibody Systems Using Virtual Work and Graph Theory. In: *Thenth World Congress on the Theory of Machines and Mechanisms*, 1999

[155] SHI, P. ; MCPHEE, J.: Dynamics of Flexible Multibody Systems using Virtual Work and Linear Graph Theory. In: *Multibody System Dynamics* 4 (2000), S. 355–381

[156] SHI, P. ; MCPHEE, J.: Polynomial Shape Functions And Numerical Methods For Flexible Multibody Dynamics. In: *Mechanics of Structures and Machines* 29 (2000), S. 43–64

[157] SIMO, J. C. ; HUGHES, T. J. R.: *Computational Inelasticity*. Springer Verlag, 1998

[158] SOCOLIUC, A. ; BENNEWITZ, R. ; GNECCO, E. ; MEYER, E.: Transition from Stick-Slip to Continuous Sliding in Atomic Friction: Entering a New Regime of Ultralow Friction. In: *Physical Review Letters* 92 (2004), S. 134301

[159] STACHOWIAK, G. W.: *Engineering Tribology*. Elsevier, 1993

[160] STEWART, D. E.: Convergence of a Time-Stepping Scheme for Rigid-Body Dynamics and Resolution of Painlevé's Problem. In: *Arch. Rational Mech. Anal.* 145 (1998), S. 215–260

[161] STRIBECK, R.: Die wesentlichen Eigenschaften der Gleit- und Rollenlager. In: *Zeitschrift des Vereines deutscher Ingenieure* 46 (1902), S. 1341–1348

[162] SWEVERS, J. ; AL-BENDER, F. ; GANSEMAN, C. G. ; PRAJOGO, T.: An Integrated Friction Model Structure with Improved Presliding Behavior for Accurate Friction Compensation with Partially Known Dynamic Friction Model. In: *IEEE Transactions on Automatic Control* 45 (2000), Nr. 4, S. 675–686

[163] TABOR, D. ; WINTERTON, R. H. S.: The Direct Measurement of Normal and Retarded van der Waals Forces. In: *Proceedings of the Royal Society of London A* 312 (1969), S. 435–450

[164] TARIKU, F. A. ; ROGERS, R. J.: Improved Dynamic Friction Models for Simulation of One-Dimensional and Two-Dimensional Stick-Slip Motion. In: *ASME Journal of Tribology* 123 (2001), S. 661–669

[165] TOLSTOI, D. M.: Significance of the Normal Degree of Freedom and Natural Vibrations in Contact Friction. In: *Wear* 10 (1967), S. 199–213

[166] VIELSACK, P.: Regularisierung des Haftzustandes bei Coulombscher Reibung. In: *Zeitschrift für Angewandte Mathematik und Mechanik* 76 (1996), S. 439–446

[167] VIELSACK, P.: Orbitale Stabilität nichtglatter Bewegungen bei permanenten numerischen Störungen. In: *Minisymposium, ZAMM Zeitschrift für Angewandte Mathematik und Mechanik* 7 (1999), S. 105–108

[168] WALLASCHEK, J. ; HACH, K.-H. ; STOLZ, U. ; MODY, P.: A survey of the present state of friction modelling in the analytical and numerical investigation of brake noise generation. In: *Proceedings of the ASME Vibration Conference, ASME Design Engineering Technical Conferences, Las Vegas*, 1999

[169] WALTERSBERGER, B.: *Strukturdynamik mit ein- und zweiseitigen Bindungen aufgrund reibungsbehafteter Kontakte*, Universität Karlsruhe, Diss., 2007

[170] WILLNER, K.: *Kontinuums- und Kontaktmechanik*. Springer Verlag, 2003

[171] WINKLER, E.: *Die Lehre von der Elasticitaet und Festigkeit mit besonderer Rücksicht auf ihre Anwendungen in der Technik, 1. Theil*. H. Dominicus, 1867

[172] WIRSCHING, G.: *Gewöhnliche Differentialgleichungen*. Teubner, 2006

[173] *Kapitel* Technische Mechanik. Festigkeitslehre. Elastizitätstheorie. In: WITTENBURG, J.: *Hütte – Das Ingenieurwissen*. Springer

[174] WITTENBURG, J.: Ebene Bewegungen bei flächenhaft verteilten Reibungskräften. In: *Zeitschrift für Angewandte Mathematik und Mechanik* 50 (1970), S. 637–640

[175] WITTENBURG, J.: *Dynamics of Multibody Systems*. Second Edition. Springer Verlag, 2007

[176] WOUW, N. van d. ; LEINE, R. I. ; NIJMEIJER, H.: Attractivity of Equilibrium Sets of Systems with Dry Friction. In: *Nonlinear Dynamics* 35 (2004), S. 19–39

[177] WRIGGERS, P.: Finite Element Algorithms for Contact Problems. In: *Archives of Computational Methods in Engineering* 2 (1995), Nr. 4, S. 1–49

[178] WRIGGERS, P.: *Computational Contact Mechanics.* Springer Verlag, 2006

[179] WRIGGERS, P. (Hrsg.) ; NACKENHORST, U. (Hrsg.): *Analysis and Simulation of Contact Problems.* Springer Verlag, 2006

[180] YOSHIZIWA, H. ; CHEN, Y. L. ; ISRAELACHVILI, J.: Recent Advances in Molecular Level Understanding of Adhesion, Friction and Lubrication. In: *Wear* 168 (1993), S. 161

[181] ZHONG, W. ; TOMANEK, D.: First-Principles Theory of Atomic-Scale Friction. In: *Physical Review Letters* 64 (1990), S. 3054–3057

After scanning, the result would be outputted as a digital scan file with a mesh of triangular elements. The volume, width, height, and thickness would be obtained and used to define the shapes and sizes of the particles.

The other way of capturing the form is to use algorithms. In general, as ballast stones usually feature quite planar faces, these algorithms create randomly shaped polyhedrons as representations of ballast particles. Ergenzinger [36] proposed an algorithm based on tangent planes on ellipsoids. The tangent planes were generated by intersection points, which were firstly the intersection between the ellipsoid and its axes, then the randomly moved points on the surface of the ellipsoid and in normal direction. The geometrical form of a ballast stone was represented by the volume with the random intersection planes as surfaces. Eliáš [37] proposed an algorithm based on Voronoi tessellation. The vertices of ballast geometrical forms were firstly generated in a given volume with the restriction that the minimum distance between two vertices was larger than the restricting distance l_{min}. Afterwards, polyhedrons were created by means of connecting the generated vertices.

The obvious advantage of image aided method is that it can easily obtain realistic forms of ballast stones. However, the process is time consuming and expensive. In addition, a completely comprehensive database cannot be obtained, for the simple fact that each ballast stone is different. On the other hand, algorithmic approaches are much quicker, and they always contain random processes during the creation of the forms, which means that every simulated ballast stone will be different. Besides, the generated form can improve the computing efficiency in further DEM simulations, since there are much fewer elements (e.g., triangular walls in DEM software PFC) due to a simplified representation of the geometrical profile of ballast stone, and thus less calculation load in every iteration during, e.g., the packing process of BPM, where the ballast stone is embodied by bonded balls; or during the contact detection process, if the ballast stone is represented directly by the geometrical form. Furthermore, the algorithmic approach can generate a nonexistent distribution of ballast forms in reality, which enables the investigation of mechanical behavior of such ballast aggregate, and then benefits the optimization of conventional ballast track, under the assumption that the currently used standardized ballast form distributions are not yet fully optimized. However, this advantage of the algorithmic approach is not yet fully developed. The former algorithms mainly focused on generating one single ballast stone. The form distribution of ballast stones in an aggregate has not been considered.

2.4 Mechanical property of ballast aggregate

The mechanical property of ballast aggregate is strongly affected by the geometrical property of the ballast stones. In this section, the state of the arts of DEM modeling of the ballast form affected mechanical properties of ballast aggregate, i.e., the settlement, the degradation, the force propagation angle and the void ratio are introduced.

2.4.1 Ballast settlement

Ballast settlement usually leads to track irregularity, which could cause excessive dynamic loading and decrease of train speed. A better understanding of ballast settlement behavior will be helpful for improving ballast track designs.

Tutumluer [38] created a DEM model with different ballast shape, angularities and rough surface textures in order to investigate ballast settlement under repeated wheel loading. The result showed that rounded aggregate particles usually lead to lower ballast settlements. Huang [39] simulated the settlement of ballast when the trains moved at critical speeds, which cause resonance effect (unfavorable track performance) of the wheel-rail interaction. Bian et al. used a DEM approach to evaluate the impacts of gradation on both ballast void space and load carrying performances [40]. On the other hand, DEM simulations were performed to predict the settlement of ballast layers with different gradations. It was shown that the aggregate with higher void tended to yield more settlement, since it is more structurally inadequate and contains fewer contacts between particles. Tutumluer et al. presented findings of a railroad ballast DEM modeling research study focused on investigating settlement of ballast aggregates with different shapes and angularities [32]. Three ballast aggregates with cubical-angular, cubical-rounded and elongated-rounded shaped ballast stones were investigated. The simulation results indicated that the elongated-rounded and the cubical-rounded ballast aggregates yielded smaller settlement than the cubical-angular one, which was in general against the common belief and what was normally expected. The reason could be that the cubical-angular ballast aggregate tended to generate a loose packing in the simulation, hence resulted a larger air void and a higher settlement under the same loading condition. Furthermore, even though the elongated-rounded aggregate yielded lower settlement, it did not imply that this kind of shape outperformed the others, since it is known that the elongated ballast stones are easier to be broken, yet the breakage was not considered in the simulation.

2.4.2 Ballast degradation

Under the action of the long-term dynamic wheel-rail force, ballast particles can break into smaller pieces. Although most DEM implementations do not allow particle breakage since the original DEM considers unbreakable particles, a couple of methods have been found to consider breakage in DEM software when simulating ballast [28]. Depending on which kind of ballast particle generation method is used, two ways to simulate ballast degradation are proposed.

The first solution is to treat each particle as a porous agglomerate built by bonding smaller particles [41]. These agglomerates can disaggregate during the simulation by simply splitting the clump when breakage criterion is met. Ergenzinger [36,42] proposed a progressive failure model to simulate the singular stress concentrations near crack tips and instable crack propagation, which are common in real ballast stones yet not commonly existed in BPMs. This failure model accumulated local damage by reducing the strength R_m of a bond between two spheres i and j and was calculated by

$$R_m(t) = \hat{R}_m \left(\frac{n_{c,i}(t) n_{c,j}(t)}{n_{c,i}(0) n_{c,j}(0)}\right)^{\beta} \tag{2.10}$$

where $\hat{R}_m$ is the bond strength in undamaged material; $n_{c,\iota}(t),\ \iota = i,j$ is the number of a sphere's remanent bond; $n_{c,\iota}(0),\ \iota = i,j$ is the coordination number of a sphere. The exponent β was chosen as the limited, weighted sum of the involved spheres' number of broken bonds

$$\beta = min\left(\alpha\left[n_{b,i}(t) + n_{b,j}(t)\right], b\right) \tag{2.11}$$

where α is a weighting factor, which can adjust the speed of damage accumulation; $n_{b,\iota}(t) = n_{c,\iota}(0) - n_{c,\iota}(t), \iota = i,j$ is the number of broken bonds; b denotes a maximal exponent.

The other solution for simulating the particle breakage is to replace the particles fulfilling a predefined failure criterion with an equivalent group of smaller particles. This solution is suitable when polyhedron is used. Lobo-Guerrero and Vallejo [28] compared the permanent settlement of two simulated ballast track section (only one of them allowed crushing). Since the simulation software (PFC2D) didn't allow particle breakage, they used the FISH language in PFC to program a subroutine to describe the failure criterion [43–45]. The simulation results showed that the permanent settlement increased strongly when particle breakage was considered. Hossain [46] also used the failure criterion programed by Lobo-Guerrero and Vallejo. He quantified breakage in relation to particles size distribution. The influence of confining pressure on both breakage and permanent deformation was studied. Eliáš [37] described the crushing of ballast by splitting the particles into smaller polyhedrons when a certain stress-based criterion is fulfilled. This criterion was based on the comparison of equivalent stress σ_e and particle strength f_t.

$$\sigma_e = \sqrt{\frac{(\sigma_1)^2+(\sigma_2)^2+(\sigma_3)^2}{2}} \tag{2.12}$$

$$f_t = f_0\sqrt[3]{\frac{4\pi}{3V}} \tag{2.13}$$

where σ_1, σ_2, σ_3 are principal stresses, f_0 is a material parameter, V is the volume of the particle. When equivalent stress exceeds particle strength, particle breaks. The particle strength is inversely proportional to particle size.

2.4.3 Force propagation angle

One of the outstanding advantages of ballasted track is its ability to attenuate the rail-wheel force, which is propagated from top to bottom. Lichtberger indicated that the force propagation depends on the force propagation angle [1]. He also pointed out that the new angular ballast stones have a force propagation angle of 42°, while the used ballast stones of 39° and the soiled ballast stones of 30°. A bigger force propagation angle could maintain the elasticity of the ballast layer, lower the stress, and thus reduce the possibility of ballast degradation and settlement. It is also assumed that a bigger force propagation angle would ensure better energy dissipation.

Lichtberger only revealed the influence of ballast usage conditions on the force propagation angle. However, as an important parameter of ballast aggregate, the influence of ballast gradation is still unclear. Besides, the differences of the force propagation angles, which are yielded by different loading frequencies, should also be investigated.

Steiner et al. used a stress measuring platform under a ballast layer to detect the force propagation angle [47]. The angle in this study was defined as the 90% of the total force measured by the platform. Different material of ballast stones were used as the ballast layer, the caused difference was discussed. However, the effect of form distribution was not taken into consideration in the study.

2.4.4 Void ratio

The void ratio is the ratio of the void volume and the volume of a ballast aggregate. Bian et al. used a DEM approach to evaluate the impacts of gradation on both ballast void space and load carrying performances [40]. The ballast gradations differ from each other by uniformities, namely given a fixed maximal size of the ballast stone in a certain ballast aggregate, its uniformity increases with the decrease of the percentage of the smaller stones in the group. In other words, if there are not so many small stones, the ballast aggregate is more uniform, since the sizes of ballast stones are more or less the same, and vice versa. It is indicated by the authors that as the uniformity goes smaller, i.e. finer particles are gradually introduced, the void space firstly becomes smaller, due to the reason that the finer particles take the place between large particle; then the void space becomes bigger, since the contacts among larger particles are severed and those large particles are separated apart by finer particles filling the matrix thus causing an expansion.

3 The random form generator for ballast stones

The DEM based simulation is a proper approach for investigating mechanical behavior of granular matters such as ballast stones. In this study, DEM software PFC is implemented for simulation of ballast aggregates with different form distributions of ballast stones, where the ballast stones are represented by arbitrary shaped polyhedrons matching the geometrical specification of ballast stones in reality expatiated in railway standards [6–10].

In this chapter, to generate the forms of ballast stones for latter usage in DEM simulations, a ballast random form generator is developed using the Python programing language. The algorithm of the generator will be firstly introduced. The algorithm contains the form generation part, the form evaluation part and the belongingness judgement part (see Fig. 3-1). The evaluation of the form and its belongingness judgement are based on the specifications expatiated in standards [6–10], and calculated based on the three orthogonal dimensions of the generated ballast form a, b and c. The generator is designed to create ballast form databases, which are of different combinations of size and form distributions, so that the mechanical behavior of different ballast aggregates can be studied in the further DEM simulations. The generator requires input parameters, i.e., the mass, the grading, the flakiness index, the shape index and the particle length of a desired form database (the objective parameters). After generating the database, the generator calculates the same parameters of the actual generated form database as output parameters (the generated parameters). The result is checked by comparing the two sets of parameters.

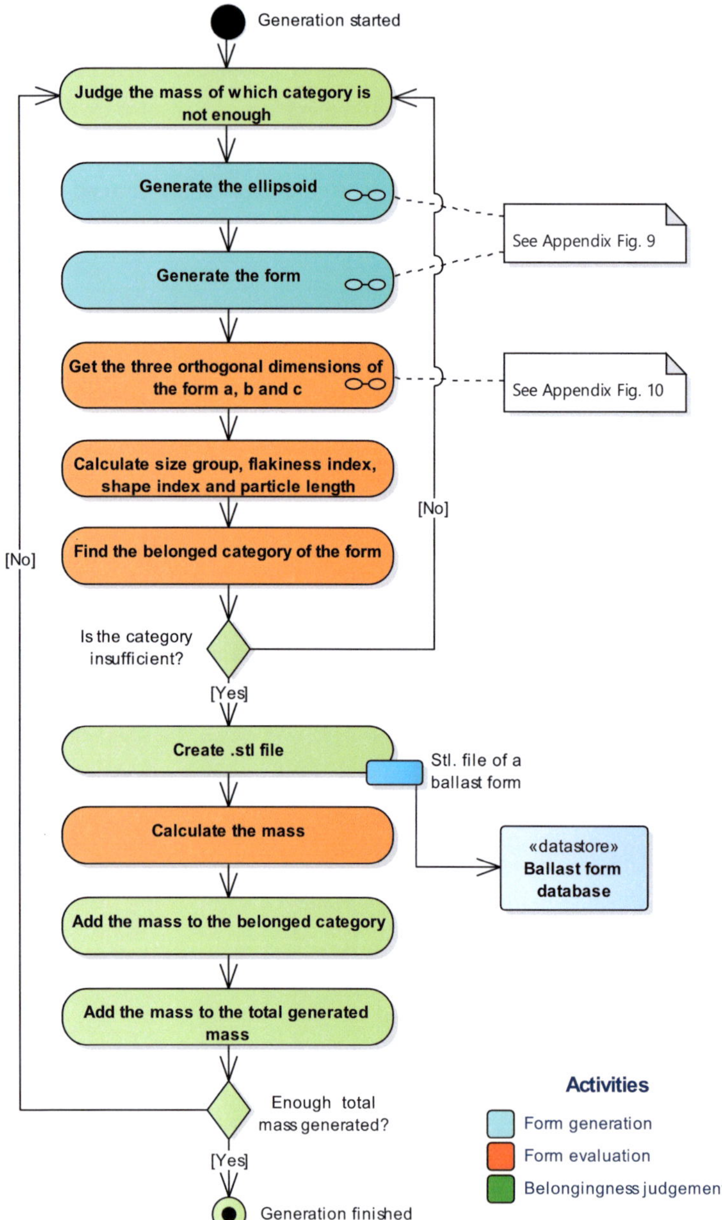

Fig. 3-1. Train of thoughts of the ballast random form generator

3.1 Form generation

The generation of the form is based on random shaped ellipsoids and random placed vertexes on the surface of the ellipsoids. The corresponding train of thought is illustrated in Fig. 3-2. For detailed steps please refer to Appendix Fig. 9.

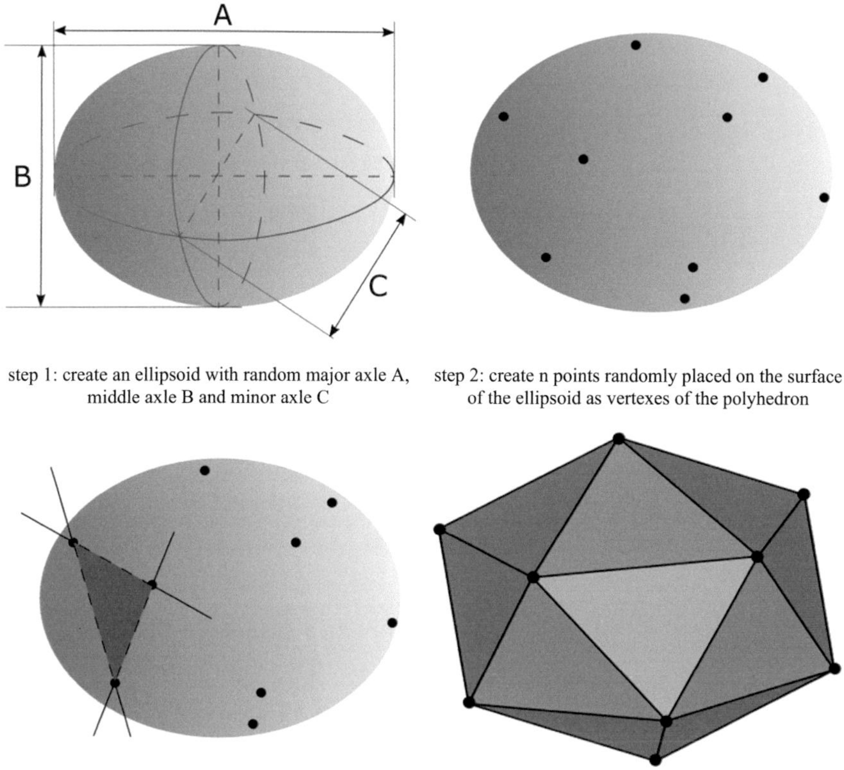

step 1: create an ellipsoid with random major axle A, middle axle B and minor axle C

step 2: create n points randomly placed on the surface of the ellipsoid as vertexes of the polyhedron

step 3: connect three points to create a facet, under the condition that all the other points are on the same side of the created facet

step 4: create all the facets

Fig. 3-2. Train of thought of generation of a ballast form

The geometrical information of the created vertexes, edges and facets will be saved as a .stl file, so that they can be used in the further DEM simulations. The creation of the form of the ballast stones is finished. However, the size and shape are still not known. Using the criterions from [6,9,10], a further algorithm is developed to judge the size and shape of the created ballast form.

3.2 Form evaluation

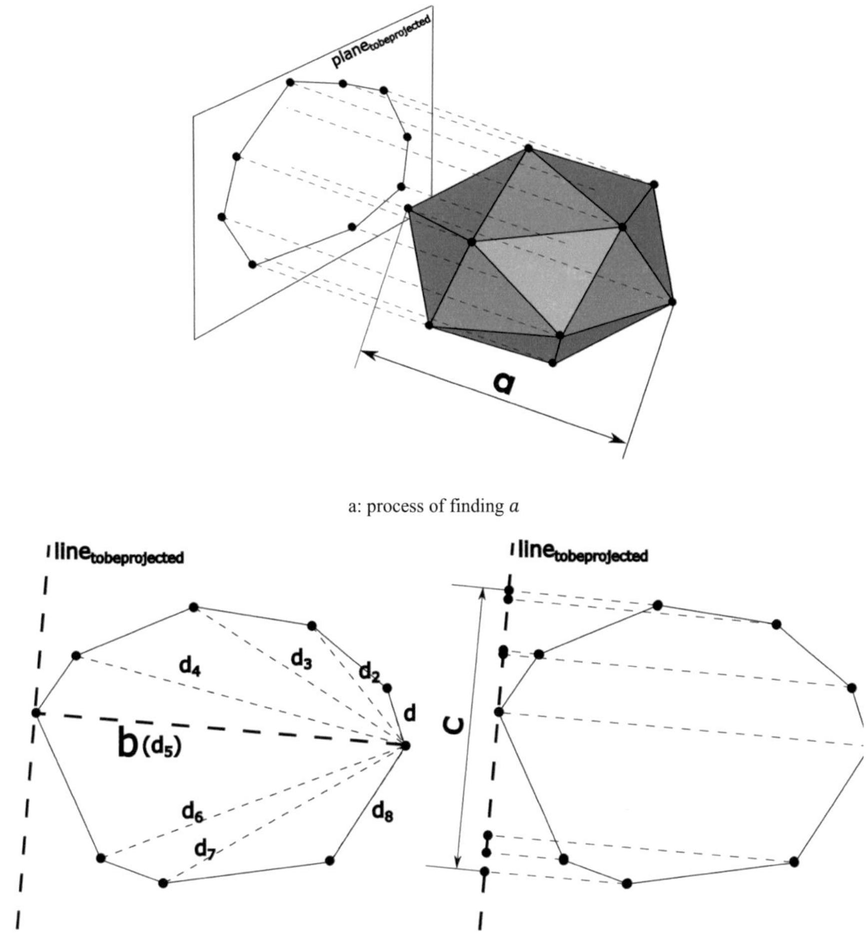

a: process of finding a

b: process of finding b

c: process of finding c

Fig. 3-3. Form evaluation of the generated ballast form

To determine the form of the created ballast stone, the geometrical dimensions a, b and c (orthogonal with each other) should be firstly evaluated. The following steps are performed and illustrated in Fig. 3-3. For detailed steps please refer Appendix Fig. 10.

a. Calculate the distances between all the vertexes and record the maximum distance as a and its perpendicular plane as $plane_{tobeprojected}$ (see Fig. 3-3, a)

b. Project all the vertexes along the direction of the maximum distance a to the plane $plane_{tobeprojected}$. The vertexes are then all on the plane (see Fig. 3-3, a). These new vertexes constitute edges
c. Calculate the distances between all the new vertexes and record the maximum distance as b and its perpendicular line as $line_{tobeprojected}$ (see Fig. 3-3, b)
d. Project all the new vertexes along the direction of the maximum distance b, to the line $line_{tobeprojected}$. The vertexes are then all on the line (see Fig. 3-3, c)
e. Calculate the distance between two vertexes and record the maximum distance as c (see Fig. 3-3, c)

The maximal distances a, b and c are not necessarily in ascending and descending order. In the algorithm, a, b and c will be further rearranged to descending order, which is also assumed in the following sections for the sake of a clearer discussion.

3.2.1 Form size

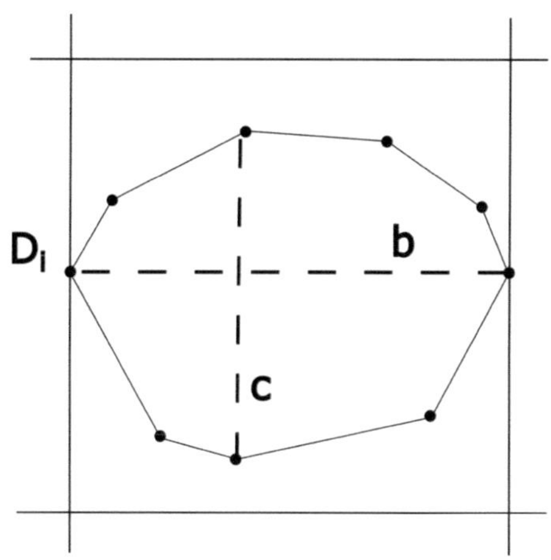

Fig. 3-4. Form size determination

In the European standard [8], the ballast size is quantified by categorizing it to certain particle group, which is denoted by the two meshing sizes of the two sieves (d_i/D_i), where the ballast stone stays after shaking. Since the meshing is quadrate-shaped, in the algorithm, if b is smaller than D_i (implying that c is also smaller than D_i), the generated form will certainly fall through the sieve with meshing size D_i. On the other hand, if b is bigger than d_i (implying that a is also bigger than d_i), the generated form will always stay on the sieve with meshing size d_i (see Fig. 3-4). In other words, in the algorithm, a generated form will belong to the particle group d_i/D_i, if it meets the condition:

$$d_i \leq b < D_i \tag{3.1}$$

3.2.2 Form shape

According to [10], ballast shape are quantified by three parameters: flakiness index, shape index and particle length (see section 2.1). In this section, the algorithmic procedures to calculate these three parameters are presented.

For the calculation of the flakiness index, the particle groups in Table 2-2 should be treated respectively. Provided the generated form belongs to the particle group d_i/D_i, the slot width of the grid sieve should be $D_i/2$ (see Table 2-2). If the minimal width c is smaller than $D_i/2$, the generated form can pass the grid sieve. The generated form will be marked as flat.

To calculate the shape index, [10] indicates that the particles of every particle group have to be firstly classified as cubic or non-cubic shaped. A non-cubic shaped particle is the particle, whose ratio of length and thickness is bigger than three (i.e., $L/E > 3$). In the random form generator, it corresponds with $a/c > 3$. The generated form will be marked as non-cubic.

The particle length is demonstrated in [10] as percentage by mass with length ≥ 100 mm in a greater than 40 kg sample. The length corresponds with a in the random form generator. If $a \geq 100mm$, the generated form will be marked as long.

The ratio of the mass of marked forms (flat, non-cubic and long) and the mass of total generated forms will be respectively calculated and denoted as flakiness index, shape index and particle length.

3.2.3 Form mass

The distribution of ballast form is regulated by mass in the standards [6–10]. To calculate the mass of the generated ballast form, the volume has to be firstly calculated, provided that the density (i.e., the material type) of the ballast stone is known. Since the generated form is random shaped polyhedron, which cannot be calculated by simple equations, it is then divided into n tetrahedrons. The volume of the polyhedron V_{sum} is the sum of volume of each tetrahedron:

$$V_{sum} = \sum_{i=1}^{n} \left| \left(\overrightarrow{v_1^v} \times \overrightarrow{v_2^v} \right) \cdot \overrightarrow{v_3^v} \right| / 6 \quad (3.2)$$

where $\overrightarrow{v_1^v}$, $\overrightarrow{v_2^v}$ and $\overrightarrow{v_3^v}$ are respectively vectors from the three vertexes of a sharing facet on both the tetrahedron and the original polyhedron to the fourth point. The fourth point has to be inside of the polyhedron to assure a right calculation (see Fig. 3-5). The volume of a concave polyhedron cannot be calculated by this method. However, it is reasonable to exclude this case since the chance of a concave ballast stone is very low.

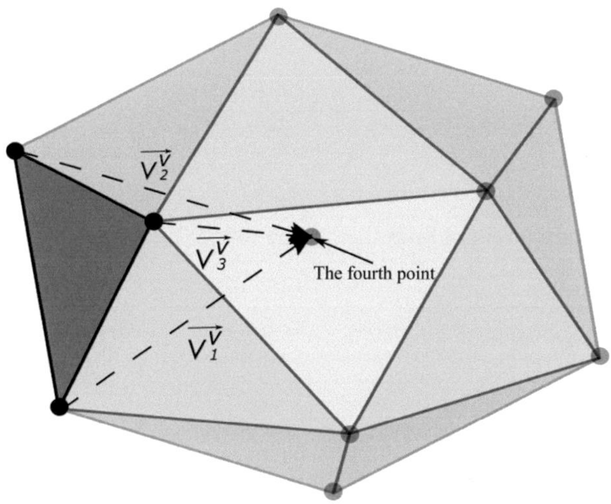

Fig. 3-5. Volume calculation

3.3 Belongingness judgement of the from in a ballast aggregate

In addition to the generation of a single form, the random form generator judges the belongingness of the form to a certain group. A group is a combination of the size and shape properties (e.g., particle group 80/100, flat, non-cubic, long). Each group will have an objective mass, which is calculated by multiplying the total mass to be generated with the mass percentage of the group; and an objective form, which is the combination of size and shape properties of the group. The algorithm starts with the generation of the first particle group. The axial lengths of the ellipsoid are adjusted to fit the generation of the objective form and efficiency of the generation will be increased. If the mass of the group is sufficient, the objective form to be generated will be altered to the next group. If the total generated mass exceeds the given objective mass, the generation terminates.

With given grading category, flakiness index, shape index and particle length, the ballast form generator is able to generate corresponding ballast form databases. It is important to notice that the above-mentioned four parameters are normally denoted as ranges (e.g., $G_{CRB}\,A$ means particle grading between upper and lower limits, see Fig. 2-1 and Table 2-1). However, specific values are needed for the generator. Therefore, if ranges are given (e.g., category like $G_{CRB}\,A$), the generator will calculate the average value of the range and use it for the further calculation. Nevertheless, specific values are also allowed to be given.

In addition, conflictions have been noticed. Some of the combinations of the four parameters cannot exist. For example, shape index cannot be bigger than flakiness index, since the condition of being non-cubic is stricter than the one of being flat. Appropriate parameters should be given when using the generator.

3.4 Generating of ballast form databases using the generator

Table 3-1. Objective parameters of form aggregates to be generated

database index		mass (kg)	grading (-)	flakiness index (%)	shape index (%)	particle length (%)
changing mean sizes (database group 1)	G_1-1	50	G_1-1	not applicable	30	1
	G_1-2	50	G_1-2	not applicable	30	1
	G_1-3	50	G_1-3	not applicable	30	1
	G_1-4	50	G_1-4	not applicable	30	1
	G_1-5	50	G_1-5	not applicable	30	1
changing size distributions (database group 2)	G_2-1	50	G_2-1	not applicable	30	1
	G_2-2	50	G_2-2	not applicable	30	1
	G_2-3	50	G_2-3	not applicable	30	1
	G_2-4	50	G_2-4	not applicable	30	1
	G_2-5	50	G_2-5	not applicable	30	1
changing shape distributions (database group 3)	G_3-1	50	G_3-1	not applicable	10	1
	G_3-2	50	G_3-2	not applicable	20	1
	G_3-3	50	G_3-3	not applicable	30	1
	G_3-4	50	G_3-4	not applicable	40	1
	G_3-5	50	G_3-5	not applicable	50	1

In this study, 15 ballast form databases with different form distributions (different combinations of input parameters, i.e., the objective parameters) are established by the generator for the further DEM simulations. Since the DEM models in this study will be in 2D (for the reasons please refer to section 4.3), the generator will also create 2D form databases. Detailed information of the desired databases is listed in Table 3-1 and Table 3-2.

Table 3-2. Gradings

sieve size (mm)		80	63	50	40	31.5	22.4	16	8
percentage passing by mass (%)	G_1-1	100	98	94	88.5	83	78	16	0
	G_1-2	100	95	88.5	83	78	16	4.5	0
	G_1-3	100	92	84	78	16	9.5	3.5	0
	G_1-4	100	89	78	16	9.5	6.5	2.5	0
	G_1-5	100	78	16	9.5	6.5	3.5	1.5	0
	G_2-1	100	99.5	97.5	90	4	1.5	0.5	0
	G_2-2	100	96.5	92.5	84	10	5.5	2.5	0
	G_2-3	100	93.5	87.5	78	16	9.5	4.5	0
	G_2-4	100	90.5	82.5	72	22	13.5	6.5	0
	G_2-5	100	87.5	77.5	66	28	17.5	8.5	0
	G_3-1	100	93.5	87.5	78	16	9.5	4.5	0
	G_3-2	100	93.5	87.5	78	16	9.5	4.5	0
	G_3-3	100	93.5	87.5	78	16	9.5	4.5	0
	G_3-4	100	93.5	87.5	78	16	9.5	4.5	0
	G_3-5	100	93.5	87.5	78	16	9.5	4.5	0

As shown in Table 3-1 and Table 3-2, according to the input parameters, the 15 form databases are categorized into three groups, i.e., the group with changing mean sizes, the group with changing size distributions and the group with changing shape distributions. The five databases of the first group differ with each other by different mean sizes of their belonging ballast stones (see Fig. 3-6), while the ones of the second group vary with the ballast stones' size distributions (see Fig. 3-7). The five databases of the third group have identical size distributions, but they vary with different shape indexes (see Fig. 3-8).

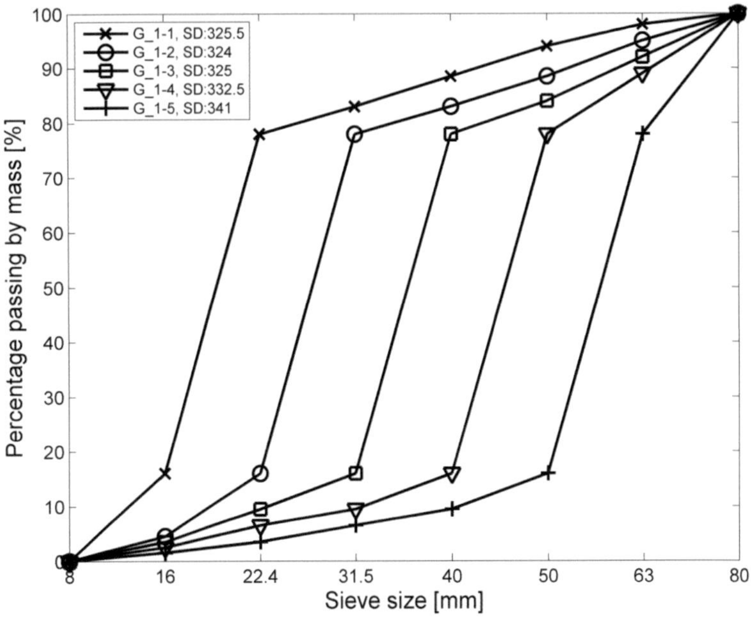

Fig. 3-6. Size distribution curves of database group one with changing mean sizes

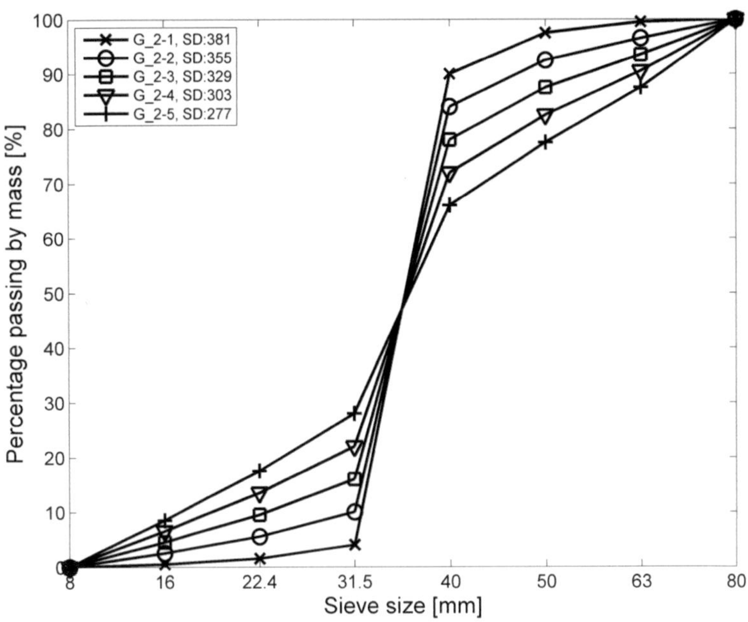

Fig. 3-7. Size distribution curves of database group two with changing size distributions

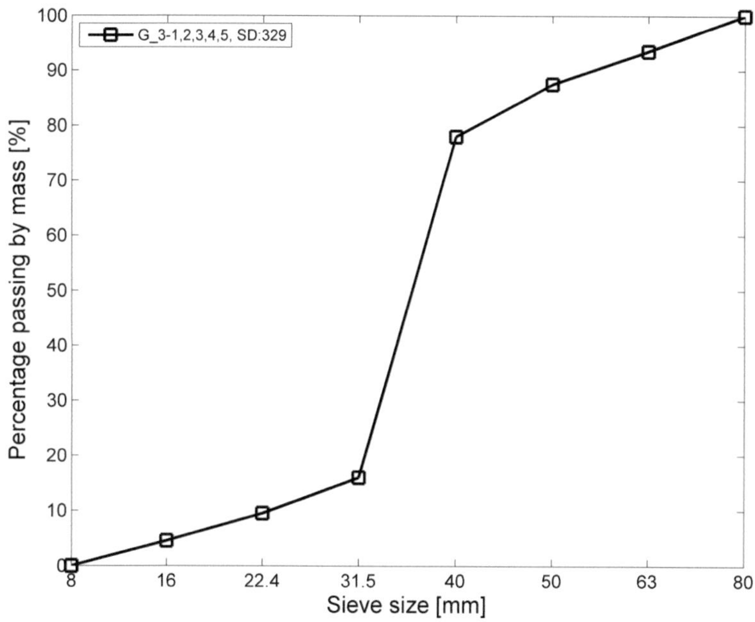

Fig. 3-8. Size distribution curves of database group three with changing shape indexes

Using these 15 form databases, the effect on mechanical behavior of ballast aggregate by changing mean size, size distribution and shape distribution can be studied in further DEM simulations. To quantify the degree of size distribution, e.g., the diversity of the sizes, the parameter Size Diversity (SD) is proposed and calculated as following:

$$SD = \sum_{i=1}^{8} |f(i) - 50| \tag{3.3}$$

where $f(i)$ is the percentage passing by mass of a certain sieve size of a certain ballast aggregate (e.g., for G_1_1, $f(2) = 16$, $f(3) = 78$, see Table 3-1 and Fig. 3-6). The SD values of the five form databases of group one stay almost the same (around 330) while the ones with the databases group two are changing from 227 to 381.

3.5 Validation of the generator by comparing the objective and generated parameters

In this section, validation of the ballast random form generator is performed. Form aggregates are generated. 9 randomly picked generated forms of each form database are illustrated in Fig. 3-9. The generated parameters, which are calculated based on the generated form aggregates, are compared to the objective ones.

Fig. 3-9. The form databases (only 9 randomly picked particles from the aggregates are demonstrated)

Fig. 3-10, Fig. 3-11 and Fig. 3-12 demonstrate the objective and generated grading curves of the five form aggregates. It is shown in the figure that the grading curves of the generated form aggregates fit very well to the objective ones. Furthermore, some generated grading curves (e.g., G_1_1, G_2_5) fit better than others. It is because these form databases have more particles among other databases (see Fig. 3-13). Since the algorithm judges the mass adequacy by comparing the current generated mass to the objective mass of a certain form group, the final generated mass of this group will always exceed its objective mass because of the last generated particle in the group, which causes the difference. If an aggregate with more particles is being created, the difference will be attenuated.

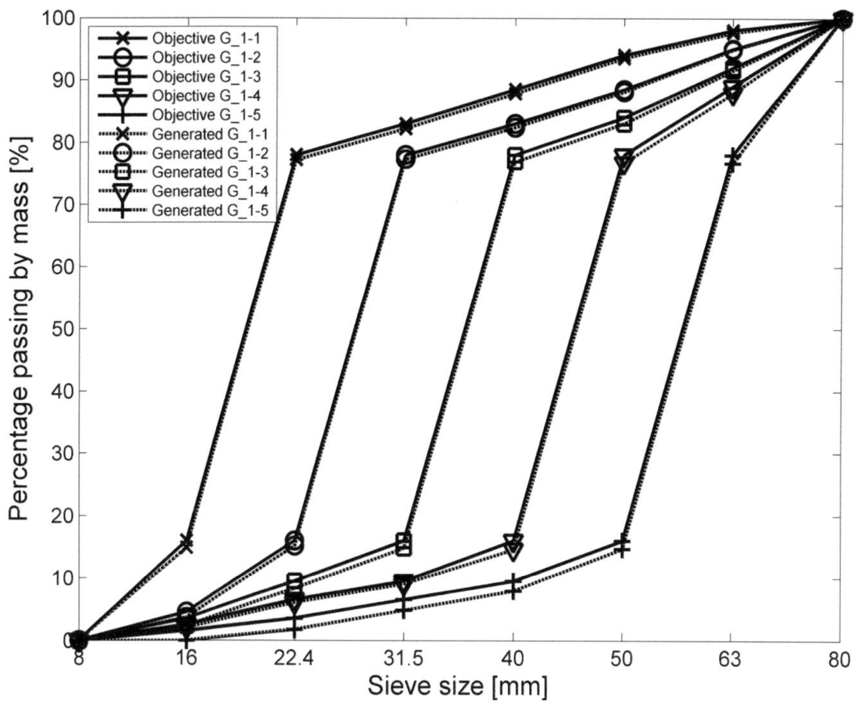

Fig. 3-10. Grading of the objective and generated aggregate (group 1: varying mean sizes)

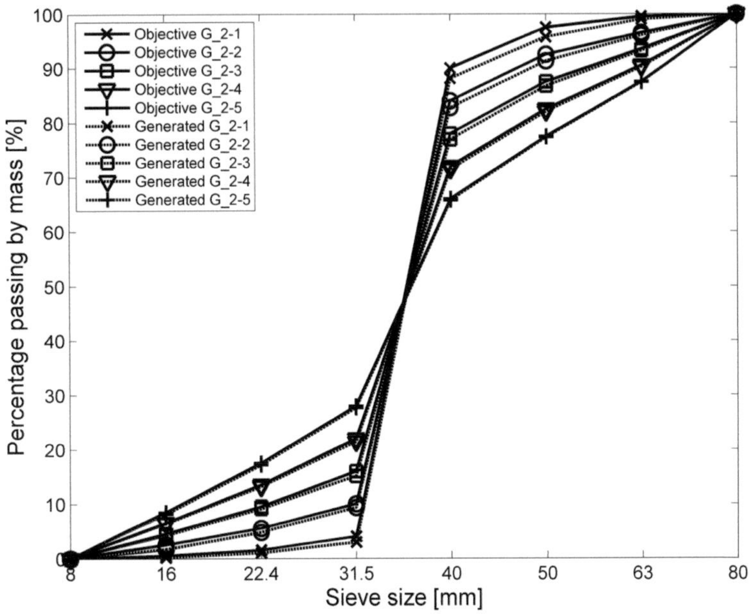

Fig. 3-11. Grading of the objective and generated aggregate (group 2: varying size distributions)

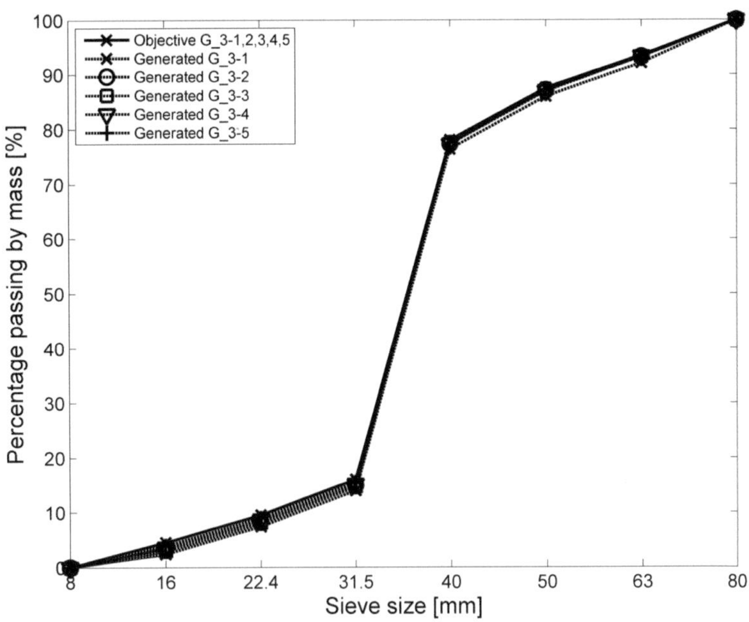

Fig. 3-12. Grading of the objective and generated aggregate (group 3: varying shape index)

Fig. 3-13 shows the generated number of particles of each form database. It can be seen in the figure that the form databases G_1_1, G_2_5 and G_3_5 have the most generated particles respectively in each database group. For G_1_1, its grading line is left most among other databases in the group (see Fig. 3-10), meaning the particle size of this grading is generally smaller. For G_2_5, its grading line is the most flattened (see Fig. 3-11), meaning there are the most number of small particles in this form database. The grading curve of G_3_5 is basically the same as other databases (see Fig. 3-12). However, the shape index of this database is the highest comparing to other databases in group 3 (see Table 3-1), meaning that there are less rounded ballast stones and more flat-shaped ballast stones in the database, which results in a higher number of particles.

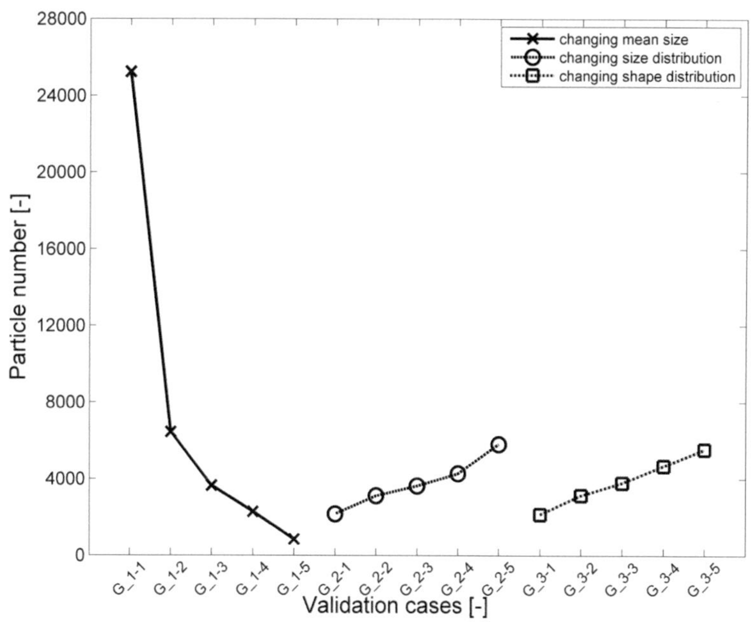

Fig. 3-13. Particle numbers

Fig. 3-14 and Fig. 3-15 illustrate the objective and generated shape and mass parameters of the form databases. Generally speaking, the more particles there are in an aggregate, the less difference it will cause between the objective and the generated parameters. The particle length results bigger difference than other parameters (see Fig. 3-16). The reason is that the long particles are normally proportionally small in an aggregate (in this study, only 1% of the total mass), making this parameter more sensitive comparing to other ones.

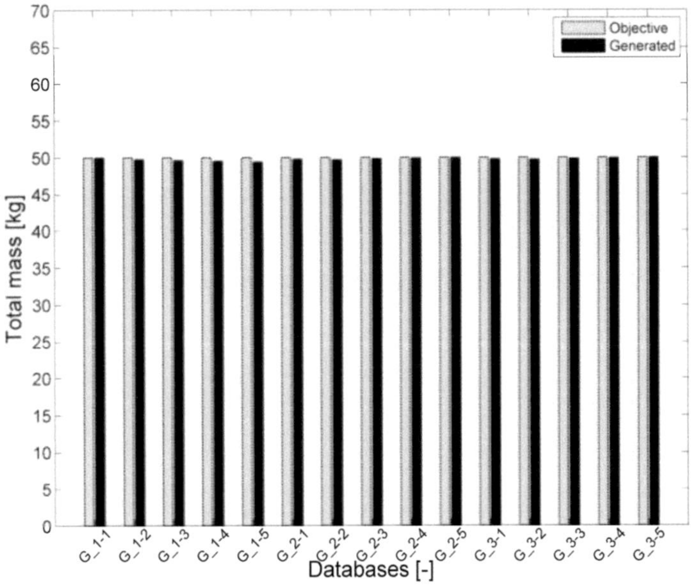

Fig. 3-14. Total mass

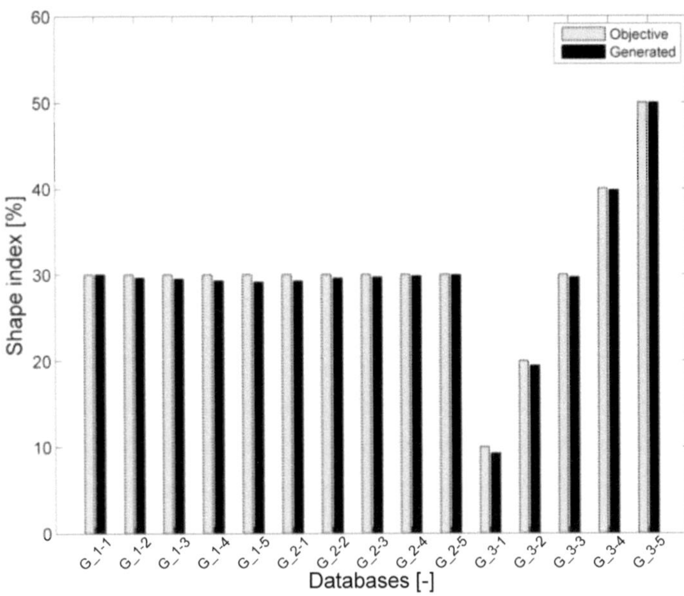

Fig. 3-15. Shape index

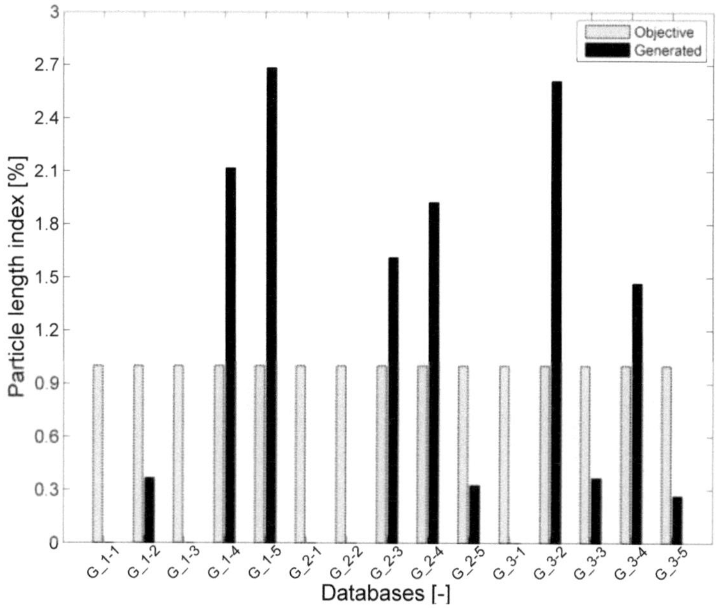

Fig. 3-16. Particle length index

4 Establishment, calibration and parametric study of the DEM calibration model

The DEM based simulation is a decent tool to investigate the mechanical behavior of ballast stone. In this chapter, the DEM calibration model is proposed. The modeling parameters are calibrated by the box test, which is firstly introduced in this chapter. Afterwards, the modeling process of the DEM calibration model, which serves for the purpose of the calibration of the DEM parameters, is expatiated in detail. Later on, a parametric study of two crucial DEM parameters using the calibration model is performed. At last, simulative quantification methods of the mechanical behavior are proposed, two simulation cases are performed to demonstrate the methods.

4.1 The box test

In this study, the simulation model is calibrated by the settlement of the ballast aggregate in a box test, which is performed by MPA and IEV at the University of Stuttgart [48,49]. The box test is a small-scaled test comparing to the full-scaled test for the investigation of the mechanical behavior of a ballast aggregate [50]. In the test, ballast stones are dumped into a container and acted upon by static or dynamic loading. The test is usually performed to investigate the change of the mechanical behavior of different ballast aggregates under the same loading pattern. It also serves as a calibration tool for simulation models due to its convenience and low cost.

In this study, a steel cylinder, which is with a height of 22 cm and a diameter of 34 cm, is manufactured and employed as the container (see Fig. 4-1, a). The ballast samples investigated in the test are obtained from the Stuttgart public transport operating company SSB AG. Based on the specifications of the European standards [7–10], several properties of a ballast aggregate should be tested and a report should be generated to identify the aggregate. The report contains information such as gradation, shape distribution, raw density, Los-Angeles coefficient of the ballast aggregate. However, for this study, only the research-related information, i.e., the geometrical categorizes and raw density, is taken into consideration (see Table 4.1, for more detailed explanations of the categories and the indexes see also [7–10]). This geometrical information will be also used for generating a ballast form database using the generator proposed in chapter 3, which is named as the database "the box test", and will be used in the establishment of the DEM calibraion model later on. In the test, 200 ballast stones are randomly selected as the test sample from the aggragation, and manually placed in the cylinder one by one in order to form a compacted packing. Some of the ballast stones are painted in yellow so that their breakage behavior such as abrasion and crushing can be studied after the loading process (see Fig. 4-1, b and c). The seleted ballast stones are composed roughly of 70% hard rock (e.g., basalt, granite) and 30% soft rock (e.g., limestone). To further compact the test sample, three pre-loading processes with the stactic loading of $10kN$, $20kN$ and $30kN$ are firstly performed. Afterwards, the test sample is acted upon by a sinusoidal dynamic force with a maximal value of $45kN$ and a minimal value of $15kN$ for 10,000 steps (see Fig. 4-2, a. Note that only 100 steps are demonstrated, otherwise the curve would be too crowded to be discerned). In order to better demonstrate the relationship between the settlement of the test sample and the loading steps, the position of the pressing plate by $30kN$ of every loading step was extracted (see Fig. 4-2, b). It is demonstrated in the figure that the settlement accumulates faster in the beginning than the latter loading steps. This settlement of ballast aggragation will be used for the calibraiton of the DEM model.

Note that the loading element and the pressing plate are not rigidly coupled in the test (see Fig. 4-1, c). It eables the pressing plate to rotate, so that a uniform contact between the plate and the ballast aggregate can be found during the loading process. In this way, the contact force is well distributed and the unrealistic exaggerated local stress of the ballast stones, which arouses extra breakages of them, can be avoided.

a: the empty cylinder   b: without the pressing plate   c: with the pressing plate

Fig. 4-1. The box test setup

Table 4.1. The geometrical categorizes and the raw density of the ballast test sample in the box test

Grading category (-)	Shape index (-)	Particle length category (-)	Flakiness index (-)	Raw density (kg/m^3, soft / hard)
$G_{CRB}\ B$	$SI_{RB}\ 5/30$	$L_{RB}\ B$	$FI_{RB}35$	2620 / 2850

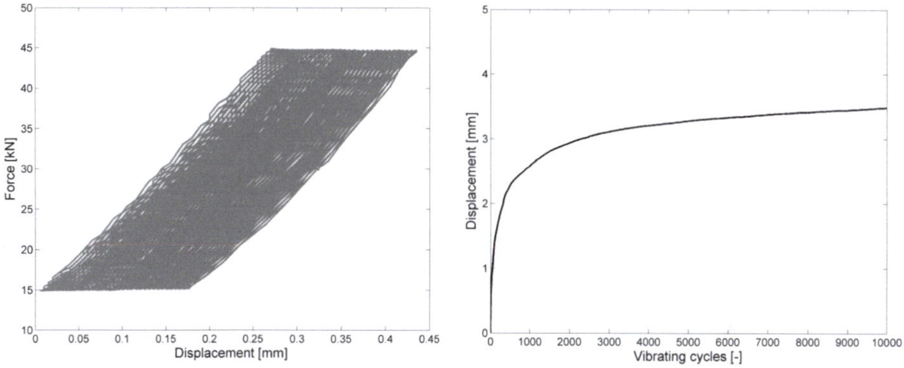

a: the dynamic loading b: settlement of the test sample

Fig. 4-2. The dynamic loading and accumulated settlement of the test sample in the box test

a: breakage on the surface b: ballast fragments settled down to the bottom

Fig. 4-3. Ballast aggregate with breakage after loading

Fig. 4-3 shows the ballast stones after the loading process. The red circles in the left figure mark the breakages caused by the loading. The number of breakage is comparably small to the total ballast number. However, as shown in the figure on the right side, the fragments and dusts produced by the loading are notable. These remains are not only a result of the breakage but also the abrasion, as the marked area on the colored stone.

4.2 The modeling process of the DEM calibration model

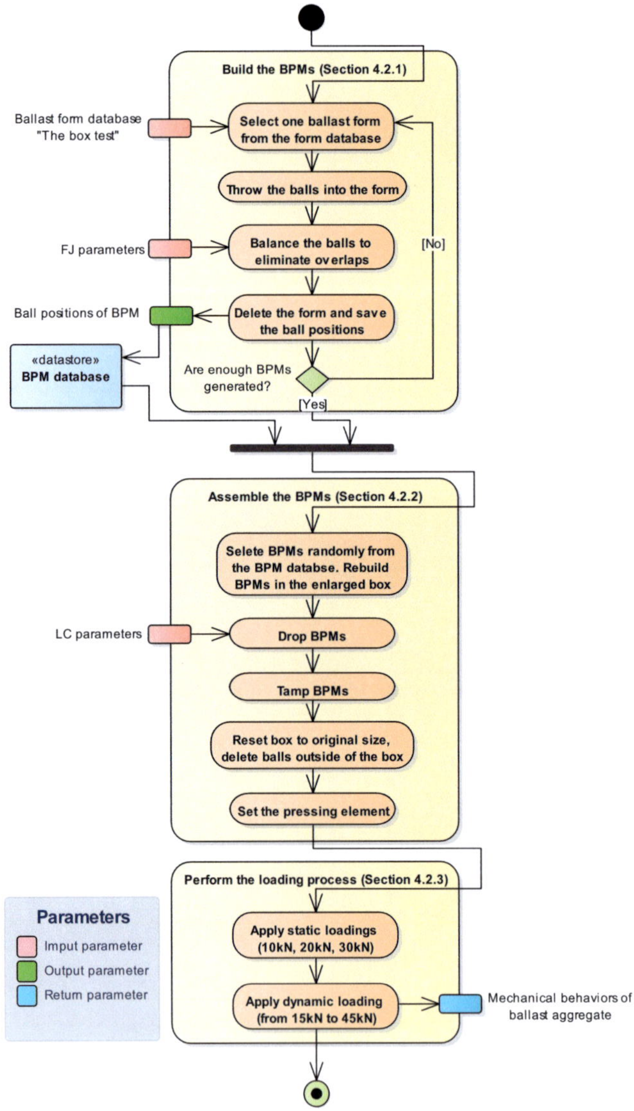

Fig. 4-4. The modeling process of the DEM calibration model

In this study, the DEM calibration model is established by using the software PFC. The model is a duplicate of the box test described in the section above, where the ballast stones are simulated by BPMs. The modeling process can be roughly divided into three steps: first, building of the BPMs; second, assembling of the BPMs; third, loading process (see Fig. 4-4). Important to note is that the model is established in 2D. The reason to do so is expatiated in section 4.3.

4.2.1 Building of the Bonded Particle Models (BPMs)

To simulate the box test, the ballast stones have to be firstly created in the simulation. In this study, the ballast stones are simulated by using the BPMs, where the bonds between the balls are described by the FJ model. A ballast form database, i.e., the form database “the box test”, is created using the geometrical parameters of the ballast aggregate of the box test listed in Table 4.1 by the form generator expatiated in chapter 3. Ballast stone representatives are created and used in further modeling steps.

The simulated ballast stones are created by means of the material-modeling support. However, currently the material-modeling support can only generate test specimens with regular shapes (e.g. rectangle and circle in FISHTank version 20). Specimens with irregular shapes such as ballast stones cannot be created and investigated. Nonetheless, it is crucial to mimic the shape of individual ballast stone in the simulation, since its irregularity ensures the interlocking and stabilization of the ballast aggregate, guaranteeing a much more realistic force-displacement response [33].

In this study, the material-modeling support is improved so that the BPMs, with user-defined specimen-liked angular shapes (polygons), can be generated and tested. This goal is achieved by editing the FISH functions in the version of FISHTank (FISHTank 20, fistPkg20) to expend the user-defined shape functionalities. With the purpose of using this improvement for subsequent versions of the FISHTank, the damage of the original structure of the FISHTank is avoided. For each function that needs to be improved, the original function is taken as the basis and a new function is created outside the FISHTank. These newly designed functions will be called only when a BPM with a user-defined shape is to be created.

Comparing to regular shaped BPM, the major difference of using a polygon shaped BPM is the calculation of its area and cross-sectional length, which are essential for calculating some key parameters such as the BPM stress and strain and the masses of the particles. For the calculation of the area, the polygon is divided into n triangles (see Fig. 4-5). The area is the sum of area of each triangle:

$$A_{sum} = \sum_{i=1}^{n} \left|\overrightarrow{v_1^a} \times \overrightarrow{v_2^a}\right|/2 \tag{4.1}$$

where $\overrightarrow{v_1^a}$ and $\overrightarrow{v_2^a}$ are respectively vectors from the two vertexes of a sharing edge on both the triangle and the original polygon to the third point. The third point has to be inside of the polygon to assure a right calculation. The area of a concave polygon cannot be calculated by this method. However, it is reasonable to exclude this case since the chance of a concave ballast stone is very low.

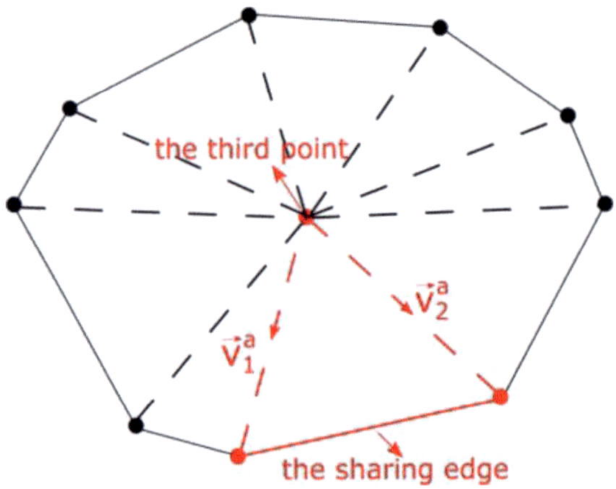

Fig. 4-5. Calculation of the area of a polygon (a ballast form)

To calculate the cross-sectional length, every edge of the polygon is firstly projected to the cross section. The cross-sectional length is then the sum of the projected lengths divided by two.

$$L_{sum} = \sum_{i=1}^{n} \left|cos\theta * L_{edge}\right|/2 \tag{4.2}$$

where θ is the intersection angle of the edge and the cross section to be projected, L_{edge} is the length of the edge.

The building of the BPMs can be divided into four sub-steps. They are illustrated in Fig. 4-7 and explained in detail in the following paragraph.

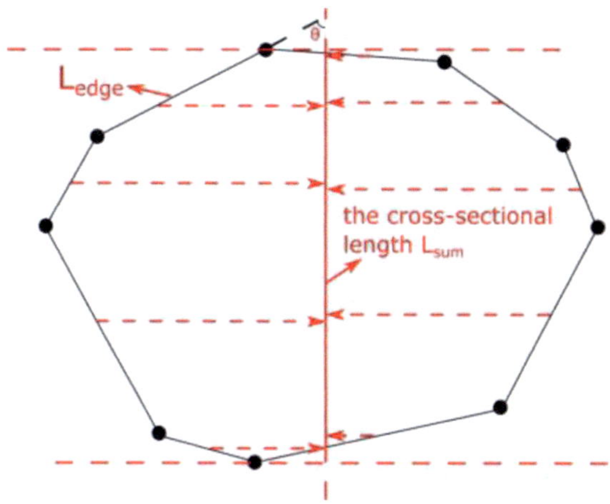

Fig. 4-6. Calculation of the cross-sectional length

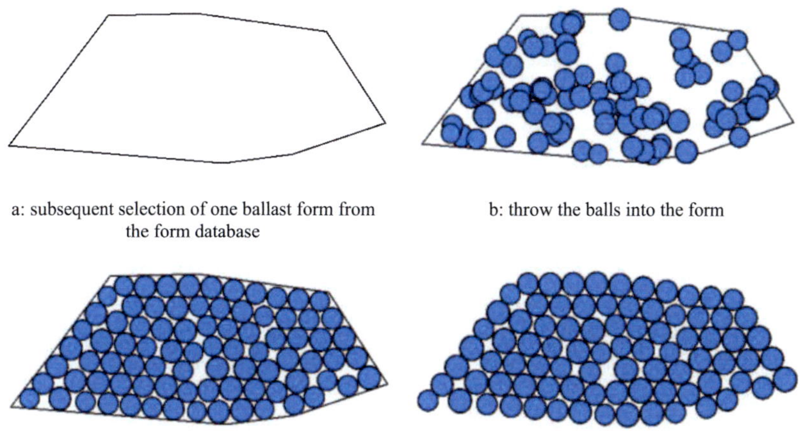

a: subsequent selection of one ballast form from the form database

b: throw the balls into the form

c: automatic balancing process

d: save the positions of the balls

Fig. 4-7. Sub-steps of building the BPMs

a. Select one ballast form from the form database. Transform this geometrical form into the FPC element "wall"
b. Throwing the balls into the generated walls. The balls are not yet bonded by the FJ model and they can have huge overlap between each other. The interaction between the balls in current state is described by the Linear Contact (LC) model in PFC
c. Using the LC model, the more overlap between two balls, the higher contact force (pressure) there will be. The balls with overlaps will be then automatically pushing

each other, until the overlap is eliminated. Here, a citation is set to stop the balancing. If the average force ratio, which is defined as the ratio of the average value of the unbalanced force over all bodies to the average value of the sum of the magnitudes of the contact forces, body forces and applied forces over all bodies, is smaller than 8e-3 (default value from the material-modeling support), the balancing will be stopped

d. The walls, which were used as a confiner of the balls, are deleted. The FJ model is installed between balls. The BPM is further relaxed for 1,000 calculation cycles, meaning the balls are further pushing each other without confining, and the overlaps are further reduced. The positions of the balls are saved for the later usage in the modeling process

The sub-steps a to d are the generation of a single ballast representation. These sub-steps are repeated for each ballast form in the form database. The positions of the balls using every form in the database are saved as a BPM database, which is a precondition of the further modeling steps.

4.2.2 Assembling of the BPMs

Having all the positions of the balls of each BPMs, which are representations of a ballast aggregate fitting a certain shape and size distribution, these BPMs need to be re-read into the simulation and assembled to reproduce the box test. The assembling of the BPMs can be divided into four sub-steps. They are illustrated in Fig. 4-8 and explained in detail in the following paragraph.

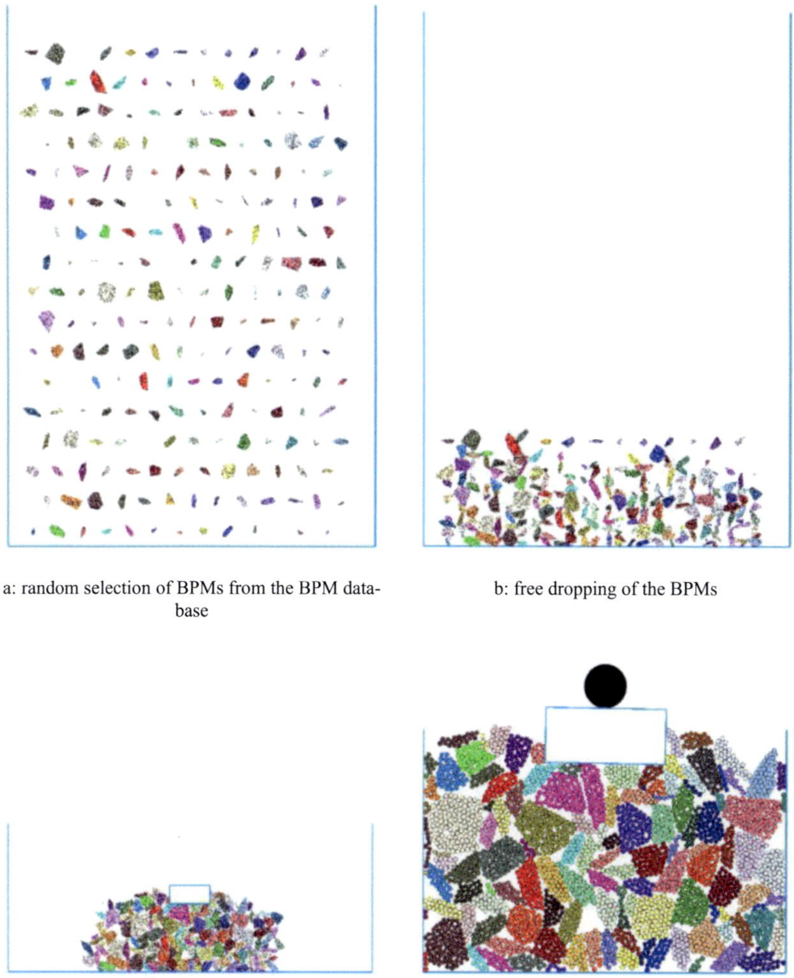

a: random selection of BPMs from the BPM database

b: free dropping of the BPMs

c: tamping of the BPMs

d: container reset and pressing element setups

Fig. 4-8. Sub-steps of assembling the BPMs

a. Random selection of BPMs from the BPM database. Rebuild the BPMs at appropriate positions, which follow the criterion that the interspace should neither be too big, which causes a higher computational time; nor be too small, which arouses an interpenetration of the BPMs
b. The BPMs drop freely under gravity. To accelerate the progress, the acceleration of gravity is increased to $1{,}000\ m/s^2$. In this case, to avoid breakage caused by the

drastic dropping, the tensile strength and cohesion of the FJ bonds are correspondingly increased. The dropping process is stopped by a FISH callback function, which monitors the changing of speed direction in vertical direction of the BPM with the highest position. The changing of speed direction indicates that all the BPMs have started to bounce up, and they are already vertically settled

c. After vertically settling, the BPMs should be horizontally settled. A tamping-like process is performed. First, all the balls with the vertical positions higher than 18cm is deleted (the depth of the ballast aggregate in the box test is 18cm). Second, a clump, which is implemented to simulate the pressing plate in the box test, is created at the corresponding position according to the test. The clump is fixed by a FISH callback function, which reset its speed to zero at every calculation cycle, so that the BPMs in the tamping process will not push the clump upwards. The reason to use a clump rather than a wall is that the clump can be freely rotating during the loading process, which is exactly the case of reality. It is essential in the simulation to reproduce this phenomenon so that the stress between the clump and the BPMs can be well distributed and no unrealistic breakage is aroused. Third, the BPMs are given centripetal speeds so that they can assemble at the axis of symmetry and form a compacted aggregate. With the fixed pressing plate, the BPMs will rush against to the plate, consequently eliminate the incomplete contact between the pressing plate and the ballast stones, which will cause an instable settlement of the pressing plate in the simulation later on
d. The container was set to be much bigger to give enough space of the process of BPM dropping and tamping. In this sub-step, the container is reset to the original dimension in the test. First, the balls, which fall out of the original dimension of the container, are deleted. Second, the container is reset to the original dimension, where the bottom of the container is segmented into 20 walls, which is beneficial for the research on the force propagation angle later on. Third, the pressing element is simulated by a ball and is placed on the top of the clump. The purpose of using a ball for loading is that the force addressed on the ball can be easily monitored during the loading process. Fourth, the model is relaxed by running 10,000 calculation cycles without external loads, so that the internal stress can be eased

4.2.3 Loading process

As performed in the box test, the loading process in the simulation can be divided into the static loading process and dynamic loading process. The loading ball, which is the representation of the loading element in the test, is monitored in aspect of its addressed force and its vertical displacement.

In the static loading process, the BPMs are loaded sequentially to $10\ kN$, $20\ kN$ and $30\ kN$ like how it is in the test. To each individual load target value, at every 10,000 calculation cycles, the mean value of the sum of the forces addressed on the pressing ball in the previous 10,000 calculation cycles will be calculated. If the relative error of the mean value to the target value is higher than 2.5%, the static loading will continue to the next 10,000 calculation cycles and the relative error will be checked again; otherwise, it is considered that the BPMs are stably pre-pressed, and the static loading process will move on to the next target loading, or will be stopped if it is already the final loading target (i.e., 30kN, see Fig. 4-9).

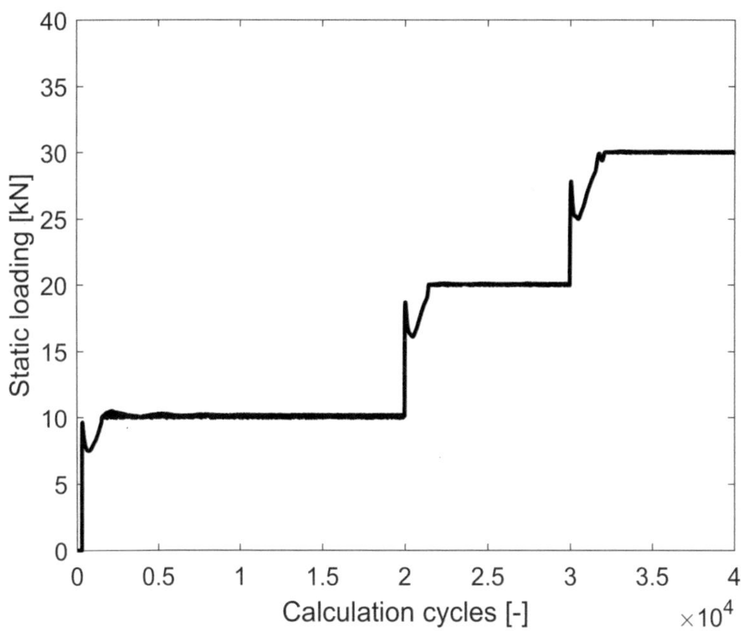

Fig. 4-9. The static loading process

In the dynamic loading process, the BPMs are loaded under a cyclic dynamic force with a maximal value of $45\ kN$ and a minimal value of $15\ kN$. A FISH callback function is set up for monitoring the force acted upon the loading ball. If the force exceeds either of the boundary forces, the speed direction of the loading ball is changed. The speed of the ball is set to be decreasingly changed under two considerations: first, when the force of the ball exceeds either one of the two boundary limits and the speed direction is just changed, a higher speed of the ball is needed to accelerate the loading or unloading process in order to increase the computational efficiency; second, when the force of the ball is about to reach either one of the two boundary limits, the speed of the ball needs to slow down to prevent a strike to the BPMs. Considering the computational intensity of the simulation, only 1,000 loading steps are performed in the simulation instead of 10,000 loading steps in the test (see Fig. 4-10. Note that only part of the dynamic loading is presented. Otherwise the loading curve would be too crowded to be seen clearly).

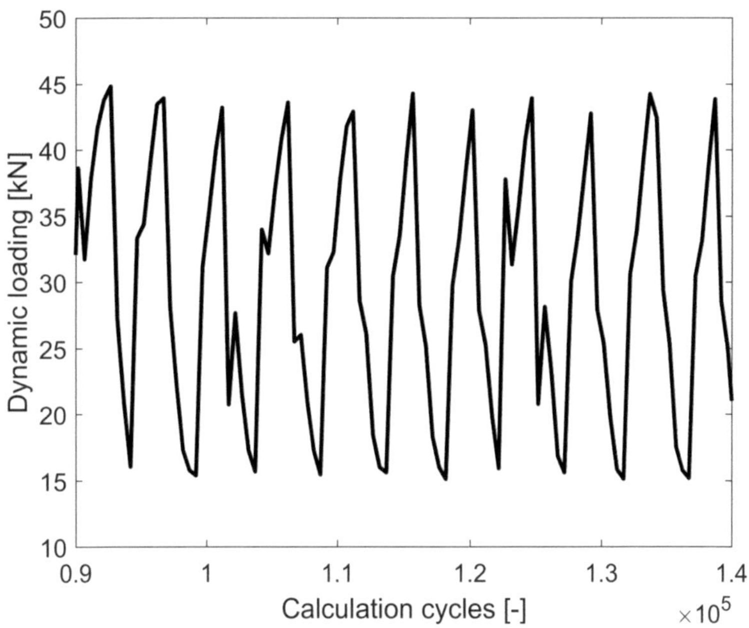

Fig. 4-10. The dynamic loading process (partially demonstrated)

FISH functions are defined to calculate the mechanical behavior of the simulated ballast aggregates. During the dynamic loading process, these functions are called at the end of every loading cycle, so that the changing of the mechanical behavior can be monitored. Detailed description for calculating the mechanical behavior please see section 4.5.1.

4.3 Model calibration

With the generated ballast form databases, the simulative ballast stones can be created. In this study, the ballast stones are simulated by the BPMs, where the bonds between balls in each BPM are defined by the FJ model (see section 2.2.2.3 for detailed justifications). Except for the simulation of one single breakable ballast stone, the simulation of interaction between ballast stones is also crucial. The LC model, which provides linear and dashpot components to simulate the linear elastic (no-tension) frictional behavior and viscous behavior between the modeling components (i.e., ballast stones, the pressing plate, the pressing element and the container), is employed [13]. Using the form database “the box test”, which is with the same geometrical properties and hard-soft rock ratio of the testing sample, the calibration of the model parameters is performed by matching the settlement of the aggregates from the test and simulation. The calibrated parameters are listed in Table 4.2. Considering the computational intensity of the simulation, only 1,000 loading steps are performed in the simulation instead of 10,000 loading steps in the test.

In this study, the material-modeling support is used for setting the relevant properties of the FJ and LC model. Relevant properties such as k_n and k_s are set by effective modulus E^* and normal to shear stiffness ratio κ^* for FJ model, and E_n^* and κ_n^* for LC model (see Table 4.2):

$$k_n := E^*/L,\;\; k_s := k_n/\kappa^*\,,\;\; with\, L = \begin{cases} R^{(1)} + R^{(2)}, & ball - ball \\ R^{(1)}, & ball - facet \end{cases} \tag{4.3}$$

Table 4.2. The calibrated modeling parameters

	Parameter	Description	Value (hard rock / soft rock)
FJ model	MP	mass proportion	0.7 (-) / 0.3 (-)
	ρ	density	2950 (kg/m^3) / 2800 (kg/m^3)
	g_i	installation gap	$(D_l^{(j)}/2) * 0.4$ (m)
	$(\phi)^+_{\{B,G\}}$	bonded and gapped fraction	{1.0, 0.0} (-)
	g_0	initial surface gap	0.0 (-)
	N_r	number of FJ elements	1 (-)
	C_λ	radius multiplier code	0 (-)
	λ_v	radius multiplier value	1 (-)
	E^*	effective modulus	2.5e9 (Pa) / 4.0e9 (Pa)
	κ^*	normal to shear stiffness ratio	2.5 (-) / 2.0 (-)
	μ	friction coefficient	0.5 (-)
	F_{str-co}	strength and cohesion scaling factor	3.5 (-) / 3.5 (-)
	σ_c	tensile strength	F_{str-co} * 5.4e5 (Pa) / 3.0e5 (Pa)
	c	cohesion	F_{str-co} * 60.0e5 (Pa) / 9.0e5 (Pa)
	ϕ	friction angle	0.0 (°)
LC model:	E_n^*	effective modulus	5.0e9 (Pa)
	κ_n^*	stiffness ratio	2.5 (-)
	μ_n	friction coefficient	0.7 (-)

In Table 4.2, g_i is the installation gap. If current gap between particles is less than g_i, the FJ contact model will be installed. The value of the installation gap is chosen to be in relationship with the particle radius, where $D_l^{(j)}$ is the diameter of the smaller ball of the two contact balls. ϕ_B^+ and ϕ_G^+ are the fractions of initially bonded or gapped FJ contacts to the total FJ contacts (with $\phi_S^+ = 1 - \phi_B^+ - \phi_G^+$ is the fraction of slit FJ contact). ϕ_B^+, ϕ_G^+ and ϕ_S^+ are defined by:

$$\phi_B^+ = n_B/n_{FJ}, \quad \phi_G^+ = n_G/n_{FJ}, \quad \phi_S^+ = n_S/n_{FJ} \tag{4.4}$$

where n_B, n_G and n_S are the number of bonded, gapped and slit FJ contacts and $n_{FJ} = n_B + n_G + n_S$ is the total number of FJ contacts. g_0 is the initial surface gap and it determines whether the initial FJ contact is bonded, gapped or slit ($g_0 = 0$, bonded or slit; $g_0 > 0$, gapped). By choosing the reasonable value of g_0 and the fractions, the initial internal cracks of rocks can be well represented. Since the selected ballast stones are with low porosity, $g_0 = 0$ is used in order to exclude the initial gapped contacts while $\phi_S^+ = 0$ is used to exclude the initial slit contacts. These two aspects assure that, all the FJ contacts are bonded and no initial cracks are inside of the BPM. N_r is the number of interface elements of the FJ bond, whose minimum value is used to reduce the calculation time. When $C_\lambda = 0$, the radius-multiplier value λ_v need to be set to a specified value. $C_\lambda = 0$ and $\lambda_v = 1$ are chosen to simplify the BPM. σ_c is the tensile strength of the FJ bond. If the normal stress σ exceeds the tensile strength, the FJ bond breaks in tension. c is the cohesion, which is used for calculating the shear strength:

$$\tau_c = c - \sigma tan\phi \tag{4.5}$$

where ϕ is the friction angle, which is the ratio of shear stress τ and normal stress σ. If the shear stress τ exceeds the shear strength τ_c, the FJ bond breaks in shear.

For the BPM, the micro-properties such as effective modulus E^*, normal to shear stiffness ratio κ^* and friction coefficient μ_n (both in FJ and LC model) as well as tensile-strength σ_c, cohesion c and friction angle ϕ cannot be directly derived from laboratorial data. They are usually set by a calibration process, in which the macro-behavior of the BPM aggregate, which is influenced by the above-mentioned micro-properties, will be matched to the macro-behavior of the ballast aggregate in standardized test (e.g., the box test). With a comprehensive test data, the correlation between the macro-behavior of the BPM aggregate and the micro-properties used in the simulation model can be investigated.

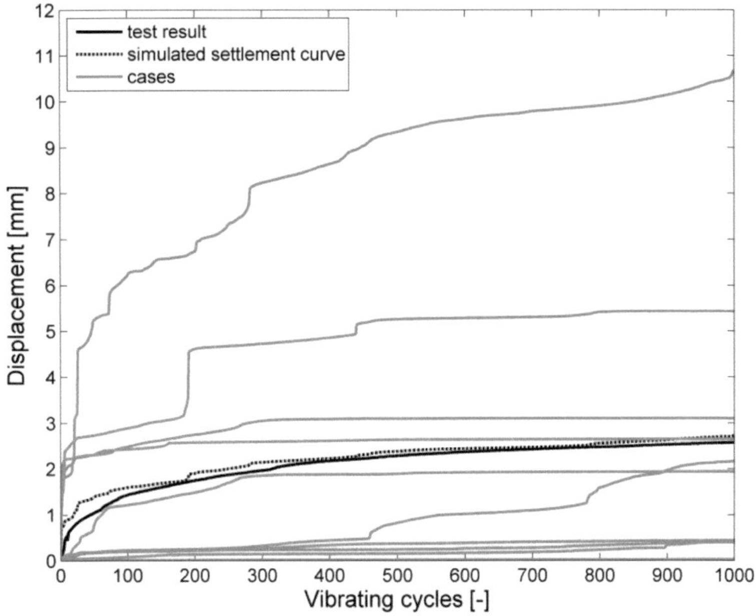

Fig. 4-11. Ballast settlements of simulation cases, their mean value and the test result

The matched settlement curves are illustrated in Fig. 4-11. It is shown in Fig. 4-11 that the simulated settlement curve (the dashed curve) matches with the one from the test (the solid black curve). However, it is important to point out that the simulated settlement curve is the average value of 10 simulation cases[1] (the gray curves), where the modeling parameters are exactly the same, while the results vary greatly. The reason for this difference is that the ballast forms, which are from the same form database, are randomly picked and vary from time to time. Besides, even though the material distribution of the database is fixed, the one of the selected ballast stones for simulations can change (see Fig. 4-12). In this case, the modeling parameters can be considered as calibrated only if enough cases (10 cases in this study) are performed and their mean value of results matches the test result. Only in this way can the randomness be statistically reduced.

[1] Simulation cases: simulation models with the same modeling parameters and the same used form database, but vary due to the random pick of the forms, the materials from the database and the random assembly of the aggregate

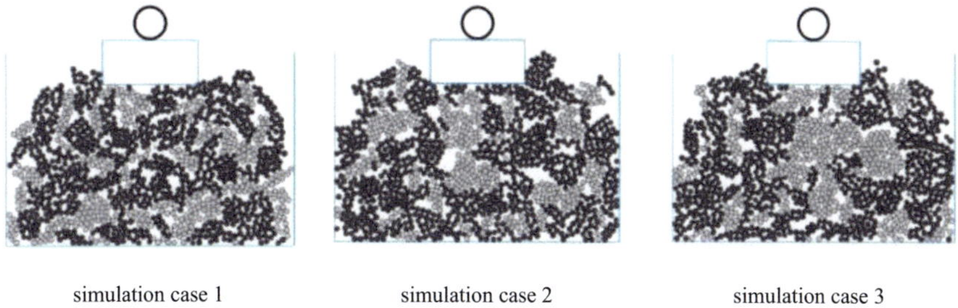

Fig. 4-12. Three simulation cases with different selected ballast forms and materials (black: hard rock, gray: soft rock) from the same ballast form database

Furthermore, even though a tamping-like process is performed (see Fig. 4-8, c) to form a compacted aggregate and eliminate the incomplete contact between the pressing plate and the ballast stones, some void will still show up from time to time, which will cause an excessive settlement of the pressing plate (see Fig. 4-13). Unlike in the test, where the ballast stones are manually placed and the ones under the pressing plate can be manually rearranged to find a balanced and firm contact to the pressing plate, in the simulation, the void is hard to be avoided and adjusted. It is another reason for running multiple cases and getting the mean value as the final result, so that this randomness can be reduced as much as possible.

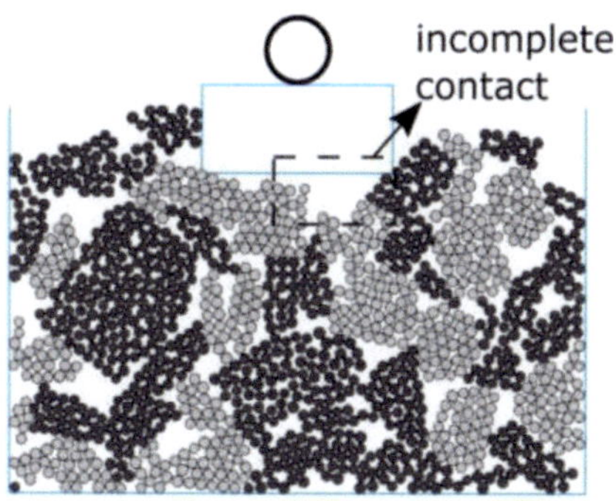

Fig. 4-13. The incomplete contact (the void) between the pressing plate and the ballast stones

In this study, 2D models are used instead of 3D models. Since the ballast breakage behavior is one of the mechanical behaviors to be investigated in this study, the BPM has to be implemented. However, BPM is a very computational intensive model. In every calculation cycle, the status of every bond inside a BPM has to be updated, all the belonging parameters have to be calculated. In 3D models, the simulation pieces and the bonds are geometrically increased comparing to ones in 2D, which results a much longer computational time for each simulation case. Nevertheless, it might be acceptable if only few 3D cases need to be performed. However, as discussed earlier, multiple cases (10 cases) are required to reduce the randomness of the simulation results caused by random selecting and placing of ballast stones. Besides, there are multiple scenarios (15 form databases) need to be tested so that the optimized scenario can be found. In the end, 150 cases need to be performed. An example case in 3D with breakable ballast models is performed and it takes over five days to finish (see Appendix II). To accomplish all the cases, it would take 750 days, which is unacceptable. If the possibility of investigating breakage behavior is abandoned, namely, if unbreakable ballast models are used, simulation for one case will take two days to finish (see Appendix III). On the contrary, a 2D simulation case needs only 3 hours, which means that only 18 days are needed for the whole simulation work. From the perspective of computing time, 2D model is more preferable.

2D simulation not only saves time, but also provides eligible results. On one hand, 2D simulation result with calibrated DEM parameters fits decently to the test result in this section, and the mechanical behavior of the simulated ballast stones in chapter 5 demonstrates great coherence in trend to the reality. On the other hand, 3D model can also fit the test in a certain extent, but the matching degree is not better than 2D while taking so much higher computing time (see Appendix III). An obvious advantage of 3D simulation is not found in this study. In the end, the key point of this study is to discover the difference of specific mechanical behavior caused by different form distributions of ballast stones, and thus find out the changing trend of the mechanical behavior, so that the optimized ballast aggregate regarding to its form distribution can be found. In this case, since finding the trend is the key point, 2D simulation is already enough.

4.4 Parametric study

The settlement of a ballast aggregate under loading is a result of iterative ballast degradation and position rearrangement. In the simulation, the degradation is governed by the tensile strength and the cohesion of the FJ bonds of the BPMs, while the position rearrangement is controlled by the friction coefficient between the simulated ballast stones. In this section, a parametric study of these modeling parameters is performed to investigate their influence on the settlement of ballast aggregate. 10 simulation cases of each simulation scenario[2] with the same parameter set are performed and their mean value of result is considered as the final result of the scenario so that the randomness discussed in section 4.3 can be reduced.

Since there are two types of materials (soft and hard rock) and two strength related parameters (tensile strength and cohesion) in the simulation, a strength and cohesion scaling factor F_{str-co} is proposed to simplify the parametric study. By multiplying the factor to each tensile strength and cohesion, the simulated ballast stones are proportionally strengthened or softened (see Table 4.2). Simulation scenarios with five values of the factor are performed and the result is illustrated in Fig. 4-14. It is shown in the figure that the accumulated settlement of ballast aggregate increases with the decreasing value of F_{str-co}. It fits the common sense that softer stones will break easier and thus yield higher settlement.

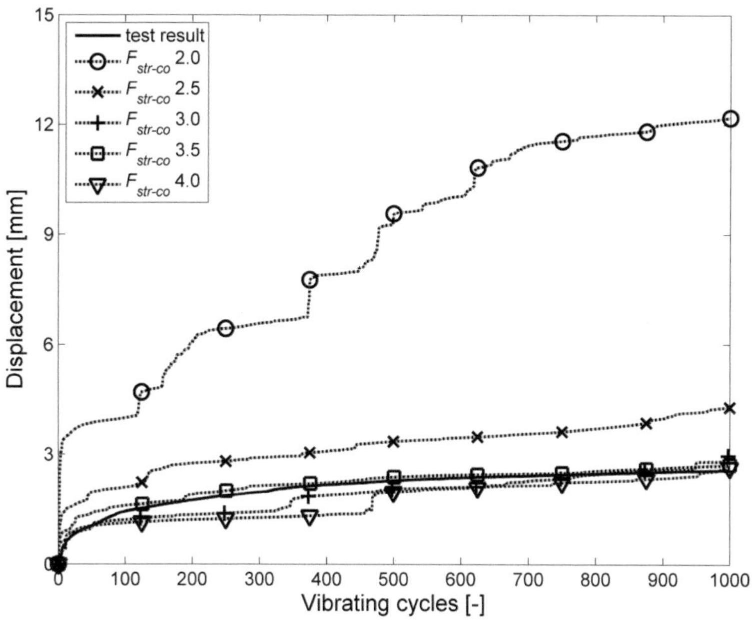

Fig. 4-14. Result of simulation scenarios with changing strength and cohesion scaling factor F_{str-co}

[2] Simulation scenarios: simulation models with different parameter sets or different used form databases.

On the other hand, four simulation scenarios with the changing friction coefficients μ are performed. The higher the friction coefficient is, the higher resistant shear force will be produced, which reduces the lateral relative motion between two simulated ballast stones. The simulation result shown in Fig. 4-15 proves this standpoint, where the model with lower friction coefficient yields higher settlement and vice versa. It is proven by the parametric study that the strength and cohesion scaling factor F_{str-co} and the friction coefficients μ have great influence on the settlement of a ballast aggregate. They should be selected carefully in such type of research.

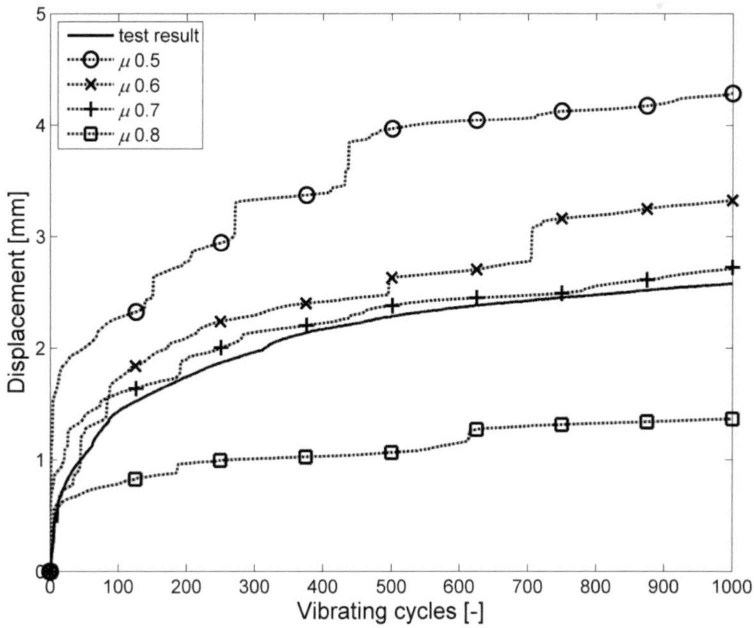

Fig. 4-15. Result of simulation scenarios with changing friction coefficient μ

4.5 Simulative quantification methods of the mechanical behavior

The mechanical behavior of ballast aggregate discussed in this study includes settlement, breakage rate, force propagation angle, void ratio and particle coordination number. Unlike tests, in which the mechanical behavior is time and cost consuming to be evaluated, in DEM simulations, the mechanical behavior can be easily quantified and demonstrated. In this section, according to the definitions of these mechanical behaviors expatiated in section 2.4, their corresponding quantification methods in the simulation will be firstly introduced. Later on, two typical simulation cases are selected the simulative results of the mechanical behavior.

4.5.1 Simulative quantification methods of the mechanical behavior

The settlement of ballast aggregate in the test is determined by the vertical displacement of the loading element (see section 4.1). In the simulation, as discussed in section 4.2.3, it corresponds to the vertical displacement of the pressing ball (see Fig. 4-8).

The breakage rate is currently not defined in reality. Its definition should be able to show the level of breakage of a ballast aggregate under loading. In the simulation, it is defined as the ratio of broken FJ bonds to the FJ bonds in total (FJ_{Total}). Since the FJ bonds can be disabled in tension (FJ_T) and in shear (FJ_S), the breakage rate is also divided into breakage rate in tension BR_T and breakage rate in shear BR_S:

$$BR_T = FJ_T/FJ_{Total} \tag{4.6}$$

$$BR_S = FJ_S/FJ_{Total} \tag{4.7}$$

The total breakage rate BR is then:

$$BR = BR_T + BR_S \tag{4.8}$$

The force propagation angle was defined as the 90% of the total force measured by the pressure platform in [47]. In the simulation, the bottom of the container is simulated by 20 equidistant segmented walls, which enable the measurement of forces address on the bottom. The force propagation angles on the left and right side of the model FA_{left} and FA_{right} are individually determined also by the 90% of the total force on each side (see Fig. 4-16). The force propagation angle of each simulation case is then the averaged force propagation angles on the left and right side:

$$FA_{averaged} = (FA_{right} + FA_{left})/2 \tag{4.9}$$

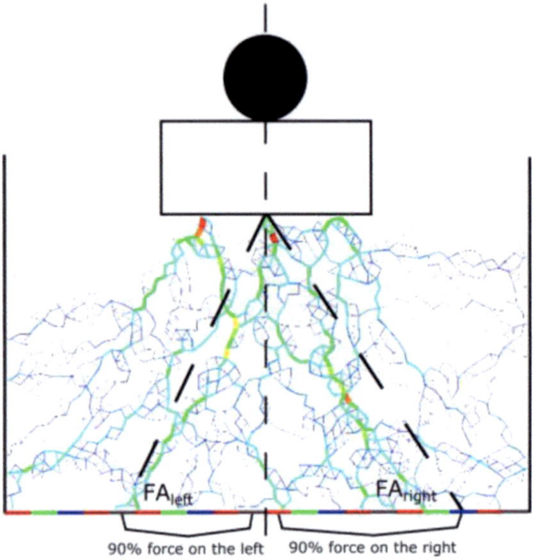

Fig. 4-16. The force propagation angle in the simulation

It is important to point out that the force propagation angle is normally calculated based on the left and right bottom corner of the pressing plate (or the sleeper in reality), but not its bottom middle point. However, due to the dimensional limitation of the model such as its low depth and width, using the normal definition of the force propagation angle could result an angle larger than 90 degree. It is the reason why an adjusted definition is applied. Since all the simulations adopt the same definition, it is still reasonable to comparing the different force propagation angles in simulated ballast aggregates with different form distributions.

The voids created by discrete ballast stones provide hydraulic conductivity of a ballast aggregate. On the premise of maintaining the load carrying ability and structural performance of the ballast layer, the voids should be as large as possible to provide adequate drainage. In DEM simulations, the degree of voids can be expressed as the void ratio VR, which is defined as the ratio of the voids area A_{void} and the total area A_{total}:

$$VR = A_{void}/A_{total} \tag{4.10}$$

The particle coordination number is defined as the number of contacted neighbor particles of a certain particle. The higher particle coordination numbers of ballast stones indicate a better contacted and structuralized aggregate. The particle coordination number can be also used to identify the "ghost particles", which are the particles that do not take a significant structural load (see Fig. 4-17).

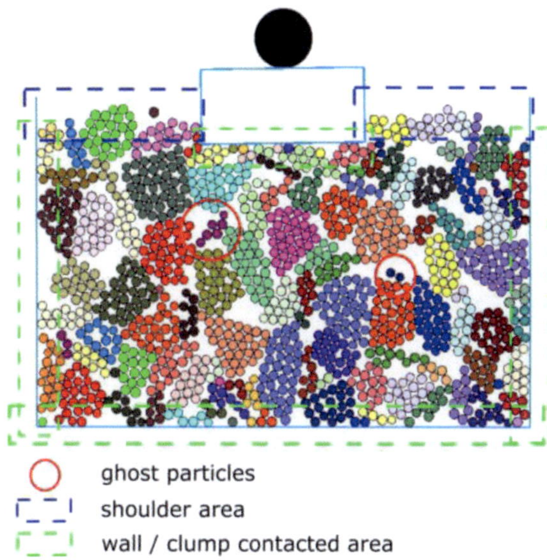

Fig. 4-17. The particle coordination number and the ghost particle

In the simulation, the particle coordination number for each simulated ballast stone is calculated by a FISH function, which determines the number of contacts from other particles around the center particle. The ghost particles are defined in the simulations as the particles, which have less than or equal to 2 contacts from other particles. It is to be noted that the particles, which are in contact with the container, are excluded in the process of finding the ghost particle even though they fit the above-mentioned criterion due to the reason that these particles usually do take a significant loading. Besides, the particles at the shoulder area of the aggregate are also excluded, because they will not take loads in any cases (see Fig. 4-17).

4.5.2 Two simulation cases for demonstrating the mechanical behavior

In this section, two simulation cases are performed. In the first simulation case, the form distribution of the ballast stones in the box test, which yields relatively large particles, is used. On the contrary, the second simulation case uses an artificial form distribution, which is created by the ballast random form generator and has relatively small particles.

Simulation case 1 – with large particles

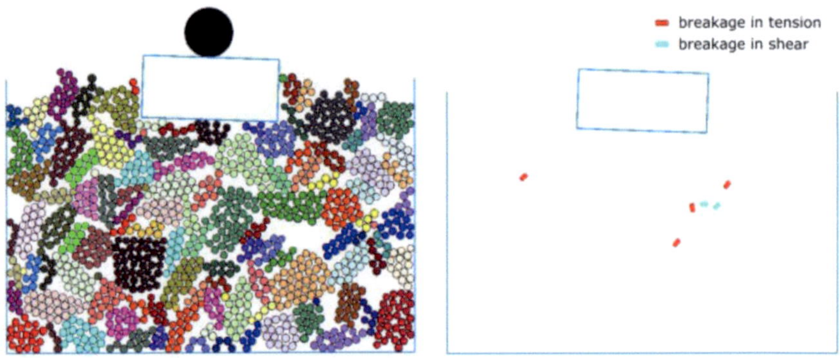

a: the simulation case 1 b: the breakages after loading

Fig. 4-18. The simulation case 1 and its breakages after loading

Fig. 4-18 demonstrates the simulation case 1 and its breakages after loading. Only 6 breakages appear in this case, in which 4 of them are breakages in tension and the other 2 are breakage in shear. Furthermore, the positions of the breakages are somewhat near the simulated pressing plated (i.e., the clump), which fits the reality that the breakages of ballast stones under realistic traffic loading happen direct under the sleeper in the most cases.

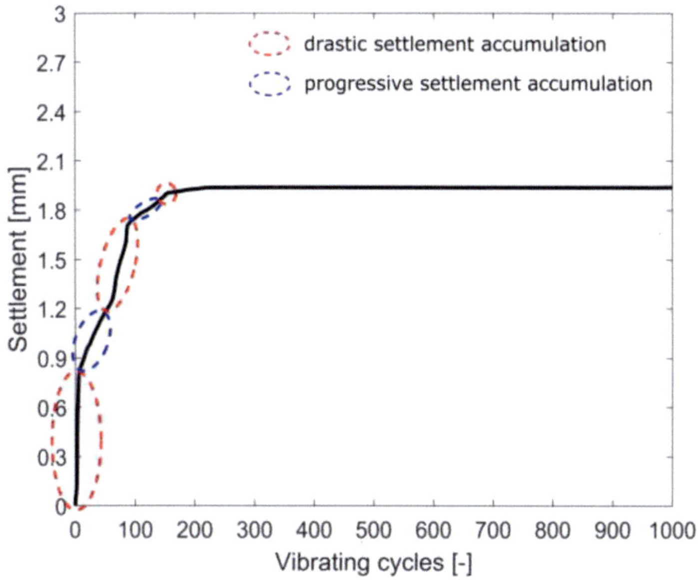

a: the settlement

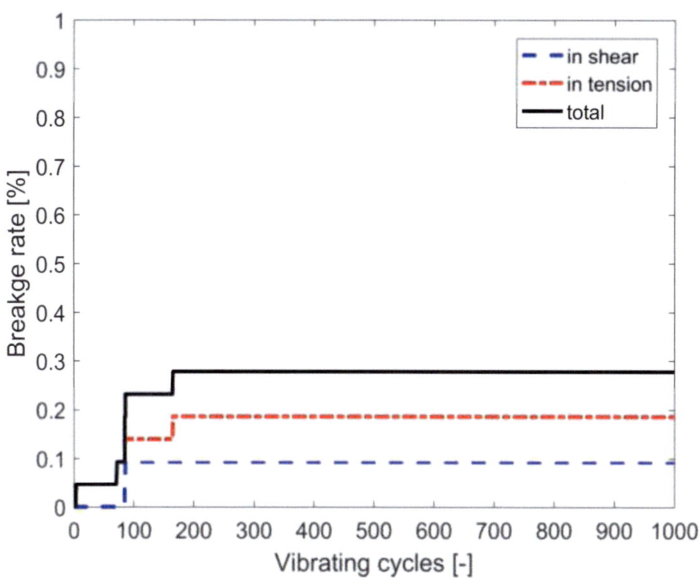

b: the breakage rate

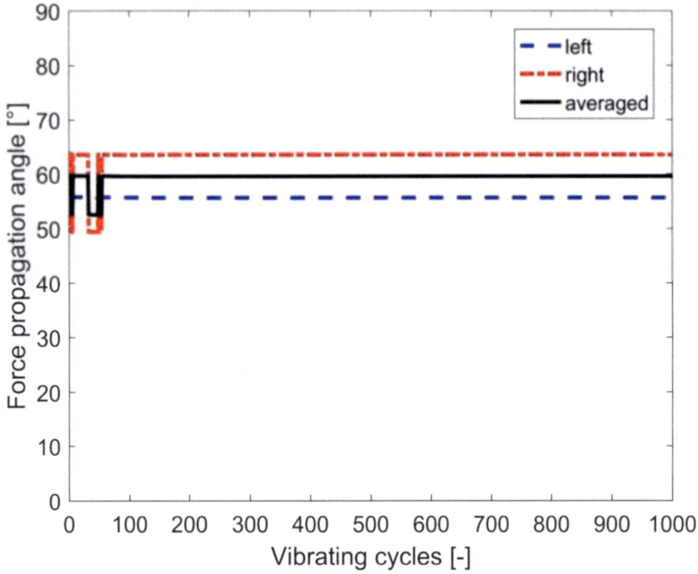

c: the force propagation angle

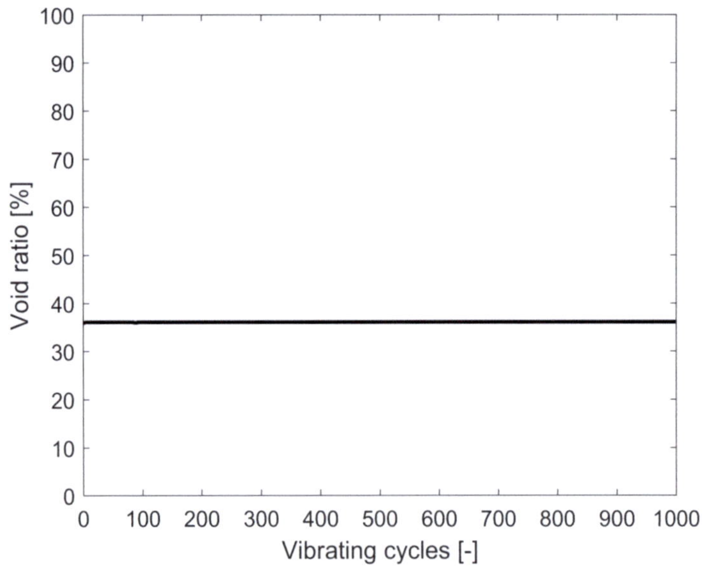

d: the void ratio

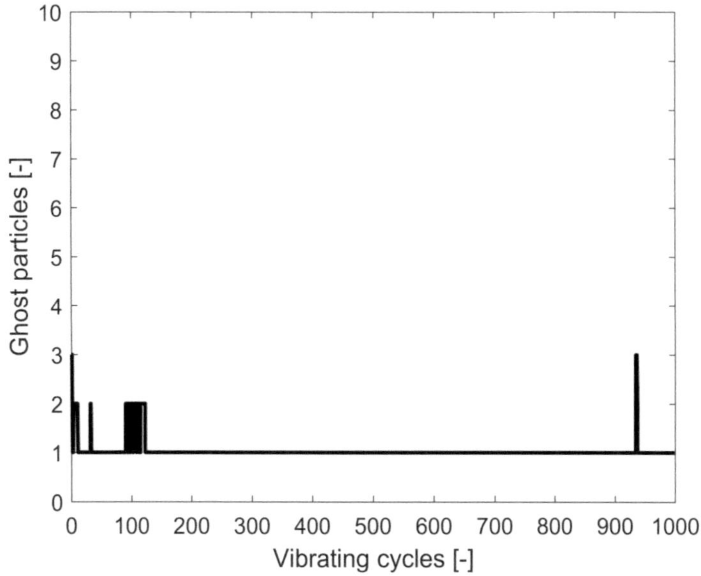

e: the ghost particles

Fig. 4-19. The mechanical behavior of the simulation case 1

Fig. 4-19 shows the mechanical behavior of the simulated ballast stones in the simulation case 1 under dynamic loading. In Fig. 4-19, a, it can be seen that the settlement of the ballast aggregate can be characterized into drastic and progressive settlement accumulations, where drastic means the accumulation of settlement is rapid and the settlement curve is steep, while progressive means the opposite. From Fig. 4-19, b, it can be speculated that the drastic settlement accumulations are caused by the breakages, since every time breakages occur (i.e., at the beginning, around 100 and 170 vibrating cycle), drastic settlement accumulations appear. On the other side, the progressive settlement accumulations are caused by the rearrangement of the ballast aggregate after breakages. It should be related to the interlocking effect of the ballast aggregate, where the friction coefficient between the simulated stones and their forms play an important role. After all the breakages appear (i.e., after 200 vibrating cycles), the settlement stabilizes. It indicates that the form distribution of the simulation case yields low progressive settlement without breakage. A different form distribution with smaller stones is to be investigated in the following section.

Fig. 4-19, c demonstrates the force propagation angle of the simulated ballast aggregate under dynamic loading. Similar to the settlement, the force propagation angle changes more drastic when breakage occurs, whereas it is basically constant if there is no breakage. A similar situation appears by the curve of the ghost particles (see Fig. 4-19, e). However, as shown in Fig. 4-19, d, there is only a small change around 100 vibrating cycle, which is small enough to be neglected. The reason for such a stable void ratio is that the vibration cycles in the simulation are not enough to create more breakages to make a significant change. In fact, it is reasonable to assume that aggregates with different form distributions will yield much more difference of the void ratios that their changes during dynamic loadings.

Simulation case 2 – with small particles

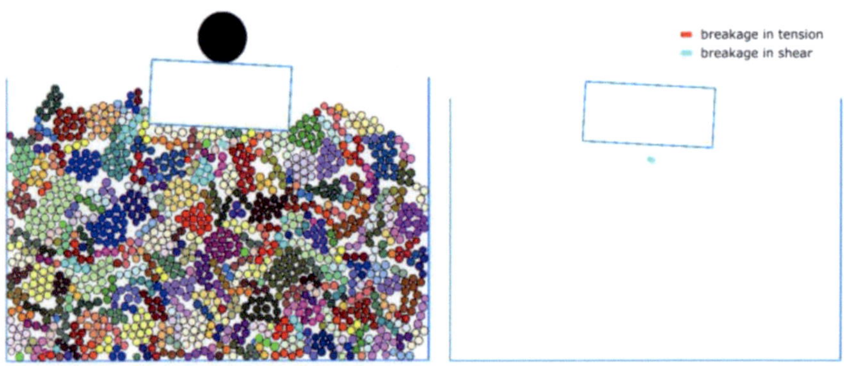

a: the simulation case 2

b: the breakages after loading

Fig. 4-20. The simulation case 2 and its breakages after loading

Fig. 4-20 demonstrates the simulation case 2 and its breakages after loading. It can be seen in Fig. 4-20, a, that the sizes of simulated ballast stones are comparatively smaller than the ones in the simulation case 1. In the case, only 1 breakage, i.e., a breakage in shear, occurs during the dynamic loading process. Similar to the simulation case 1, the breakage happens direct under the simulated pressing plate.

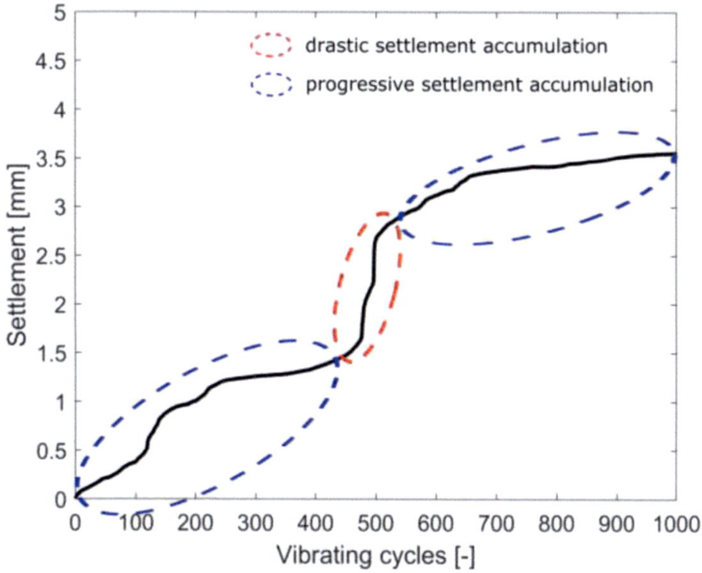

a: the settlement

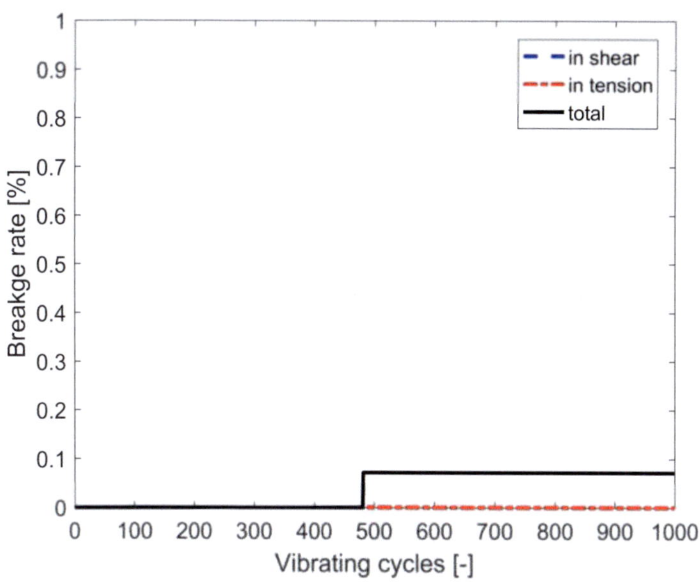

b: the breakage rate

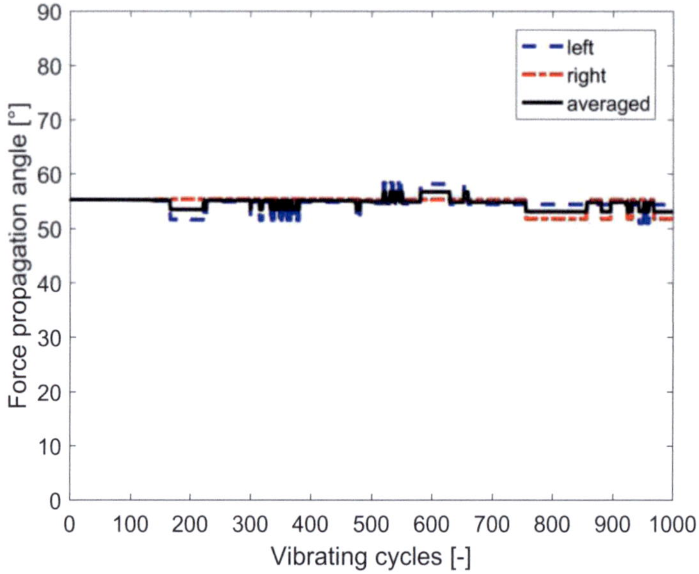

c: the force propagation angle

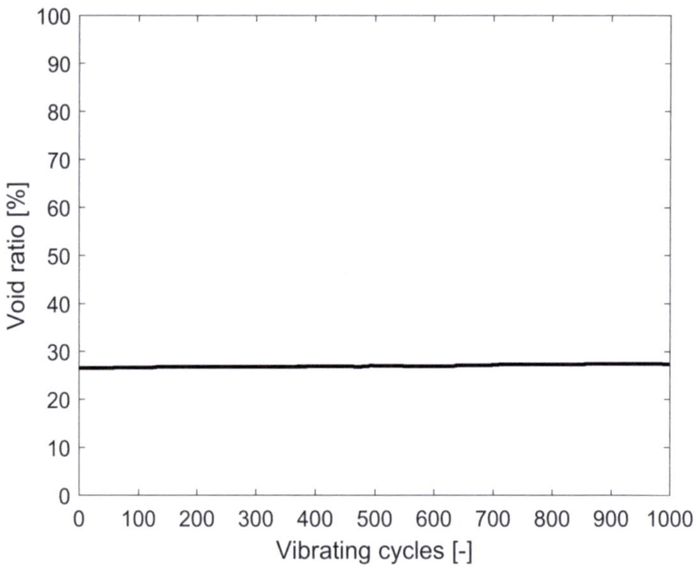

d: the void ratio

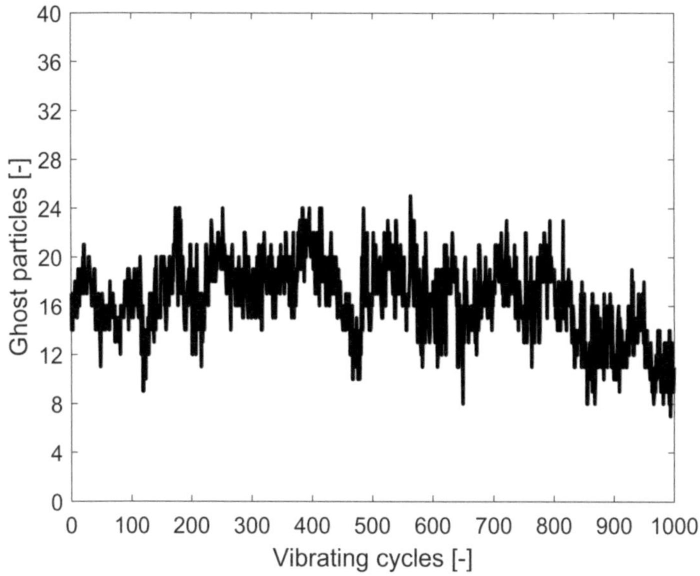

e: the ghost particles

Fig. 4-21. The mechanical behavior of the simulation case 2

Fig. 4-21 illustrates the mechanical behavior of the simulated ballast stones in the simulation case 2 under dynamic loading. Similar to case 1, drastic settlement accumulation happens when the breakage occurs (around 500 vibrating cycle) in this case. However, the differences between the two cases are: first, there is much more progressive settlement in case 2; second, the curve of the progressive settlement in case 2 is more smoothly changed. This phenomenon indicates a weaker interlocking effect of this ballast aggregate. Since the friction coefficient between the simulated ballast stones remains unchanged in case 2, the reason of the weak interlocking effect can be attributed to the changed form distribution, more specifically, the decreasing sizes of simulated ballast stones. Smaller ballast stones would obviously weaken the stability of the ballast aggregate.

The force propagation angle and the number of ghost particles change more drastic comparing to case 1. They change during the whole dynamic loading process, regardless when the breakage happens, indicating that they are mainly associated with the settlement of the aggregate under loading, rather than its breakage. Since aggregates with smaller particles generally yield more settlement, the changes of the force propagation angle and the number of ghost particles are more severe. Besides, the two mechanical behaviors decrease slightly along the loading process. The decrease of the number of ghost particles is apparent, because the aggregate is increasingly better compacted. On the other side, if the aggregate is more compacted, it behaves more like a continuous medium rather than a discrete medium. It is reasonable to claim that the force propagation angle in a continuous medium is smaller than the one in a discrete medium.

5 Influence of ballast form distribution on ballast performance

5.1 Introduction

Ballast form distribution, including its size and shape distribution, has a great influence on the mechanical behavior of ballast aggregates. In this chapter, the previously generated 15 form databases (i.e., 5 databases with changing mean sizes as group 1, 5 databases with changing size distributions as database group 2 and 5 databases with changing shape distributions as database group 3) are used to create the ballast aggregates used in DEM simulations. Their mechanical behavior such as the ballast settlement, the breakage rate, the ghost particle number, the force propagation angle and the void ratio during dynamic loading are investigated and compared. For ballast aggregate based on each form database, 10 simulation cases are performed and the mean value of the above mentioned mechanical behavior is calculated and used as the final result of the database, so that the randomness caused by random selecting and packing of the ballast stones can be reduced.

5.2 Influence on the ballast settlement

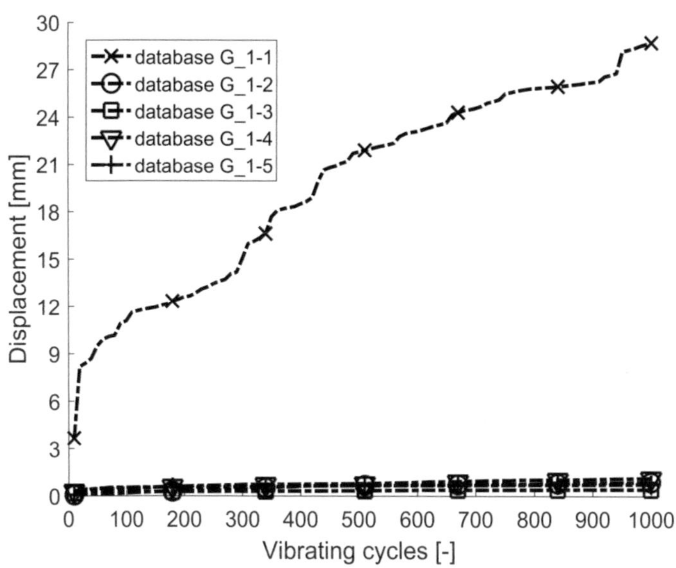

database group 1: changing mean sizes

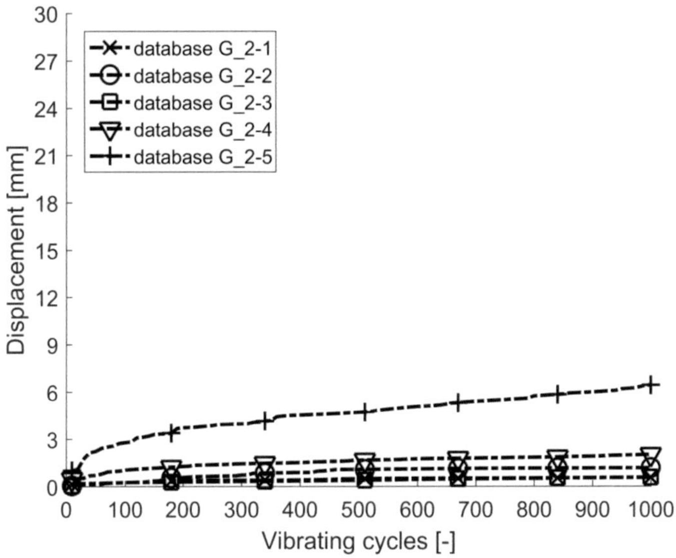

database group 2: changing size distributions

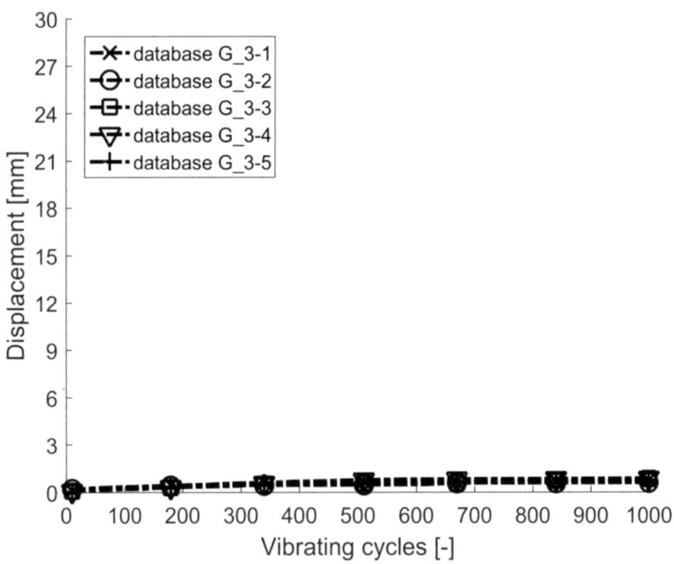

database group 3: changing shape distributions

Fig. 5-1. Influence of ballast form distribution on the ballast settlement

Fig. 5-1 demonstrates the settlements of ballast aggregates based on the 15 form databases. For database group 1 with changing mean sizes of the simulated ballast stones, it is expected that the settlement would be stably decreasing with the increase of the ballast mean size (from database G_1-1 to G_1-5, see also Fig. 3-6). However, the simulation result indicates that the settlements of ballast aggregates with databases G_1-2 to G_1-5 are basically the same and they are dramatically decreased comparing to the first database. On one hand, for database G_1-1, the settlement curve matches the expectation that extremely small particles (e.g., sand) may create a structural instable aggregate due to the loss of the interlocking effect. On the other hand, for databases G_1-2 to G_1-5, the dramatically decrease of settlements indicates that the interlocking effect of ballast stones is not proportionally increased with the mean sizes of ballasts. It is more like a yes-or-no occurrence, which means that from a certain value of the ballast mean size, it will appear and exert complete influence. To this end, if the consideration of other mechanical behavior is dismissed and only the settlement is concerned, a wide range of optimal ballast mean size can be used as long as the interlocking comes into effect.

The settlement of ballast aggregates with database group 2 shows a reasonable tendency. With the increase of mass proportion (or particle number) of small-sized ballast stones (from database G_2-1 to G_2-5, see also Fig. 3-7), the settlement of the aggregate increases. Similar to the database group 1, in group 2, there are also four databases (i.e., G_2-1 to G_2-4) demonstrating the similar settlement behavior, while the other one (i.e., G_2-5) results in a relatively higher settlement. However, comparing to database group 1, the settlement curves based on the four databases in group 2 are not that overlapped, while the ending value of the other settlement curve is not that high (6mm comparing to 30mm). For database group 3, the settlement curves are overlapped just like the four databases (G_1-2 to G_1-5) in group 1.

The key reason for different settlement behaviors of ballast aggregates based on different form databases is mass proportion of small-sized ballast stones. Table 5-1 shows the percentages passing by mass for ballast stones with sizes smaller than 22.4mm of each form database. In database group 1, the percentages decrease from G_1-1 to G_1-5, where G_1-1 is with an extremely high percentage, which correspondingly results a very high settlement of the ballast aggregate. Furthermore, in database group 2, the percentages increase from G_2-1 to G_2-5, which causes an increasing settlement of ballast aggregates correspondingly. At last, the percentages in database group 3 are the same, which is the reason why the settlements stay also the same.

Table 5-1. Percentage passing by mass for small ballast stones

percentage passing by mass for ballast stones with sizes smaller than 22.4mm (%)					
database group 1	G_1-1	G_1-2	G_1-3	G_1-4	G_1-5
	78	16	9.5	6.5	3.5
database group 2	G_2-1	G_2-2	G_2-3	G_2-4	G_2-5
	1.5	5.5	9.5	13.5	17.5
database group 3	G_3-1	G_3-2	G_3-3	G_3-4	G_3-5
	9.5	9.5	9.5	9.5	9.5

Important to notice is that for the ballast aggregates with low settlements (i.e., database group 1: G_1-2 to G_1-5, database group 2: G_2-1 to G_2-4, database group 1: G_3-1 to G_3-5), the percentages are always smaller than 16% (G_1-2). If the percentage is increased to 17.5% (G_2-5), the settlement would be considerably higher. This indicates that above a certain value from 16% to 17.5% of the mass proportion of ballast stones smaller than 22.4mm, the ballast aggregate will become instable, and the interlocking effect is lost. It implies that, to control the ballast settlement, it is important to reduce the mass proportion of small ballast stones.

5.3 Influence on the breakage rate

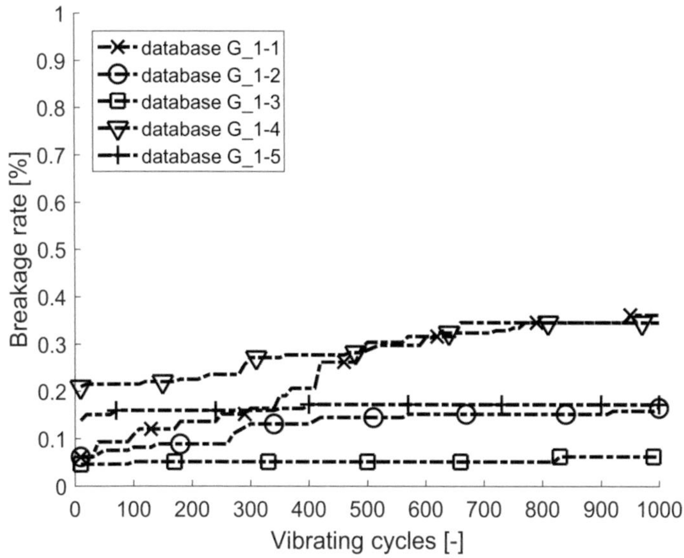

database group 1: changing mean sizes

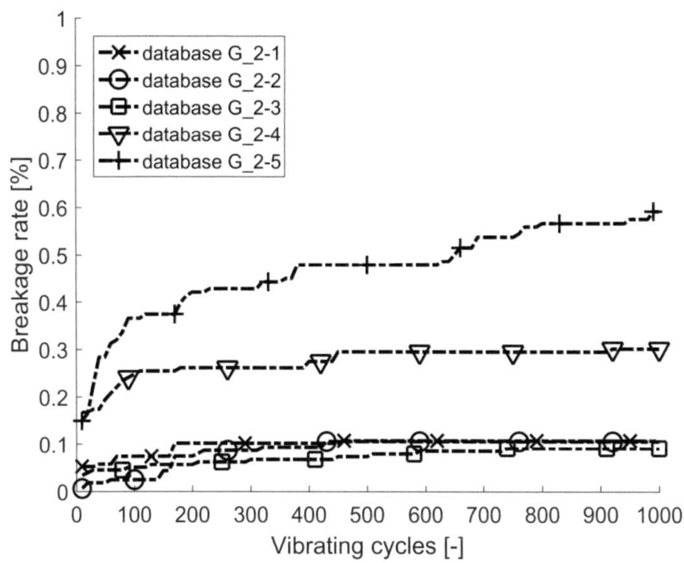

database group 2: changing size distributions

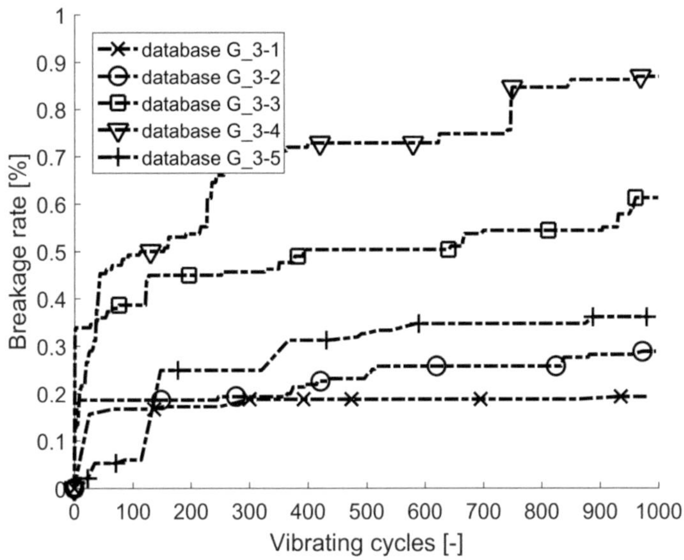

database group 3: changing shape distributions

Fig. 5-2. Influence of ballast form distribution on the breakage rate

Fig. 5-2 demonstrates the breakage rates of ballast aggregates based on the 15 form databases. It was expected that some trends could be shown in the figure, such as the ballast aggregate with larger ballast stones (e.g., G_1-5) might have higher breakage rate comparing to the one with smaller ballast stones (e.g., G_1-1), due to its higher internal force caused by the better interlocking effect; or the ballast aggregate with more flat ballast stones (e.g., G_3-5) might yields more breakages than the one with more normal ballast stones (e.g., G_3-1), since a flat ballast stone is much easier to break under loading due to its reduced cross-sectional area. However, the results shown in Fig. 5-2 are mainly irregular. None of trends are clearly demonstrated. The key reason could be that the 1000 loading cycles are not enough for generating enough breakages. It is noticed in Fig. 5-2 that the breakage rates in all the 15 form databases are very low (smaller than 1%). To further confirm the insufficient of breakages, the number of breakages of the 15 form databases after dynamic loading is illustrated in Fig. 5-3.

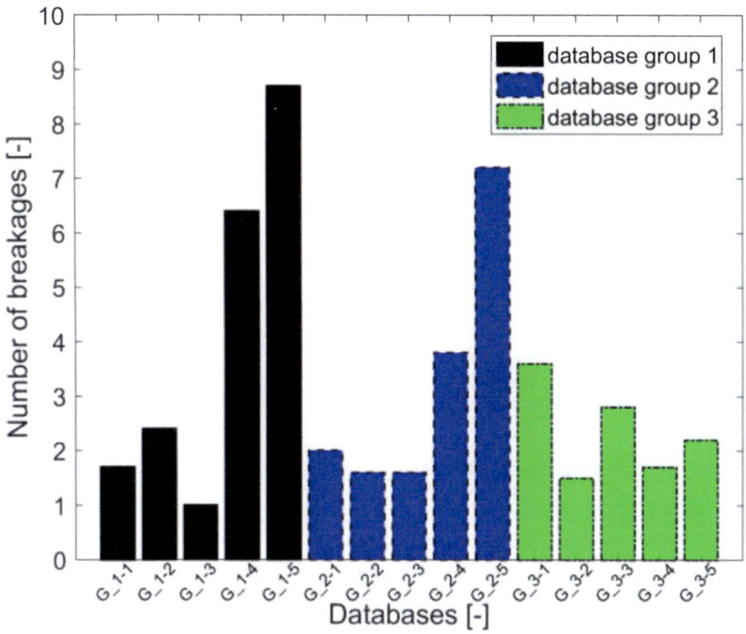

Fig. 5-3. Number of breakages after the dynamic loading process

In Fig. 5-3, the numbers of breakages of the 15 form databases are illustrated. For each form database, the demonstrated value of breakage number is the mean value of 10 simulation cases. It is clear to see that numbers of breakages are generally very low, in which the highest value is just above 8. This is clearly not statistically enough to form any convincing trend. The ballast breakage is a long-term behavior of ballast aggregate. Considering the typical maintenance cycle of a conventional ballast track, there should be millions of loading cycles before notable breakages occur. However, due to the computational intensity of the BPM, it is unpractical to simulate such a long-term behavior. A more efficient breakable model for ballast stones should be proposed in the future.

5.4 Influence on the ghost particles

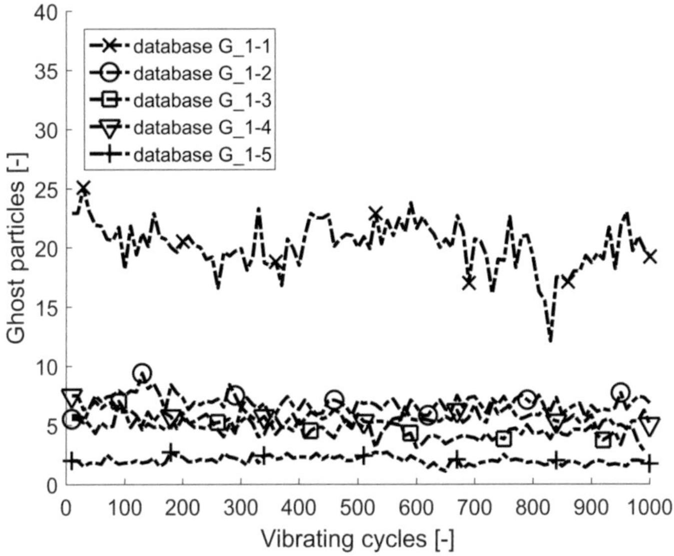

database group 1: changing mean sizes

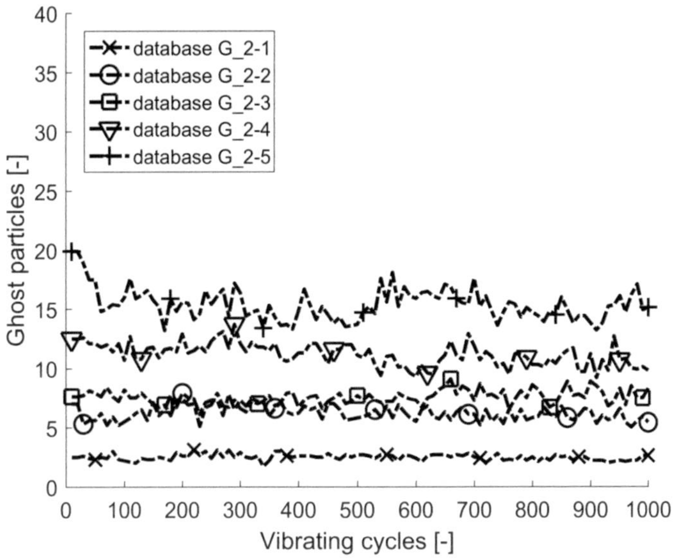

database group 2: changing size distributions

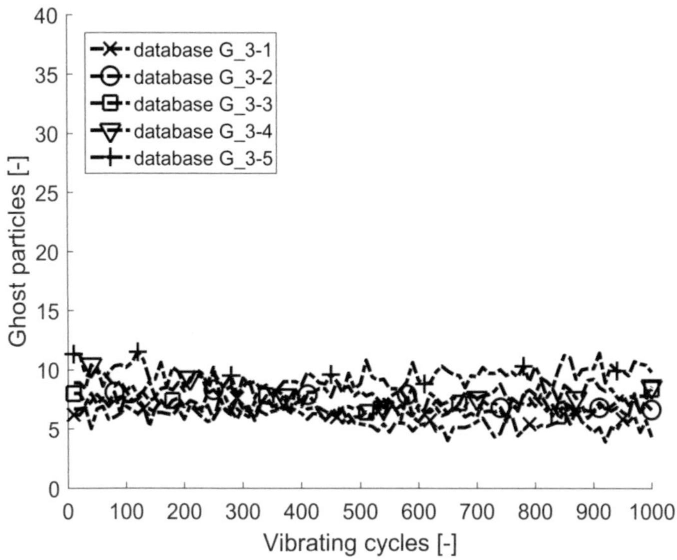

database group 3: changing shape distributions

Fig. 5-4. Influence of ballast form distribution on the ghost particles

Fig. 5-4 demonstrates the ghost particles of ballast aggregates based on the 15 form databases. Clear trends of the three database groups are shown as expected. For group 1, the number of ghost particles decreases with the increase of the mean ballast stone size (from database G_1-1 to G_1-5), where the database G_1-1 has a great number of ghost particles, while the difference of other four databases is not that notable. For group 2, the number of ghost particles reduces with the decrease of the mass proportion of small-sized ballast stones in the aggregate (from G_2-1 to G_2-5). For group 3, the number of ghost particle increases with the proportion of flat ballast stones in the aggregates (from G_3-1 to G_3-5). However, the curves are more or less overlapped comparing to database group 2, the difference is relatively smaller.

It is noticed that the number of ghost particles is strongly corresponded to the settlement of the ballast aggregate. For database group 1, the both parameters bases on G_1-1 are distinctly different comparing to the other four form databases, which yield roughly the same result. For database group 2, the curves of the both parameters are more scattered, while for database group 3, they are more overlapped. The reasons are, on one hand, the ghost particles are the ballast stones, which are not taking any loads during the loading process in an aggregate. The more ghost particles there are, the less structural stability there should be. This results in a high settlement of the ballast aggregate. On the other hand, as discussed in section 5.2, the settlement is related to the number of particles with sizes smaller than 22.4mm. These particles are highly possible to become ghost particles if they settled inappropriately.

Furthermore, it is expected to see the reduction of the ghost particles as the dynamic loading proceeds, due to the assumption that the loading process may create more densified ballast aggregate, and thus force some of the ghost particles to get contact to other particles and to take structural load. The expectation is fulfilled at database G_1-1, G_2-4 and G_2-5, which are the databases with higher original number of ghost particles. The reduction is inconspicuous but still can be seen. For other databases, there is no clear trend for decreasing of the ghost particles. The reason for the stable number of ghost particles could be, first, the original number of ghost particles is already low. Second, these form databases create structurally stable ballast aggregates. The loading cycles are not enough to create enough breakages, which destroys the stable structures and arouses the position rearrangements of ballast stones. Without this positional rearrangement, the original ghost particles will basically stay where they are, and thus cannot be eliminated.

5.5 Influence on the force propagation angle

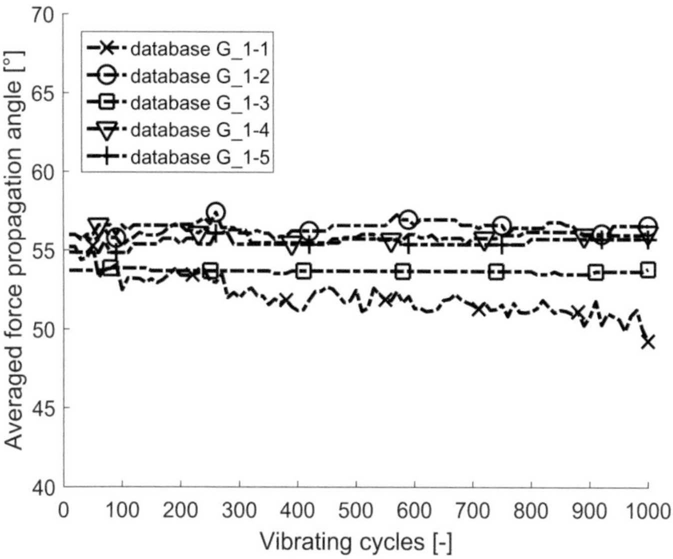

database group 1: changing mean sizes

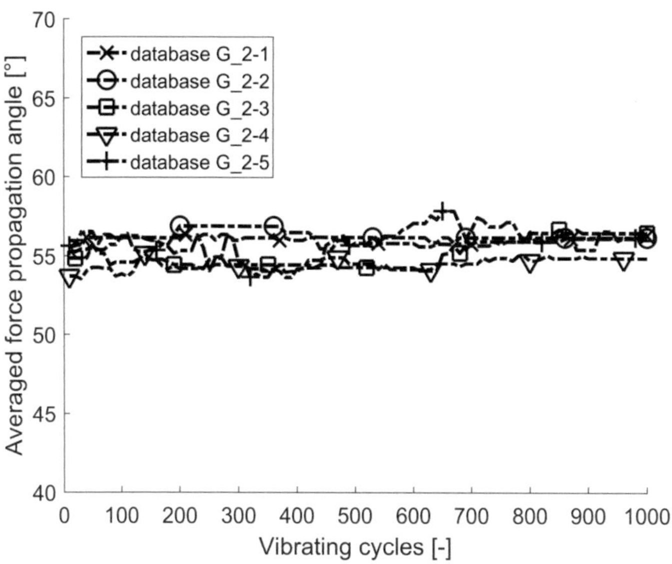

database group 2: changing size distributions

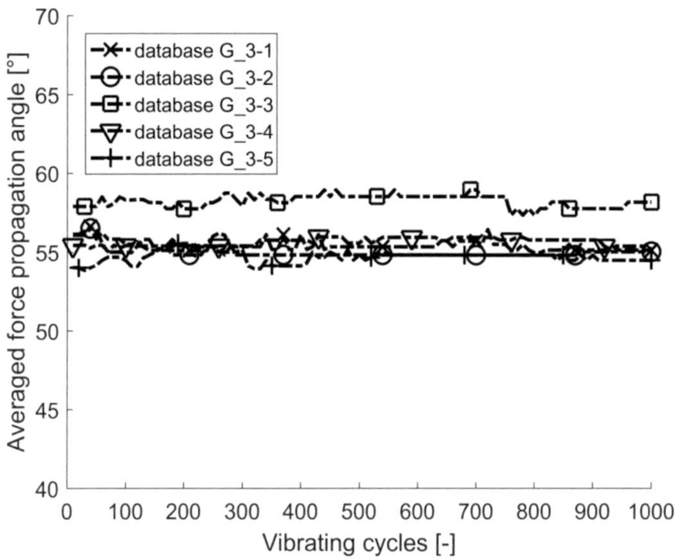

database group 3: changing shape distributions

Fig. 5-5. Influence of ballast form distribution on the force propagation angle

Fig. 5-5 demonstrates the force propagation angles of ballast aggregates based on the 15 form databases. Most of the force propagation angles stay the same (about 55°) along the loading cycles except for G_1-1 and G_2-5, which are dramatically changing during the dynamic loading process. The both databases include considerable small sized particles. Apparently, these small particles could jeopardize the stability of the ballast aggregates and enlarge their settlements, which consequently rearranges the position of ballast stones and changes the contacts between them. As a result, the loading patterns are constantly changing during the dynamic loading process. On the contrary, larger ballast stones will create stable ballast aggregate, in which the loading pattern stays mainly unchanged, and thus results an unchanged curve of force propagation angle.

5.6 Influence on the void ratio

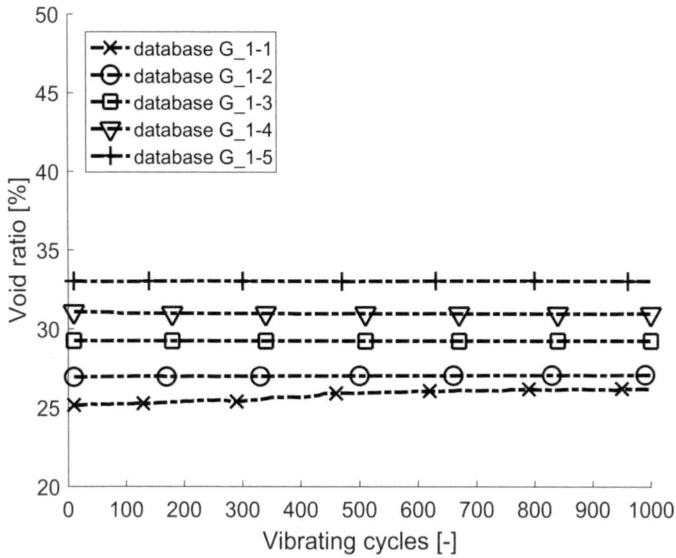

database group 1: changing mean sizes

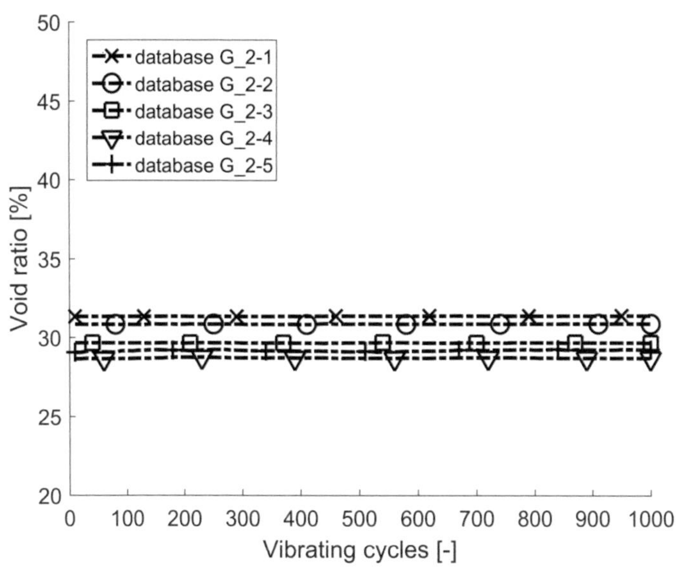

database group 2: changing size distributions

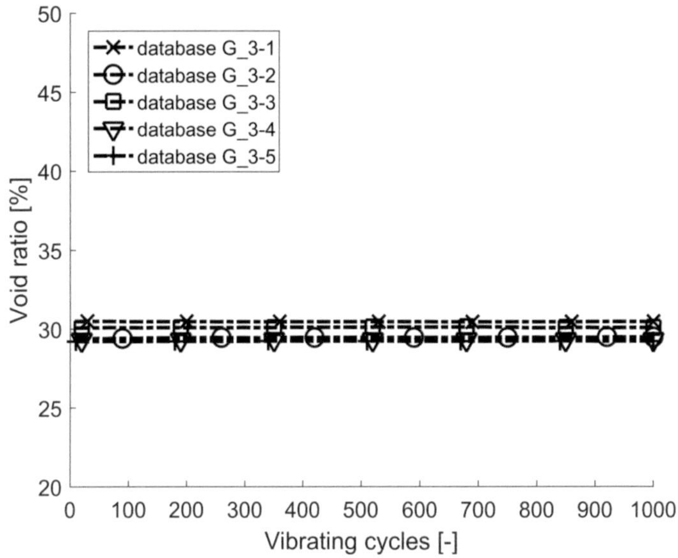

database group 3: changing shape distributions

Fig. 5-6. Influence of ballast form distribution on the void ratio

Fig. 5-6 demonstrates the void ratio of ballast aggregates based on the 15 form databases. The five form databases in database group 1 demonstrate an expected trend: the ballast aggregate with big mean size of ballast stones (G_1-5) will create more voids comparing to the one with small mean size (G_1-1). For database group 2, it is demonstrated that the ballast aggregate with less small particles (G_2-1) will yield more voids. It is easy to understand since there are not so many small ballast stones to fill the voids created by the big stones. For database group 3, it is shown that the changing shape distribution does not influence the void ratio greatly. Comparatively, the mean size of ballast stones is the most influential parameter for the void ratio.

For each form database, the void ratio stays almost unchanged during the dynamic loading process. It does not match the common sense that the ballast aggregate will be densified by loading. The reason is, first, the ballast aggregates are already pre-densified during the tamping process to a very high level, which is not the case of a conventional newly-built ballast track; second, the loading cycles are not enough to create enough breakages, and thus the voids between large particles cannot be filled by the broken pieces. Besides, it is noticed that the void ratio of database G_1-1 is slightly increased instead of decreased along the loading cycles. The reason is that the starting void ratio of this database is already small (25%), which means that this ballast aggregate is already well compacted at the beginning. During the dynamic loading process, the ballast aggregate cannot be further compacted. On the contrary, it is loosened by the vibration of the particles caused by the loading, and thus more voids between the particles are created.

5.7 Relationship between mechanical behaviors of ballast aggregate

In this study, the investigated mechanical behavior of ballast aggregate during dynamic loading are: the ballast settlement, the breakage rate, the ghost particle number, the force propagation angle and the void ratio. In this section, the interrelationship between the mechanical behaviors is discussed in detail. To ensure an easier discussion, as listed in Table 5-2, the interrelationship between each two mechanical behaviors A and B is symbolized as Interrelationship Index IRI_A-B.

Table 5-2. Interrelationship Index (IRI) of the investigated mechanical behavior of ballast aggregates

	Ballast Settlement (BS)	Breakage Rate (BR)	Ghost Particle (GP)	Force Propagation Angle (FPA)	Void Ratio (VR)
Ballast Settlement (BS)	not applicable	IRI_BS-BR	IRI_BS-GP	IRI_BS-FPA	IRI_BS-VR
Breakage Rate (BR)	-	not applicable	IRI_BR-GP	IRI_BR-FPA	IRI_BR-VR
Ghost Particle (GP)	-	-	not applicable	IRI_GP-FPA	IRI_GP-VR
Force Propagation Angle (FPA)	-	-	-	not applicable	IRI_FPA-VR
Void Ratio (VR)	-	-	-	-	not applicable

IRI_BS-BR: It is expected that a higher breakage rate would cause a higher settlement. However, the phenomenon is not shown in the simulation. The reason is that the breakages in the simulation are very rare, which are not enough to form a statistic stability. To investigate the relationship, a dynamic loading process with more loading cycles should be implemented.

IRI_BS-GP: The ballast settlement and the ghost particle number are clearly positively related. The more ghost particles there are, the higher settlement there is after the loading. The both mechanical behaviors are related to the mass proportion of small particles with sizes smaller than 22.4 mm in the aggregate. The small particles will in all probability become ghost particles in a ballast aggregate. These ghost particles do not take any structural forces, and thus can jeopardize the stability of the aggregate and cause a high settlement.

IRI_BS-FPA: A high settlement can dramatically change the loading pattern of a ballast aggregate, and thus arouses a radically changing force propagation angle. The reason is that the settlement causes the position changes of ballast stones, which reconstructs the contacts between them. On the contrary, a low settlement indicates a stable, well interlocked ballast aggregate. As a result, the force propagation angle will be relatively more stable.

IRI_BS-VR: The ballast settlement and the void ratio are negatively related. A high settlement indicates a low void ratio. Although the low void ratio is not the direct reason that a high ballast settlement occurs, the both mechanical behaviors have a same origin: the mass proportion of small ballast stones in the aggregate.

IRI_BR-GP: No relationship is found between the breakage rate and the number of ghost particles, because the breakages are not enough to form a statistically stable trend.

IRI_BR-FPA: No relationship is found between the breakage rate and the force propagation angle, because the breakages are not enough to form a statistically stable trend.

IRI_BR-VR: No relationship is found between the breakage rate and the void ratio, because the breakages are not enough to form a statistically stable trend.

IRI_GP-FPA: A drastically changing number of ghost particles is accompanied by a drastically changing force propagation angle. The both mechanical behaviors are indicators for a changing loading pattern during the loading phase, which will very likely happen if the mass proportion of small ballast stones is low.

IRI_GP-VR: If the number of ghost particles is high, the void ratio will be low. The ghost particles will take the void spaces between large ballast stones, and thus reduce the hydraulic conductivity of a ballast aggregate.

IRI_FPA-VR: No direct relationship is found between the force propagation angle and the void ratio. However, a low void ratio usually indicates a large number of ghost particles, which is responsible for the changing pattern of loading and force propagation angle.

5.8 The optimized ballast aggregate

Taking all the 5 investigated mechanical behaviors into consideration, the optimized ballast aggregate should have particular properties such as low ballast settlement, low breakage rate, low and stable number of ghost particles, high and stable force propagation angle and high and stable void ratio.

The low settlement of ballast aggregate is the most important characteristic of the optimized ballast aggregate. The low settlement ensures the smoothness of the rail, and thus reduces the dynamic impact on the rail and prolongs the maintenance cycle. It should be considered in first priority when optimizing the conventional ballast track. The low breakage rate and the high and stable force propagation angle indicate a good force distribution inside of the optimized ballast aggregate under loading. As result, the aggregate is structurally stable and there is no excessive position change of ballast stones. The low number of ghost particles and the high void ratio guaranties a decent hydraulic conductivity of the optimized ballast aggregate, which is important for preventing railway defects such as mud pumping.

Regarding to the form distribution, the optimized ballast aggregate should be: first, has small mass proportion (at most 16%) of small ballast stones (smaller than 22.4mm) to avoid excessive number of ghost particles, which jeopardizes the structural stability and hydraulic conductivity of the aggregate. Second, the mean size of the ballast stone should be reasonably enlarged, so that a better interlocking effect and a high force propagation angle can be guaranteed. Third, there should not be a large proportion of flat ballast stones in the aggregate. It is still believed that flat ballast stones could be easier broken under loading, even though a clear relationship is not shown in the simulation due to the lack of simulated loading cycles.

Under the conditions stated above, the form distributions of optimized ballast aggregates (from the 15 generated form databases) can be: G_1-5, G_2-1 and G_3-1. The three form databases have large mean size of forms, low mass proportion of small ballast stone and flat ballast stones. The simulated ballast aggregates using the databases yield low settlement, low breakage rate, stable and high force propagation angle, low and stable number of ghost particles and decent void ratio.

6 Conclusions and future works

6.1 Conclusions

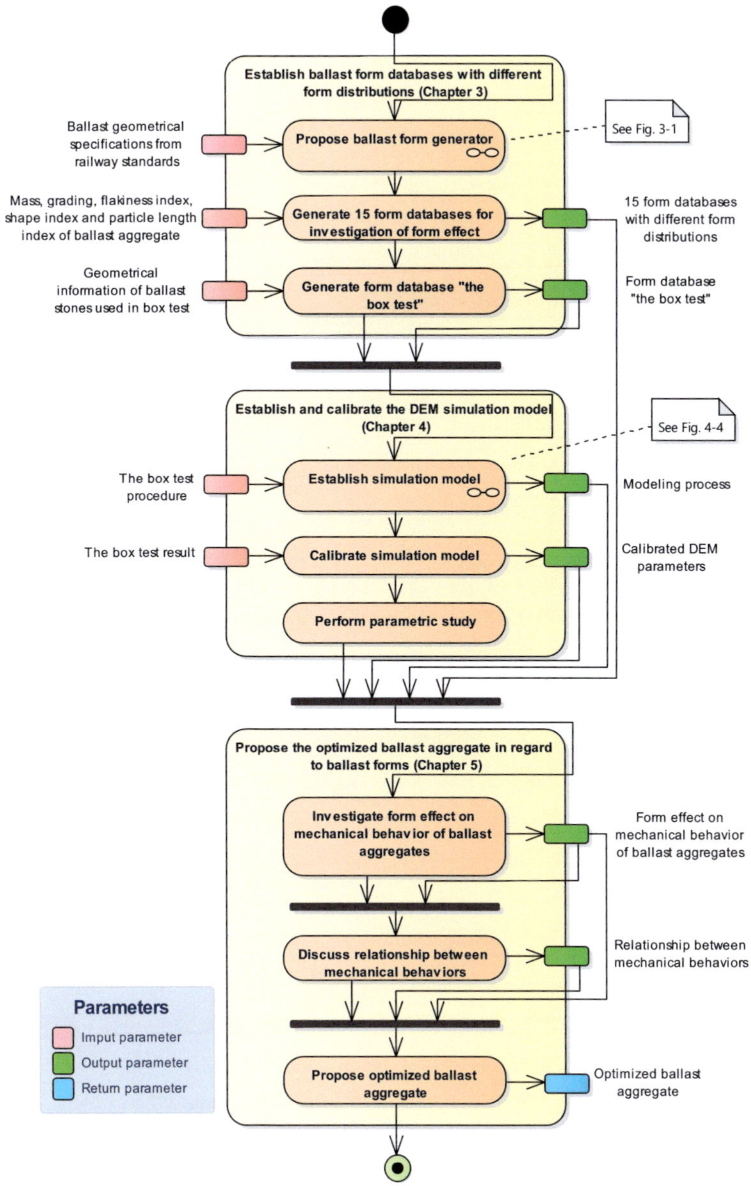

Fig. 6-1. The complete workflow of this dissertation

In this dissertation, in order to support the optimization of ballast stones regarding to their geometrical properties, Discrete Element Method (DEM) based simulations are performed to investigate the form effects of ballast stones on mechanical behavior of ballast aggregates. An optimized ballast aggregate should have low ballast settlement, low breakage rate, low and stable number of ghost particles, high and stable force propagation angle and high and stable void ratio. As a preparation of the DEM simulation, a ballast random form generator is proposed in Chapter 3, which is designed to capture the form distribution of given ballast aggregate, or to establish non-exist ballast form databases for the latter study on the form effect. The establishment, calibration of the DEM and a parametric study of the calibrated DEM parameters are performed in Chapter 4, simulative quantification methods of the mechanical behavior are also explicated. In Chapter 5, based on the generated 15 form databases, the influence of ballast form distribution on ballast performance is investigated. Characteristics of optimized ballast aggregate are summarized. The complete workflow of this study, including activities and their input/output parameters in each chapter, is demonstrated in Fig. 6-1.

The main achievements of this dissertation are summarized as follows:

a. An algorithm-based random form generator for ballast stones is introduced. The generator uses geometrical specifications of ballast stones according to the European standards of ballast aggregates to quantify the form of a single ballast stone, as well as to generate ballast aggregate with the given form parameters. 15 aggregates are created to examine the reliability of the generator. The result shows good performance of the generator, especially when a larger aggregate is to be created. The generator can be used for creating ballast aggregates with different form parameters, so that their impact on the mechanical behavior of ballasted tracks can be studied further in DEM simulations
b. An approach for simulating one ballast stone by using Bonded Particle Model (BPM), as well as a simulative method for assembling the simulated ballast stones, are proposed. The material modeling support of DEM software Particle Flow Code (PFC) is improved so that the ballast stones can be simulated by irregular-shaped polyhedrons. The proposed establishment process of the DEM model, i.e., the simulation of one ballast stone, ballasts assembling and the loading process can be

used universally for all ballast aggregate including ballast layer of a conventional ballast track

c. A box test is performed. The test procedure is expatiated. the test result is used for the calibration of the DEM model
d. A parametric study of two DEM parameter, i.e., the strength and cohesion scaling factor F_{str-co} and the friction coefficients μ, is performed. It is shown that the accumulated settlement of ballast aggregate increases with the decreasing value of F_{str-co}, while a higher value of friction coefficient μ will cause a higher resistant shear force, which ease the relative motion of two particles and increase the settlement of ballast aggregate under loading
e. Simulative quantification methods of mechanical behavior are elaborated. Two simulation cases are presented to testify the methods. It is found that there are two types of settlements: progressive settlement and drastic settlement. The reason for progressive settlement is the rearrangement of ballast stone positions under loading. It happens more often if the sizes of ballast stones are generally smaller. The drastic settlement is caused by breakages of ballast stones, which happens more if the ballast stones are generally bigger
f. Influence of ballast form distribution on ballast mechanical behavior is investigated. Ballast DEM aggregates are generated based on 15 form databases, which vary in different mean sizes, size and shape distributions of ballast stones. For each form database, the final result is determined by the mean value of 10 simulation cases, so that the randomness caused by random picking of the form from the database can be reduced. Main conclusions are listed as follows:
    - Small ballast stones will cause a loss of interlocking, which results a high settlement and instability of the aggregate
    - The interlocking effect is a yes-or-no incident, i.e., it will appear and exert complete influence from a certain value of the ballast mean size
    - Above a certain value from 16% to 17.5% of the mass proportion of ballast stones smaller than 22.4mm, the ballast aggregate will become instable
    - No clear trend is shown regarding to the breakage rate. The number of breakages is quantitatively low (smaller than 1% of the total bonds). The reason is that the simulative loading steps are not enough. A longer loading process should be performed to investigate the breakage behavior

- The number of ghost particles is strongly corresponded to the settlement of the ballast aggregate. Since the ghost particles are the ones which do not take any structural loads, the more ghost particles there are, the less structural stability there should be. Besides, the small sized ballast stones, which causes high settlement, would be highly possible to become ghost particles if they settled inappropriately
- The force propagation angle is related to the stability of the ballast aggregate. A unstable aggregate will arouse constant change of force propagation angle
- The void ratio basically stays unchanged during the loading process. To acquire a higher void ratio, the mean size of the ballast stones should be high and the proportion of small ballast stones should be low

g. Interrelationship between mechanical behaviors is discussed. A high settlement of ballast aggregate will be usually accompanied by high number of ghost particles, low void ratio and drastically changing force propagation angle. These properties of ballast aggregates will cause multiple defects, and they are all related to the mass proportion of small ballast stones. To this end, an optimized ballast aggregate should have small mass proportion of small ballast stones and enlarged mean size. Meanwhile, even though the correlation between proportion of flat ballast stones and breakage rate is not clearly shown, it is still believed that the flat ballast stones would break easier due to their reduced cross section area. therefore, a large number of flat ballast stones should be avoided in an optimized ballast aggregate

Based on the main achievements of this dissertation, several suggestions can be provided to improve the mechanical behavior of ballast track in real world. First, mass proportion of small ballast stones (sizes smaller than 22.4mm) should be lower than 16%, so that the number of ghost particles, which jeopardizes the stability and the hydraulic conductivity of the ballast bed, can be minimized. Second, bigger ballast stones should be used, because they forms a more stabilized ballast aggregate with better interlocking effect. Third, ballast stones with cubical forms should be more used, since breakage behavior of such stones is better than the flat ones.

6.2 Future works

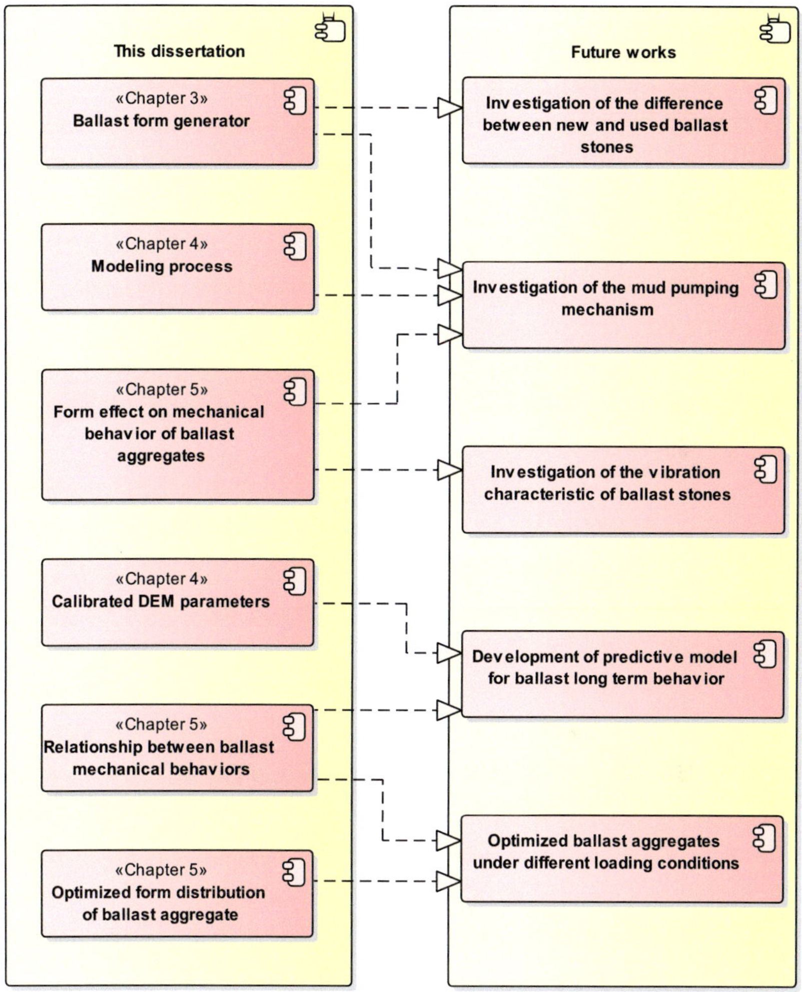

Fig. 6-2. Future works

In this study, using discrete element modeling, the form effect on ballast mechanical behavior is investigated. Based on the achievements of this dissertation, suggestions for future research are made, demonstrated (see Fig. 6-2), and expatiated in the following list:

a. Under repetitive train load, ballast stones degrade from sharp-edged new stones to sphere-shaped used stones due to abrasion. If ballast stones are represented by polyhedrons, it is clear that a used ballast stone has more vertexes. Using the ballast random form generator, used ballast stone can be created by adjusting the number of vertexes. It is interesting to find out the relationship between degree of usage (employed years, total amount of loading or number of trains) and degree of roundness (number of vertexes) of ballast stones. Afterwards, the form generator can generate ballast aggregate with given degree of usage, and thus its mechanical behavior can be studied in further DEM simulations (a loss of interlocking is expected within the used ballast aggregate)

b. Mud pumping is a typical defect of conventional ballast track. It decreases the elasticity of the track bed, causes a loss of hydraulic conductivity, and even worse, it leads to unsupported sleepers. On the basis of the modeling technic proposed in this dissertation, the subgrade of ballast track, which is usually made up of fine particles, can be simulated by a cluster of small balls. The moisture of the mud, which reduces the interacting frictional forces between ballasts, can be reproduced by reducing the DEM parameter friction coefficient. The formation of mud pumping, which is that the subgrade particles go up to the ballast layer under loading, can be simulated. Its mechanism can be then studied, so that preventive methods can be proposed

c. Long term behavior of ballast stone should be investigated. The currently used BPM model is too computational intensive for long term behavior. Therefore, a simplified DEM model, which requires less computing power and at the same time maintains the ability of capturing the breakage and abrasion behavior of ballast stones, should be firstly proposed. Afterwards, a predictive failure model of ballasts track based on the evaluation of track condition according to its mechanical behavior can be proposed. In this way, track failures can be foreseen and appropriate remedy work can be performed beforehand

d. DEM simulation enables investigation of vibration characteristics of ballast stones. Based on the proposed ballast aggregate model, the position change of ballast stones can be extracted in every calculation cycle. The acceleration of ballast stones in the time domain can be derived, and thus be transferred into the frequency domain by using Fast Fourier Transform. It is reasonable to assume that vibration in high frequency could possibly cause more abrasions of ballast stones, which makes them less angular and causes a loss of interlocking effect; while vibration in low frequency would create higher local stress, which could yield more breakages. Besides, the result of vibration analysis of ballast aggregate should be used for its optimization in the aspect of energy dissipation, which is crucial for preventing the vibration from propagating to sensible objects such as hospitals, schools or precision instrument factories

e. Optimized ballast aggregates of conventional ballast track under different loading conditions should be proposed. The gained result of this dissertation forms a good foundation for the whole-track study in the sense of the modeling technic, the proposed relationship between ballast mechanical behaviors and the optimized ballast aggregate based on the box test. There should be a step forward to the real ballast track and the optimized ballast track can be customized for operation programs with various traffic loads such as high speed passenger train, freight train and metro

Glossary

Ballast form	Geometrical property of a ballast stone including its size and shape
Ballast form distribution	The gradation of a ballast aggregate
Breakage rate	The ratio between the broken FJ bonds and the FJ bonds in total, which shows the level of breakage of a ballast aggregate under loading
Calculation cycle / cycle sequence	An ordered set of operations within one timestep in DEM simulation. Each operation has a floating point number assigned to it, termed a cycle point
FISH callback function	An additional operation, which can be added to the cycle sequence at various places by assigning its cycle point
Force propagation angle	The angle of railway loading propagation in a ballast aggregate
Ghost particle	A particle, whose particle coordination number is less than or equal to 2
Material-modeling support	A consistent set of FISH functions, which supports material genesis and testing of PFC materials with microstructural monitoring
Particle coordination number	The number of contacted neighbor particles of a certain particle
Settlement of ballast aggregate	The vertical displacement of the loading element in the box test simulation
Simulation scenarios	Simulation models with different parameter sets or different used form databases.

Simulation cases	Simulation models with the same modeling parameters and the same used form database, but vary due to the random pick of the forms and the materials from the database
Void Ratio	The degree of voids of a ballast aggregate

References

[1] Lichtberger B. Handbuch Gleis: Unterbau, Oberbau, Instandhaltung, Wirtschaftlichkeit. 3rd ed. Hamburg: Eurailpress; 2010.

[2] Matthews V. Bahnbau. 8th ed. Wiesbaden: Vieweg + Teubner; 2011.

[3] Esveld C. Modern railway track. 2nd ed. Zaltbommel: Koninklijke van de Garde BV; 2001.

[4] Fendrich L. Handbuch Eisenbahninfrastruktur. 1st ed. Berlin: Springer; 2007.

[5] Suiker ASJ. The mechanical behaviour of ballasted reilway tracks. Netherlands: DUP Science; 2002.

[6] DIN EN, Deutsches Institut für Normung, Europäischen Normen. Prüfverfahren für geometrische Eigenschaften von Gesteinskörnungen - Teil 2: Bestimmung der Korngrößenverteilung Analysensiebe, Nennmaße der Sieböffnungen(DIN EN 933-2): CEN European Committee for Standardization; 00/1996.

[7] DIN EN, Deutsches Institut für Normung, Europäischen Normen. Prüfverfahren für geometrische Eigenschaften von Gesteinskörnungen - Teil 4: Bestimmung der Kornform – Kornformkennzahl(DIN EN 933-4): CEN European Committee for Standardization; 00/2015.

[8] DIN EN, Deutsches Institut für Normung, Europäischen Normen. Prüfverfahren für geometrische Eigenschaften von Gesteinskörnungen - Teil 1: Bestimmung der Korngrößenverteilung - Siebverfahren(DIN EN 933-1): CEN European Committee for Standardization; 00/2012.

[9] DIN EN, Deutsches Institut für Normung, Europäischen Normen. Prüfverfahren für geometrische Eigenschaften von Gesteinskörnungen - Teil 3: Bestimmung der Kornform - Plattigkeitskennzahl(DIN EN 933-3): CEN European Committee for Standardization; 00/2012.

[10] DIN EN, Deutsches Institut für Normung, Europäischen Normen. Gesteinskörnungen für Gleisschotter(DIN EN 13450): CEN European Committee for Standardization; 07/00/2013.

[11] Alder BJ, Wainwright TE. Phase transition for a hard sphere system. J. Chem. Phys. 1957;27(5):1208–9.

[12] Cundall PA. A computer model for simulating progressive, large-scale movements in blocky rock systems. In: Proc. Symp. Int. Rock Mech.

[13] Cundall PA, Strack ODL. A discrete numerical model for granular assemblies. Géotechnique 1979;29(1):47–65.

[14] Strack O, Cundall PA, University of Minnesota. Department of Civil and Mineral Engineering, National Science Foundation. The distinct element method as a tool for research in granular media: report to the national science foundation concerning NSF grant ENG75-20711: Department of Civil and Mineral Engineering, Institute of Technology, University of Minnesota; 1978.

[15] Walton OR. Particle-dynamics modeling of geological materials: Lawrence Livermore Laboratory; 1980.

[16] Campbell CS, Brennen CE. Computer simulation of granular shear flows. J. Fluid Mech. 1985;151(-1):167.

[17] Campbell CS, Brennen CE. Chute flows of granular material: Some Computer Simulations. J. Appl. Mech. 1985;52(1):172.

[18] Munjiza A. The combined finite-discrete element method. Chichester, UK: John Wiley & Sons, Ltd; 2004.

[19] PFC - Particle Flow Code. Minneapolis: Itasca: Itasca Consulting Group, Inc; 2014.

[20] Wang B, Martin U, Rapp S. Discrete element modeling of the single-particle crushing test for ballast stones. Computers and Geotechnics 2017;88:61–73.

[21] Cho N, Martin CD, Sego DC. A clumped particle model for rock. International Journal of Rock Mechanics and Mining Sciences 2007;44(7):997–1010.

[22] Potyondy DO. A flat-jointed bonded-particle material for hard rock. In: 46th U.S. Rock Mechanics / Geomechanics Symposium, Chicago, USA, June 24-27, 2012.

[23] Wu S, Xu X. A study of three intrinsic problems of the classic discrete element method using flat-joint model. Rock Mech Rock Eng 2016;49(5):1813–30.

[24] Xu X, Wu S, Gao Y, Xu M. Effects of micro-structure and micro-parameters on brazilian tensile strength using flat-joint model. Rock Mech Rock Eng 2016;49(9):3575–95.

[25] Vallejos JA, Salinas JM, Delonca A, Mas Ivars D. Calibration and verification of two bonded-particle models for simulation of intact rock behavior. International Journal of Geomechanics 2016:06016030.

[26] Cheng Y, Wong, Louis Ngai Yuen, Zou C. Experimental study on the formation of faults from en-echelon fractures in Carrara Marble. Engineering Geology 2015;195:312–26.

[27] Potyondy D. Material-modeling support in PFC: Explanatory notes.

[28] Lobo-Guerrero S, Vallejo LE. Discrete element method analysis of railtrack ballast degradation during cyclic loading. Granular Matter 2006;8(3-4):195–204.

[29] Popp K, Knothe K, Pöpper C. System dynamics and long-term behaviour of railway vehicles, track and subgrade: report on the DFG priority programme in Germany and subsequent research. Vehicle system dynamics 2005;43(6):485–538.

[30] Kruse H. Modellgestützte Untersuchung der Gleisdynamik und des Verhaltens von Eisenbahnschotter. Dissertation. Hannover; 2002.

[31] Huang H. Discrete element modeling of railroad ballast using imaging based aggregate morphology characterization. Dissertation. Urbana; 2010.

[32] Tutumluer E, Huang H, Hashash Y, Ghaboussi J. Discrete element modeling of railroad ballast settlement. In: AREMA Annual Conference.

[33] Tutumluer E, Huang H, Hashash Y, Ghaboussi J. Aggregate shape effects on ballast tamping and railroad track lateral stability. In: Proceedings of the AREMA Annual conference, Louisville, Kentucky.

[34] Anochie-Boateng JK, Komba JJ, Mvelase GM. Three-dimensional laser scanning technique to quantify aggregate and ballast shape properties. Construction and Building Materials 2013;43:389–98.

[35] Latham J, Munjiza A, Garcia X, Xiang J, Guises R. Three-dimensional particle shape acquisition and use of shape library for DEM and FEM/DEM simulation. Minerals Engineering 2008;21(11):797–805.

[36] Ergenzinger C, Seifried R, Eberhard P. A discrete element model predicting the strength of ballast stones. Computers and Structures 2012;108–109:3–13.

[37] Eliáš J. Simulation of railway ballast using crushable polyhedral particles. Powder Technology 2014;264:458–65.

[38] Tutumlueri E, Huang H, Hashash Y, Ghaboussi J, Emeritus. Discrete element modeling of railroad ballast settlement.

[39] Huang H, Chrismer S. Discrete element modeling of ballast settlement under trains moving at “Critical Speeds”. Construction and Building Materials 2013;38:994–1000.

[40] Bian X, Huang H, Tutumluer E, Gao Y. “Critical particle size” and ballast gradation studied by discrete element modeling. Transportation Geotechnics 2016;6:38–44.

[41] Lim, W. L., McDowell GR. Discrete element modelling of railway ballast. Granular Matter 2005;7(1):19-29.

[42] Ergenzinger C, Seifried R, Eberhard P. A discrete element model to describe failure of strong rock in uniaxial compression. Granular Matter 2011;13(4):341–64.

[43] Lobo-Guerrero S, Vallejo LE, Vesga LF. Visualization of crushing evolution in granular materials under compression using DEM. International Journal of Geomechanics 2006;6(3):195–200.

[44] Lobo-Guerrero SG, Vallejo LE. Analysis of crushing of granular material under isotropic and biaxial stress conditions. Journal of the Japanese Geotechnical Society soils and foundation 2005;45(4):79-87.

[45] Lobo-Guerrero S, Vallejo LE. Crushing a weak granular material: Experimental numerical analyses. Géotechnique 2005;55(3):245–9.

[46] Hossain Z, Indraratna B, Darve F, Thakur PK. DEM analysis of angular ballast breakage under cyclic loading. Geomechanics and Geoengineering 2007;2(3):175–81.

[47] Steiner E, Kuttelwascher C, Prager G. Druckausbreitung von belasteten Eisenbahnschwellen im Gleisschotter. ETR Austria 2012;12(1):71–5.

[48] Martin U, Wang B, Rapp S, Garrecht H, Birtel V, Lehmann F. Experimentelle und numerische Untersuchung des Bruchverhaltens von Gleisschotter. ZEVrail 2017;06+07:212–9.

[49] Martin U, Rapp S, Wang B. 11. Verkehrswissenschaftliches Fachgespräch in Stuttgart (Schottergleis – Dimensionierung und Verhalten des Schottergefüges im konventionellen Gleiskörper). EI - Der Eisenbahningenieur 2016;09(09):127–31.

[50] Lim WL. Mechanics of railway ballast behaviour. Dissertation. Nottingham; 2004.

[51] Camacho D, Le HT, Rapp S, Martin U. Light rail ballasted track geometry quality evaluation using track recording car data. In: 15th international conference on railway engineering design and operation, July 2016.

Abbreviations

BPM	Bonded Particle Model
BR	Breakage Rate
BS	Ballast Settlement
CB	linear Contact Bond model
DEM	Discrete Element Method
FJ	Flat Joint model
FPA	Force Propagation Angle
GP	Ghost Particle
IEV	Institute of Railway and Transportation Engineering (in German: Institut für Eisenbahn- und Verkehrswesen)
IRI_A-B	Interrelationship Index of mechanical behaviors A and B
LC	Linear Contact model
MD	Molecular Dynamics
MPA	Material Testing Institute (Materialprüfungsanstalt in German)
PB	linear Parallel Bond model
PFC	Particle Flow Code
SD	Size Diversity
VR	Void Ratio

Notations

Parameters in railway standards

D	The maximal size of the particles (in mm) in the ballasts testing sample
d_i/D_i	Particle (ballast stone) group, where d_i and D_i are respectively the smaller and bigger meshing size of two sieves, between which the particle group stays after shaking
E	The particle thickness
FI_i	The flakiness index of the group d_i/D_i
FI	The flakiness index of the whole ballast sample
$FI_{RB}X$	The flakiness index category X
$G_{CRB}X$	The grading category X
L	The particle length
$L_{RB}X$	The particle length category X
M	The minimal mass of the ballast testing sample
M_1	The mass of the ballast testing sample after drying
m_i	The mass of the particles (flat ballast stones), which go through the corresponding grid sieve of particle group d_i/D_i
M_2	The summed mass of particles, which go through the grid sieves
$\sum M_{1i}$	The sum of mass of all the particle groups
$\sum M_{2i}$	The sum of mass of the non-cubic particles in each particle group
P	The mass of the ballast stones which go through all the sieves
PM_i	The percentage passing by mass of the ith ballast group

R_i	The mass of ballast group on the ith sieve of the sieve tower after shaking
SI	The shape index of the whole ballast sample
$SI_{RB}X$	The shape index category X

DEM modeling parameters

A_{sum}	Area of a polygon (a ballast form)
$D_l^{(j)}$	The diameter of the smaller ball of the two contact balls
E^*, E_n^*	Effective modulus of the FJ and LC model
F_c	Total contact force of two contacted balls
$F_{n,s}^{(e)}$	The resolved tension and shear force of the element contact force
F_{str-co}	Strength and cohesion scaling factor
$F^{(e)}$	The element force at the center of the interface of FJ contact
g_i	The installation gap for FJ model installation
g_0	The initial surface gap
$k_{n,s}$	The normal and shear stiffness of the FJ model
L_{sum}	The cross-sectional length of a polygon (a ballast form)
L_{edge}	The length of a edge of a polygon
M_c	Total moment of two contacted balls
$M^{(e)}$	The element moment at the center of the interface of FJ contact
$M_{t,b}^{(e)}$	The resolved twisting and bending moment of the element moment
$\hat{n}_c$	The normal direction of the FJ element plane
$n_{B,G,S}$	The number of bonded, gapped and slit FJ contacts
n_{FJ}	The total number of FJ contacts

N_r	The number of interface elements of the FJ bond
$N_{r,a}$	The number of FJ elements in radial and circumferential direction
u_n	The overlap of contacted particles in DEM
$\overrightarrow{v_{1,2}^{a}}$	Vectors from one vertex of the triangle to the other two
x_c	The center of the interface of two contacted balls
$\phi_{B,G,S}^{+}$	The fractions of initially bonded, gapped and slit FJ contact
C_λ	The radius multiplier code
λ_v	The radius multiplier value
σ_c	Tensile strength of the FJ bond
τ_c	Shear strength of the FJ bond
c	Cohesion
ϕ	The friction angle. Ratio of shear stress τ and normal stress σ
μ	Friction coefficient
κ^*, κ_n^*	The normal to shear stiffness ratio of the FJ and LC model

Parameters of the random form generator for ballast stones

a, b, c	The three orthogonal dimensions of one generated ballast form
V_{sum}	The volume of a polyhedron (a ballast form)
$\overrightarrow{v_{1,2,3}^{v}}$	Vectors from the three vertexes of a sharing facet on both the ith tetrahedron and the original polyhedron to the fourth point, which is inside of the polyhedron

Parameters of mechanical behavior of ballast aggregates

A_{void}	The voids area
A_{total}	The total area
BR	Total breakage rate
$BR_{T,S}$	Breakage rate in tension and shear
$FA_{averaged}$	Averaged force propagation angles on the left and right side
FA_{left}	The force propagation angles on the left side
FA_{right}	The force propagation angles on the right side
VR	The void ratio

Appendix I: Research framework at Institute of Railway and Transportation Engineering (IEV) on railway constructive direction

Research framework on railway constructive direction at IEV is shown in Appendix Fig. 1. This dissertation is part of research from direction 2. All the three directions interact with each other in aspects of data exchange and method validation. Under such structure, one research focus could benefit from others, and a comprehensive understanding about railway infrastructure could be gained [48,49,51].

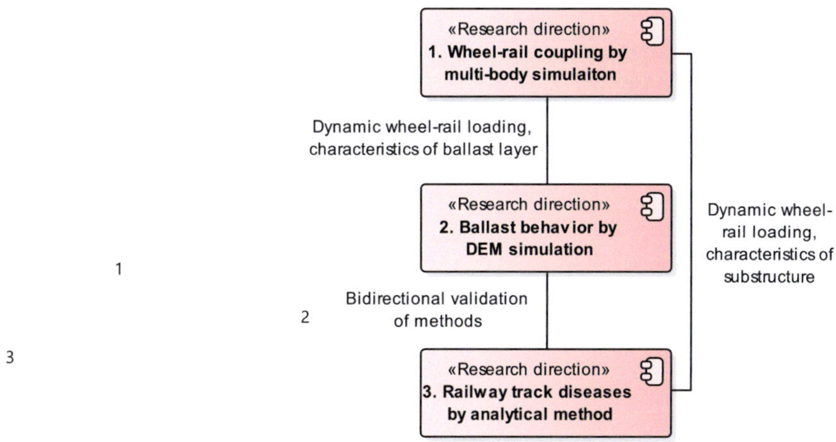

Appendix Fig. 1. Research framework at IEV

Appendix II: A 3D simulation case with a breakable ballast model

To support the argument that it is appropriate to use 2D simulation instead of 3D simulation in this study, a 3D simulation case of the box test with a breakable ballast model is performed. The modeling process is briefly introduced. The simulation result is presented. The hardware of the computer used for the 3D simulation case is listed in Appendix Table 1.

Appendix Table 1. Computer configuration

Processor	Intel Xeon E5-2620 v4 ,8x 2.1GHz
RAM	32GB DDR4-2400 Corsair Vengeance LPX | 4x 8GB
Graphics card	NVIDIA Quadro K620 2GB DDR3
Motherboard	ASUS X99-E WS/USB 3.1
Hard drive	Samsung SSD 850 Pro 256GB + WD Caviar Red 1TB
CPU cooler	Shadow Rock Slim 135mm PWM-Cooler
Computer case	AeroCool Aero 1000
Power supply	6000W Straight Power E10 CM
Operating system	Windows 10 Enterprise, 64-bit

a: subsequent selection of one ballast form from the form database

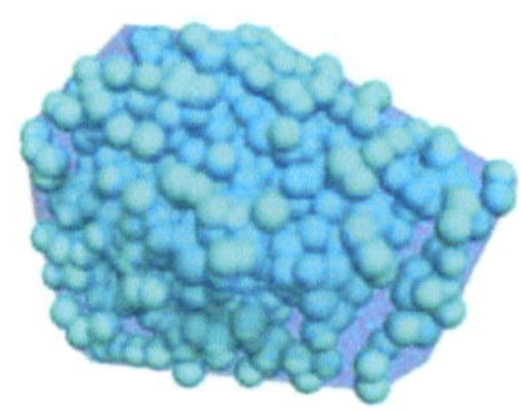

b: throw the balls into the form

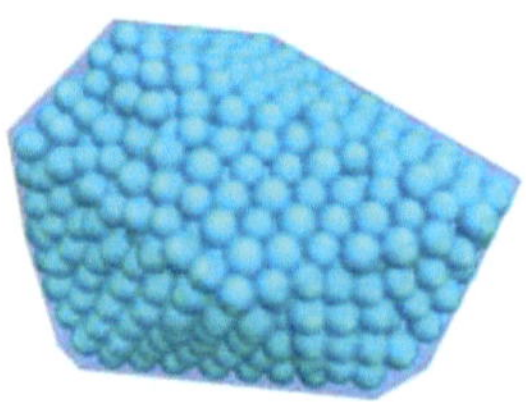

c: automatic balancing process

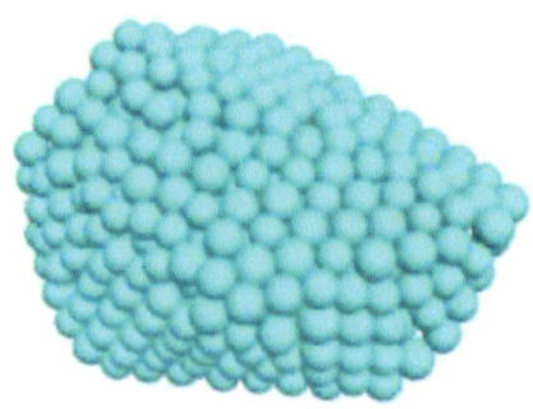

d: save the positions of the balls

Appendix Fig. 2. Sub-steps of building a BPM in 3D

The modeling process of a 3D simulation case is similar to a 2D one, which is explained in section 4.2. The process is divided into two steps: Building of the Bonded Particle Models (BPMs, see Appendix Fig. 2) and assembling of the BPMs (see Appendix Fig. 3). For detailed explanation of the sub-steps please refer to section 4.2.

a: random selection of BPMs from the BPM database

b: free dropping of the BPMs

c: tamping of the BPMs

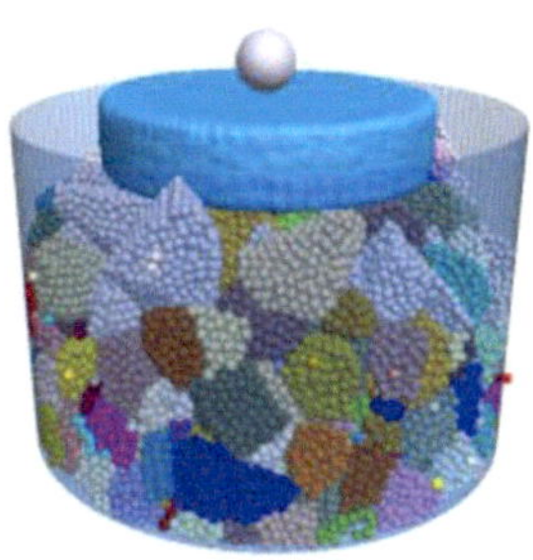

d: container reset and pressing element setups

Appendix Fig. 3. Sub-steps of assembling the BPMs in 3D

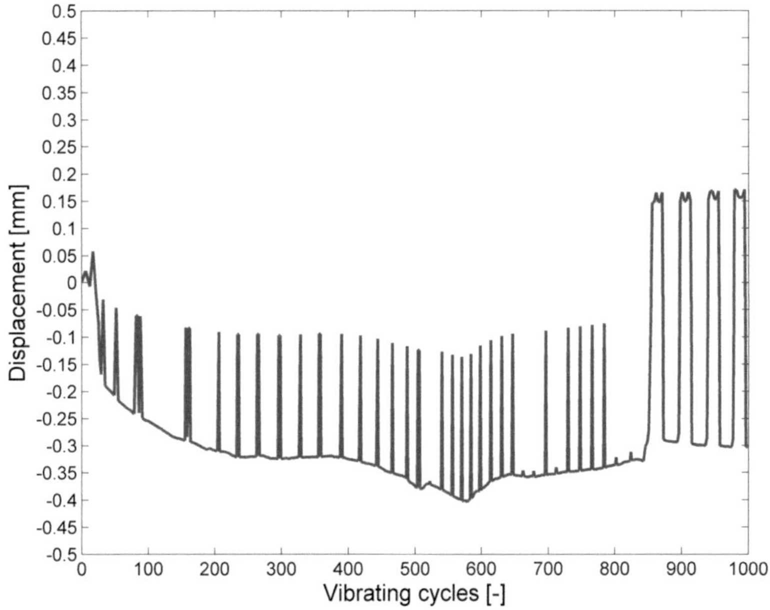

Appendix Fig. 4. Ballast settlement of the 3D simulation case

The 3D simulation case takes over five days to finish. However, as shown in Appendix Fig. 4, the simulation result is not satisfactory. A desired gradual accumulation of settlement is not shown. Instead, the settlement curve is zigzag, which indicates the ballast aggregate is really hard and rigid. On one hand, it means that a loading cycle can be done in a relatively short time, which means to get a desired settlement curve, it takes even more time than five days; on the other hand, it proves the point that 3D simulation is not an option for this study, since a calibrated model cannot be built just once and calibration is way too expensive regarding to time.

The calibration of the 3D model includes the calibration of modeling parameters and the calibration of the modeling procedure. After calibration, convincing 3D simulation result can be obtained and be comparing to 2D model.

Appendix III: A 3D simulation case with an unbreakable ballast model

To compare results from the 2D model and the 3D model, parameters in the 3D model must be calibrated. While it is too difficult to calibrate the breakable ballast 3D model (see Appendix II) because of the computing time, in this section, a simulation case with unbreakable ballast model is proposed. The unbreakable ballast model, i.e., the "clump" in PFC, is consisted of pebbles. A pebble is in great extent similar to a ball. However, unlike a collection of balls, there is no interaction between pebbles inside of a clump, meaning relative motions and forces between pebbles do not exist in the simulation. As a result, using clump to simulate ballast stone can save great computing time.

The modeling process of a 3D simulation case with unbreakable ballast model is divided into two steps: Building of the clumps (see Appendix Fig. 5) and assembling of the clumps (see Appendix Fig. 6). The assembling process is similar to the one with breakable ballast model, which is shown in Appendix II. However, the clump building process is totally different comparing to the BPM building process. Here, an algorithm called "Bubble Pack" is used for generating the clumps (i.e., the ballast stones).

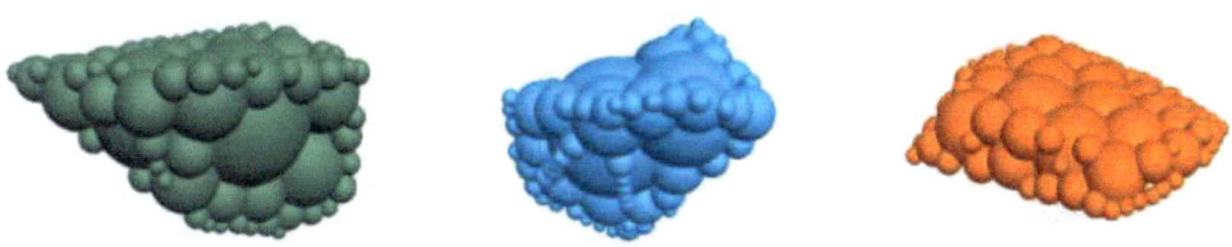

a: clump 1 b: clump 2 c: clump 3

Appendix Fig. 5. Three created clumps representing ballast stones with different forms

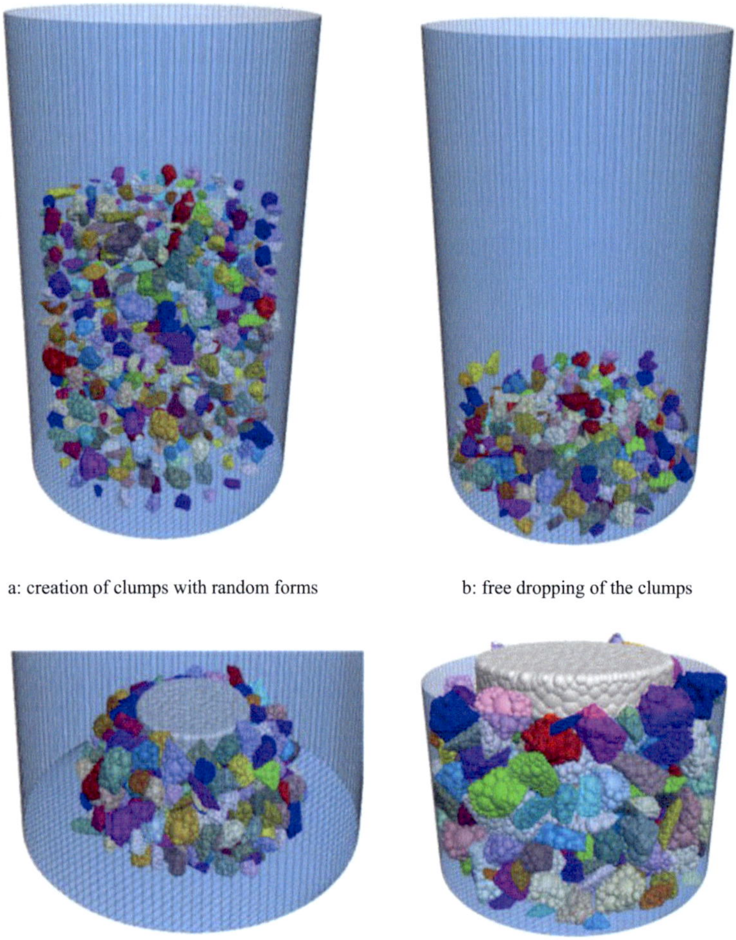

a: creation of clumps with random forms

b: free dropping of the clumps

c: tamping of the clumps

d: container reset

Appendix Fig. 6. Sub-steps of assembling the clumps in 3D

The Bubble Pack algorithm is a method for composing the pebble aggregate. It fills multiple pebbles into the pre-defined geometry shape, i.e., ballast form from the form database generated in Chapter 3. The sizes of pebbles are governed by the key parameter "ratio", which is the ratio of the smallest to largest pebble in the clump (0 < ratio < 1). Another important parameter "distance" controls the overlap of the adjacent spheres in the clump (0 < distance < 180). By distance = 0, the adjacent spheres do not overlap, i.e., they connect only at one point; by distance = 180, two spheres are fully overlapped. The higher the value of distance is, the more spheres there are and the smoother a ballast stone can be represented. Appendix Fig. 7 shows the different representations with different parameters of a same ballast stone.

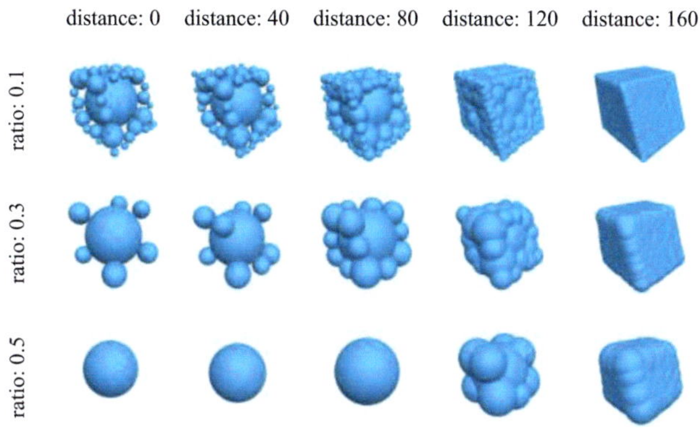

Appendix Fig. 7. Same ballast stone with different "Bubble Pack" parameter

Even though more pebbles mean more accurate representation of a ballast stone, it is necessary to control the number of the pebbles because it causes higher calculation time, simply because there are more simulative elements in the model. To simulate the angular shape of ballast, the parameter ratio should be small so that some of the spheres can be small enough to fill the edge of the shape, i.e., sharpen the shape. The other parameter distance shouldn't be too big so that the number of spheres could be minimized. In this study, ratio = 0.1 and distance = 80 are chosen (for result see Appendix Fig. 5).

Appendix Fig. 8 demonstrates the settlement curves from the box test and the simulation with unbreakable ballast stones. With the same computer used in Appendix II, whose configuration is listed in Appendix Table 1, the simulation takes two days, which is greatly reduced comparing to the duration of one simulation case with BPMs as ballast stones. It enables the running of multiple cases so that the parameters can be calibrated. As shown in the figure, the settlement curve from simulation matches not perfectly, but in great extent satisfactorily to the test result. There is no zig-zag as shown in Appendix Fig. 4, which means the modeling parameters are correctly set and the contacts between simulated ballast stones are not unrealistic rigid. Besides, the curve looks smooth, with nicely accumulated settlement. It is because the ballast model is unbreakable. The settlement is only from position rearrangement of ballast stones under loading, but not from breakages of them, which could cause a sudden raise of the curve.

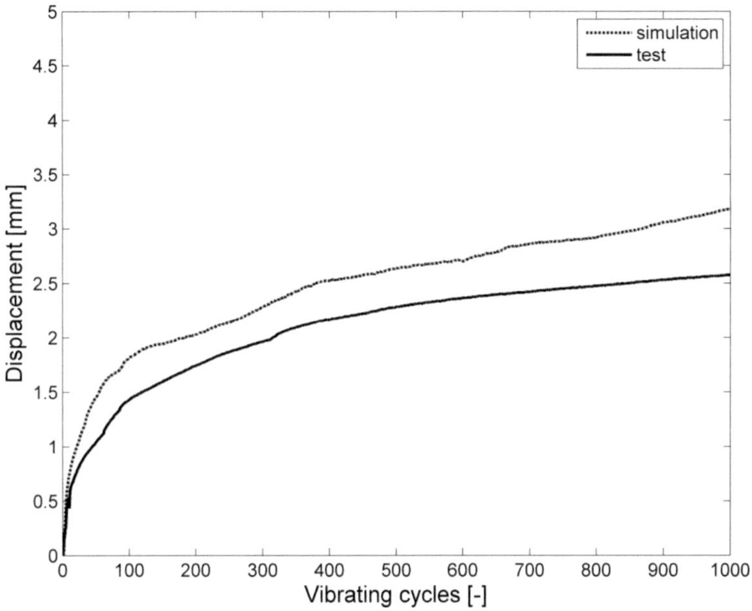

Appendix Fig. 8. Settlement curves from simulation and test

All the merits aside, the modeling with unbreakable ballast stones also has obvious disadvantages. First, breakage behavior cannot be simulated; second, even though the simulation time is reduced to two days, it is still not practical to run multiple cases. The calibration takes one month until the result shown in Appendix Fig. 8 is obtained, which is still not perfect, let along the research on the mechanical behaviors. Third, the result obtained by 3D simulation is not better than the one of 2D simulation as shown in Fig. 4-11. The advantages, which only the 3D simulation has, cannot be found in this study, and it is accompanied by great computing time expense. Therefore, 2D simulation is implemented in this dissertation.

Appendix IV: Sublayers of EA diagrams

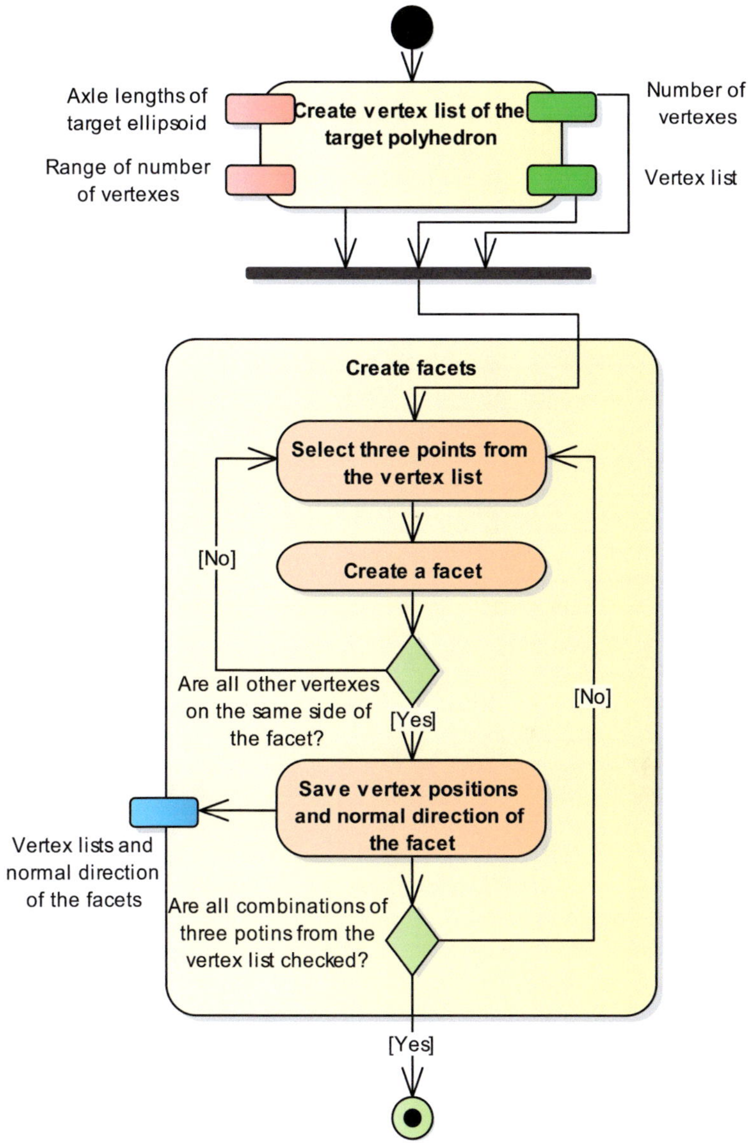

Appendix Fig. 9. Generate one ballast form

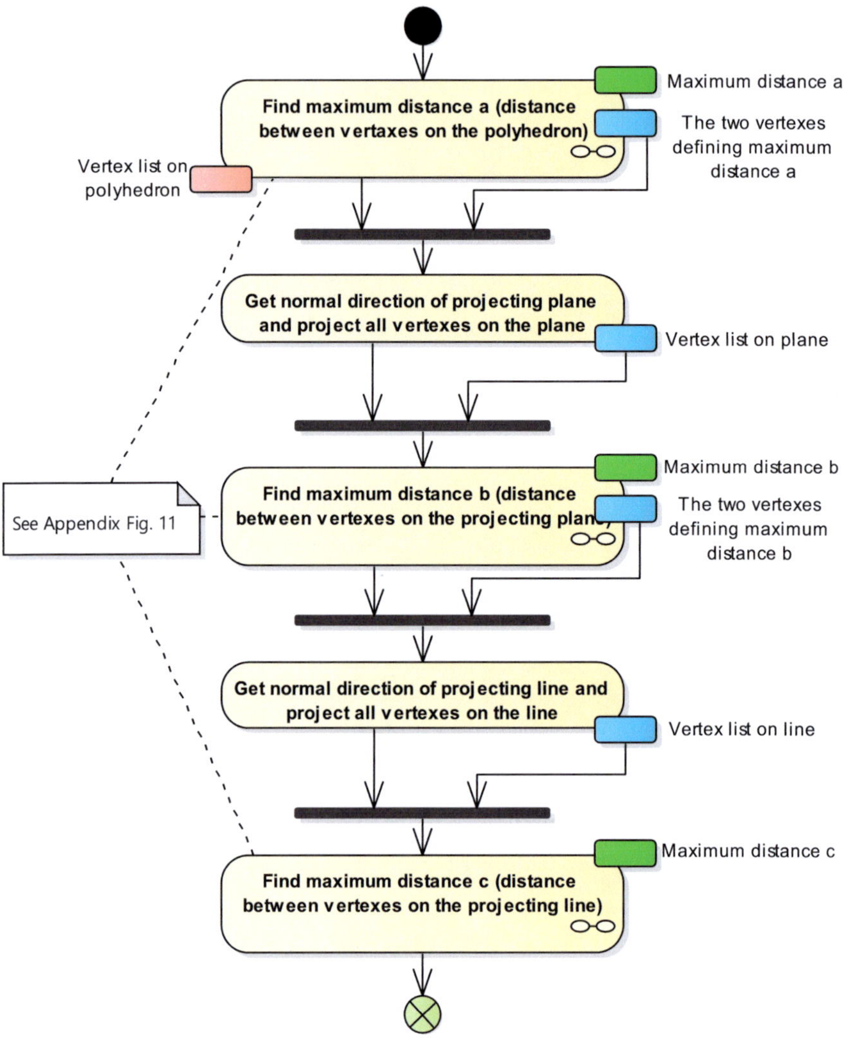

Appendix Fig. 10. Get the three orthogonal dimensions a, b and c of the form

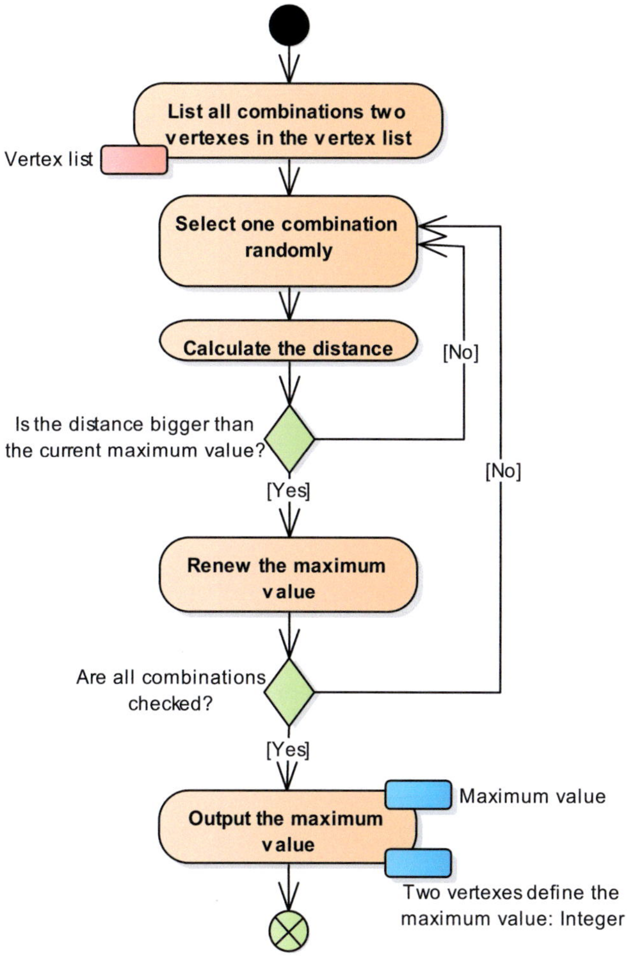

Appendix Fig. 11. Find maximum distance between two vertexes in vertex list

Appendix V: Explanation of Unified Modeling Language (UML) symbols used in Enterprise Architecture (EA)

Start of an activity diagram

End of an activity diagram

End of a flow

Preformed activity / sub-activity in the dissertation

Input / output / return parameter of an activity

Join

Flow from one activity to the other

Realization

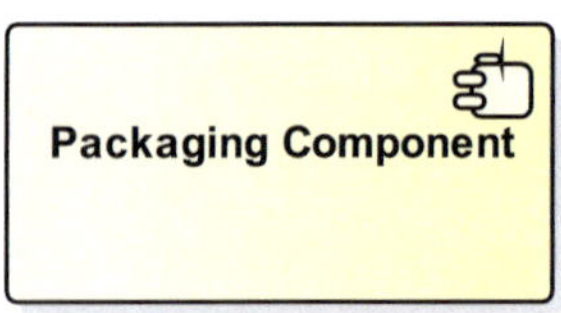

Component “This dissertation” and “Future works”

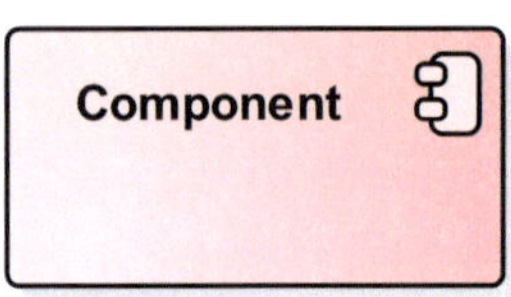

Things done in this dissertation or could be done in the future